FACHWÖRTERBUCH

DER

FERNSEHSTUDIO- UND VIDEOTECHNIK

4.444
BEGRIFFE
UND ABKÜRZUNGEN

Fachwörterbuch der Fernsehstudio- und Videotechnik

4.444 Begriffe
und Abkürzungen

14., überarbeitete und
erweiterte Auflage

Stand: 16. Oktober 2000

ISBN 3-929831-07-4

Herausgeber und Autor
Michael Mücher

Verlag
BET · Michael Mücher
Bismarckstr. 82
20253 Hamburg
Telefon   040/420 77 90
Telefax   040/420 90 46
email   bet@bet.de
Internet http://bet.de

Bezug
Die Publikation ist im Buchhandel zum Preis von DM 38,90 bzw. € 19,90 erhältlich oder kann gegen Einsendung eines Schecks über DM 41,00 bzw. € 21,00 (incl. MwSt., Porto und Verpackung) direkt vom Verlag bezogen werden.

Copyright
Alle Rechte vorbehalten. Es ist nicht gestattet, diese Publikation oder Teile davon zu kopieren, anderweitig zu vervielfältigen oder auf elektronischen Datenträgern zu erfassen.

Verwendete Abkürzungen

'	Minute	*franz.*	französisch
"	Zoll	*ggf.*	gegebenenfalls
≡	entspricht	*Ggs.*	Gegensatz
†	veraltet	*griech.*	griechisch
→	siehe	*lat.*	lateinisch
Abk.	Abkürzung	*österr.*	österreichisch
allg.	allgemein	*schweiz.*	schweizerisch
amerik.	amerikanisch	*ugs.*	umgangssprachlich
engl.	englisch		

Hersteller- und Firmennamen

(Abekas)	
(Ampex)	
(Appke)	
(ARD)	Arbeitsgemeinschaft der öffentlich-rechtlichen Rundfunkanstalten Deutschlands
(Arri)	Arnold und Richter
(Autocue)	
(Avid)	
(Barco)	
(BTS)	Broadcast Television Systems, heute Philips Video Digital Systems
(Canon)	
(EBU)	European Broadcasting Union
(Fast)	
(Grundig)	
(GVG)	Grass Valley Group
(Hitachi)	
(Ikegami)	
(JVC)	
(Kinoflo)	
(Matrox)	
(Panasonic)	
(Philips)	
(Quantel)	
(Sennheiser)	
(SGI)	Silicon Graphics Inc.
(Sony)	
(SMPTE)	Society of Motion Picture and Television Engineering
(Telekom)	
(Tektronix)	
(Toko)	

Vorwort der 14. Auflage

Liebe Leserin, lieber Leser!

Seit Erscheinen der 13. Auflage des vorliegenden Fachwörterbuchs haben sich wieder zahlreiche Veränderungen in der Video- und Audiotechnik ergeben. Technische Weiterentwicklungen gab es in dieser Zeit vor allem auf den Gebieten der Aufzeichnung bzw. Speicherung von Daten sowie auch in der Übertragungstechnik.

Die Qualitätsangaben und Normen der Computertechnik auf der einen und die der Film- und Fernsehtechnik auf der anderen Seite lassen diese Bereiche weiterhin schnell und eng zusammenwachsen.

Schlagworte wie Multimedia, Digital und Neue Medien sind in aller Munde. Eine solche Klassifizierung hilft aber in den seltensten Fällen wirklich weiter. Daher haben wir neue und alte Begriffe in bewährter präziser Form definiert. Durch die rund 8.800 Verweise lassen sich Themen spannend weiterverfolgen.

Neben den über 450 neuen Begriffen - in diesem Jahr besonders aus den Bereichen Übertragung, Satelliten, DVD, Dolby - wurde die Hauptarbeit auf die Aktualisierung von über 600 bestehenden Eintragungen gelegt.

Wir freuen uns daher, Ihnen auch diesmal wieder ein interessantes und breitgefächertes Nachschlagewerk liefern zu können, das sich gleichermaßen an die Kolleg/inn/en aus der Produktion als auch an diejenigen der Technik richtet.

Vor Ihnen liegt das einzige Fachwörterbuch, das die Bereiche Aufzeichnung, Außenübertragung, Computer, Digitaltechnik, Fernsehtechnik, Film, Grafik, Kamera, Leitungen, Nachbearbeitung, Optik, Produktion, Satelliten, Schnitt, Studiotechnik, Tontechnik und Übertragung umfassend verbindet.

Wir freuen uns auch weiterhin über Ihre Kritik und Ergänzungen.

Die neuesten Begriffe und Definitionen finden Sie übrigens bei uns im Internet unter http://bet.de.

Michael Mücher

0-Sekunden-Start
Sofortiger Start einer →MAZ-Maschine von einem →sendefähigen Standbild aus ohne →Hochlaufzeit.

⅛ Blau
Farbfolie zur Konversion der →Farbtemperatur einer Lichtquelle von 3.200 auf 3.400 Kelvin.

⅛ Orange
Farbfolie zur Konversion der →Farbtemperatur einer Lichtquelle von 6.500 auf 5.500 Kelvin.

¼ Blau
Farbfolie zur Konversion der →Farbtemperatur einer Lichtquelle von 3.200 auf 3.600 Kelvin.

¼ Orange
Farbfolie zur Konversion der →Farbtemperatur einer Lichtquelle von 6.500 K auf 4.600 Kelvin.

½ Blau
Farbfolie zur Konversion der →Farbtemperatur einer Lichtquelle von 3.200 auf 4.300 Kelvin.

½ Orange
Farbfolie zur Konversion der →Farbtemperatur einer Lichtquelle von 6.500 auf 3.800 Kelvin.

0,775 Volt
Bezugsspannung des →absoluten Spannungspegels.

1:1-Abtastung
→Progressive Abtastung.

1 Bit-Farbtiefe
Für die Darstellung der Farbe in einem elektronischen digitalen Bild wird pro →Bildpunkt nur ein →Bit genutzt. Das Pixel kann entweder schwarz oder weiß sein und kann keine Graustufen enthalten. Eine 1 Bit-Farbtiefe beschreibt also keine Farbwiedergabe. →Farbtiefe.

1 CCD-Kamera
→Ein-CCD-Farbkamera.

1 Chip-Kamera
→Ein-CCD-Farbkamera.

1"-Formate
→B-Format, →C-Format.

1 kHz
→Pegelton.

1:1-Kopierung
Übertragen von Audio- oder Videoprogrammen ohne technische und inhaltliche Veränderungen.

1. SAT-ZF
Abk. Erste Satelliten-Zwischenfrequenz. Frequenzbereich zwischen 950 und 2.025 →MHz, in den das →LNB einer Satellitenempfangsanlage das vom Satelliten ankommende hochfrequente Signal umsetzt.

1-Sekunden-Start
Start einer →MAZ-Maschine mit einer →Hochlaufzeit von einer Sekunde bis zum Beginn des ersten Bildes und/oder des ersten Tons.

1 ½-Ebenen-Mischer
Mischpult mit 1 ½ →Mix-Effekt-Ebenen.

1,55 Volt
Bezugspegel des →relativen Funkhausnormpegels.

1,66:1
Bildseitenverhältnis von Breite zu Höhe des Filmformats →Super 16.

1,78:1
Bildseitenverhältnis von Breite zu Höhe der →HDTV-Fernsehsysteme oder des →PALplus-Verfahrens.

1,85:1
Bildseitenverhältnis von Breite zu Höhe des →Breitwandverfahrens amerikanischer Spielfilme.

2:1-Abtastung
Beschreibung des →Zeilensprungverfahrens.

2D-Grafik
Zweidimensionale bewegte oder unbewegte Grafiken auf einem bewegten oder unbewegten Hintergrund. Dies könnte z.b. eine Kombination aus einem Foto und einem grafischen Hintergrund für ein Nachrichtenprogramm sein oder eine Animation von aus einem Standbild „ausgeschnittenen" Personen. Die Animation von Schriften geschieht vorzugsweise mit einem →Schriftgenerator. →3D-Grafik.

2-Draht-Leitung
† Tonleitung mit zwei Adern, über die gleichzeitig in beide Richtungen gesprochen werden kann. Wurde für eine →Meldeleitung oder →Kommandoleitung eingesetzt.

2DrL
Abk. →2-Draht-Leitung.

2-Ebenen-Mischer
Mischpult mit 2 →Mix-Effekt-Ebenen.

2er-Sequenz
Die beiden →Halbbilder eines Vollbildes sind nicht identisch, sie beginnen mit der Übertragung einer ganzen bzw. einer halben Zeile. Erst das 3. Halbbild beginnt wieder mit der Übertragung einer ganzen Zeile.

2x Extender
engl. →Brennweitenverdoppler.

2"-Format
→Quadruplex-Format.

2H-Darstellung
Abk. Horizontal-Darstellung eines →Oszilloskops. Die aufeinanderfolgenden Zeilen eines Fernsehbildes werden so übereinander geschrieben, daß immer zwei Zeilen und die dazwischen liegende →horizontale Austastlücke nebeneinander zu sehen sind. →V-Darstellung.

2K
Abk. →Auflösung eines Videobildes mit 2.000 Bildpunkten pro Zeile. Entspricht der Auflösung eines →HDTV-Signals. Die Auflösung eines Standard-Videosignals hat 720 Bildpunkte pro Zeile. →3K, →4K.

2-Kamera-Betrieb
→Zwei-Kamera-Produktion.

2-kanaliges digitales Videoeffektgerät
→Digitales Videoeffektgerät mit zwei Bildspeichern. Damit können zwei verschiedene Bilder, z.b. ein →Schmetterling-Effekt, unabhängig voneinander manipuliert werden. →3-kanaliges digitales Videoeffektgerät.

2-Kanal-Ton
→Zweikanalton.

2-Maschinen-Schnitt
→Linearer Schnittplatz, der nur aus einem →Player und einem →Recorder besteht. Da kein →Bildmischpult vorhanden ist, fehlen alle Möglichkeiten →elektronischer Tricks. Auch →Überblendungen sind damit nicht möglich. Wird z.B. für den Schnitt von Nachrichtenbeiträgen eingesetzt. Mobile Hartschnittplätze gibt es im Zusammenhang mit neueren →digitalen MAZ-Formaten auch als →Laptop-Editoren. →3-Maschinen-Schnitt.

2-PSK
engl. Abk. Phase Shift Keying. →BPSK, Binary Phase Shift Keying.

2-Spur
→Zweispur.

2T-Sprungimpuls
Kurzer Weißimpuls als Teil eines →Testsignals, der das Übertragungsverhalten von Pulsen und damit die Erkennbarkeit kleiner Bilddetails beschreibt. Der Weißimpuls sollte mit möglichst gleicher Breite und ohne Vor- und Nachschwingungen übertragen werden.

2V
Abk. →2er-Sequenz.

2V-Darstellung
Abk. Vertikal-Darstellung an einem →Oszilloskop. Jeweils alle 312,5 Zeilen der beiden →Halbbilder werden nebeneinander gezeigt. Dabei ist das erste Halbbild links und das zweite Halbbild rechts zu sehen. Insgesamt werden alle 625 Zeilen eines →Vollbildes dargestellt. →V-Darstellung.

2-Wege-Lautsprecherbox
Lautsprecherbox, die einen →Hochtöner und einen →Tieftöner enthält.

2,35:1
Gebräuchliches →Bildseitenverhältnis der Verfahren →Panavision und →Cinemascope für die Kinoprojektion.

3-CCD-Kamera
→CCD-Kamera mit drei Chips. Jede professionelle CCD-Kamera verwendet drei Chips, Consumergeräte weisen in der Regel nur einen Chip auf.

3-Chip-Kamera
Professionelle →CCD-Kamera mit drei Chips.

3D-Effekte
Abk. Ungenaue Erklärung →digitaler Videoeffekte. Es wird nicht beschrieben, ob sich ein zweidimensionales Bild in einem dreidimensionalen Raum bewegt oder das Bild selbst dreidimensional verformt wird. Für den zweiten Fall sind wesentlich aufwendigere Geräte notwendig. →3D-Grafik.

3D-Grafik
Herstellung eines dreidimensionalen sich bewegenden Objektes.

3fsc
engl. Abk. 3 × Subcarrier Frequency. 3fache →Farbträgerfrequenz von insgesamt 13,3 →MHz. →Abtastfrequenz bei der →Analog/Digital-Wandlung von Videosignalen.

3K
Abk. →Auflösung eines Videobildes mit 3.000 Bildpunkten pro Zeile. Die Auflösung ist höher als die eines →HDTV-Signals, aber geringer als die eines →35mm-Films. Die Auflösung eines Standard-Videosignals hat 720 Bildpunkte pro Zeile. →2K, →4K.

3-kanaliges digitales Videoeffektgerät
→Digitales Videoeffektgerät mit drei Bildspeichern. Damit können drei verschiedene Bilder, z.B. ein →Altar-Effekt, unabhängig voneinander manipuliert werden.

3-Maschinen-Schnitt
→Linearer Schnittplatz, bestehend aus zwei →Playern, einem →Recorder und einem →Bildmischpult. Mit dieser Konfiguration sind →elektronische Tricks möglich.

3-Pegel-Testsignal
Audiotestsignal, das aus einer Abfolge von drei Tönen von jeweils →1 kHz mit unterschiedlichen →Pegeln besteht. Der Pegel wechselt zwischen folgenden Zuständen: kein Signal, -21 →dBr, -9 dBr, 0 dBr und kein Signal. Dabei sind die Abfolgen der beiden Kanäle rechts und links zeitlich versetzt.

3-Röhren-Kamera
→Röhrenkamera.

3-Wege-Lautsprecherbox
Lautsprecherbox, die einen →Hochtöner, einen →Mitteltöner und einen →Tieftöner enthält.

3½"-Diskette
→Diskette.

3/2 Pulldown
engl. Funktion an →Filmabtastern zur Abtastung von Kinofilmen, die mit einer →Bildwechselfrequenz von 24 Bildern/Sekunde aufgenommen wurden und in der →Fernsehnorm 525/60 mit 60 →Halbbildern bzw. 60 →Hz wiedergegeben werden sollen. Dabei werden einem Filmbild abwechselnd 2 und 3 Halbbilder zugeordnet. Der dadurch auch zeitlich ungleichmäßige Filmtransport verursacht eine ruckelige Bildwiedergabe.

3:4
Bildseitenverhältnis von Höhe zu Breite des herkömmlichen Fernsehsystems.

3,58 MHz
→Frequenz des →Farbträgers im →NTSC-Verfahren.

4:1:1
Digitale →Komponentensignale. Beschreibt das Verhältnis der →Abtastfrequenzen bei der →Analog/Digital-Wandlung des →Luminanzsignals (13,5 →MHz) und der beiden →Farbdifferenzsignale (3,375 MHz). Die horizontale →Auflösung der beiden Farbdifferenzsignale ist gegenüber →4:2:2 jeweils um die Hälfte reduziert.

4:2:0
Digitale →Komponentensignale. Beschreibt das Verhältnis der →Abtastfrequenzen bei der →Analog/Digital-Wandlung des →Luminanzsignals (13,5 →MHz) und der beiden →Farbdifferenzsignale (6,75 MHz). Die horizontale →Auflösung ist identisch zu →4:2:2. Jedes der beiden →Farbdifferenzsignale wird aber nur in jeder zweiten Zeile digitalisiert; die vertikale Auflösung der Farbe ist daher gegenüber 4:2:2 um die Hälfte reduziert.

4:2:2
Digitale →Komponentensignale. Beschreibt das Verhältnis der →Abtastfrequenzen bei der →Analog/Digital-Wandlung des →Luminanzsignals (13,5 →MHz) und der beiden →Farbdifferenzsignale (6,75 MHz). Das 4:2:2-System ist der Profi- Standard digitaler Videosignale.

4:2:2 P@ML
→422P@ML.

4:2:2:4
Digitale →Komponentensignale mit zusätzlichem →Stanzsignal. Beschreibt das Verhältnis der →Abtastfrequenzen bei der →Analog/Digital Wandlung des →Luminanzsignals (13,5 →MHz), der beiden →Farbdifferenzsignale (6,75 MHz) und des Stanzsignals (13,5 MHz). Das Stanzsignal hat eine volle →Auflösung.

4:3
Bildseitenverhältnis von Breite zu Höhe des herkömmlichen Fernsehsystems.

4:4:4
Abtastung digitaler →RGB-Signale mit einer Abtastfrequenz von je 13,5 →MHz.

4:4:4:4
Digitale →Komponentensignale mit zusätzlichem →Stanzsignal. Beschreibt das Verhältnis der →Abtastfrequenzen bei der →Analog/Digital-Wandlung des →Luminanzsignals, der beiden →Farbdifferenzsignale und eines →Key-Signals mit je 13,5 →MHz. Eine andere Norm ist die Abtastung der →RGB-Signale und eines Key-Signals mit je 13,5 MHz.

4-Bit Time Code
→Time Code-Verfahren für →16 bzw. →35mm-Film. Dabei werden auf die Randspur des Films zu jedem Bild jeweils 4 →Bit eines aus insgesamt 100 Bit bestehenden Time Code-Wortes aufbelichtet. In der Zeit von 25 Bildern sind die Zeit-Information, das Datum, die Kameranummer und ein Synchronwort enthalten.

4-Draht-Leitung
Tonleitung mit vier Adern, bei der jeweils ein Paar für den Hin- bzw. Rückweg verwendet wird. Wird meist für Kommandowege eingesetzt. Kommandostrecken werden daher auch oft als 4-Draht bezeichnet.

4DrL
Abk. →4-Draht-Leitung.

4er-Sequenz
→PAL-4er-Sequenz.

4fsc
engl. Abk. 4 × Subcarrier Frequency. 4fache →Farbträgerfrequenz von insgesamt 17,7 →MHz. →Abtastfrequenz bei der →Analog/Digital-Wandlung von Videosignalen, z.B. beim →D2-Format und →D3-Format.

4K
Abk. →Auflösung eines Videobildes mit 4.000 Bildpunkten pro Zeile. Die Auflösung ist höher als die eines →HDTV-Signals und entspricht etwa der eines →35mm-Films. Die Auflösung eines Standard-Videosignals hat 720 Bildpunkte pro Zeile. →2K, 3K.

4-PSK
engl. Abk. Phase Shift Keying. →QPSK, Quadratur Phase Shift Keying.

4-Spur
→Vierspur.

4V
Abk. →PAL-4er-Sequenz.

4/13-Stecker
→Siemens-Stecker.

4,43 MHz
→Frequenz des →Farbträgers im →PAL-Verfahren.

5 MHz
→Videofrequenzbandbreite der →Fernsehnorm 625/50.

5 Sekunden
→Vorlauf.

5.1
→Surround-Verfahren mit den sechs diskreten Tonkanälen: Links, Mitte, Rechts, Surround links, Surround rechts und →Subwoofer. Der Subwoofer, der erst später definiert wurde, wird durch die Eins beschrieben, die anderen Tonkanäle durch die Fünf. Die beiden Surround-Verfahren →Dolby Digital und →DTS arbeiten mit 5.1. →7.1.

5¼"-Diskette
→Diskette.

5,33:3
Bildseitenverhältnis, entspricht →16:9.

7.1
→Surround-Verfahren mit den acht diskreten Tonkanälen: Links, Mitte, Rechts, Surround links, Surround rechts, Surround hinten links, Surround hinten rechts und →Subwoofer, wobei der Subwoofer durch die 1 beschrieben wird, die anderen Tonkanäle durch die Sieben. Das Surround-Verfahren →SDDS arbeitet mit 7.1. →5.1.

8:8:8
→Digitale Komponentensignale. Beschreibt das Verhältnis der →Abtastfrequenzen des →Luminanzsignals und der beiden →Farbdifferenzsignale mit je 26 →MHz. Wird in der internen Signalverarbeitung hochwertiger Geräte wie z.B. →Farbkorrektoren verwendet.

8-14-Modulation
→EFM. Eight-to-Fourteen-Modulation.

8-Bit-Quantisierung
Anzahl der Helligkeitsstufen, die bei der Umwandlung analoger in →digitale Videosignale verwendet werden. 8 →Bit entsprechen einer Auflösung von 256 Helligkeitsstufen. →10 Bit-Quantisierung. Die 8-Bit-Quantisierung wird von einigen →digitalen MAZ-Formaten und digitalen Übertragungsstrecken verwendet.

8-Charakteristik
→Acht-Charakteristik.

8"-Diskette
→Diskette.

8er-Sequenz
→PAL-8-er-Sequenz.

8mm-Video
→Video 8-Format, →Hi 8-Format.

8-PSK
engl. Abk. Phase Shift Keying. Achtphasenumtastung. Digitales →Modulationsverfahren, bei dem gegenüber der →QPSK acht Phasenzustände existieren und eine noch geringere →Übertragungsbandbreite ausreicht.

13

8V
→PAL-8er-Sequenz.

8-Bit-Farbtiefe
Für die Darstellung der Farbe in einem elektronischen digitalen Bild werden pro →Bildpunkt 8 →Bit genutzt. Damit können lediglich 256 Graustufen dargestellt werden. Mit einer 8-Bit-Farbtiefe ist also keine Farbwiedergabe möglich. →Farbtiefe.

10-Bit-Quantisierung
Anzahl der Helligkeitsstufen, die bei der Umwandlung analoger in →digitale Videosignale verwendet werden. 10 →Bit entsprechen einer Auflösung von 1.024 Helligkeitsstufen. Im Vergleich zur →8-Bit-Quantisierung besteht eine größere Genauigkeit gegenüber Rundungsfehlern, die durch digitale Signalverarbeitung entstehen können, wie sie z.b. beim Mischen zweier Bildquellen auftreten. Zwar spricht man bei 10-Bit-Quantisierung von einer höheren Auflösung, jedoch ist hier nicht die Bildschärfe gemeint; diese hängt nicht von der Anzahl der Helligkeitsstufen ab.

11-GHz-Bereich
Unteres Teil des →Ku-Bandes von 10,7 bis 11,7 →GHz. →DBS-Bereich.

12-Volt-Wandler
→DC/AC-Wandler.

12-GHz-Bereich
Teil des →Ku-Bandes von 12,5 bis 12,75 →GHz.

13,5 MHz
→Abtastfrequenz bei der →Analog/Digital-Wandlung des →Luminanzsignals nach →ITU-R 601 Standard.

14,3 MHz
→Abtastfrequenz bei der →Analog/Digital-Wandlung eines →NTSC-codierten →FBAS-Signals.

14:9
Bildseitenverhältnis von Breite zu Höhe von Fernsehbildern. Kann als Sonderformat innerhalb des →PALplus-Verfahrens ausgestrahlt werden und führt beim kompatiblen 4:3-Empfang zu weniger breiten Balken und ist damit weniger auffallend.

15-kHz-Leitung
Analoge Tonleitung mit einer →Audiofrequenzbandbreite von 15 kHz und damit vollständiger Sendequalität.

15:9
Bildseitenverhältnis von Breite zu Höhe des →Super 16-Films.

16-Bit-Quantisierung
1.) Angabe zur Anzahl der Helligkeitsstufen, die innerhalb hochwertiger digitaler Bildbearbeitungsgeräte, z.B. Bildmischpulte, verwendet werden, die zwei digitale Bildquellen miteinander verarbeiten. *2.)* Anzahl der Lautstärkestufen, die bei der Umwandlung analoger in digitale Audiosignale verwendet werden. 16 →Bit entsprechen einer Auflösung von 65.536 Lautstärkestufen.

16mm-Film
Filmmaterial mit einer Breite von 16mm. →Bildfeldgröße bei Aufnahme Breite × Höhe: 10,3 × 7,5mm. →Bildseitenverhältnis 1,37:1. Im Fernsehen übertragenes Bildfeld 9,35 × 7mm. Einseitig oder zweiseitig perforiert mit einem Perforationsloch pro Filmbild. Bei einseitig perforierten Filmen ist eine →Lichtton- oder eine Magnettonspur möglich.

16-QAM
Abk. →Quadraturamplitudenmodulation.

16-Spur
1.) →Tonbandformat, das auf 2 →Zoll breiten Tonbändern 16 Spuren von je 1,75mm und Trennspuren von je 1,475mm aufzeichnet. *2.)* Tonbandformat, das auf 1 Zoll breites Tonband 16 Spuren von je 0,875mm aufzeichnet.

16,7 Mio. Farben
Bei der →Analog/Digital-Wandlung der drei →Farbwertsignale Rot, Grün und Blau mit jeweils 8 Bit, entsprechend 256 Helligkeitsstufen, ergeben sich insgesamt 256^3, entsprechend 16.777.216 Farbkombinationen.

16:9
Bildseitenverhältnis von Breite zu Höhe. Übertragbar mit dem →PALplus-Verfahren, mit →DVB und →HDTV-Fernsehsystemen.

16:9 Full Format
→Full Format 16:9.

16:9-Kamera
→Formatumschaltbare Kamera.

16:9-Konverter
→Formatwandler.

19mm-Kassette
Bezieht sich auf die Breite des →Magnetbandes der →digitalen MAZ-Formate →D1-Format, →D2-Format und →DCT-Format.

19-kHz-Pilotton
Aus dem bei der Ausstrahlung von stereofonen Hörfunksendungen ausgesandten Pilotton wird ein 38 kHz Hilfsträger erzeugt, der zur Gewinnung der Stereoinformation notwendig ist.

19 Zoll-Gestell
Gestellschrank zur Aufnahme von Geräten und Baugruppen mit einer genormten Breite von 19 Zoll, entsprechend 48 cm.

22-kHz-Impuls
Signal vom Receiver einer Satellitenempfangsanlage zur Umschaltung zwischen dem →Ku-Band und dem →DBS-Bereich am →LNB.

24 Hz
Anzahl der Filmbilder pro Sekunde eines Kinofilms. Entspricht nicht der →Bildwechselfrequenz der Videotechnik.

24-Bit-Farbtiefe
Für die Darstellung der Farbe in einem elektronischen digitalen Bild werden pro →Bildpunkt drei mal 8 →Bit für die Farben Rot, Blau und Grün genutzt. Insgesamt stehen pro Bildpunkt 24 Bit zur Verfügung. Dies entspricht einer Anzahl von 3 x 8 = 24 Bit, was 2 hoch 24 = 16.777.216 Millionen Farbkombinationen ergibt. Auch True Color genannt. →Farbtiefe.

24p
Elektronischer Produktionsstandard für Kameras, Aufzeichnungs- und Nachbearbeitungssysteme, der eine →HDTV-Auflösung von z.B. 1080 Zeilen mit einer →Bildwechselfrequenz von 24 Bildern pro Sekunde und →progressiver Abtastung kombiniert. Die Bildwechselfrequenz und die Anzahl der Bilder entsprechen dabei der Kinonorm.

24sf
Elektronischer Produktionsstandard für Kameras, Aufzeichnungs- und Nachbearbeitungssysteme, der eine →HDTV-Auflösung von z.B. 1080 Zeilen mit einer →Bildwechselfrequenz von 24 Bildern pro Sekunde und →progressiver Abtastung kombiniert. Die Bildwechselfrequenz und die Anzahl der Bilder entspricht dabei der Kinonorm. Die Abk. sf steht für Segmented Frame. Gegenüber dem Produktionsstandard von 24p wird dabei ein →Vollbild von 1080 Zeilen in zwei →Halbbilder zerlegt, die aber gegenüber einer herkömmlichen Abtastung durch ein →Zeilensprungverfahren gleiche Bewegungsphase enthalten, also identisch sind. Diese Zerlegung dient dabei nur einer kompatiblen Speicherung und einer leichten Konvertierbarkeit in herkömmliche Systeme mit Zeilensprungverfahren.

24-Spur
Analoges →Tonbandformat, das auf 2 →Zoll breiten Tonbändern 24 Spuren aufzeichnet. Erreicht mit →Dolby SR einen →Störspannungsabstand von über 100 →dB, der damit über dem Störspannungsabstand digitaler Aufzeichnungssysteme liegen kann. Wird

beim Fernsehen und beim Film für Tonnachbearbeitung und Mischungen verwendet.

25 Hz
→Bildwechselfrequenz. →Bewegtbildauflösung von Filmbildern im Fernsehen.

25-Hz-Versatz
Erhöhung einer nach der durch den →Viertelzeilen-Offset erzeugten, theoretischen Farbträgerfrequenz des →PAL-Verfahrens von 4,43359375 →MHz um 25 Hz auf die tatsächliche Farbträgerfrequenz von 4,43361875 MHz. Das durch den →Farbträger erzeugte Störmuster im Bild wird weiter aufgelockert und ist damit weniger auffällig.

25 MBit/Sekunde
→Datenrate der →digitalen MAZ-Formate: →DV-Format, →DVCPRO-Format und →DVCAM-Format.

29,97 Hz
Tatsächliche →Bildwechselfrequenz der →Fernsehnorm 525/60. →Drop Frame Time Code.

30 Hz
→Bildwechselfrequenz.

32 kHz
→Abtastfrequenz bei der →Analog/Digital-Wandlung von Audiosignalen bei der Aussendung über Satelliten.

32-Spur
Meist digitales →Tonbandformat, das auf 2 →Zoll breiten Tonbändern 32 Spuren von je 1,0mm und Trennspuren von je 1,13mm aufzeichnet.

-33%
Unterer Pegelwert der farbigen Balken Rot und Blau eines →Farbbalkens 100/100 von -0,23 Volt, bezogen auf den →Austastwert von 0 Volt. Die Prozentangabe auf der Skala einiger →Oszilloskopen bezieht sich auf die →Amplitude des →BA-Signals von 0,7 Volt, entsprechend 100%.

34-MBit/Sekunde-Coder
Vom →ETSI standardisiertes Verfahren zur Codierung eines →digitalen Komponentensignals mit einer Datenrate von →270 MBit/Sekunde in ein datenreduziertes Signal mit →34 MBit/Sekunde zur Übertragung z.b. über eine →Satellitenstrecke.

35mm-Film
Filmmaterial mit einer Breite von 35mm. →Bildfeldgröße bei Aufnahme Breite × Höhe: 22,1 × 16mm. →Bildseitenverhältnis 1,38:1. Im Fernsehen übertragenes Bildfeld 20,12 × 15,1mm. Zweiseitig perforiert mit 4 Perforationslöchern pro Filmbild. Neben der Perforation können →Lichtton- oder Magnetonspuren liegen. Die →Auflösung beträgt - je nach Filmmaterial - über 3.500 - 4.500 Bildpunkte pro Zeile.

-43%
→Synchronwert von -0,3 Volt bezogen auf den →Austastwert von 0 Volt. Die Prozentangabe auf der Skala einiger →Oszilloskope bezieht sich auf die →Amplitude des →BA-Signals von 0,7 Volt, entsprechend 100%.

44,1 kHz
→Abtastfrequenz bei der →Analog/Digital--Wandlung von Tonsignalen bei Consumer-Audiogeräten, insbesondere Audio-CDs.

48 kHz
→Abtastfrequenz bei der →Analog/Digital-Wandlung von Tonsignalen professioneller Audiogeräte.

48 Volt
→Phantomspeisung.

50 Hz
→Bildwechselfrequenz. →Bewegtbildauflösung von Bildern →elektronischer Kameras.

50 MBit/Sekunde
→Datenrate der →digitalen MAZ-Formate: →DVCPRO50-Format, →D9-Format, →D10--Format.

59,94 Hz
Tatsächliche →Bildwechselfrequenz der →Fernsehnorm 525/60. →Drop Frame Time Code.

60 Hz
→Bildwechselfrequenz.

65mm-Film
Filmaufnahmematerial zur Herstellung von Kinofilmen, die auf →70mm-Film kopiert werden sollen. Das ausgenutzte Bildnegativ hat die Abmessungen 52,6 × 23mm. Es hat damit etwa die dreifache ausnutzbare Fläche des klassischen →35mm-Negativs.

70mm-Film
Positivfilm für 65mm-Negative. Heute wird im allgemeinen das seit 1954 gebräuchliche →Todd-AO-Verfahren benutzt, das zur Aufnahme 65mm breiten →Negativfilm verwendet (da dabei der Platz für die Magnettonspuren eingespart werden kann) und für die Filmkopie 70mm-Material einsetzt. Die Abmessungen des projizierten Filmbildes sind 48,59 × 22,0 mm. Gegenüber dem →65mm-Aufnahmefilm tritt ein Verlust an Bildinformation ein. Gewonnen wird dadurch Platz für 6 Tonkanäle: zwei direkt neben dem Bild und je zwei außen liegende, jenseits der Perforation plazierte Tonspuren.

75-Ohm-Widerstand
→Abschlußwiderstand.

80-Bit Time Code
→Time Code.

90°-Filter
Phasenschieber-Schaltung zur Bildung eines Mono-Signals aus einem Stereo-Signal. Wird ein Stereosignal über zwei Regler eines →Tonmischpults zusammengebracht, entsteht eine Pegel-Überhöhung der Mitten-Schallquellen um 3 →Dezibel. Dies tritt bei Verwendung eines 90°-Filters nicht auf.

96 kHz
→Abtastfrequenz bei der →Analog/Digital-Wandlung von Tonsignalen professioneller Audiogeräte mit besonderen Qualitätsanforderungen.

100%
Maximaler →Videopegel der Luminanzanteile eines →FBAS-Signals.

100/75
→Farbbalken 100/75.

100/100
→Farbbalken 100/100.

100-Hz-Technik
System moderner Fernsehempfänger zur Vermeidung des →Großflächenflimmerns. Der eingebaute Bildspeicher speichert jedes →Halbbild und gibt es in einer 1/50 Sekunde zweimal wieder. Dadurch steigt die →Bildwechselfrequenz auf 100 →Hz.

133%
Maximaler →Videopegel der Chromaanteile eines →FBAS-Signals.

140 MBit/Sekunde
→Datenrate eines →digitalen Komponentensignals oder eines →digitalen FBAS-Signals. Datenrate des ARD/ZDF-Dauerleitungsnetzes.

177 MBit/Sekunde
→Datenrate eines →digitalen FBAS-Signals.

200 MBit/Sekunde
→Datenrate eines nicht standardisierten seriellen digitalen →Komponentensignals ohne Zusatzdaten oder Audiosignale.

204/188
Beschreibung eines →Reed-Solomon-Codes als Fehlerschutzsystem im →DVB-S-Standard. Die Zahl 188 steht für die Anzahl der →Bytes, die geschützt werden, die Zahl 204 für die Anzahl der insgesamt übertragenen Bytes innerhalb eines Datenpaketes. Es werden also 16 zusätzliche Bytes zur →Redundanz übertragen.

270 MBit/Sekunde
→Datenrate eines →digitalen Komponentensignals nach dem →ITU-R 601-Standard mit einem →Bildseitenverhältnis von 4:3.

360 MBit/Sekunde
→Datenrate eines →digitalen Komponentensignals nach dem →ITU-R 601-Standard mit einem →Bildseitenverhältnis von 16:9. Wird in der Praxis beim Fernsehen nicht verwendet.

422P@ML
engl. Abk. 4:2:2 Profile at →Main Level. Codierverfahren des →MPEG-2-Verfahrens zur Datenreduktion. Auch als Studio-Profile oder Professional Profile bezeichnet. Das Originalmaterial wird nach dem →4:2:2-Prinzip abgetastet und mit 720 Bildpunkten pro Zeile, 576 Zeilen und 25 →Vollbildern in einem →Datenstrom bis maximal 50 MBit/s übertragen. Dabei ist die Anzahl der →GOP kleiner als 4. Dies stellt eine Kombination von Anforderungen dar, die nicht aus den ursprünglichen Eckdaten der Levels und Profiles darstellbar sind, die für das MPEG-2-Verfahren definiert sind. Anwendung bei der Bildübertragung im Studio, bei dem das Videosignal nachbearbeitet werden muß, sowie bei MAZ-Formaten wie z.B. →Betacam SX.

422P@ML, I-Frame only
engl. Abk. 4:2:2 Profile at →Main Level. Codierverfahren des →MPEG-2-Verfahrens zur →Datenreduktion. Gegenüber dem →422P@PL-Verfahren werden nur →I-Bilder verwendet. Daher beträgt die →GOP = 1. Der besondere Vorteil der MPEG-Codierung über mehrere Bilder wird dabei gerade nicht eingesetzt. Trotzdem ergibt sich gegenüber dem →MJPEG-Verfahren eine höhere Datenreduktion. Gegenüber dem eigentlichen MPEG-Standard sind auch höhere Datenraten von z.B. 50 →MBit/Sekunde zulässig. Da jedes Einzelbild existiert, ist dieses Verfahren besonders für den Schnitt geeignet. Es wird daher auch als Editing-MPEG bezeichnet.

525/60
→Fernsehnorm.

575 Zeilen
Teil des Videosignals, das die Bildinformation enthält. Die 625 übertragenen Zeilen reduzieren sich durch die beiden analogen →vertikalen Austastlücken von je 25 Zeilen.

576 Zeilen
Teil des digitalen Videosignals, das die Bildinformation enthält. Die 625 übertragenen Zeilen reduzieren sich durch die beiden digitalen →vertikalen Austastlücken von 24 und 25 Zeilen.

601-Standard
→ITU-R 601-Standard.

625/50
→Fernsehnorm.

720p
→HDTV-Norm mit 720 →aktiven Zeilen und einer →progressiven Abtastung.

910er
Ugs. (Sony) für ein bekanntes →Schnittsteuergerät der Firma Sony. Maximal drei Player und ein Recorder anschließbar. Beschreibt keinerlei Effektmöglichkeit.

1080 Zeilen
Zeilenzahl einer →HDTV-Norm mit 1920 Pixel und 1080 Zeilen. Mit der Bezeichnung 1080p sind mit →progressiver Abtastung folgende →Bildwechselfrequenzen möglich: 24, 25 oder 30 →Vollbilder. Mit der Bezeichnung 1080i - das i steht für Interlaced Scanning bzw. für das →Zeilensprungverfahren - sind Bildwechselfrequenzen von 50 oder 60 →Halbbildern möglich. Siehe auch →24sf.

1125/60
Amerikanisch/japanische Ausstrahlungsnorm von →HDTV. Angegeben sind hier alle 1125 Zeilen des kompletten Bildes inklusive einer →vertikalen Austastlücke von 100 Zeilen sowie die →Bildwechselfrequenz von 60 →Halbbildern.

1250/50
Europäische Ausstrahlungsnorm von →HDTV. Angegeben sind hier alle 1250 Zeilen des kompletten Bildes inklusive einer →vertikalen Austastlücke von 100 Zeilen sowie die →Bildwechselfrequenz von 50 →Halbbildern.

a
Abk. →Dämpfung.

A
Abk. 1.) →Ampere. *2.)* Audio. *3.)* →Austastwert, →Austastung.

AAA
Abk. Bezeichnung für eine analog aufgenommene und analog bearbeitete Tonaufnahme auf einem analogen Tonträger (z.b. konventionelle Schallplatte).

AAD
Abk. Bezeichnung für eine analog aufgenommene und analog bearbeitete Tonaufnahme auf einem digitalen Tonträger (z.b. Audio-CD).

ABB
engl. Abk. (Ikegami) Automatic Black Balance. Automatischer →Schwarzabgleich.

Abbildungsebene
Ein Film- bzw. Foto-Objektiv projiziert sein Bild nur in einer Ebene scharf. Bei einer Filmkamera ist diese Abbildungsebene zugleich auch die Aufnahmeebene, an der der Film belichtet wird. Bei einer elektronischen Kamera liegt die Abbildungsebene am Übergang des Strahlenteiler-Prismas zu den →CCD-Chips bzw. zu den Bildaufnahmeröhren.

Abbildungsfehler
Fehler und Qualitätsmaßstab von →Objektiven. Fehler konnen sein: Unschärfen, →Farbsäume und geometrische Verzerrungen. →Astigmatismus, →Bildfeldwölbung, →Chromatische Aberration, →Sphärsche Aberration und →Verzeichnungen.

Abbildungsgröße
Abgebildete Größe eines Objekts auf der →Abbildungsebene einer Kamera.

Abbildungsmaßstab
Verhältnis von Motivgröße und Abbildungsgröße auf der →Abbildungsebene.

Abblende
1.) Das Dunkelwerden eines Bildes bis zum vollständigen Schwarz. Für das Abblenden von Videosignalen wird ein →Bildmischpult benötigt. *2.)* Ein Tonsignal wird von der →Vollaussteuerung bis zur vollständigen Stille heruntergeregelt. *Ggs.* →Aufblende.

ABC
engl. Abk. Automatic Beam Control. Automatische Strahlstromregelung. Kurzzeitige Erhöhung der Energie des abtastenden →Elektronenstrahls in Kameraröhren zur Verminderung von →Blooming und →Comet Tail-Effekten.

ABC-Roll
engl. Drei synchron laufende →MAZ-Zuspielbänder, die, z.B. beim →linearen Schnitt für eine →Überblendung oder einen →elektronischen Trick benötigt werden.

Aberration
Abbildungsfehler von →Objektiven. →Chromatische Aberration. →Sphärische Aberration.

Abgesetzte Kamera
Tragbare, drahtgebundene oder drahtlose Kamera, die im Studio oder bei →Außenübertragungen zusätzlich zu den stationären Kameras eingesetzt wird.

Abgesteckte Kamera
Eine von mehreren Kameras bei einer Aufzeichnung, die z.B. eine totale Einstellung zeigt. Das Bild dieser Kamera wird zusätzlich zum Programm auf eine zweite →MAZ-Maschine aufgezeichnet, um weitere Schnittmöglichkeiten für eine eventuelle Nachbearbeitung zu haben.

Abhöre
Ugs. für die Einrichtung zur qualitativen Beurteilung eines Audioprogramms, bestehend aus einem Verstärker, einem Lautsprecher-System, einem oder mehreren →Aussteuerungsinstrumenten sowie einem Lautstärkeregler.

Abhören
Qualitative Beurteilung eines Audioprogramms über hochwertige Lautsprecher.

Abhörlautsprecher
Hochwertiger Lautsprecher zur Beurteilung der Tonqualität.

Abkaschen
→Kaschen.

Abklammern
Herausnehmen von Filmsequenzen aus Archiv- oder Fremdmaterial für die Verwendung in einer laufenden Produktion. Ursprünglich ein Filmbegriff, wird heute auch bei der Bearbeitung von Videomaterial verwendet.

Abläuten
Akustisches Zeichen bei Filmaufnahmen, das zu Beginn und zum Ende einer Szene gegeben wird, um alle Beteiligten zur absoluten Ruhe aufzufordern.

Ablenkung
→Zeilenablenkung.

Abmischen
Zusammenführen mehrerer →Tonspuren auf eine Tonspur z.B. an einem →Tonmischpult oder an einem →nichtlinearen Schnittplatz für eine nachfolgende →Tonmischung.

AB-Mischer
→Next Channel-Mischer.

Abnahme
→Redaktionelle Abnahme, →technische Abnahme.

ABO
engl. Abk. Automatic Beam Optimizing. System in →Aufnahmeröhren, das die Energie des abtastenden →Elektronenstrahls kurzzeitig erhöht und ein Aufblühen von →Spitzlichtern, →Blooming und →Comet Tail weitgehend vermeidet.

AB-Roll
engl. Zwei synchron laufende →MAZ-Zuspielbänder, die z.B. beim →linearen Schnitt für eine →Überblendung oder einen →elektronischen Trick benötigt werden.

Abschattung
Hindernis bei der Ausbreitung →elektromagnetischer Wellen. Führt z.B. bei der Verwendung →drahtloser Mikrofone zu einer Empfangsverschlechterung, bei →Richtfunk- oder →Satellitenübertragungen zu einem Ausfall.

Abschirmung
Meist Schutz einer Ton-, Bild- oder Datenleitung gegen Störungen, die durch elektrische oder elektromagnetische Felder verursacht werden. Die Abschirmung in Kabeln besteht meist aus einem Drahtgeflecht, das den oder die eigentlichen Leiter vollständig umhüllt. →Asymmetrische Leitung, →symmetrische Leitung.

Abschlußwiderstand
Bei der Weiterleitung eines Videosignals mit →Durchschleiffiltern an einen weiteren Verbraucher verhindert ein Abschlußwiderstand von 75 Ohm die Reflexion von Signalteilen. Wird kein Abschlußwiderstand verwendet, ist das Bild zu hell und zeigt einen falschen Kontrast. Abschlußwiderstände werden zum Teil auch bei der Übertragung digitaler Daten benötigt.

AB-Schnitt
→Linearer Schnitt, bei dem z.B. für →Überblendungen oder →elektronische Tricks gleichzeitig zwei synchron laufende Zuspielbänder benötigt werden.

a/b-Schnittstelle
Herkömmliche Zweidraht-Verbindung zum Anschluß analoger Telefone, Telefaxgeräte, Modems und Anrufbeantworter an Kupferkabel. *Ggs.* →S_0-Schnittstelle.

Absolute Bandgeschwindigkeit
Bandvorschubgeschwindigkeit eines →Magnetbandes. Wesentlicher Faktor für die Qualität analoger Tonaufzeichnung und den Bandverbrauch. →Relativgeschwindigkeit.

Absoluter Pegel
→Absoluter Spannungspegel.

Absoluter Spannungspegel
Bezeichnet in der Tontechnik das Verhältnis einer bestimmten Spannung Ux zu einer Bezugsspannung von 0,775 Volt. Der absolute Pegel wird in dBu angegeben und berechnet sich wie folgt: dBu = 20 × log (Ux/0,775). Es gilt: 0 dBu ≡ 0,775 Volt, 6 dBu ≡ 1,55 Volt und 15 dBu ≡ 4,4 Volt. Die heute verwendete Angabe von dBu bezieht sich auf eine Spannungsanpassung, die früher verwendete Angabe von →dBm auf eine Leistungsanpassung. Die Bezugsspannung von 0,775 Volt ist für beide Systeme gleich und ergibt sich durch eine Leistung von 1mW an 600 Ohm.

Absorption
1.) Trifft z.B. weißes Licht auf eine Fläche mit einer bestimmten Färbung auf, so werden die →Lichtfarben, die der Farbe der Fläche entsprechen, reflektiert, die anderen Lichtfarben werden „verschluckt". Tatsächlich findet eine Umwandlung in Wärmeenergie statt. Dies geschieht z.B. bei den →Körperfarben. *2.)* Trifft Schall auf eine Fläche mit bestimmtem Material auf, wird der Schall nicht vollständig reflektiert. Bestimmte →Frequenzen des Schalls werden von dem Material „verschluckt". Tatsächlich werden sie in Wärmeenergie umgewandelt.

AB-Stereofonie
→Laufzeitstereofonieverfahren. Aufnahme eines Schallereignisses mit zwei Mikrofonen mit kugelförmiger Charakteristik, die in einem Abstand von 17cm waagerecht nebeneinander stehend angeordnet sind.

Abtaster
→Filmabtaster, →Diaabtaster.

Abtastformate
→Filmformate.

Abtastfrequenz
1.) Häufigkeit, mit der in der →Digitaltechnik analoge Signale abgetastet und in einen digitalen Wert gewandelt werden. Die →Frequenz muß mehr als doppelt so hoch sein wie die maximale Frequenz des analogen Signals, das digitalisiert wird. So muß z.B. die Abtastfrequenz eines Audiosignals mit einer →Audiofrequenzbandbreite von 20 →kHz demnach größer als 40 kHz sein. *2.)* Häufigkeit von 15.625 →Hz, mit der der →Elektronenstrahl in einer →Aufnahme- oder Wiedergaberöhre Zeilen schreibt.

Abtastraster
Muster, das der →Elektronenstrahl bei der →Abtastung in einer →Bildröhre oder →Aufnahmeröhre schreibt. In der Bildröhre wird der Elektronenstrahl innerhalb 52 µs zunächst von links nach rechts und innerhalb der →horizontalen Austastlücke von 12µs wieder von rechts nach links bewegt. Danach werden die nächsten Zeilen des ersten →Halbbildes fortlaufend bis zum unteren Bildschirmrand geschrieben. Der Vorgang wiederholt sich dann mit den Zeilen des zweiten Halbbildes. Die Zeilen beider Halbbilder sind ineinander verschachtelt.

Abtastrate
→Abtastfrequenz.

Abtastratenwandlung
Wandlung der →Abtastfrequenz bei der Umwandlung digitaler Signale. In der Praxis ist z.B. eine Wandlung der Abtastfrequenz bei digitalen Audiosignalen von →44,1 auf →48 kHz mit Einbußen der Tonqualität verbunden, so daß eine Wandlung vermieden und unter Umständen analog überspielt wird.

21

Abtasttheorem
Mathematische Vorschrift, die besagt, daß bei der →Analog/Digital-Wandlung die →Abtastfrequenz mindestens doppelt so hoch sein muß, wie die höchste Frequenz des zu digitalisierenden analogen Signals. Die Abtastfrequenz eines Audiosignals muß demnach größer als 40 →kHz, die eines Videosignals größer als 10 →MHz sein.

Abtastung
1.) Wiedergabe eines Filmes mit einem →Filmabtaster. *2.)* Umwandlung von Bildern in elektrische Signale durch eine →Röhrenkamera oder →CCD-Kamera. *3.)* Umwandlung analoger in digitale Signale in der →Digitaltechnik. →Analog/Digital-Wandlung.

Abtastwert
Momentane Größe des analogen Signals während der →Abtastung eines Signals bei der →Analog/Digital-Wandlung.

Abwärtskompatibilität
Können z.B. Maschinen eines neuen, veränderten →MAZ-Formates auch →Magnetbänder des alten Formates abspielen, so sind sie abwärts kompatibel.

Abziehen
Schneiden des Original-Negativ- oder →Umkehrfilms nach einer →Arbeitskopie sowie eventuelles Hinzufügen von Tricksequenzen und Titeln.

AC
engl. Abk. Alternating Current. Wechselstrom. *Ugs.* auch für Wechselspannung.

AC-3
engl. (Dolby) Audio Codec No. 3. Verfahren zur hochqualitativen →Datenreduktion von Audiosignalen. Entwickelt für das →Dolby Digital-Verfahren mit 6 Tonkanälen, die Datenmenge wird insgesamt auf 320 kBit/Sekunde reduziert.

Academy Format
engl. Die Aufzeichnung geschieht unverzerrt mit einem →Bildseitenverhältnis von 1,37:1 auf →35mm-Film.

Accessories
engl. Zubehör.

Achse
→Bildachse, →optische Achse.

Achsensprung
Überschreitung der →Bildachse bei einem direkten Umschnitt bei der Positionierung der Kamera. Damit verändert sich die Blickrichtung der dann aufgenommenen Person.

Acht-Charakteristik
→Richtcharakteristik eines Mikrofons in Form einer liegenden Acht, bei der der Schall vorzugsweise aus zwei gegenüberliegenden Richtungen aufgenommen wird. Schall aus den anderen beiden Richtungen oder Schall, der von unten oder oben auf das Mikrofon auftrifft, wird ausgeblendet. Der →Bündelungsfaktor solcher Mikrofone beträgt 1,7.

Achter-Sequenz
→PAL-8-er-Sequenz.

AC-Koeffizient
Abk. Wechselspannungskoeffizient. Beschreibt die hochfrequenten Anteile, z.B. innerhalb eines Video- oder Datensignals. Diese Teile beinhalten in der Regel die kleinen Bilddetails. Sie sind bei der Betrachtung eines Bildes weniger auffällig und können daher bei einer →Datenkompression geringer bewertet oder gar weggelassen werden. *Ggs.* →DC-Koeffizient.

ACT
engl. Abk. Anti Comet Tail. System an →Aufnahmeröhren elektronischer →Röhrenkameras zur Vermeidung von →Blooming und →Comet Tail. Dabei werden beim Strahlrücklauf überschüssige Ladungsmengen abgetragen.

Active Line
engl. →Aktive Zeile.

Active Loop
engl. Geräteeingang für ein →serielles digitales Videosignal. Nach einer Verstärkung und Entzerrung des Eingangssignals wird es an einer zweiten Buchse zur weiteren Nutzung zur Verfügung gestellt. *Ggs.* →Reclocking.

Active Video
engl. →Aktiver Bildinhalt.

ACTV
engl. Abk. Advanced Compatible Television. Verbessertes →NTSC-Verfahren.

ADA
1.) engl. Abk. Audio Distribution Amplifier. →Audioverteiler. *2.)* Bezeichnung für eine analog aufgenommene und digital bearbeitete Tonaufnahme auf einem analogen Tonträger (konventionelle Schallplatte).

Adapter
allg. Zwischenstück zur Verbindung von Geräten oder Kabeln verschiedener Steckernormen. →Stecker, →Mikroskop-Adapter, →Playback-Adapter, →Speiseadapter.

Adapterplatte
Vorrichtung zur schnellen und sicheren Verbindung einer elektronischen Kamera oder eines Kamerarecorders über eine →Keilplatte mit dem →Hydrokopf eines Stativs. Eine Adapterplatte ist kameraspezifisch und paßt meist nur für die Modellreihe eines Kameratyps.

Adaption
Anpassung des Auges an die Helligkeits- und Farbverhältnisse der Umgebung.

ADC
engl. Abk. Analog to Digital Converter. Gerät für die →Analog/Digital-Wandlung.

A/D-Converter
engl. Abk. Analog/Digital-Wandler. Gerät zur →Analog-Digital-Wandlung.

ADD
Abk. Bezeichnung für eine analog aufgenommene und digital bearbeitete Tonaufnahme auf einem digitalen Tonträger (z.B. Audio-CD).

Additive Farbmischung
Überlagerung von →Lichtfarben, bei der für das Auge ein neuer Farbeindruck entsteht. Dies ist auch das Funktionsprinzip eines Farbbildschirms. Die additive Mischung der Farben Rot, Grün und Blau ergibt Weiß. *Ggs.* →Subtraktive Farbmischung.

Additive Mischung
Beschreibt den konventionellen Mischeffekt zweier Bilder an einem →Bildmischpult. An jeder Stelle des Trickbildes sind die Signalanteile beider Bildquellen zu sehen. →Nicht additive Mischung.

ADJ
engl. Abk. Adjust. Einstellen, justieren.

ADO
† *engl. Abk. (Ampex)* Ampex Digital Optics. Bezeichnet eine Reihe →digitaler Videoeffektgeräte.

ADSL
engl. Abk. Asymmetric Digital Subscriber Line. Asynchroner digitaler Teilnehmeranschluß. Übertragungssystem mit hoher Bandbreite für digitale Daten über Kupferleitungen, z.B. für den Anschluß von Teilnehmern an Internet-Netze oder Pay Per View-Systeme. Dabei wird eine höhere →Datenrate zum Teilnehmer und eine geringere Datenrate zurück vom Teilnehmer übertragen, daher auch die Bezeichnung asynchron.

ADTV
engl. Abk. Advanced Definition Television.

Advance
engl. Vorrücken. Bei der →Time Code-Eingabe wird die einzustellende Ziffer gewählt.

A/D-Wandlung
Abk. →Analog/Digital-Wandlung.

Äquivalenzstereofonie
Tonaufnahmeverfahren, bei dem die beiden Kanäle sowohl den Pegel- als auch den Laufzeit- bzw. Phasenunterschied der Schallquellen unterscheiden. Ein von der rechten Seite kommendes Schallereignis trifft am linken Kanal später und leiser ein. Dabei werden die Verfahren →Laufzeitstereofonie und →Intensitätsstereofonie kombiniert.

AER
engl. Abk. Aerial. Antenne.

Aerial
engl. Antenne.

AES
engl. Abk. Audio Engineering Society. Internationale Organisation, die sich mit Normfragen der Tontechnik beschäftigt.

AES/EBU-Digitales Audioformat
Von →AES und →EBU genormtes digitales Tonformat, das zwei analoge Tonsignale mit einer →Abtastfrequenz von 48 →kHz abtastet und mit üblicherweise 16 →Bit linear →quantisiert. Die →Datenrate umfaßt mit Hilfssignalen und einem →Time Code insgesamt 3,072 →MBit/s. Die Übertragung beider Tonkanäle gemeinsam geschieht seriell über eine →symmetrische Kabelverbindung und einen →XLR-Stecker. Andere →Abtastfrequenzen (→32 kHz und →44,1 kHz) und →Quantisierungen bis 24 Bit sind möglich. Consumervariante: →S/P-DIF-Format.

AF
engl. Abk. 1.) Autofocus. →Automatische Schärfeneinstellung. *2.)* Audio Frequency. Tonfrequenz, →Niederfrequenz.

AFC
engl. Abk. Automatic Frequency Control. Automatische Frequenzabstimmung.

AFL
engl. Abk. After Fader Listening. Auskopplung des Audiosignals nach dem Regler, z.B. zur Weitergabe des Signals an ein Effektgerät (z.B. Hallgerät). *Ggs.* →PFL.

AFM
engl. Abk. Audio Frequency Modulation. →Frequenzmodulierter Ton.

A-Format
† →MAZ-Format, das auf 1 →Zoll breites →Oxidband im →Direct Colour-Format ein Videosignal aufzeichnete. Vorläufer des →C-Formats.

AFV
engl. Abk. →Audio Follow Video.

AGC
engl. Abk. Automatic Gain Control. Automatische Verstärkungsregelung.

Aggregat
→Stromaggregat.

Ah
Abk. →Amperestunde.

AIFF
engl. Abk. Audio Interchange File Format. Format für komprimierte und unkomprimierte Audiosignale.

A-Impuls
Abk. →Austastimpuls.

AK
Abk. 1.) →Anschlußkasten. *2.)* →Arbeitskopie.

Akku
Abk. Akkumulator. →Blei-Akku, →NiCd-Akku.

Akkugürtel
Wird für lang andauernde Aufnahmen eingesetzt, bei denen ein Akkuwechsel nicht erwünscht ist. Mit den typischerweise 7 →Amperestunden eines Akkugürtels läßt sich ein moderner →Kamerarecorder mindestens 3 Stunden betreiben. Vorsicht beim Einsatz für Akkulicht oder →Vorderlicht: Akkugürtel sind meist nicht gegen →Tiefentladung geschützt.

Akkulampe
Ugs. für →Akkuleuchte.

Akkuleuchte
Batteriebetriebene →Leuchte, die im allgemeinen in der Hand gehalten wird. Geeignet für →Kunstlicht oder für →Tageslicht. Leistung bis etwa 100 Watt. Kapazität zwischen 15 und 30 Minuten mit einem Akku.

Akkulicht
Ugs. für →Akkuleuchte.

Akt
Einzelne Rollen eines Films.

Aktivbox
→Aktivlautsprecher.

Aktiver Bildinhalt
Teil des Videosignals, das die Bildinformation enthält. Die 625 übertragenen Zeilen reduzieren sich durch die →vertikale Austastlücke auf 575 Zeilen. Von einer →Fernsehzeile bleiben nach Abzug der →horizontalen Austastlücke 52 →µs Bildinhalt übrig.

Aktive Zeile
1.) Auf eine →Fernsehzeile bezogen ist die aktive Zeile der Teil einer Fernsehzeile mit Bildinhalt ohne →horizontale Austastlücke. Für die herkömmliche →Fernsehnorm mit 625 Zeilen beträgt die Dauer 52 →µs für ein →analoges Videosignal und 53,3 µs für ein →digitales Komponentensignal. *2.)* Auf ein Fernsehbild bezogen sind aktive Zeilen diejenigen Zeilen mit Bildinhalt ohne die →vertikale Austastlücke, in unserer herkömmlichen Fernsehnorm 575 von insgesamt 625 Zeilen.

Aktivlautsprecher
Lautsprecher mit eingebautem Verstärker.

Akustische Rückkoppelung
Der von einem →Mikrofon aufgenommene Schall gelangt durch einen in der Nähe aufgestellten Lautsprecher wieder in das Mikrofon und führt zu einem Pfeifton. Kann durch Verwendung von Mikrofonen und/oder Lautsprechern mit Richtcharakteristika, durch Frequenzverschiebung oder durch Übertragung eines →n-1-Tons verhindert werden.

AL
Abk. Aufnahmeleitung.

ALC
engl. Abk. Auto Lens Control. →Blendenautomatik.

Ald
Abk. (Telekom) →Austauschleitung, dauernd überlassen.

Algorithmus
Gespeichertes, nach festen Vorschriften ablaufendes Rechenverfahren. Algorithmen werden z.B. von →MAZ-Maschinen →digitaler MAZ-Formate zur Bearbeitung ihrer vielfältigen →Fehlerschutzsysteme verwendet. Diese Algorithmen basieren auf der Kenntnis der wahrscheinlich auftretenden Fehler und sind allen MAZ-Maschinen eines Formats bekannt.

Alias-Frequenzen
lat. Anders, fremd. Bei der Überlagerung zweier →Frequenzen entsteht eine neue, unerwünschte Frequenz. Grundsätzlich lassen sich diese Störeffekte im Bild in drei Gruppen einteilen: *1.)* Störeffekte bei Bild- oder durch Kamerabewegung. Überschreiten diese Bewegungen die →Bildwechselfrequenz, kann es zu →Shuttereffekten kommen. Ein schneller Kameraschwenk über einen Lattenzaun kann z.B. zu einem auffälligen Ruckeln der vertikalen Latten führen. *2.)* Störeffekte bei der Abtastung. Bei der Abtastung einer aus kleinen Bilddetails bestehenden Vorlage z.B. durch →CCD-Chips oder bei der →Analog/Digital-Wandlung kann es bei Überlagerung der Abtastfrequenz und der Frequenz der kleinen Bilddetails zu Moiré-Störungen kommen. Abhilfe schaffen hier Filter-Methoden. *3.)* Störeffekte an diagonalen Kanten. Durch die Überlagerung der Abtaststruktur mit der Struktur der Vorlage kommt es zu einer trep-

penförmigen und flimmernden Darstellung der Kanten. Auch das →Kantenflimmern gehört zu dieser Gruppe. Abhilfe schaffen →Anti Aliasing-Systeme.

Alias-Störung
→Alias-Frequenzen.

Alignment
engl. Abgleich, Justage.

Alignment Jitter
engl. →Relativer Jitter.

Alignment Level
engl. →Bezugspegel.

Alignment Tape
engl. →Bezugsband.

Allonge
franz. Farbige Verlängerung vor dem →Startband bzw. nach dem Endband. Zur Unterscheidung mehrerer Rollen eines Filmprogramms durch unterschiedliche Farben und zur Erkennung des Anfangs oder des Endes eines Filmwickels. Die Farben in der Reihenfolge der Rollen-Nummern: Rot, Blau, Grün, Orange, Lila, Weiß. Die Allonge am Anfang des Films ist einfarbig, die Allonge am Ende eines Films ist farbig/weiß gestreift.

Alpha Channel
engl. Der Kanal eines Bildmischpultes, der das schwarz-grau-weiße Videosignal für den →Linear Key enthält.

Alpha Key
engl. →Linear Key.

Alphanumerische Zeichen
Zeichensatz, der aus Buchstaben, Zahlen und einigen Sonderzeichen besteht. →ASCII-Zeichen.

Altar
→Digitaler Videoeffekt, bei dem zwei Gesprächspartner z.B. einer →Schaltkonferenz in zwei leicht in die Mitte des Fernsehbildes gedrehten Bildern jeweils links und rechts vom Bild des Studiomoderators stehen. Alle drei Bilder können in ihrer Größe und Form unabhängig voneinander verändert werden. Problematisch ist die Blickrichtung. Für eine →Live-Sendung wird ein digitales Videoeffektgerät mit drei Kanälen benötigt. →Schmetterling.

Alte Norm
Bezeichnet die Schichtlage von →16mm-Filmen. Seitenrichtiges Bild bei Aufsicht auf die →Emulsionsseite des Films. *Ggs.* →Neue Norm.

Alv
Abk. (Telekom) →Austauschleitung, vorübergehend überlassen.

AM
Abk. →Amplitudenmodulation. An Radioempfängern oft der Empfangsbereich der Mittelwelle. →MW.

Amateur-Formate
→Betamax-Format, →D8-Format, →D-VHS-Format, →DV-Format, →VHS-Format, →S-VHS-Format, →Video 8-Format, →Hi 8-Format, →Video 2000-Format, →VCR-Format.

Ambience
franz. Atmosphäre. Tonaufzeichnung allgemeiner Umweltgeräusche.

Amerikanische Einstellung
→Einstellungsgröße.

Amerikanische Nacht
→Day for Night-Effekt.

Amerikanische Norm
Ugs. Damit ist die amerikanische →Fernsehnorm oder das dort verwendete →NTSC-Verfahren gemeint.

AMP
1.) engl. Abk. Amplifier. Verstärker. *2.) Abk.* →Ampere.

Ampere
franz. Einheit der elektrischen Stromstärke, *Abk.* A.

Amperestunde
Einheit der Stromleistung pro Zeiteinheit, z.B. von Akkusystemen. *Abk.* Ah. →Ampere.

Amplifier
engl. Verstärker.

Amplitude
Signalgröße, Spannung.

Amplitudenmodulation
Modulationsverfahren zur Übertragung elektrischer Signale. Eine gleichbleibende →Trägerfrequenz ändert ihre →Amplitude in Abhängigkeit von der zu übertragenden Information.

Amplitudenwert
Signalgröße, Spannung.

AMX
engl. Abk. Audiomixer. →Tonmischpult.

Analog/Digital-Wandlung
Umwandlung analoger Bild- oder Tonsignale in eine digitale Form. Dabei wird das analoge Signal mit einer →Frequenz abgetastet, die mindestens doppelt so hoch wie die Frequenz der →Bandbreite des analogen Signals ist. Dieser Vorgang wird auch Sampling genannt. Bei jeder Abtastung wird die Signalgröße - der Pegelwert - gemessen und einer Pegelstufe zugeordnet. Diesen Vorgang nennt man →quantisieren. Die Anzahl der Pegelstufen muß so bemessen sein, daß bei der Rückwandlung des digitalen in ein analoges Signal keine Qualitätsverschlechterung zu hören bzw. sehen ist. Die gewonnenen Pegelwerte werden dann in Zahlen des →Binärsystems umgewandelt. Dem Nachteil der gegenüber dem analogen Signal größeren Datenmenge steht der Vorteil entgegen, daß digitale Signale weitestgehend ohne Qualitätsverluste übermittelt oder kopiert werden können.

Analoge Komponentensignale
→Komponentensignale.

Analoger Schnitt
Im Wortsinne ein →linearer Schnittplatz, der nur mit →analogen Geräten wie z.b. →MAZ-Maschinen und →Bildmischpult arbeitet. Keine Beschreibung eines →Hartschnittplatzes. *Ggs.* Digitaler Schnittplatz.

Analoge Satellitenübertragung
Das →analoge Videosignal wird nach dem →Frequenzmodulationsverfahren bearbeitet und dann per →Satellitenübertragung gesendet. Da ein analoges Signal nicht datenreduziert werden kann, ist für die Übertragung eine →Frequenzbandbreite von mindestens 27 →MHz erforderlich. Für diese Informationsmenge wird entweder ein halber oder ein ganzer →Transponder benötigt. →Digitale Satellitenübertragung, →SNG-Fahrzeug.

Analoge Signale
→Analogtechnik.

Analoges Videosignal
Jede Kamera produziert mit ihren →CCD-Chips ein analoges Bildsignal einer bestimmten →Auflösung. Bei der Erstellung von →MAZ-Generationen oder bei der Übermittlung des Bildsignals über mehrere Schaltstellen kann durch die Nachteile der →Analogtechnik gegenüber der →Digitaltechnik ein Qualitätsverlust auftreten. In der Regel werden heute im Studio analoge →Komponentensignale verarbeitet, aber analoge →FBAS-Signale zum Zuschauer übertragen. Eine →Datenreduktion wie mit digitalen Signalen ist mit analogen Signalen nicht möglich.

Analogtechnik
Bild- oder Tonsignale besitzen unendlich viele Helligkeits- bzw. Lautstärkeunterschiede. Die Übertragung geschieht mit entsprechenden Spannungswerten. Verändern sich diese Spannungen infolge einer Störung, so wird auch die Bild- oder Toninformation fehlerhaft übertragen. →Digitaltechnik.

Anamorphot
Film-Objektiv oder Objektiv-Vorsatz. Preßt das Bild vor der Aufnahme horizontal zusammen und ergibt bei der gedehnten Projektion oder Wiedergabe ein Breitbild. →Scope-Verfahren.

Anamorphotischer Film
→Cinemascope.

Anamorphotisches Videosignal
Bezeichnung für ein 16:9-Bild, das für die Ausstrahlung im →PALplus-Verfahren auf einem herkömmlichen Studiomonitor mit einem Bildseitenverhältnis von 4:3 horizontal zusammengepreßt und daher vertikal gedehnt zu sein scheint. Diese Eierkopf-Darstellung bekommen weder die Zuschauer mit Empfängern des →PAL-Verfahrens noch die des PALplus-Verfahrens zu sehen.

ANC
engl. Abk. →Ancillary Data Space.

Ancillary Data Space
engl. Übertragungsbereich in →digitalen Videosignalen für Zusatzinformationen. Die Bereiche basieren auf der horizontalen und vertikalen →Austastlücke des ursprünglichen →analogen Videosignals. Die Zusatzdaten (Auxiliary Data) können digitale Audiosignale (→Embedded Audio), →Time Code und Signale zur →Fehlererkennung enthalten.

Anfangsbrennweite
Beschreibt bei einem →Zoomobjektiv die weitwinkligste →Brennweite.

ANG
Abk. Anschaltgerät. →Telefonanschaltgerät.

Angel
→Tonangel.

ANGL
Abk. Angleich-Monitor. Qualitativ hochwertiger Farbmonitor für das →Matching.

Anhebung des Videopegels
→Verstärkung an elektronischen Kameras.

Animation
Herstellung eines (Video-)Films mit bewegten Bildern durch Aufzeichnung von Einzelbildern auf Film oder →MAZ oder durch Erstellung an einem Computer.

Anlegen
1.) →Ton anlegen. *2.)* Synchronisieren zweier Videobänder für eine gleichzeitige Wiedergabe beim →elektronischen Schnitt. Wird z.B. angewandt, wenn Material einer →Zwei-Kamera-Produktion bearbeitet wird. *3.)* Synchrones, szenenweises Plazieren des →Bild- und des →Tonfilms an einem Film-Schneidetisch.

Anschaltgerät
→Telefonanschaltgerät.

Anschlußkasten
Kasten in Studioräumen zum Anschluß von Kameras, Monitoren und Mikrofonen an die Regien oder bei Außenproduktionsstätten an →Übertragungswagen.

Anschlußplatte
Platte mit Steckverbindungen zu einem Baugruppeneinschub und rückseitigen Anschlußbuchsen für Kabelverbindungen.

Anschlußwert
Leistungsaufnahme für die Stromversorgung einer Beleuchtungseinrichtung, eines Reportage- oder eines →Übertragungswagens. Angabe in →kW oder →Ampere.

Anschnitt
1.) →Assemble-Schnitt. *2.)* Gegenstand oder Person, der bzw. die im Vordergrund eines Bildes nur teilweise zu sehen ist.

ANSI
engl. Abk. American National Standards Institute. Amerikanisches Institut für Normungsfragen.

Ansichtskopie
Kopie, in der Regel auf einer →VHS-Kassette, eventuell mit einem im Bild →sichtbarem Time Code.

Ansichtsplatz
Arbeitsplatz mit einem einfachen MAZ-Wiedergabegerät zur Sichtung von Videomaterial und zur Erstellung einer →Shotlist. Meist keine normgerechte Bild- und Tonqualität. Anzeige des Time Codes im Bild möglich.

Ansichtsplayer
Einfaches MAZ-Wiedergabegerät zu Ansichtszwecken. Meist keine normgerechte Bild- und Tonqualität, Anzeige des →Time Codes im Bild möglich.

Anstecker
Ugs. →Ansteckmikrofon.

Ansteckmikrofon
Kleines, möglichst unauffälliges Mikrofon, das an der Kleidung oder am Körper angebracht wird. Ist oft nicht ausreichend gegen Wind zu schützen. Als →drahtgebundenes oder →drahtloses Mikrofon zu betreiben.

Antennengewinn
Verhältnismaß in →Dezibel, durch das sich die Richtwirkung einer Sende- oder Empfangsantenne von einer kugelförmig sendenden oder empfangenden Antenne unterscheidet.

Anti Aliasing
engl. Diagonale Kanten erscheinen z.B. in →digitalen Videoeffekt-Geräten oder →Schriftgeneratoren häufig mit einer starken Treppenstruktur. Anti Aliasing-Systeme belegen benachbarte Bildpunkte ebenfalls mit bestimmten Helligkeitswerten oder lassen die Treppenform durch Filtertechniken subjektiv weniger auffällig erscheinen.

Antimagnetische Schere
Schere aus nicht magnetischem Material für den mechanischen Tonschnitt.

Antiope
franz. Acquisition Numérique et Télévisualisation d'Images en Pages d'Ecriture. →Videotextsystem in Frankreich.

Antireflexbelag
→Vergütung.

Antiskating
Einrichtung an konventionellen Plattenspielern zur Kompensation der auf den Tonarm wirkenden, in die Plattenmitte ziehenden Kraft.

Antiwackeloptik
Ugs. für →Girozoom.

Anzahl der Bilder
→Bildwechselfrequenz.

Anzahl der Zeilen
→Zeilenanzahl.

AO
engl. Abk. Audio Output. Audio-Ausgang.

AP
Abk. →Anschlußplatte.

Aperturkorrektur
→Kantenkorrektur.

APL
engl. Abk. Average Picture Level. Mittlerer →Bildpegel.

APM
engl. Abk. Audio →Peak Meter.

Apostilb
† Einheit der →Leuchtdichte.

APP
engl. Abk. Audio Patch Panel. →Audiosteckfeld.

APT
engl. Abk. Aperture. →Kantenkorrektur.

29

Arbeitskopie
Positivkopie des Originalfilms oder Kopie des Original-Magnetbandes zum Zwecke des Arbeitsschnitts. Bei der Filmbearbeitung erfolgt anschließend das →Abziehen, bei der elektronischen Bearbeitung das Nachschneiden des Originals.

Arbeitslicht
→Baulicht.

Arbeitsspeicher
Speicher in Computern oder computerorientierten Geräten, bestehend aus elektronischen →RAM-Speicherbausteinen. Der Arbeitsspeicher hat gegenüber den anderen Speichersystemen wie z.b. der →Festplatte zwar die geringste Kapazität, aber die schnellste Zugriffszeit.

Arbeitsstellung
Stellung der →Pegelsteller an einem →Tonmischpult, die durch die Einstellung der →Vordämpfung erreicht wird, so daß sich bei normaler Aussteuerung ein Spielraum für eine Verstärkung des Tonsignals von 6 bis 10 →Dezibel ergibt.

ARD
Abk. Arbeitsgemeinschaft der öffentlich-rechtlichen Rundfunkanstalten Deutschlands. Landesrundfunkanstalten: Bayerischer Rundfunk (BR), Hessischer Rundfunk (HR), Mitteldeutscher Rundfunk (MDR), Norddeutscher Rundfunk (NDR), Ostdeutscher Rundfunk Brandenburg (ORB), Radio Bremen (RB), Sender Freies Berlin (SFB), Saarländischer Rundfunk (SR), Südwestrundfunk (SWR), Westdeutscher Rundfunk (WDR). Bundesrundfunkanstalten: Deutsche Welle (DW), Deutschlandfunk (DLF).

ARD-FS-Sternpunkt
Abk. ARD-Fernsehen-Sternpunkt. Zentrale Stelle der ARD-Rundfunkanstalten in Frankfurt, die alle Bild-, Ton- und →Kommandoleitungen zwischen den Rundfunkanstalten für →Programmübertragungen und →Überspielungen schaltet.

ARD/ZDF-Dauerleitungsnetz
→Dauerleitungsnetz.

Arrowhead-Darstellung
engl. (Tektronix) Pfeilartige Darstellung an digitalen →Komponentenoszilloskopen für die Messung von →Überpegeln, die nach der Wandlung eines →Komponentensignals in ein →FBAS-Signal entstehen können.

Artefakte
Unerwünschte Effekte bzw. →Bildstörungen in Videobildern. Dazu zählt u.a. das Moiré der →Cross Colour-Störung. Störeffekte, die durch Bild- oder Kamerabewegung entstehen, nennt man →Bewegungsartefakte.

ASA
† *engl. Abk. 1.)* American Standard Association. Wurde in →ANSI umbenannt. *2.)* Angabe der Filmempfindlichkeit in →ISO.

asb
† *Abk.* →Apostilb. Einheit der →Leuchtdichte.

ASCII-Zeichen
engl. Abk. American Standard Codes for Information Interchange. Genormter Zeichensatz der Computertechnik, bestehend aus 128 Ziffern, Buchstaben und Sonderzeichen.

ASF
Abk. →Audiosteckfeld.

ASIC
engl. Abk. Application Specific Integrated Circuit. Anwenderspezifische →integrierte Schaltung.

Aspect
engl. Abk. Aspect Ratio. Seitenverhältnis. →Bildseitenverhältnis.

Aspect Ratio
engl. Seitenverhältnis. →Bildseitenverhältnis.

Assemble-Schnitt
engl. Schnittbetriebsart, bei der die Bild- und Tonsignale, das →Steuerspursignal und der →Time Code im →Jam Sync-Verfahren störungsfrei und bildgenau aneinandergefügt werden. Bei →vorcodierten Bändern entsteht beim →Ausstieg eine Unterbrechung des Steuerspursignals.

Assign
engl. Zuordnung.

AS-Signal
Abk. Austast-Synchron-Signal. Videosignal ohne Bildinhalt und ohne →Burst, nur bestehend aus →Austast- und →Synchronimpulsen.

AST
engl. Abk. (Ampex) Automatic Scan Tracking. →Automatische Spurnachführung.

ASTC
engl. Abk. Audio Sector Time Code. →Time Code, der in den Audio-Daten →digitaler MAZ-Formate untergebracht ist.

Astigmatismus
→Abbildungsfehler von →Objektiven. Die →Brennpunkte horizontaler und vertikaler Linien fallen nicht zusammen. Eine gemeinsame Schärfe des gesamten Bildes kann nicht gefunden werden.

Aston
Hersteller von →Schriftgeneratoren. Wird *ugs.* oft als Pseudonym für Schriftgeneratoren allgemein verwendet. Die verschiedenen Geräte des Herstellers bieten unterschiedliche Ausstattungen und sind nur teilweise kompatibel.

Asymmetrische Leitung
Einadrige geschirmte Leitungen. Einstreuung von →Fremdspannungen führen bei kurzen Leitungslängen zu Störungen. Die →Abschirmung ist gleichzeitig die für den Stromkreis notwendige zweite Leitung. Bei der Übertragung von Audiosignalen liegt die Grenze bei wenigen Metern. *Ggs.* →Symmetrische Leitung.

Asynchronität
→Lippensynchronität, →Bild/Ton-Versatz, →Synchronisation von FBAS-Signalen, →Synchronisation von Komponentensignalen, →Synchronisation von MAZ- und Tonbandmaschinen.

AT
engl. Abk. (Panasonic) Auto Tracking. →Automatische Spurnachführung.

Atelier
franz. →Fernsehstudio.

ATF
engl. Abk. Automatic Track Following. →Automatische Spurnachführung.

ATM
engl. Abk. Asynchronous Transfer Mode. Gleichzeitige Übertragung von Video-, Audio-, Sprach- und Datensignalen auf einem breitbandigen Kanal. Die Daten werden per →Lichtleiterübertragung mit einer →Datenrate von bis zu mehreren hundert →MBit/Sekunde transportiert. ATM arbeitet paketorientiert, d.h. die Daten werden in einzelne Zellen verpackt und über die Leitungswege verschickt. Für die Übertragung von Video- und Audiosignalen beim Fernsehen stehen entsprechende →Coder und Decoder zur Verfügung, die ein Videosignal nach dem →MPEG-2-Verfahren datenreduziert z. B. mit einer Datenrate von 34 MBit/Sekunde und ein Tonsignal in eine Richtung übertragen. Die Verbindung im ATM-Netz kann - ebenso wie beim Vorläufer →VBN - vom Anwender selbst geschaltet werden. Darüber hinaus ist in gewissen Bereichen auch eine Anpassung der Datenreduktion und damit der Datenrate an die qualitativen Erfordernisse der Übertragung möglich. Im *Ggs.* zu VBN wird bei ATM nicht die bestehende Verbindung, sondern die übertragene Datenmenge bezahlt. Zusätzliche Signale, wie z.B. eine Rückstrecke oder weitere Audiosignale, müssen zusätzlich bezahlt werden. Einige ATM-Coder weisen lange Verarbeitungszeiten auf und sind somit für Live-Übertragungen nicht sinnvoll einsetzbar.

Atmo
griech. Abk. Atmosphäre. Tonaufzeichnung allgemeiner Umweltgeräusche.

ATR
engl. Abk. Audio Tape Recorder. Tonbandmaschine. *Ggs.* →VTR.

ATRAC
engl. Abk. Adaptive Transform Acoustic Coding. →Datenreduktionsverfahren für Audiosignale, das z.B. bei der →Minidisc und beim Kinotonverfahren →SDDS verwendet wird. ATRAC erreicht dies durch die Ausnutzung psychoakustischer Effekte wie Hörschwelle und Verdeckungseffekt. Bei der Verwendung von ATRAC in der →Minidisc wird die Datenmenge gegenüber der herkömmlichen CD (→CD-Audio) auf ein Fünftel reduziert.

Attack Time
engl. Ansprechzeit.

ATW
engl. Abk. Auto Tracing White Balance. →Weißabgleich, der während einer Aufnahme mit einem Kamerarecorder automatisch nachgeregelt und eventuell wechselnden Farbstimmungen angepaßt wird. Da diese Automatik nicht die bildwichtigen von den bildunwichtigen Teilen trennen kann, ist die Funktion nur eingeschränkt nutzbar.

Audiobandbreite
→Audiofrequenzbandbreite.

Audioburst
engl. Gruppe von Tondaten z.B. bei der Aufzeichnung auf Maschinen des →digitalen MAZ-Formats.

Audio Delay
engl. →Tonverzögerung.

Audio Dubbing
engl. Abk. Audio Dubbing. Möglichkeit zur nachträglichen Tonaufzeichnung auf eine →Audiospur an tragbaren →MAZ-Maschinen und Consumer-Geräten.

Audio Follow Video-Kreuzschiene
engl. System verkoppelter →Audio- und →Videokreuzschienen. Mit einem gemeinsamen Tastendruck lassen sich zusammen mit einem Videosignal ein oder mehrere Audiosignale schalten. Eine getrennte Schaltung von Ton- und Bildsignalen ist jedoch meist zusätzlich möglich.

Audiofrequenz
Elektronisches Tonsignal mit einer →Audiofrequenzbandbreite von 20 kHz.

Audiofrequenzbandbreite
Abstand zwischen der minimalen und maximalen →Frequenz innerhalb eines Tonsignals, vom tiefsten bis zum höchsten Ton. Hörbar ist etwa der Bereich von 30 bis 16.000 →Hz, mit Hilfe digitaler Tontechnik ist ein Bereich zwischen 20 und 20.000 Hz übertragbar.

Audiokopf
→Magnetkopf zur Aufzeichnung von Audiosignalen. Audioköpfe sind in der Regel fest montierte Köpfe, an denen das →Magnetband vorbeigezogen wird. Daher heißen diese Köpfe auch Longitudinalköpfe. Die Tonqualität, insbesondere die Aufzeichnung hoher →Frequenzen, hängt von der Bandgeschwindigkeit ab. Die Aufzeichnung des →Time Codes und des →Steuerspursignals geschieht ebenfalls mit feststehenden Magnetköpfen.

Audiokreuzschiene
Gerät, mit dem immer nur eine von z.B. acht Tonquellen per Tastendruck zu einem Verbraucher durchgeschaltet werden kann. Sollen z.B. vier Verbraucher unterschiedliche Bildquellen erhalten, so müssen vier einzelne Kreuzschienen zu einer sogenannten 8-auf-4-Audiokreuzschiene verbunden werden. →Audio Follow Video-Kreuzschiene.

Audio NR
engl. Abk. Audio Noise Reduction. →Rauschminderungsverfahren bei magnetischer Tonaufzeichnung.

Audiopegel
Elektrische Spannung eines Tonsignals. Wird mit →Aussteuerungsinstrumenten beurteilt. →Absoluter Pegel, →relativer Funkhausnormpegel, →Line-Pegel.

Audiosignal
Elektrisches →Tonsignal.

Audiospur
Die Magnetpartikel eines →Magnetbandes sind bei einem neuen Band oder nach dem Löschen willkürlich und nicht in Spuren angeordnet. Bei der analogen Tonaufzeichnung wird das Band vor einem →Audiokopf vorbeigezogen, der die Magnetpartikel entsprechend dem Audiosignal ausrichtet. Erst dabei hinterläßt der Tonkopf eine longitudinale Audiospur, die bei den verschiedenen →MAZ-Formaten meist nahe der Bandkanten verläuft. →Videospur.

Audiosteckfeld
→Steckfeld für Audiosignale. In Form von Reihen mit etwa 20 →Lemo- oder Klinken-Buchsen. Eine andere Form der Buchsen-Anordnung ergibt sich an Audiosteckfeldern, die mit Geräte-Symbolen, z.B. →Tonmischpult oder Bandmaschinen bedruckt sind. Übersichtlich, aber gegenüber der Reihenanordnung platzintensiv.

Audioüberpegel
Unzulässiger Wert eines Audiosignals. Der maximale Audiopegel hängt vom vereinbarten →absoluten Spannungspegel ab. Dieser maximale Pegel wird als relativer Funkhausnormpegel von 0 dB oder 100% abgegeben. Audioüberpegel können bei der Aufzeichnung auf →Magnetband oder bei der Sendung hörbare Verzerrungen, bei digitalen Tonsignalen unter Umständen auch vollständige Aussetzer verursachen.

Audioverteiler
Elektronisches Gerät zur Verteilung eines Audiosignals auf mehrere Ausgänge. Gleichzeitig wird in den meisten Fällen eine →galvanische Trennung vorgenommen.

Audiovision
allg. Verfahren zur gleichzeitigen Bild- und Tonübertragung.

Audioworkstation
engl. Nichtlineares, auf einer →Festplatte basierendes Schnittsystem für Audioprogramme.

AÜ
Abk. →Außenübertragung.

AüO
Abk. Außenübertragungsort. →Außenübertragung.

Aufbausucher
Kleiner, schwarzweißer →Suchermonitor zum Aufbau auf eine tragbare Kamera oder einen →Kamerarecorder. In Verbindung mit einer →Hinterkamerabedienung kann stehend an der Kamera gearbeitet werden.

Aufblasen
Kopieren eines Films auf ein größeres Filmformat als das Original, z.B. von →16mm-Film auf →35mm-Film.

Aufblende
1.) Aus dem Schwarz heraus entsteht ein Bild bis zu seiner vollständigen Helligkeit. Für das Aufblenden von Videosignalen wird ein →Bildmischpult benötigt. *2.)* Von der Stille ausgehend wird ein Tonsignal bis zur →Vollaussteuerung immer lauter. *Ggs.* →Abblende.

Aufheller
→Leuchte, →Scheinwerfer oder reflektierender Gegenstand für das →Aufhellicht.

Aufhellicht
Zur Verminderung der Schatten, die das →Führungslicht verursacht hat. Wird aus technischen Gründen zur Verminderung des Kontrastumfangs oder aus ästhetischen Gründen gesetzt. →Aufheller.

Aufhellung
→Aufhellicht.

33

Auflagemaß
Abstand der letzten Linse eines Objektivs zur →Abbildungsebene einer Kamera. Durch mechanische Toleranzen ist das Auflagemaß für jede Kombination von →Zoomobjektiv und Kamera am Objektiv zu justieren. Ein falsches Auflagemaß führt zu Schärfeverlusten während der Veränderung der →Brennweiten am Objektiv. Bei elektronischen →Röhrenkameras ist zusätzlich die Justage jeder einzelnen →Aufnahmeröhre in Bezug auf ihre Abbildungsebene erforderlich.

Auflicht
Kleine Lichtquelle in →Aufnahmeröhren elektronischer →Röhrenkameras, um →Nachzieheffekte zu verringern.

Auflösung
1.) Schärfeinformation, d.h. die Fähigkeit, kleine Bilddetails abzubilden. Je feiner bzw. größer die Auflösung, desto größer wird die zu übertragende →Videofrequenzbandbreite. →Modulationstiefe, →Horizontalauflösung, →Vertikalauflösung, →Bewegtbildauflösung.
2.) Bei der Analog/Digital-Wandlung beschreibt die Auflösung die Anzahl der Pegelstufen bei der →Quantisierung. Eine Schärfeinformation z.B. des digitalisierten Bildes ist darin nicht enthalten.

Aufnahmeerlaubnis
→Drehgenehmigung.

Aufnahmeformat
→Bildfeldgröße, →Filmformate, →MAZ-Formate, →Tonbandformate.

Aufnahmeröhre
Bildaufnehmer elektronischer Röhrenkameras. Wird ein Bild auf die Röhre projiziert, entlädt sich die lichtempfindliche Speicherschicht teilweise. Ein →Elektronenstrahl tastet im Zeilenrhythmus dieses Ladungsbild der lichtempfindlichen Speicherschicht ab. Die Energiemenge, die zur Wiederaufladung aufgebracht werden muß, läßt das elektrische Bildsignal entstehen. Der Aufbau der Speicherschicht führt zu verschiedenen Röhreneffekten wie →Blooming, →Comet Tail, →Nachzieheffekt, →Einbrennern, die Ablenkung des Elektronenstrahls zu Problemen der →Rasterdeckung.

Aufnahmesperre
→Löschschutz.

Aufnahmestrom
→Kopfstromoptimierung.

Aufpro
Abk. →Aufprojektion.

Aufprojektion
Projektion eines Hintergrundbildes auf eine →Bildwand für Trickaufnahmen von der Seite der Kamera aus. →Rückprojektion.

Aufwärtskompatibilität
Können z.B. Maschinen eines →MAZ-Formates auch die →Magnetbänder eines neuen, veränderten Formates abspielen, so sind diese alten Maschinen aufwärts kompatibel.

Aufzeichnung
Speicherung von Bild und/oder Ton auf →Magnetband oder →Festplatte.

Aufzeichnungsnormen
→MAZ-Formate.

Aufzeichnungspflicht
Gesetz, das einer Rundfunkanstalt die Aufzeichnung ihrer Programme und deren Archivierung für einen bestimmten Zeitraum vorschreibt.

Aufziehen
1.) Vergrößern des Blickwinkels mit dem →Zoomobjektiv einer Kamera. *2.) Ugs.* für →Aufblenden.

Augendiagramm
Darstellung aller →Bits eines →digitalen Komponentensignals auf einem Oszilloskop übereinander gelagert. Bits, die einer logischen „1" entsprechen, erscheinen mit einem positiven,

verrundeten Rechteck, Bits, die einer logischen „0" entsprechen, mit einem negativen, verrundeten Rechteck. Dadurch ergibt sich die der Form eines Auges ähnliche Darstellung. Die Anzeige gibt Aufschluß über die →Amplitude und das →Jittern und damit über die Qualität des digitalen Signals. Eine Aussage über die Bildqualität kann aber nicht getroffen werden.

Augenempfindlichkeitskurve
→V-Lamda-Kurve.

Augenlicht
Kleine, auf eine Kamera montierte →Leuchte, die ein Glanzlicht in den Augen der Akteure erzeugt.

Ausblenden
Ein →Luminanz- oder →Chroma Key-Trick wird vor einem Hintergrundbild weich ausgeblendet.

Ausgleichsspur
Schmale Magnettonspur, die bei →Super 8 und →16mm-Filmen des →COMMAG-Verfahrens zusätzlich neben der Perforation aufgebracht wird. Verhindert den ansonsten durch den Höhenunterschied ungleichmäßigen Wickel.

Ausleuchten
→Einleuchten.

Ausleuchtzone
Gebiet, auf das die Sendeantenne eines Satelliten ausgerichtet ist. Für das Aussenden von Signalen zum Satelliten ist die →G/T-Karte, für den Empfang von Satellitensignalen die →EIRP-Karte zu berücksichtigen.

Ausmustern
Aussuchen des Materials, das für eine weitere Bearbeitung vorgesehen ist. Der Begriff kommt aus dem Filmbereich, wird aber auch bei elektronischem Material verwendet.

Ausschnitt
→Bildausschnitt.

Außenübertragung
Aufzeichnung oder Sendung von Fernsehprogrammen mit →Übertragungswagen, →Reportagewagen oder mobiler Technik, die in Aluminium-Containern eingebaut ist. Ein direktes Absetzen des Beitrags mittels →Richtfunk- oder →Satellitenübertragung ist nicht unbedingt Bestandteil einer Außenübertragung.

Ausspiegelung
→Videoausspiegelung.

Ausspielen
Überspielen eines fertig geschnittenen Beitrags von den →Festplatten eines →nichtlinearen Schnittsystems auf eine Kassette, z.B. zu Sendezwecken.

Aussteuerung elektronischer Kameras
Regelung von →Schwarzwert und Blende einer elektronischen →Studiokamera. Dadurch werden der →Kontrastumfang und die Belichtung bestimmt. Dunkle Bildteile, wie z.B. schwarze Kleidung, sollen zwar schwarz, aber mit Zeichnung wiedergegeben werden. Mit der Blende werden Gesichter belichtet, so daß sie weder zu dunkel sind noch überstrahlen. In sehr hellen Bildteilen, wie z.B. einem weißen Hemd, soll noch Zeichnung vorhanden sein. Zusätzlich wird ein →Matching vorgenommen.

Aussteuerungsinstrument
→Peak-Meter, →VU-Meter.

Aussteuerung von Audioprogrammen
→Tonaussteuerung.

Ausstieg
Inhaltliches oder technisches Ende einer Hörfunk- oder Fernsehsendung.

Ausstiegspunkt
Endmarkierung einer Einstellung beim →elektronischen Schnitt.

Austastimpulse
Impulsfolge von 12 →µs breiten Pulsen mit →Zeilenfrequenz und 25 Zeilen breiten Pulsen mit →Halbbildwechselfrequenz.

35

Austastlücke
→Horizontale Austastlücke, →vertikale Austastlücke.

Austastpegel
→Austastwert.

Austastsignal
→Austastimpulse.

Austastung
→Horizontale Austastlücke, →vertikale Austastlücke.

Austastwert
Pegelwert von 0 Volt bzw. 0%, der dem →Schwarzwert entspricht. Bezugspunkt für die Angabe des →Videopegels und des →Synchronwertes.

Austauschleitung, dauernd überlassen
Dauernd überlassene Leitung zwischen zwei Studios.

Austauschleitung, vorübergehend überlassen
Vorübergehend überlassene, ständig bereitgehaltene Leitung zwischen Ton- bzw. Fernsehschaltstellen der Telekom.

Auto
engl. Abk. Automatik, automatisch.

Auto Centering
engl. Automatische Justage der horizontalen und vertikalen Lage der →Rasterdeckung an elektronischen →Röhrenkameras.

Auto Cube
engl. Hilfsfunktion für die Konstruktion eines Würfels mit Hilfe eines →digitalen Videoeffektes. Bei der Drehung des Würfels übernimmt ein Kanal abwechselnd die Manipulation zweier gegenüberliegender Würfelseiten. Da immer nur eine davon zu sehen ist, können in einem Durchgang beide Seiten mit einer Generation aufgezeichnet werden.

Autocue
engl. (Autocue) →Teleprompter.

Autofocus
engl. →Automatische Schärfeneinstellung.

Auto Iris
engl. →Blendenautomatik.

Auto Knee
engl. automatische →Knie-Schaltung.

Autolocator
engl. Einrichtung zur automatischen Auffindung vorprogrammierter Bandstellen auf →Magnetbändern an Tonbandgeräten und →MAZ-Maschinen.

Automatikblende
→Blendenautomatik.

Automatische Blendensteuerung
→Blendenautomatik.

Automatischer Weißabgleich
→Weißabgleich.

Automatische Schärfeneinstellung
Nachsteuerung der Entfernungseinstellung nach automatischer Schärfenmessung. Wegen der Regelträgheit und der vom Motiv unabhängigen Regelung im professionellen Bereich nicht einsetzbar.

Automatische Spurnachführung
Ermöglicht die Wiedergabe eines →sendefähigen Standbildes, eines sendefähigen Rücklaufs sowie →Slow Motion und →Quick Motion-Effekte einiger →MAZ-Maschinen. Geschieht mit speziellen Wiedergabe-Videoköpfen stationärer MAZ-Maschinen, die auf Piezo-Kristalle montiert sind. Dadurch können die Köpfe quer zur →Kopftrommel ausgelenkt werden. Die →Videospuren eines →MAZ-Bandes können auch dann mittig abgetastet werden, wenn das MAZ-Band nicht mit Normalgeschwindigkeit läuft oder still steht.

Autoreverse
engl. Automatisches Wechseln der Bandlaufrichtung an Kassettenrecordern für den Dauerbetrieb oder eine fortlaufende Aufzeichnung auf beide Seiten der Kassette.

Autostativ
→Saugstativ.

Auto White Balance
engl. Automatischer Weißabgleich. →Neutralabgleich.

AUX
engl. Abk. →Auxiliary. →Auxiliary Data.

AUX BUS
engl. Abk. Auxiliary Bus. →Kreuzschiene zu Hilfszwecken. Über eine entsprechende →Videokreuzschiene werden z.b. bei einer Sendung Monitore, die im Hintergrund eines Moderators zu sehen sind, geschaltet.

Auxiliary
engl. Zusätzlicher Ein- oder Ausgang an Geräten zu Hilfszwecken.

Auxiliary Data
engl. Hilfsdaten in →digitalen Videosignalen. Sie beinhalten u.a. Audiosignale, →Time Code und Signale zur →Fehlererkennung.

AV
Abk. 1.) →Audiovision *2.)* Audio/Video.

Available Light
engl. Aufnahmen mit vorhandenem Licht zur natürlichen Beleuchtung eines Motivs.

AV-Anschluß
→AV-Stecker.

AV-DIN-Stecker
6-polige Steckverbindung der Consumertechnik für den Anschluß von Ein- oder Ausgang eines →Videosignals, zweier →asymmetrischer Audiosignale sowie einer Schaltspannung für Fernsehgeräte.

AVI
engl. Abk. Audio Video Interleaved. →Dateiformat zur Speicherung bewegter Bild- und Toninformationen. Die Datei besteht aus Einzelbildern mit der dazugehörigen Toninformation. Für Fernsehzwecke zu geringe Schärfe und geringe →Bewegtbildauflösung.

Avid
(Avid) Hersteller →nichtlinearer Schnittsysteme.

AV-optimierte Festplatte
→Festplatten hoher Kapazität, die für die Aufzeichnung von Audio- und Videodaten optimiert sind. Die für jede Festplatte notwendigen Kalibrierungsvorgänge erfordern nicht - wie bei normalen Festplatten - zusätzliche Zeit und ermöglichen eine unterbrechungsfreie Wiedergabe.

AVR
engl. Abk. (Avid) Avid Video Resolution. Beschreibung der Datenreduktionsfaktoren, die für die →nichtlinearen Schnittsysteme der Firma Avid verwendet werden. Dabei gibt es verschiedene Verfahren, die mit unterschiedlich starker →Datenreduktion arbeiten. Weit verbreitet ist die Auflösung AVR 77, die im Verhältnis von 2:1 komprimiert und pro →GByte →Festplattenkapazität 2-4 Minuten Material speichert. Dabei bleibt die Originalqualität weitestgehend erhalten

AV-Stecker
Stecker zum gemeinsamen Anschluß von Video- und Audiosignalen. →AV-DIN-Stecker, →SCART-Stecker, →Honda-Stecker.

AV-Taste
Wahltaste für den Anschluß eines Videorecorders an ein Fernsehgerät. Dabei wird gleichzeitig eine schnellere →Zeitkonstante eingeschaltet.

AW
engl. Abk. Automatic White Balance. Automatischer →Weißabgleich.

37

AWB
engl. Abk. Automatic White Balance. Automatischer →Weißabgleich.

AWT
engl. Abk. Auto White Tracking. →Weißabgleich, der während einer Aufnahme mit einem Kamerarecorder automatisch nachgeregelt und eventuell wechselnden Farbstimmungen angepaßt wird. Da diese Automatik nicht die bildwichtigen von den bildunwichtigen Teilen trennen kann, ist die Funktion nur eingeschränkt nutzbar.

Azimut
1.) Abweichung von der südlichen Blickrichtung auf einen Satelliten nach Westen oder Osten. →Elevation. *2.)* Abweichung der Lage eines →Video- oder →Audiokopfes vom rechten Winkel zur Spurlage. Damit wird ein Übersprechen zwischen benachbarten Spuren reduziert.

Azimuth
engl. →Azimut.

b
Abk. →Bit.

B
Abk. 1.) Bild. *2.)* Blau. *3.)* →Byte.

BA
→BA-Signal.

Babyspot
→Stufenlinsenscheinwerfer, der einen sehr kleinen Ausleuchtungsbereich ermöglicht.

Babystativ
Ugs. Stativbeine von etwa 20cm Seitenlänge, auf die dann der Stativkopf des Normalstativs aufgesetzt werden kann. Dadurch werden Aufnahmen aus Kniehöhe möglich.

Back Coated
engl. Rückseitenbeschichtet. →Rückseitenbeschichtung.

Back Focus
engl. →Auflagemaß.

Background
engl. Hintergrund. *1.)* Bildquelle beim →Stanzen. *2.)* An →Bildmischpulten auch die Signalquelle des →Farbflächengenerators.

Background Light
engl. →Dekorationslicht.

Back Light
engl. 1.) Gegenlicht. →Hinterlicht. *2.)* Hintergrundbeleuchtung z.B. von →LCD-Displays.

Back Pack
† *engl.* Zusatzelektronik, die früher nicht im Gehäuse einer →elektronischen Kamera untergebracht war, sondern auf dem Rücken getragen werden mußte.

Back Porch
engl. →Hintere Schwarzschulter.

Backspace-Schnitt
engl. Schnittbetriebsart in →Kamerarecordern und tragbaren MAZ-Geräten, ähnlich dem →Assemble-Schnitt. Der Recorder schneidet die Bild- und Tonsignale sowie das →Steuerspursignal an. Wegen des fehlenden →Vorlaufs kein →bildgenauer Schnitt.

Backup
engl. 1.) Datensicherung durch Herstellung einer Kopie auf einem weiteren Speichermedium, wie z.B. →Festplatten, →Disketten oder →Magnetbändern. *2.)* Sicherung der Produktion durch Vorhalten eines weiteren elektronischen Systems z.B. einer Kamera.

Bajonettverschluß
Schnellwechselverbindung, z.B. zwischen →Objektiven und Kameras oder an Steckverbindern. →C-Mount.

Bakenfrequenzen
Signale, die ein Satellit aussendet, mit denen

es dem →Uplink-Fahrzeug gelingt, den für die Übertragung vorgesehenen Satelliten zu orten.

Balanced Line
engl. →Symmetrische Leitung.

Balgenkompendium
Besondere Bauform eines →Kompendiums mit faltbarem, ausziehbarem Gegenlichtschutz.

Ballempfang
Empfang und Wiederaussendung von Hörfunk- oder Fernsehprogrammen zum Zwecke der Verteilung. Beim Ausfall von Programmleitungen kann z.b. die →ARD so ihre Senderversorgung weitgehend gewährleisten.

Bandandruck
Kraft, mit der ein →Magnetband an den →Video- oder →Audiokopf angedrückt wird. Wird bei →MAZ-Maschinen oft mit dem Bandzug erreicht.

Bandbreite
→Audiofrequenzbandbreite, →Videofrequenzbandbreite, →Magnetbandbreite, →Übertragungsbandbreite, Bandbreite eines →Transponders.

Bandfehler
Fehler von MAZ-Bändern. Meist ein Chargenfehler oder durch falsche Handhabung verursachte →Drop Outs.

Bandgeschwindigkeit
→Absolute Bandgeschwindigkeit, →Relativgeschwindigkeit.

Banding
engl. →Colour Banding.

Band-Kopf-Kontakt
Berührung eines →Magnetbandes mit den →Video- oder →Audioköpfen. Geringer Band-Kopf-Kontakt durch ungenaue Bandführung, durch geringen Bandzug, durch Kopfverschmutzung oder durch geringen →Kopfüberstand führt zu geringem →Störspannungsabstand.

Bandlaufzeit
Vollständige Laufzeit eines Beitrags unabhängig vom Programminhalt.

Bandpaß
Filter, das nur bestimmte →Frequenzen eines Frequenzbandes durchläßt.

Bandsalat
Fehler in →MAZ-Maschinen, Tonbandgeräten oder Kassettenrecordern, bei dem das →Magnetband nicht einwandfrei transportiert wird, sondern sich staut, verwickelt oder gar reißt. Die Bild- oder Tonqualität ist dann stark eingeschränkt oder das Band sogar teilweise unbrauchbar.

Bandschlupf
Unerwünschtes Vorbeirutschen eines →Magnetbandes an einem →Bandzählwerk beim Anlauf, Bremsen oder schnellen Spulen. Dadurch treten ungenaue Zeitangaben auf. Eine genaue Anzeige bietet der →Time Code.

Bandschramme
Mechanische Beschädigung eines →Magnetbandes, meist in Bandlaufrichtung. Verursacht durch Ablagerung von Staub- oder Schmutzpartikeln z.B. an Umlenkhebeln oder durch eine Dejustage der Bandführung in einer →MAZ-Maschine.

Bandzählwerk
Anzeige der verstrichenen Bandlaufzeit z.B. an einer →MAZ Maschine. Die Anzeige wird durch Auszählen der Impulse auf der →Steuerspur ermittelt. Daher ist die Angabe relativ, d.h. sie kann jederzeit auf Null gestellt werden. Allerdings sind die Werte durch →Bandschlupf ungenau. Eine genaue Zeitangabe liefert der →Time Code.

Bandzug
Kraft, die auf ein →Magnetband durch die Auf- und Abwickelmotoren und/oder Spannhebel einwirkt. Wesentlicher Faktor des →Band-Kopf-Kontaktes.

BAR
engl. Abk. Bars. →Farbbalken.

Barney
engl. Schallschutzhaube an Filmkameras zur Unterdrückung des Laufgeräusches. Ermöglicht eine gleichzeitige Tonaufnahme.

Bars
engl. →Farbbalken.

BA-Signal
Abk. Bild-Austast-Signal. Schwarzweißes Bildsignal ohne →Synchronimpulse.

Basisband
Ursprüngliche →Frequenzbandbreite eines Signals, das z.b. durch →Amplitudenmodulation, →Frequenzmodulation oder andere Modulationsformen verändert werden soll. Das Basisband der →Videotechnik beträgt 5 →MHz.

Basisstation
Zentrales Gerät, in dem die vom →Kamerakopf einer →Studiokamera ankommenden Bildsignale zu einem vollständigen analogen oder digitalen Videosignal verarbeitet werden. Alle für den Betrieb der Kamera notwendigen Bild-, Ton- und Steuersignale sind über ein →Mehraderkabel oder ein →Triaxkabel an die Basisstation angeschlossen. Für die Justage und Aussteuerung der Kamera sind an die Basisstation →Hauptbediengeräte und →Nebenbediengeräte angeschlossen.

BAS-Signal
Abk. Bild-Austast-Synchron-Signal. Schwarzweißes Videosignal mit →Austastimpulsen und →Synchronimpulsen.

Batch Digitize
engl. Stapel-Digitalisieren. Reicht die Kapazität der →Festplatten eines →nichtlinearen Schnittplatzes nicht aus, das Originalmaterial mit voller Qualität zu speichern, ist es notwendig, den Beitrag →Offline - d.h. mit eingeschränkter Bildqualität - zu bearbeiten. Dies ist z.b. bei Beiträgen mit großer Materialmenge der Fall. Statt eines Nachschnitts an einem →konventionellen Schnittplatz werden die schnittrelevanten Szenen nachträglich mit Originalqualität auf die Festplatten des nichtlinearen Schnittsystems überspielt und danach mit den vorher gewonnenen Schnittdaten ausgespielt.

BATT
engl. Abk. Battery. Batterie, Akku.

Batteriegurt
→Akkugürtel.

Baubühne
Mitarbeiter/innen, die die Dekorationen herstellen. *Ggs.* →Drehbühne.

Bauchbinde
→Einblendung einer Schrift im unteren Drittel des Bildschirms.

Baud
Einheit digitaler Symbole pro Sekunde. Wieviele Bit in einem Symbol untergebracht werden können, hängt vom →Modulationsverfahren ab.

Baudrate
→Symbolrate.

Baulicht
Von der Beleuchtungsanlage eines Fernsehstudios oder Ateliers unabhängige Raumbeleuchtung (meist mit Leuchtstoffröhren), die aus Kosten- und Klimagründen während der Auf- und Umbauarbeiten eingeschaltet wird, für Aufnahmezwecke aber nicht geeignet ist.

BB
engl. Abk. →Black Burst.

B-Bild
Abk. Bidirektional codiertes Bild innerhalb einer Folge von Bildern eines →MPEG-Signals. Ein B-Bild kann nur unter Einbeziehung eines zeitlich vorhergehenden und eines nachfolgenden Vergleichsbildes berechnet werden.

BCD
engl. Abk. Binary Coded Decimal. Binär codierte Dezimalzahlen. →Binärsystem.

BCN
engl. Abk. (Philips DVS) Bildaufzeichnungsanlage Color Universal. →MAZ-Maschine des →B-Formats.

BCST
engl. Abk. Broadcast.

BCTV
engl. Abk. Broadcast Television.

bd
Abk. 1.) engl. →Baud. *2.)* Bediengerät.

Beam
engl. 1.) →Elektronenstrahl. *2.)* →Großbildprojektor. *3.)* Der von einem Satelliten abgegebene Energiekegel zur Versorgung einer bestimmten →Ausleuchtzone.

Bediengerät
→Hauptbediengerät, →Nebenbediengerät.

Begleittonleitung
Bezeichnung einer zu einer bestimmten Fernsehleitung gehörenden Tonleitung.

Begrenzer
Gerät, das Pegelspitzen eines Video- oder Audiosignals oberhalb einer vorher bestimmten Größe abschneidet. Wird gegen das Auftreten von →Videoüberpegeln bzw. →Audioüberpegeln eingesetzt.

Beleuchtungskörper
allg. Bezeichnung für einen →Scheinwerfer oder eine →Leuchte.

Beleuchtungsmittel
Einsetzbar in einen →Scheinwerfer oder in eine →Leuchte.

Beleuchtungsstärke
Größe der Lichttechnik. Quotient aus dem auf eine Fläche auftreffenden →Lichtstrom und der beleuchteten Fläche. Einheit Lux, *Abk.* lx.

Belichtungsindex
Angabe der Lichtempfindlichkeit von Filmmaterial in →EI.

Belichtungsmesser
Beim Fernsehen kleines Meßinstrument zur Messung der →Beleuchtungsstärke.

Belichtungszeit
Zeit für die Einwirkung des Lichtes einer Szene für die Aufnahme eines Bildes in einer Kamera. Die →Belichtungszeiten der meisten CCD-Kameras können variieren. Kürzere Belichtungszeiten führen zu schärferen Einzelbildern. Dies kann bei einer Verwendung dieser Bilder als →Standbilder ein erwünschter Effekt sein. Bei der Verwendung dieser Bild in →Slow Motion entsteht ein unnatürlicher Bildeindruck. Filmkameras arbeiten normalerweise mit 1/50 Sekunde. Abweichungen ergeben sich bei →Zeitlupeneffekten und durch den Einsatz einer →Sektorenblende.

Belichtungszeiten an CCD-Kameras
Möglichkeit an →CCD-Kameras, von 1/50 Sekunde abweichende, in Stufen schaltbare, kürzere Belichtungszeiten bis zu 1/2000 Sekunde zu wählen. Eine Halbierung der Belichtungszeit erfordert die doppelte Lichtmenge und erhöht →Vertical Smear-Effekte an Kameras mit →Interline Transfer- und →Frame Interline Transfer-Chips. Einige Kameras bieten einen Spielraum regelbarer Belichtungszeiten von 1/50 bis etwa 1/125 Sekunde für eine flimmerfreie Aufzeichnung von Computermonitoren.

Bending
engl. Biegen. Verzerrung eines Bildes, z.B. die Verformung eines Gesichts. →Morphing.

BER
engl. Abk. Bit Error Rate. Bitfehlerrate. Verhältnis der Anzahl der falsch übertragenen →Bits im Vergleich zur Anzahl der insgesamt übertragenen. Die Angabe von 10^{-6} beschreibt

1 falsch übertragenes auf 1 Million richtig übertragene Bits. Die absolute Anzahl der falsch übertragenen Bits hängt vom Datenstrom ab.

Bernoulli-Platte
→Wechselfestplatte.

Beschallung
Versorgung von Zuschauern und Akteuren im Studio mit einer speziellen Tonmischung des Programmtons, die eine →akustische Rückkoppelung vermeidet.

Beta
Ugs. →Betacam-SP-Format.

Betacam-Format
→Komponenten-MAZ-Format, das auf Kassetten mit ½-→Zoll breitem →Oxidband ein Videosignal von 4,1 →MHz →Videofrequenzbandbreite, zwei Tonsignale und den →Time Code aufzeichnet. Kassetten bis 24'.

Betacam SP-Dub-Schnittstelle
Besteht aus dem demodulierten →BAS-Signal und dem →CTDM-Signal oder den →Komponentensignalen.

Betacam SP-Format
→Komponenten-MAZ-Format, das auf Kassetten mit ½ →Zoll breitem →Reineisenband ein Videosignal von 5 →MHz →Videofrequenzbandbreite, zwei Tonsignale →longitudinal, zwei →FM-Tonspuren und den →Time Code aufzeichnet. Kamerarecorder können 36', tragbare und stationäre Maschinen auch große Kassetten bis 110' verarbeiten. Einige Betacam SP-Maschinen können Betacam-Bänder bespielen und wiedergeben. Das →M II-Format basiert zwar auf der gleichen Technik, ist aber nicht kompatibel.

Betacam SX-Format
→MAZ-Format, das digitale →Komponentensignale zusammen mit vier digitalen Tonsignalen auf eine Kassette mit ½ →Zoll breitem →Reineisen-Magnetband aufzeichnet. Die analogen Komponentensignale werden mit einer

→10 Bit-Quantisierung im Verhältnis →4:2:2 abgetastet und nach dem →MPEG-Verfahren →4:2:2 P@ML mit einer →Datenreduktion von 10:1 aufgezeichnet. Die maximale Spieldauer stationärer Geräte beträgt 184'. Die maximale Spieldauer kleiner Kassetten für Kamerarecorder beträgt 60'. Stationäre Maschinen des Betacam SX-Formats können Kassetten des →Betacam SP-Formats abspielen und →vorcodieren. Die Geräte verfügen über eine →SDDI-Schnittstelle. →IMX-Format.

Betacart
(Sony) Kassettenautomaten mit 40 Kassetten und bis zu 4 →MAZ-Maschinen des →Betacam SP- oder des →Digital Betacam-Formats. Ermöglicht eine computergesteuerte Wiedergabe.

Betamax-Format
→MAZ-Format aus der Consumertechnik, das auf Kassetten mit ½ →Zoll breitem →Oxidband nach dem →Colour Under-Verfahren aufzeichnet. Hat in Europa keine Bedeutung mehr, in USA zum →HD-Betamax-Format weiterentwickelt. Verwendet äußerlich ähnliche Kassetten wie das →Betacam-Format, ist aber in keiner Weise kompatibel. Maximale Spieldauer 210'.

Betamovie
engl. →Kamerarecorder des →Betamax-Formats.

Beta-Schnitt
→Linearer Schnitt mit dem →Betacam-SP-Format. Dabei ist keine Aussage über die Ausstattung des Schnittplatzes, z.B. als →3-Maschinen-Schnitt getroffen.

Beta SP-Format
→Betacam SP-Format.

Betrachtungsabstand
Die Entfernung des Betrachters zum Fernsehgerät, ab der das Auge die einzelnen Fernsehzeilen nicht mehr voneinander unterscheiden kann. Für die →Fernsehnorm 625/50 etwa 6fache, bei →HDTV und im Kino etwa 2,5fache Bildhöhe.

Betrachtungsplatz
Arbeitsplatz mit einem einfachen MAZ-Wiedergabegerät zur Sichtung von Videomaterial und zur Erstellung einer →Shotlist. Meist keine normgerechte Bild- und Tonqualität, Time Code im Bild möglich.

Bewegtbildauflösung
Je größer die Anzahl der Bewegungsphasen pro Sekunde eines Film- oder Videosystems ist, um so kontinuierlicher und ruckfreier ist die Darstellung schneller Bewegungen. →Bildwechselfrequenz. Filmmaterial im Fernsehen weist eine Bewegtbildauflösung von 25 →Hz auf, da beide →Halbbilder identisch sind. Material elektronischer Kameras beinhaltet wegen des →Zeilensprungverfahrens eine Bewegtbildauflösung von 50 Hz.

Bewegungsadaptiv
Abhängig vom Auftreten einer Bewegung. Verschiedene Geräte oder Schaltungen arbeiten unterschiedlich, je nachdem, ob in den Videobildern Bewegungen auftreten oder nicht. Dazu verfolgt eine elektronische Schaltung nach einem →Algorithmus über die Zeit mehrerer Vollbilder die Bewegung bestimmter Bildpunkte und stellt dann unter Umständen eine Bewegung des Bildinhaltes fest.

Bewegungsartefakte
Unerwünschte Effekte bzw. Bildstörungen, wie z.B. der →Shuttereffekte bei →Kameraschwenks.

Bewegungsunschärfe
Die Schärfe einzelner Bildphasen hängt einerseits von der Geschwindigkeit der Kamerabewegung oder des aufgenommenen Objektes, andererseits von der →Belichtungszeit ab. Diese beträgt für Film und elektronische Aufnahmen normalerweise 1/50 Sekunde pro Bild.

Bezugsband
→Magnetband mit genormten →Pegeltönen bzw. genormten →Testsignalen hoher Präzision zur Einmessung von Tonbandgeräten bzw. →MAZ-Maschinen.

Bezugspegel
Vereinbarter Pegelwert mit einem festen Bezug zum Pegel der →Vollaussteuerung. Der Bezugspegel analoger Tonsignale liegt nach einer ARD/ZDF-Vereinbarung -9 →dB unter der Vollaussteuerung, entsprechend -3 →dBu. Der Bezugspegel digitaler Tonsignale liegt nach einer ARD/ZDF-Vereinbarung -15 →dB unter der maximalen Aussteuerung, entsprechend -3 →dBu.

B-Format
→MAZ-Format, das auf 1 →Zoll breites →Chromdioxidband im →Direct Colour-Verfahren ein Videosignal von 5 →MHz →Videofrequenzbandbreite, zwei Tonsignale und den →Time Code aufzeichnet. Die glänzende →Schichtseite des Bandes liegt außen. Bänder bis 100'. Nur Maschinen des Typs →BCN 52/53 können auch große 12 Zoll-Spulen mit 155'-Bändern abspielen. Nicht kompatibel mit →C-Format. Früherer Sendestandard von ARD und ZDF.

B-Frame
engl. →B-Bild.

BG
engl. Abk. 1.) →Background. *2.)* Burst Gate. →K-Impuls.

BGD
engl. Abk. →Background.

B-G-Signal
Abk. Farbdifferenzsignal. Wird in einer →Röhrenkamera durch Differenzbildung zwischen den →Farbwertsignalen Blau und Grün erzeugt. Dient zur Justage der Rasterdeckung. Eine →Gittertesttafel soll dabei möglichst grau erscheinen.

BH
Abk. →Hauptbediengerät.

BI
engl. Abk. Blanking Intervall. →Austastlücke.

Bias
engl. →Vormagnetisierung.

Bias Light
engl. →Auflicht.

Bidirectional
engl. Bei Mikrofonen die →Acht-Charakteristik.

Bilaterale
Leitung, über die ein im Ursprungsland gesendetes oder aufgezeichnetes Programm auch gleichzeitig in ein anderes Land übertragen wird. →Unilaterale, →Multilaterale.

Bildachse
→Optische Achse.

Bildauflösung
→Auflösung.

Bildaufnahmeröhre
→Aufnahmeröhre.

Bildaufnehmer
→Aufnahmeröhre, →CCD-Chip.

Bildausschnitt
Der aufzunehmende Teil eines Motivs, z.B. gesehen im →Suchermonitor einer →elektronischen Kamera oder im →Vorschaumonitor eines Regieraums. Für die Beschreibung des Bildausschnitts steht ein besonderes Vokabular zur Verfügung.

Bilddiagonale
Größenangabe eines Monitors, einer →Aufnahmeröhre oder eines →CCD-Chips. Abhängig vom →Bildseitenverhältnis.

Bilddramaturgie
Gestalterische Einflußnahme auf eine Fernsehproduktion mit den Mitteln der Kameraeinstellung, der Kamerabewegungen und des Bildschnitts.

Bildebene
→Abbildungsebene.

Bildelement
Kleinste Einheit eines Bildrasters. In unserer herkömmlichen Norm etwa 400.000 Bildpunkte pro →Vollbild. →Tripel.

Bildfehler
→Bildstörungen.

Bildfeldgröße
Größe des ausnutzbaren Bildfeldes bei verschiedenen →Filmformaten oder auf den →Aufnahmeröhren oder →CCD-Chips elektronischer Kameras. Die Bildfeldgröße bestimmt die →Brennweite.

Bildfeldwölbung
→Abbildungsfehler von →Objektiven. Das Bild wird nicht in einer planen Ebene abgebildet. Eine gemeinsame Schärfe des Bildes existiert nicht.

Bildfenster
Das Bildfenster ist die Öffnung in einer Filmkamera, durch die das optische Bild auf die →Abbildungsebene, den Film, gelangt. Das Bildfenster eines →Filmprojektors beschreibt das →Bildformat für die Projektion auf die →Bildwand.

Bildfilm
Begriff des →Zweibandverfahrens, um den Bildträger, den Bildfilm, vom Tonträger, dem →Magnetfilm, zu unterscheiden.

Bildflimmern
→Großflächenflimmern.

Bildformat
→Bildseitenverhältnis, →Bildfeldgröße, →Formatwandler.

Bildfrequenz
→Bildwechselfrequenz.

Bildführung
Gestaltung einer Fernsehproduktion in Bezug auf den Ausschnitt und die Abfolge der Bilder.

Bildgeber
† Bildquelle.

Bildgenauer Schnitt
Fähigkeit →linearer Schnittsysteme, den in einer Schnittsimulation ausgewählten →Time Code-Wert eines Bildes bei weiteren Simulationen oder der tatsächlichen Schnitt-Ausführung exakt wieder zu treffen. Voraussetzung ist ein ungestörter →Vorlauf der →Steuerspur.

Bildgeometrie
→Geometriefehler.

Bildgröße
→Einstellungsgröße.

Bildkennung
Identifikation bzw. Zuordnung eines Bildsignals meist durch eine Schrifteinblendung im Testbild. →Tonkennung.

Bildmischer
→Bildmischpult.

Bildmischpult
Gerät für Misch- und Trickeffekte. Neben dem →Hartschnitt gibt es folgende Blendmöglichkeiten: →Aufblende oder →Abblende eines Videobildes, →Überblendung oder →Mischung von Videobildern. Trickmöglichkeiten sind →Standardtrick, →Luminanz Key-, →Linear Key- und →Chroma Key-Trick. Eine Manipulation der Videobilder in Größe, Lage und Form ist nicht möglich. Die meisten Bildmischpulte sind konventionell mit →Mix-Effekt-Ebenen ausgestattet, einige Mischer und viele →Desktop-Video-Geräte arbeiten als →Layer-orientierte Bildmischpulte. Bildmischpult-Effekte können auch als reine Software in →nichtlineare Schnittplätze integriert sein, wobei dies aber nicht unbedingt Standard ist.

Bildmischung
1.) Vorgang der Auswahl von Bildern während einer →Live-Sendung an einem →Bildmischpult. *2.)* Funktion an →Bildmischpulten.

Zwei Videobilder sind mit bestimmten Anteilen ihrer Helligkeit gleichzeitig zu sehen. Die Farben mischen sich →additiv. Je dunkler ein Videobild an einer Stelle ist, um so besser ist das andere Bild dort zu erkennen. *Ggs.* →Nicht additive Mischung.

Bildmittenmarkierung
Elektronische Markierung der Bildmitte durch ein Fadenkreuz im Suchermonitor einer →elektronischen Kamera.

Bildpegel
→Videopegel.

Bildplatte
→CAV-Bildplatte, →CLV-Bildplatte, →WORM und →WMRM.

Bildpunkt
Kleinste Einheit eines Bildrasters. In unserer Norm etwa 400.000 Bildpunkte pro →Vollbild. →Tripel.

Bildrate
→Bildwechselfrequenz.

Bildrauschen
Überlagerung eines Videobildes durch eine unregelmäßige, unruhige Störstruktur. →Chromarauschen.

Bildröhre
Wiedergabesystem herkömmlicher Monitore bzw. Fernsehgeräte zur Umsetzung der elektrischen Spannung eines Videosignals in Helligkeit. Ein mit einer Kathode erzeugter →Elektronenstrahl trifft mit hoher Geschwindigkeit in der luftleeren Bildröhre auf die von innen phosphorbeschichtete Glasfläche. Diese →Phosphore leuchten beim Auftreffen der Elektronen auf. Die Spannung des Videosignals steuert die Stärke des Elektronenstrahls und damit die Helligkeit des erzeugten Bildpunktes. Durch elektromagnetische Felder wird der Bildpunkt von links nach rechts und in der Folge zeilenweise von oben nach unten bewegt.

Bildröhrenkennlinie
→Kennlinie der Bildröhre.

Bildschirmtext
System zur Übertragung von Text- und Grafikseiten auf Fernsehgeräte mit einem entsprechenden →Decoder.

Bildseitenverhältnis
Verhältnis von Bildbreite zu Bildhöhe eines Bildes. In unserem herkömmlichen →Fernsehsystem 4:3. In →HDTV-Systemen oder beim →PALplus-Verfahren 16:9.

Bildsensor
→CCD-Chip.

Bildsignal
Elektrisches Videosignal.

Bildspeicher
→Einzelbildspeicher.

Bildspur
→Videospur.

Bildstabilisator
In professionellen Objektiven eingebautes optisch-mechanisches System, bestehend aus Prismen, das zu verwacklungsfreien Bildern führt. In einigen Consumergeräten wird das Bild - allerdings mit qualitativen Einschränkungen - durch einen Ausgleich in einem elektronischen Zwischenspeicher stabilisiert.

Bildstand
Vertikale Ruhe eines Films bei der Projektion oder Abtastung mit einem →Filmabtaster. Besonders wichtig bei der Kombination von Filmaufnahmen mit stabiler, elektronischer Grafik. Eine Verbesserung des Bildstandes wird mit elektronischen und mechanischen Systemen erreicht.

Bildstörungen
→Alias, →Bildrauschen, →Bildstand, →Blockstruktur, →Brummstörung, →Colour Banding, →Cross Colour, →Cross Luminance, →Differenzieller Amplitudenfehler, →Differenzieller Phasenfehler, →Drop Out, →Farbrauschen, →Farbreinheitsfehler, →Fixed Pattern Noise, →Flimmern, →Geisterbilder, →Geometriefehler, →Geschwindigkeitsfehler, →Großflächenflimmern, →Hot Spot-Effekt, →Intercarrier-Brumm, →Jittern, →Kantenflimmern, →Konturen, →Mikrofonie, →Moiré, →Nachzieheffekt, →Pumpen, →Reflexionen, →Ringing, →Schnee, →Shuttereffekt, →Spratzer, →Überreichweiten, →Überschwinger, →Vertical Smear, →Y/C-Versatz.

Bildstrich
Unbelichtete, schwarze Trennlinie zwischen zwei Feldern eines →Bildfilms.

Bildsuchlauf
→Sichtbarer Suchlauf.

Bildtelefon
Bildübertragung mit geringer Schärfe und sehr geringer →Bewegtbildauflösung (ca. 6 Bilder pro Sekunde). Die Verbindung kann über einen oder zwei herkömmliche →ISDN-Kanäle mit je 64 →kBit/Sekunde erfolgen. Im zweiten Fall sind die Bilder etwas schärfer, jedoch fallen doppelte Verbindungsgebühren an. An die Bildtelefone der Telekom lassen sich ein externer Monitor und eine externe Kamera anschließen.

Bild/Tonträger-Abstand
Abstand der →Tonträgerfrequenz von der →Bildträgerfrequenz bei der →terrestrischen Aussendung von Fernsehprogrammen. In unserem Fernsehsystem 5,5 →MHz. →Intercarrier-Verfahren.

Bild/Ton-Versatz
1.) Abweichung der Synchronität zwischen der Bild- und Toninformation. Auffällig ab einer Differenz von 1 Bild (→Lippensynchronität). Entsteht durch getrennte Bearbeitung von Bild und Ton, wie z.B. bei der Wiedergabe im →Zweibandverfahren oder einer Verzögerung von Videobildern durch →digitale Videoeffektgeräte, →Synchronizer oder →Normwand-

ler. *2.)* Betrag, um den sich die Positionen der Ton- und Bildinformationen auf einem →COMMAG oder →COMOPT-Film unterscheidet. Der Versatz ist notwendig, da sich die Abtasteinrichtung für den Ton nicht an der Stelle des Bildfensters befinden kann und der Film nach dem ruckartigen Transport zur Bild-Projektion einige Zeit benötigt, um für die Tonwiedergabe wieder kontinuierlich zu laufen.

Bild/Ton-versetzter Schnitt
Ein Vorgang beim →linearen Schnitt, bei dem einer zusammengehörenden Bild- und Toninformation verschiedene →In- und/oder Out-Punkte gegeben werden. Der eigentliche Schnitt ist dann aber ein Arbeitsgang. Die Synchronität zwischen Bild und Ton bleibt erhalten.

Bildträger
Speichermedien für Videosignale wie →Magnetbänder, →Bildplatten, →CDs oder Filmmaterial.

Bildträgerfrequenz
Frequenz im →MHz-Bereich, auf die das Videosignal für eine Aussendung bzw. Verteilung von Fernsehsignalen per →Amplitudenmodulation aufgebracht wird.

Bildwähler
→Videosteckfeld.

Bildwand
Leinwand.

Bildwandler
→Aufnahmeröhre, →CCD-Chip.

Bildwechselfrequenz
Gibt die Anzahl der →Vollbilder oder der →Halbbilder pro Sekunde in →Hertz einer →Fernsehnorm an. Die Fernsehnorm 626/50 arbeitet mit 25 Vollbildern bzw. 50 Halbbildern pro Sekunde, entsprechend 50 Hz. Beim Film beträgt die Bildwechselfrequenz im Amateurstandard 18, im Kino 24 und beim Fernsehen 25 Bilder pro Sekunde. Die Fernsehnorm 525/60 benutzt 30 Vollbilder bzw. 60 Halbbilder. Die tatsächliche →Frequenz dieser 60 Hz-Systeme liegt bei 59,94 Hz. Die Bildwechselfrequenz von Computermonitoren kann zwischen 60 und 120 Hz betragen. →Zeilensprungverfahren, →Flimmerfrequenz, →100 Hz-Technik.

Bildwiederholfrequenz
→Bildwechselfrequenz.

Bildwinkel
Unterschieden werden der diagonale und der horizontale Bildwinkel. Er hängt ab von der →Brennweite und der →Bildfeldgröße. Da der horizontale Bildwinkel unabhängig von der Bilddiagonalen ist, eignet er sich zum Vergleich von Fernseh- oder Filmformaten, auch mit unterschiedlichen →Bildseitenverhältnissen.

Bilingual
Zweisprachig.

Bin
engl. Behälter. Bei →nichtlinearen Schnittsystemen Organisationseinheit für eine oder mehrere Filmszenen. Ähnlich dem früheren →Filmgalgen.

Binärsystem
Zahlensystem, das nur die beiden Ziffern „0" und „1" verwendet. Die beiden Ziffern werden auch durch die Zustände „Low" oder „High" beschrieben. Die →Digitaltechnik überträgt ihre Daten nur durch diese beiden Informationen in binärer Form. →Dezimalsystem, →Hexadezimalsystem.

Binary Group Flag
engl. Binärgruppen-Zeichen. 2 →Bit innerhalb des →Time Codes, die die Verwendung der 8 Stellen der →User Bits für zwei alphanumerische →ASCII-Zeichen kennzeichnen.

Binaural Microphone
engl. →Originalkopfmikrofon.

47

Bi-Phase-Mark-Code
engl. →Kanalcodierverfahren, bei dem eine logische „1" durch einen Wechsel der Polarität, eine logische „0" durch keinen Wechsel der Polarität definiert ist. Dadurch ist der Code selbsttaktend. Wird bei der Aufzeichnung des →LTC auf Ton- und →MAZ-Bänder verwendet.

B-ISDN
engl. Abk. Breitband-ISDN. Ursprünglich geplante Erweiterung von →ISDN. Hat nur noch geringe Bedeutung und wird von →ATM abgelöst.

Bit
engl. Abk. Binary Digit. Kleinste Informationseinheit der →Digitaltechnik. Ein Bit kann nur zwei logische Zustände „0" oder „1", auch „Low" oder „High" genannt, annehmen. In der Videotechnik werden z.b. mit einer Kette von 8 Bit 256 Helligkeitsstufen, in der Audiotechnik werden z.b. mit 16 Bit 65.536 Lautstärkestufen übertragen. Mehr Bitstufen vergrößern, weniger Bitstufen verringern die entstehende Datenrate. →Binärsystem, →Byte.

Bit Depth
engl. →Bittiefe.

Bitfehler
Bitfehlerhäufigkeit oder →Bitfehlerrate.

Bitfehlerrate
Verhältnis der Anzahl der falsch übertragenen →Bits im Vergleich zur Anzahl der insgesamt übertragenen. Die Angabe von 10^{-6} beschreibt 1 falsch übertragenes auf 1 Million richtig übertragene Bits. Die absolute Anzahl der falsch übertragenen Bits hängt vom Datenstrom ab.

Bitrate
→Datenstrom.

Bitstrom
→Datenstrom.

Bittiefe
Die Bittiefe beschreibt die „Breite" eines Datenwortes z.b. mit 8, 10 oder 16 →Bit. Man spricht auch von einer →digitalen Auflösung, die die Qualität eines digitalen →Abtastwertes bestimmt.

BK
engl. Abk. Burst Key. →K-Impuls.

B-Kanal
Abk. →ISDN-Basiskanal mit einer →Datenrate von 64 →kBit/Sekunde.

BKGD
engl. Abk. →Background.

BK-Netz
Abk. →Breitbandkabelnetz.

BL
Abk. →BL-Kamera.

Black
engl. Schwarz. An →Bildmischpulten die Bildquelle →Black Burst. In vielen Fällen die Referenz für die →Synchronisation von Videosignalen der anderen Bildquellen des Bildmischpultes.

Black Balance
engl. →Schwarzabgleich.

Black Box
engl. Beliebiges Gerät, dessen Funktion zwar grundsätzlich bekannt ist, aber dessen elektronische Schaltung man im Detail nicht kennt oder nicht kennen muß.

Black Burst
engl. Technisch komplettes Videosignal, bestehend aus →Synchronimpulsen, dem →Burst und dem Bildinhalt Schwarz. Wird oft zur →Synchronisation von Videosignalen verwendet.

Black Level
engl. →Schwarzwert.

Black Matrix
engl. Schwarz eingefärbte →Schattenmaske zur Steigerung des Kontrastes in →Farbbildröhren.

Blackset
engl. →Gegenimpuls.

Black Stretch
engl. Schwarzdehnung. Um die Erkennbarkeit dunkler Bildanteile bei hohem →Kontrastumfang zu verbessern, werden nur die dunklen Signalanteile z.b. an elektronischen Kameras verstärkt.

Black Wrap
Schwarze, starke Aluminiumfolie, die zum flexiblen →Abkaschen an Scheinwerfern verwendet wird.

Blankfilm
Unbelichteter, entwickelter Rohfilm.

Blanking
engl. →Austastung.

Blanking Interval
engl. →Austastlücke.

Blanking Level
engl. →Austastwert.

Blankseite
Seite des Filmmaterials, die nicht mit der Emulsion versehen ist. *Ggs.* →Schichtseite.

Blaufolie
→Voll-Blau, →½ Blau, →¼ Blau, →⅛ Blau.

Blaugrün
Wird auch Cyan genannt.

Blauscheibe
→Konversionsfilter, mit dem die →Farbtemperatur eines Scheinwerfers von →Kunstlicht auf →Tageslicht verändert werden kann.

BL.B
engl. Abk. →Black Burst.

Blei-Akku
Vor allem für den Betrieb von Akku-Leuchten. Blei-Akkus müssen langsam geladen werden, haben aber dafür eine geringe Selbstentladung.

Blende
→Blenden, →Blendenstufe, →Gegenlichtblende, →Sektorenblende, →Umlaufblende.

Blenden
→Abblende, →Aufblende, →Ausblenden, →Einblenden, →Schwarzblende, →Schiebeblende, →Überblenden.

Blendenautomatik
Nachsteuerung der Blende nach automatischer Belichtungsmessung. Wegen der Regelträgheit und der vom Motiv unabhängigen Regelung im professionellen Bereich nur in wenigen Ausnahmefällen sinnvoll.

Blendenfernbedienung
Fernbedienung für tragbare Kameras oder →Kamerarecorder, um die Blende nicht vorne am Objektiv, sondern fernbedient einzustellen. Wird z.B. für eine stehende Arbeitsweise hinter einer einzelnen Kamera benötigt, die nicht an einen →Übertragungswagen angeschlossen ist, oder für Hubschrauber-Aufnahmen, bei denen die Bedienmöglichkeit an der Kamera nicht direkt möglich ist. →Hinterkamerabedienung.

Blendenöffnung
Durchmesser der Lichtöffnung eines Objektivs. Ein rechnerischer Wert, der erst im Zusammenhang mit der →Brennweite des Objektivs für die Berechnung der →Blendenzahl praktische Bedeutung erlangt. Die relative Blendenöffnung ist der umgekehrte Wert der Blende.

Blendenskala
Die übliche Blendenskala beginnt mit dem Wert 1:0,7. Dies gibt an, daß das Objektiv durch Bündelung doppelt soviel Licht durchläßt, wie zur Verfügung steht. Der nächste

49

Wert 1:1,0 gibt an, daß das gesamte Licht verarbeitet wird. Die weiteren Blendenwerte sind 1,4 – 2 – 2,8 – 4 – 5,6 – 8 – 11 – 16 – 22. Die →Blendenzahlen sind so abgestuft, daß sie einer Halbierung bzw. Verdoppelung der Lichtmenge entsprechen. Der kleinsten →Blendenöffnung entspricht die größte Zahl.

Blendenstufe
Eine Stufe auf der →Blendenskala, die einer Halbierung bzw. Verdoppelung der Lichtmenge entspricht.

Blendenzahl
Die Blendenzahl gibt Aufschluß über die Öffnung des →Objektivs. Ein Objektiv läßt um so mehr Licht durch, je größer die →Blendenöffnung, aber je kleiner die Blendenzahl ist. →Blendenskala, →Lichtstärke eines Objektivs.

Blimp
engl. Schallschutzgehäuse an Filmkameras zur Unterdrückung des Laufgeräusches. Ermöglicht eine gleichzeitige Tonaufnahme.

Blitzeinspielung
(ARD) Wiedergabe eines →MAZ-Beitrags in eine laufende Sendung, die nicht an die sendende Rundfunkanstalt durchgeschaltet, sondern direkt im →ARD-FS-Sternpunkt geschaltet wird.

BLK
engl. Abk. 1.) →Black Burst. *2.)* Black. Schwarz, →Schwarzwert oder →Schwarzabgleich. *3.)* Blanking. →Austastung.

BL-Kamera
Abk. (Arri) Geblimpte, schallgedämpfte Filmkamera.

BLM
engl. Abk. Boundary Layer Microphone. →Grenzflächenmikrofon.

Blockfehler
Fehler in einer Gruppe fortlaufender digitaler Daten (→Bits). So führt z.B. bei der Aufzeichnung auf Maschinen →digitaler MAZ-Formate ein →Drop Out zu einem größeren Datenverlust. Durch geeignete →Fehlerschutzsysteme werden sichtbare Auswirkungen vermieden.

Blocking
engl. Bildstörung. →Blockstruktur.

Blockstruktur
Bildstörung, die bei Verfahren zur →Datenreduktion auftreten kann, z.B. wenn sich Bildinhalte sehr stark ändern. Da jedes Bild in Blöcke aufgeteilt werden, kann es vorkommen, daß einer oder mehrere Blöcke bei der Codierung mit einer zu geringen Detailauflösung behandelt wurden. Dadurch sind diese Blöcke dann sichtbar.

Blooming
engl. Aufblühen. Effekt elektronischer →Röhrenkameras, bei dem starke →Spitzlichter zu einer Ablenkung des →Elektronenstrahls in der →Aufnahmeröhre und dann zu einer Vergrößerung des Spitzlichts führen. Kann durch Techniken wie z.B. →ACT oder →ABC vermindert werden.

Blow up
engl. →Aufblasen.

Blubbern
Ugs. Tonstörung bei Mikrofonaufnahmen durch Luftzug oder Wind.

Blue Back-Funktion
engl. Unterdrückung des Bildrauschens durch die Wiedergabe einer blauen Farbfläche während des Rückspulens einiger Geräte semiprofessioneller →MAZ-Formate.

Blue Box
engl. →Chroma Key-Trick.

Blue Only
engl. Schaltet bei Monitoren nur den Blaukanal ein. Dient zur Einstellung der →Farbsättigung.

Blue Screen
engl. Blauwand. →Chroma Key-Trick.

Blumlein-Stereofonie
→Intensitätsstereofonieverfahren. Aufnahme eines Schallereignisses mit zwei Mikrofonen mit →Acht-Charakteristik, die direkt übereinander, aber gegeneinander in einem Winkel von 90° angeordnet sind.

Blur
engl. Verwischen. Effekt z.b. an Grafikgeräten, bei dem benachbarte Bildpunkte bzw. Bildteile miteinander vermischt werden. Dadurch entsteht an diesen Stellen ein unscharfer Bildeindruck. →Motion Blur.

BM
Abk. →Bildmischpult.

BME
Abk. Bildmischeinheit. →Bildmischpult.

BMP
engl. Abk. Bitmap. →Dateiformat für fotoähnliche Grafiken ohne jede →Datenkompression oder →Datenreduktion.

BN
Abk. →Nebenbediengerät.

BNC-DS-Stecker
engl. Abk. Bayonet Neill Concelman. Koaxial-Stecker mit Bajonett-Verriegelung. Wird zum Anschluß eines →seriellen digitalen Videosignals verwendet. Ist gegenüber dem →BNC-Stecker zur Übertragung hochfrequenter Signale besser geeignet und mit diesem kompatibel.

BNC-Stecker
engl. Abk. Bayonet Neill Concelman. Koaxial-Stecker mit Bajonett-Verriegelung. Wird hauptsächlich zum Anschluß →analoger Videosignale und →serieller digitaler Videosignale, aber auch zum Anschluß eines →LTC-Signals oder anderer Daten verwendet.

Board
engl. →Platine.

Bobby
engl. Spulenkern bei Tonbändern oder Filmen.

Booster
engl. Verstärker, meist für →HF-Signale.

Border
engl. Trickumrandung an →Bildmischpulten oder →digitalen Videoeffektgeräten.

Boresight
engl. Kimme und Korn. Punkt mit maximaler Qualität in der →Ausleuchtzone einer →Satellitenübertragung.

Bottle Pulses
engl. Flaschenförmige Identifikations-Impulse des →SECAM-Verfahrens.

Bouquet
franz. Eine Zusammenstellung von Fernsehprogrammen, die nach dem →DVB-Standard komprimiert und gemeinsam über einen Kanal zum Zuschauer übertragen werden.

Bowtie-Darstellung
engl. „Fliege". Meßmethode eines →Komponentenoszilloskops, bei der das →Luminanzsignal und die →Farbdifferenzsignale mit geringfügig unterschiedlichen Frequenzen moduliert und in der Betriebsart Bowtie in Form einer „Fliege" dargestellt werden. Damit können Messungen von Unterschieden in den →Laufzeiten zwischen den einzelnen Komponenten möglich.

Box
engl. Lautsprecher. →Abhörlautsprecher.

BPF
Abk. →Bandpaß-Filter.

BPI
Abk. →Bits per →Inch. Maß für die Aufzeichnungsdichte bei →Magnetbändern für digitale

Aufzeichnungen. Je höher die Aufzeichnungsdichte, um so mehr Daten können aufgezeichnet werden.

bps
engl. Abk. Bits per second. Bit pro Sekunde. Im Deutschen meist →Baud.

BPSK
engl. Abk. Binary Phase Shift Keying. Binärphasenumtastung. Digitales →Modulationsverfahren, bei dem die beiden möglichen Zustände eines →Bit zwei festgelegten Phasenlagen einer →Trägerfrequenz zugeordnet werden. Bei der →digitalen Satellitenübertragung wird →QPSK verwendet.

BR
Abk. Bildregie.

Braunsche Röhre
Von Ferdinand Braun 1896 erfundene →Bildröhre.

Breaker
engl. Sicherung der Stromversorgung.

Breitbandkabelnetz
Von der Telekom installiertes Kupferkabelnetz, über das derzeit bis zu 38 verschiedene Fernseh- und Hörfunkprogramme verteilt werden.

Breitbildverfahren
Kinoverfahren, bei dem Bilder mit einem →Bildseitenverhältnis von mehr als 1,6:1 entweder unverzerrt mit →Breitwandverfahren oder verzerrt mit →Scope-Verfahren aufgenommen werden.

Breitengrad
Vertikale Grad-Unterteilung der Erdkugel. Der Breitengrad 0° ist der Äquator. Davon ausgehend werden nördliche oder südliche Breitengrade zwischen 0° und 180° angegeben. *Ggs.* →Längengrad.

Breite Niere
Ugs. →Subkardioid.

Breitfilm
→65mm-Film, →70mm-Film.

Breitwandverfahren
Die Aufzeichnung geschieht unverzerrt auf einen →35mm-Film, bei dem am oberen und unteren Bildrand Teile kaschiert werden. Bei der Projektion im Kino wird das Bild vergrößert. Dabei gibt es verschiedene Bildseitenverhältnisse: 1,67:1 (in Europa verbreitet), 1,75:1 und 1,85:1 (in USA verbreitet).

Brenner
Beleuchtungsmittel, einsetzbar in einen →Scheinwerfer oder in eine →Leuchte.

Brennpunkt
Der Punkt, in dem sich die Lichtstrahlen treffen, die durch ein optisches System mit lichtbündelnden Eigenschaften fallen. Bei einem Objektiv ist das die →Abbildungsebene.

Brennweite
Abstand zwischen dem optischen Mittelpunkt eines Objektivs und der →Abbildungsebene. Je größer die →Bildfeldgröße von →Filmformaten oder elektronischen Kameras, desto länger ist die Brennweite bei gleichbleibendem horizontalen Blickwinkel. Da Objektive längerer Brennweiten eine geringere →Schärfentiefe haben, lassen sich gestalterische Wirkungen wie Schärfenverlagerungen eher mit Filmformaten oder elektronischen Kameras größerer Bildfeldgröße erzielen. Innerhalb eines Systems erzeugen lange Brennweiten eine große, kurze Brennweiten eine weitwinklige Abbildung. Langbrennweitige Objektive sind entweder sehr groß oder haben eine geringe →Lichtstärke. Objektive mit veränderlicher Brennweite bezeichnet man als →Zoomobjektive. →Normalbrennweite.

Brennweitenverdoppler
In →Zoomobjektiven einschaltbares Linsensystem, das die →Brennweite verdoppelt. Der Lichtverlust beträgt zwei →Blendenstufen. Zusammen mit dem minimalen Abstand zwischen Objektiv und Motiv beschreibt diese

längste Brennweite die Abbildungsgröße kleiner Gegenstände.

Brennweitenverhältnis
Verhältnis der längsten zur kürzesten →Brennweite eines →Zoomobjektivs.

BRG
Abk. Bildregie.

BRI
engl. Abk. Brightness. →Helligkeitsregler.

Bright
engl. Abk. Brightness. →Helligkeitsregler.

Brightness
engl. →Helligkeitsregler.

Broadcast
engl. →Senden, Ausstrahlen. →Simulcast, →Intercast.

Broadcasting
engl. →Rundfunk.

Broad Pulses
engl. Haupttrabanten innerhalb der →vertikalen Austastlücke. →Trabanten.

Browse
engl. Blättern. Schnelle Darstellung größenreduzierter Bilder z.B. bei einem →Einzelbildspeicher oder einer →Paint Box.

BRR
engl. Abk. Bit Rate Reduction. Verminderung der Bitrate bzw. des →Datenstroms, um z.B. längere Laufzeiten bestimmter →digitaler MAZ-Formate zu erzielen.

Brückenstecker
Kombination zweier →Stecker in einem Gehäuse zur kurzen und übersichtlichen Verbindung zweier übereinanderliegender Buchsen an einem →Steckfeld oder im Inneren eines Gerätes.

Brummstörung
Einfluß der Netzwechselspannung von 50 oder 100 →Hz auf ein Ton- oder Bildsignal z.b. durch nicht korrekte Erdung von Geräten oder durch nicht ausreichende →Abschirmung von Kabeln. Im Bildsignal äußert sich ein Brumm durch stehende oder vertikal wandernde, horizontale Streifen erhöhter oder verminderter Helligkeit.

Bruttodatenrate
Datenmenge, die pro Zeit übertragen wird und die neben der reinen Nutzinformation auch alle Zusatzinformationen enthält. Angabe in Bit/Sekunde. Die Bruttodatenrate eines →digitalen Komponentensignals beträgt 270 →MBit/s. Darin sind z.b. auch Audio- und →Time Code-Informationen enthalten.

B/S
Abk. Bilder pro Sekunde. →Bildwechselfrequenz.

B-Signal
Abk. Bildsignal.

BSS
engl. Abk. Broadcast Satellite Service. Rundfunksatellitendienst. Satellitendienst für die Verteilung von Programmen zum Zuschauer über →Rundfunksatelliten. *Ggs.* →FSS.

BT
Abk. 1.) Bildtechnik. *2.)* Bildträgerfrequenz.

B/tie
engl. Abk. →Bowtie.

BTX
Abk. →Bildschirmtext.

Bündelungsfaktor
Der Bündelungsfaktor gibt an, um wieviel Mal größer der Besprechungsabstand eines →Mikrofons mit gerichteter Charakteristik gegenüber dem eines Mikrofons mit kugelförmiger Charakteristik ist. Der Bündelungsfaktor ergibt sich aus der Wurzel des →Bündelungsgrades.

53

Bündelungsgrad
Der Bündelungsgrad gibt an, um wieviel Mal größer die aufgenommene Leistung des Raumschalls eines Mikrofons mit gerichteter Charakteristik gegenüber der eines →Mikrofons mit kugelförmiger Charakteristik ist.

Bug
engl. Wanze. *Ugs.* Fehler in Computerprogrammen.

Buntheit
→Farbsättigung.

Buntton
→Farbton.

Burst
engl. 1.) Farbträger-Synchronsignal, besteht aus 10 Schwingungen des →Farbträgers von 4,43 →MHz mit einer →Phasenlage von 135° bzw. 225°. Wird in der →horizontalen Austastlücke einer Videozeile mitübertragen. Der Empfänger gewinnt aus dem Burst wieder einen durchgehenden, synchronen Farbträger. Durch einen Vergleich von →Amplitude bzw. →Phasenlage zwischen dem gewonnenen Farbträger und den Chromaanteilen des Bildsignals können Übertragungsfehler der →Farbsättigung und des →Farbtons ausgeglichen werden. *2.) allg.* Gruppe von Schwingungen einer bestimmten Frequenz. →Multiburst. *3.)* Gruppe digitaler Daten. →Audioburst.

Burst/Chroma-Phasenlage
Verhältnis der →Phasenlage zwischen dem →Burst und dem →Chroma-Signal eines →FBAS-Signals. Definiert den →Farbton eines Videosignals.

Burst Error
engl. Fehler in einer Gruppe digitaler Daten. →Blockfehler.

Burst Flag
engl. →K-Impuls.

Burst Gate
engl. →K-Impuls.

Burstkennimpuls
→Impuls, der bei der →Codierung von RGB-Signalen die Position des →Burst bestimmt.

Burst Key
engl. →K-Impuls.

Burst-Phasenlage
→Burst zu Chroma-Phasenlage, →Farbträgerphasenlage.

Burst zu Chroma-Phasenlage
Verhältnis der →Phasenlage zwischen dem →Burst und dem →Chroma-Signal eines →FBAS-Signals. Definiert den →Farbton eines Videosignals.

Bus-System
1.) Eine von allen Baugruppen eines Computers oder computerorientierten Gerätes benutzte Verbindungsleitung. *2.)* Sammelleitung, die z.B in →Tonmischpulten mehrere Tonquellen kombiniert.

Butt-Schnitt
engl. Aneinanderfügen. →Linearer Schnitt, wobei der →In-Punkt nicht von einer Eingabe der Schnittmarken, sondern von den momentanen Bandpositionen des →Players und des →Recorders bestimmt wird.

BVW-MAZ-Maschinen
Abk. (Sony) Bezeichnet eine Gerätepalette von →MAZ-Maschinen und →Kamerarecordern nach dem →Betacam SP-Format (früher auch →Betacam-Format). Das B steht dabei für →Broadcast und kennzeichnet die höchste von drei Qualitätsstufen. →PVW, →UVW.

B/W
engl. Abk. Black and White. Schwarzweiß.

BW
Abk. Bildwähler. →Videosteckfeld.

BWF
engl. Abk. Broadcast WAV File. →Datenformat digitaler Audiosignale, das auf dem

→WAV-Format basiert. Eine BWF-Datei kann nicht reduzierte oder →datenreduzierte Audiodaten enthalten. Die Information über die Art des Audiosignals liegt der BWF-Datei als Beschreibung bei. Damit ist ein einfacher Austausch von Dateien möglich.

Bypass
engl. Umgehung. Komplette oder teilweise Umgehung der elektronischen Schaltung eines Gerätes.

B-Y-Signal
Abk. Farbdifferenzsignal. Wird in der →Matrix eines →Coders durch Differenzbildung zwischen dem →Farbwertsignal Blau und dem →Luminanzsignal gewonnen.

Byte
engl. Informationseinheit der →Digitaltechnik, die aus einer Reihe von 8 →Bit entsprechend $2^8 = 256$ diskreten Werten besteht.

c
Abk. 1.) Centi. →Zenti. *2.) engl.* Channel. Kanal.

C
Abk. →Chrominanzsignal.

CA
engl. Abk. 1.) Computer Animation. *2.)* →Conditional Access.

Cache-Speicher
engl. Zwischenspeicher. In Computersystemen der Speicher, der sich zwischen dem →Prozessor und dem →Arbeitsspeicher befindet. Der gegenüber dem Arbeitsspeicher viel schnellere Cache hält häufig benötigte Daten vor und beschleunigt so das Gesamtsystem.

CAL
engl. Abk. Calibrated. Kalibriert, →Kalibrierung.

CAM
engl. Abk. Conditional Access Module. →Conditional Access.

Camcorder
engl. →Kamerarecorder.

Candela
Einheit der Lichtstärke. Der von einer Lichtquelle ausgesandte →Lichtstrom pro Raumwinkel. *Abk.* cd.

Cannon-Stecker
→XLR-Stecker.

Canobeam
(Canon) Übertragungssystem für Video- und Audiosignale mittels →Laserstrahl bis zu einer Entfernung von 4.000 Metern.

Cap
engl. Lens Cap. Objektiv-Verschluß.

Capstan
engl. Bandtransport-Antriebswelle. Treibt ein →Magnetband oder einen Film über eine an den Capstan angedrückte Gummirolle an.

Caption
engl. 1.) →Untertitel. *2.) Ugs.* für →Downstream Keyer. *3.)* Erkennungsbild, das vor Beginn von Fernsehübertragungen gesendet wird.

CAR
engl. Abk. Central Apparatus Room. Zentraler Geräteraum. →Hauptschaltraum.

Cardioid
engl. →Kardioid.

Car-Produktion
schweiz. →Außenübertragung.

Carrier frequency
engl. →Trägerfrequenz.

Cart-Maschine
engl. →Kassettenautomat.

CATV
engl. Abk. Cable Television. →Kabelfernsehen.

55

CAV
engl. Abk. Component Analog Video. Analoge →Komponentensignale der Videotechnik.

CAV-Bildplatte
engl. Abk. Constant Angular Velocity. Bildplatte mit einer →Videofrequenzbandbreite von 4 →MHz im →Direct Colour-Verfahren. Zwei analoge Tonkanäle. Durchmesser 12 →Zoll. Spieldauer 30' pro Seite. Standbild- und Slowmotion-Wiedergabe möglich. *Ggs.* →CLV.

CB
engl. Abk. Colour Bars. →Farbbalken.

C-Band
Zu Beginn der Satellitentechnik war dies der einzig verfügbare und technologisch beherrschbare Frequenzbereich. Auch heute wird dieser Bereich noch für →Satellitenübertragung genutzt, jedoch weniger in Europa. Die Sendefrequenzen liegen zwischen 5,85 und 6,425 →GHz, die Empfangsfrequenzen zwischen 3,7 und 4,2 GHz. Gegenüber dem →Ku-Band hat das C-Band den Vorteil einer breiteren →Ausleuchtzone. Nachteilig ist jedoch der notwendige Einsatz großer und teurer Antennen wegen der relativ niedrigen Frequenzen.

C-Bars
engl. Abk. Colour Bars. →Farbbalken.

CB-Funk
engl. Abk. Citizen Band. Genehmigungs- und zulassungsfreier Sprechfunk mit portablen oder stationären Geräten für jedermann.

CB-Signal
Abk. Farbdifferenzsignal der →digitalen Komponentensignale nach →ITU-R 601. Nicht zu verwechseln mit den →Komponentensignalen.

CC
engl. Abk. 1.) Compact Cassette. →Kompaktkassette. Herkömmliche analoge Tonkassette. *Ggs.* →DCC. *2.)* →Colour Corrector.

CCD-Abtaster
→CCD-Filmabtaster.

CCD-Chip
engl. Abk. Charge Coupled Device. Ladungsgekoppeltes, analoges Bauelement, das aus einer Reihe von Speicherelementen besteht. *1.)* Bildaufnahmeteil elektronischer →CCD-Kameras. Das auf die Chips projizierte Bild wird als elektrische Ladung in einer der →Bildpunktanzahl entsprechenden Menge von Speicherelementen kurzzeitig aufgenommen und dann durch verschiedene Varianten in die notwendige, serielle Reihenfolge der Bildpunkte umgewandelt, mit der die Übertragung der Fernsehbilder funktioniert. Die Chip-Varianten von CCD-Kameras sind: →Frame Transfer-Chip, →Interline Transfer-Chip, →Frame Interline Transfer-Chip. *2.)* Bildaufnahmeteil elektronischer →CCD-Filmabtaster. *3.)* Elektronisches Bauteil zur Verzögerung elektrischer Signale.

CCD-Filmabtaster
Eine →Halogenlampe projiziert einen engen horizontalen Spalt des Films durch ein →Prisma auf drei →CCD-Chips, die aus einer einzelnen Reihe von Speicherelementen bestehen. Der Film wird kontinuierlich transportiert. Die dadurch zeilenweise entstehenden Bildinformationen werden in einen Bildspeicher eingelesen und in richtiger Reihenfolge der Bildelemente, Zeilen und →Halbbilder ausgelesen. Auswechselbare Optiken machen die Abtastung fast aller →Filmformate möglich.

CCD-Kamera
Professionelle CCD-Kameras arbeiten ebenso wie professionelle →Röhrenkameras mit einem →Prisma, das das einfallende Licht in die drei Farbauszüge zerlegt. Jeder der drei Chips weist definierte Aufnahmeelemente für jeden einzelnen →Bildpunkt auf (500.000 Bildpunkte für konventionelle, bis zu 2.200.000 Bildpunkte für →HDTV-Kameras). An den meisten CCD-Kameras können unterschiedliche →Belichtungszeiten eingestellt werden. Die drei

Chip-Varianten →Frame Transfer, →Interline Transfer, →Frame Interline Transfer haben ein unterschiedliches Verhalten bezogen auf die Effekte →Vertical Smear und →Fixed Pattern Noise. Die drei Farbkanäle der Kamera werden entweder in →Komponentensignale oder in ein →FBAS-Signal umgewandelt.

CCD-Objektiv
Objektiv mit geringen →Abbildungsfehlern. →CCD-Kameras tolerieren vor allem keine →Verzeichnungen, wie sie bei →Röhrenkameras durch die →Rasterdeckung ausgeglichen werden konnten.

CC-Index
engl. Abk. Colour Compensation Index.

CCIR
† *franz. Abk.* Comité Consultatif International des Radiocommunications. Internationaler beratender Ausschuß für den Funkdienst. Organ der Internationalen Fernmeldeunion. Ist seit Ende 1992 als →ITU-R ein Teil der →ITU.

CCITT
† *franz. Abk.* Comité Consultatif International de Télégraphique et Téléphonique. Internationaler beratender Ausschuß für Telekommunikation. Ist seit Ende 1992 als →ITU-T ein Teil der →ITU.

CCP
engl. Abk. Colour Control Panel. Bedienteil für das →Matching elektronischer Kameras.

CCTV
engl. Abk. Closed Circuit Television. Fernsehsystem einer geschlossenen Benutzergruppe.

CCU
engl. Abk. Camera Control Unit. Kamerakontrollgerät. Vereint die →Basisstation und die Steuereinheit einer elektronischen →Studiokamera. Mit der CCU werden alle meß- als auch betriebstechnischen Justagen vorgenommen. Die CCU ist über ein →Mehraderkabel oder über ein →Triaxkabel mit dem →Kamerakopf verbunden. →RCP.

CCVS
engl. Abk. Colour Composite Video Signal. →FBAS-Signal.

cd
Abk. →Candela.

CD
engl. Abk. →Compact Disk.

CD-Audio
engl. Abk. →Compact Disk. Herkömmliche CD mit einem Durchmesser von 12 cm zur Speicherung digitaler Audiodaten. Die →Abtastfrequenz beträgt 44,1 →kHz, die →Quantisierung 16 →Bit. Maximale Spieldauer eines Stereoprogramms etwa 60'.

CD-DA
engl. Abk. Compact Disk Digital Audio. →CD-Audio.

CD-I
engl. Abk. (Philips) (Sony) Compact Disk Interactive. Interaktive Version der Consumer →CD. Speichert Audio-, Video- und Computerdaten. Ist unabhängig von einem →PC zu betreiben.

cd/m²
Abk. Einheit der →Leuchtdichte.

CD-MO
engl. Abk. Magneto Optical Disk.

CD-R
engl. Abk. Compact Disk-Recordable. Einmal durch einen Laserstrahl bespielbare →Compact Disk, kompatibel mit →CD-ROM und →CD-Audio.

CD-ROM
engl. Abk. Compact Disk-Read Only Memory. Nur wiedergebbare →Compact Disk mit digitalen Computerdaten. Speichermedium von Computern mit einer Kapazität von 680 →MByte. Es sind auch Audiodaten speicherbar. CD-ROM-Player können auch konventionelle Audio-CDs lesen (→CD-Audio).

CD-ROM XA
engl. Abk. Compact Disk-Read Only Memory Extended Architecture. Nur wiedergebbare →Compact Disk. Gegenüber der →CD-ROM lassen sich durch Datenkompressionsverfahren Video- und Audiodaten synchron mit größerer Geschwindigkeit, Qualität oder Kapazität abspielen. CD-ROM-Player können auch folgende CDs lesen: →CD-ROM, →CD-Audio, Photo-CD.

CD-Video
→Video-CD.

CD-WO
engl. Abk. Compact Disk-Write Once. →CD-WORM.

CD-WORM
engl. Abk. Compact Disk-Write Once Read Many. Einmal bespielbare Compact Disk. Existiert in verschiedenen Größen und daher nicht mit →CD-ROM und →CD-Audio kompatibel.

Center Marker
engl. Mittenmarkierung im →Suchermonitor z.B. zur mittigen und geraden Einrichtung von Grafiken.

Centi-Übertragung
Ugs. →Richtfunkübertragung.

Centronics-Schnittstelle
→Schnittstelle für parallele Datenübertragung in eine Richtung mit →asymmetrischer Leitungsführung und 36poligen Centronics-Steckern oder 25poligen →D-Sub-Steckern. Wird meist für die Verbindung zwischen Computer und Drucker verwendet. Maximale Kabellänge 5m.

CEST
engl. Abk. Central European Summer Time. Internationale Bezeichnung der →MESZ, der Mitteleuropäischen Sommerzeit.

CET
engl. Abk. Central European Time. Internationale Bezeichnung der →MEZ, der Mitteleuropäischen Zeit.

CF
engl. Abk. 1.) Colour Flag. →Colour Lock Flag. *2.)* →Colour Framing.

C-Format
→MAZ-Format, das auf 1 →Zoll breites →Chromdioxidband im →Direct Colour-Verfahren ein Videosignal von 5 →MHz →Videofrequenzbandbreite, zwei Tonsignale und ein →Time Code-Signal aufzeichnet. Einige Maschinen sind für die Aufzeichnung einer dritten →Audiospur, von →Sync-Spuren oder zweier →PCM-Tonspuren ausgerüstet. Verbreitet in England, Amerika und bei vielen privaten Produktionsfirmen in Deutschland. Die glänzende →Schichtseite des Bandes liegt innen. Maximale Spieldauer 155'. Nicht kompatibel mit →B-Format.

CG
engl. Abk. 1.) Character Generator. →Schriftgenerator. *2.)* Computer Graphics. Computergrafik.

CGU
engl. Abk. Character Generator Unit. →Schriftgenerator.

CH
engl. Abk. Channel. Kanal.

Channel
engl. Kanal.

Channel Code
engl. Kanalcodierung. →Kanalcodierverfahren.

Channel Combiner
engl. →Combiner.

Character Generator
engl. →Schriftgenerator.

Charge
engl. Aufladen.

CHAR GEN
engl. Abk. Character Generator. →Schriftgenerator.

Chargennummer
Bei der Wahl des →Filmmaterials für eine Aufnahme wird die Chargennummer berücksichtigt, um Schwankungen bezüglich der Farbempfindlichkeit bei der Filmentwicklung zu reduzieren. Bei →MAZ-Bändern hat die Chargennummer keine entsprechende Bedeutung.

Charger
engl. Ladegerät.

Chase Lock
engl. Nachjagen und verkoppeln. Meist Synchronisation von Tonbandgeräten mit →MAZ-Maschinen an Hand des →Time Codes.

C-HDTV
engl. Abk. Cable High Definition Television. Über Kabel verbreitetes →HDTV-System.

Chip
engl. Halbleiterbaustein. →CCD-Chip.

Chip-Kamera
→CCD-Kamera.

CHR
engl. Abk. Chroma. →Farbsättigung.

Chroma
Im Wortsinne der komplette Farbanteil z.B. eines Videosignals, der durch die Faktoren →Farbton, →Farbsättigung und →Farbhelligkeit definiert ist. Wird *ugs.* aber oft zur Beschreibung des →Chrominanzsignals verwendet, das lediglich den Farbton und die Farbsättigung enthält.

Chroma Black
engl. →Dunkelentsättigung.

Chroma Dark
engl. →Dunkelentsättigung.

Chroma Gain
engl. Farbsignal-Verstärkung. Beeinflußt die →Farbsättigung.

Chroma Key
engl. Farbstanztrick. Kombiniert zwei Videobilder mit Hilfe eines Stanzsignals, das aus einem der beiden Videobilder gewonnen wird. Die Bildanteile, die einen bestimmten →Farbton (meist Blau) aufweisen, werden zu weiß, alle anderen zu schwarz gemacht. Dann werden die weißen Bildteile des Stanzsignals mit dem Bildinhalt des ersten Videobildes, die schwarzen Bildteile mit den Bildinhalten des zweiten Videobildes ausgefüllt. Größe, Form und Position des Stanzsignals lassen sich nur mit Hilfe der Kamera-Bewegung und nicht am →Bildmischpult verändern.

Chroma Key eingeschränkter Qualität
engl. Farbstanze. →Chroma Key-Effekt, bei dem das →Stanzsignal entweder aus einem →FBAS-Signal oder aus einem →digitalen Komponentensignal mit eingeschränkter Farbqualität gewonnen wird. Im ersten Fall spricht man von einem →FBAS-Chroma Key. Im zweiten Fall stammt das zu stanzende Signal von den →digitalen MAZ-Formaten →DV, →DVCAM und →DVCPRO oder von digitalen Überspielwegen, deren Farbauflösung nach dem System 4:2:0 oder 4:1:1 arbeitet. Dadurch hat das Stanzsignal eine geringe →Auflösung und die Person im Vordergrund erscheint sehr künstlich vor dem Hintergrund. *Ggs.* →RGB-Chroma Key.

Chromapegel
Farbpegel. →Videopegel.

Chroma-Phasenlage
→Burst zu Chroma-Phasenlage.

Chromarauschen
→Farbrauschen.

Chromaticity
engl. →Farbart.

Chromatische Aberration
→Abbildungsfehler von →Objektiven. Die →Lichtfarben bündeln sich nicht im →Brennpunkt eines Objektivs und führen zu →Farbsäumen im Bild. →Sphärische Aberration.

Chromdioxidband
→Magnetband, mit Chromdioxidkristallen versetztes →Oxidband.

Chrominance
engl. Farbe.

Chrominanzbandbreite
Abstand der tiefsten von der höchsten →Frequenz des Farbanteils eines zu übertragenden Videosignals.

Chrominanzsignal
Videosignal, das nur aus dem modulierten →Farbträger besteht. Enthält die Farbinformationen →Farbton und →Farbsättigung. Auch Farbartsignal genannt. *Ggs.* →Luminanzsignal.

CI
engl. Abk. →Common Interface. Allgemeine Schnittstelle.

CID-Lampe
engl. Abk. Compact Iodide Daylight. →Lampe mit einer tageslichtähnlichen →Farbtemperatur von 5.500 K. Entspricht →HMI-Licht.

CIE
engl. Abk. International Commission on Illumination. *franz. Abk.* Commission Internationale de l'Eclairage. Internationale Beleuchtungskommission. *Abk.* IBK.

CIF
engl. Abk. Common Interface Format. →HDTV-Standard mit 1920 →Pixel pro Zeile, 1080 Zeilen, einer →progressiven Abtastung und einer →Bildwechselfrequenz von 24 Bildern pro Sekunde.

Cinch-Stecker
engl. Koaxialer Steckverbinder in der Consumer- und semiprofessionellen Technik für den Anschluß eines →asymmetrischen Audiosignals oder eines Videosignals.

Cinema-Einstellung
Fernsehgeräte, die über eine →Bildröhre im →Bildseitenverhältnis von 16:9 verfügen, weisen häufig eine Zoom- oder Cinema-Einstellmöglichkeit auf. Dabei werden Fernsehprogramme wie z.b. Spielfilme, die im →Letter Box-Format ausgestrahlt werden, soweit vergrößert, daß die schwarzen Balken am oberen und unteren Bildrand verschwinden. Das Bild verliert durch die Vergrößerung aber an Schärfe.

Cinemascope
engl. Breitbildverfahren mit einem →Bildseitenverhältnis von 2,35:1. →Bildfeldgröße bei Aufnahme Breite × Höhe: 21,3 × 18,2 mm. Die Aufzeichnung geschieht mit einem Spezialobjektiv, einem →Anamorphoten. Damit wird das Bild in der Horizontalen im Verhältnis 2:1 meist auf einen →35mm-Film verkleinert. Bei der Kinoprojektion wird dieser Vorgang durch ein entsprechendes Objektiv, bei der →Filmabtastung durch optische oder elektronische Einrichtungen wieder rückgängig gemacht. Das Cinemascope-Verfahren hatte ursprünglich vier Tonkanäle, die auf Magnetrandstreifen des Films aufgebracht waren.

CK
engl. Abk. →Clock-Signal.

Clamp
engl. Klemmung eines Videosignals.

Clean Carrier
Aussenden eines reinen →Trägersignals ohne →Modulation mit einem Nutzsignal, z.B. bei der →Satellitenübertragung.

Clean Clean Feed
engl. ugs. Bild oder Bildsignal, das frei von Schrifteinblendungen ist. Damit sind im *Ggs.*

zum →Clean Feed neben den Logos zusätzlich auch Namens- bzw. Zeiteinblendungen gemeint. →Dirty Feed.

Clean EDL
engl. Abk. Clean Edit Decision List. →Saubere Schnittliste.

Clean Feed
engl. 1.) Tonrückleitung von einem Studio zum Kommentator oder zum Außenübertragungsort ohne →akustische Rückkoppelung. *2.)* Bild oder Bildsignal, das frei von Schrifteinblendungen ist. Damit sind in der Regel Logos gemeint. →Clean Clean Feed. →Dirty Feed.

Clear Scan
engl. Wahl kurzer Belichtungszeiten an →CCD-Kameras im Bereich von 1/50 bis zum Teil 1/125 Sekunde, um Aufnahmen von Computer-Bildschirmen mit unterschiedlichsten →Bildwechselfrequenzen zu ermöglichen.

Client
engl. In der Computertechnik ist ein Client ein Arbeitsplatzrechner, der auf Programme und Daten eines zentralen oder räumlich entfernten Computers (→Server) per Netzwerk oder Datenfernübertragung zugreifen kann.

Clip
engl. Beim →nichtlinearen Schnitt Teil des vom →MAZ-Band auf die →Festplatte überspielten Originalmaterials. →Master Clip, →Sub Clip.

Clip-Level
engl. Abschneidepunkt. *1.)* Pegelschwelle eines →Stanzsignals. *2.)* Pegelschwelle von →Begrenzern.

Clip Link
engl. Visuelles Inhaltsverzeichnis, das bei der Aufnahme mit →Kamerarecordern z.B. des →DVCAM-Formates auf einen Speicherbaustein der Kassette aufgenommen wird. Dabei ist jeder →Take mit einem Einzelbild, den →Time Code-Daten, dokumentiert.

CLK
engl. Abk. Clock. Takt.

CLL
engl. Abk. (Quantel) Central Lending Library. Zentrales System zur Speicherung und Verwaltung von Einzelbildern.

Clock-Signal
engl. Referenz-Taktsignal eines digitalen Video- oder Audiosignals.

Clock Time Code
engl. →Drop Frame Time Code.

Close Up
engl. Nahe Einstellung. →Einstellungsgröße.

CLR
engl. Abk. Clear. *1.)* Durchsichtig. Kein Filter im Filterrad elektronischer Kameras. *2.)* Löschen eingegebener Werte.

CLS
engl. Abk. →Clear Scan.

CLV-Bildplatte
engl. Abk. Constant Linear Velocity. Bildplatte mit einer →Videofrequenzbandbreite von 4 →MHz im →Direct Colour-Verfahren und zwei analogen Tonkanälen. Durchmesser 12 →Zoll. Spieldauer von 60' pro Seite. Keine Standbild- und Slowmotion-Wiedergabe. *Ggs.* →CAV-Bildplatte.

C-MAC-Verfahren
engl. Sendenorm des →MAC-Verfahrens für eine →Satellitenübertragung durch →Rundfunksatelliten mit einer →Kanalbandbreite von 27 →MHz. Für eine weitere Verteilung dieser Programme über →terrestrische Sender oder →Breitbandkabelnetze ist die →Frequenzbandbreite zu hoch. In diesem Fall werden die Verfahren →D-MAC und →D2-MAC verwendet.

C-Mount
Einschraubgewinde für →Objektive an Industrie- und Überwachungskameras. →CS-Mount.

CMY
engl. Abk. der drei Farben →Cyan (Cyan), →Purpur (Magenta) und →Gelb (Yellow). Farbsystem, das die drei Grundfarben der Drucktechnik beschreibt. Durch →subtraktive Farbmischung, in der Drucktechnik durch Übereinanderdrucken der Farben mit Hilfe von Rastern, können alle Farben bis hin zu Schwarz hergestellt werden. Das CMY-System wird auch von Grafikprogrammen genutzt. Die Wiedergabe elektronischer Bilder geschieht mit dem System der →additiven Farbmischung.

CMYK
engl. Abk. der drei Farben →Cyan (Cyan), →Purpur (Magenta) und →Gelb (Yellow). Das K steht für Schwarz. Farbsystem der Drucktechnik, das neben den drei Grundfarben noch den Farbton Schwarz enthält. Damit lassen sich gegenüber dem →CMY-System die Wiedergabe dunkler Bilder optimieren und Farben gesättigter darstellen. Das CMYK-System wird auch von Grafikprogrammen genutzt. Die Wiedergabe elektronischer Bilder geschieht mit dem System der →additiven Farbmischung.

C-Netz
Nicht mehr aktuelles, analoges →Mobilfunknetz. Nummern beginnen mit 0161. Die Geräte werden hauptsächlich als Autotelefone verwendet.

Coarse
engl. Grob-(Einstellung) z.B. der →Farbträgerphasenlage an Studiogeräten oder der Verstärkung an →Tonmischpulten.

COD
Abk. →Coder.

Codec
1.) Kunstwort aus Coder und Decoder. *2.)* System, bestehend aus →Hard- oder →Software zur Kompression von Videodaten.

Code de temps
franz. →Time Code.

Coder
1.) allg. Gerät zur Verschlüsselung elektrischer Signale. *2.)* Gerät zur →PAL-Codierung der RGB-Signale in ein →FBAS-Signal. *3.)* System zur Umwandlung digitaler Videosignale in komplexere digitale Daten. *Ggs.* →Decoder.

Codewort
→Datenwort.

Codieren
allg. Umwandeln. →PAL-Codierung, →Vorcodieren, →Verschlüsseln. Im digitalen Umfeld auch →Datenkompression und →Datenreduktion.

Codiertes Videosignal
→FBAS-Signal.

Codierung
allg. Umwandlung. →PAL-Codierung, →Vorcodieren, →Verschlüsseln. Im digitalen Umfeld →Kanalcodierung oder →Datenkompression und →Datenreduktion beim →Interframe Coding, →Intraframe Coding, →Interfield Coding, →Intrafield Coding.

Codierverfahren
→NTSC-Verfahren, →PAL-Verfahren, →PALplus-Verfahren, →SECAM-Verfahren.

Coding
engl. →Codierung.

COFDM
engl. Abk. Coded Orthogonal Frequency Division Multiplex. Digitales Modulationsverfahren, bei dem ein Signal auf verschiedene Unterträger aufgeteilt und jeder Träger einzeln moduliert wird. Eine Kombination der Verfahren →PSK und →QAM. Wird für die Übertragung von →DVB-T genutzt.

COL.BAL.
engl. Abk. Colour Balance. →Schwarz- und →Weißabgleich.

Colorierungsprinzip
Überlegung, die z.B. der Farbübertragung im →FBAS-Signal zugrunde liegt. Dabei reicht eine geringe →Frequenzbandbreite des →Chrominanzsignals von etwa 1,5 →MHz für einen ausreichend guten Farbeindruck aus, da die Schärfe des Bildes mit einer Frequenzbandbreite von 5 MHz bereits im →Luminanzsignal liegt.

Color Plus-Verfahren
→Motion Adaptive Colour Plus.

Colour Banding
engl. Fehler in der Wiedergabeentzerrung bei analogen →MAZ-Maschinen mit →segmentiertem Aufzeichnungsverfahren. Dabei sind die Übergänge der verschiedenen Kopfpakete durch Änderungen der Farbsättigung sichtbar.

Colour Bars
engl. →Farbbalken.

Colour Black
engl. →Black Burst.

Colour Burst
engl. Farbburst. →Burst.

Colour Corrector
engl. Farbkorrektor, Gerät zur →Farbkorrektur.

Colour Flag
→Colour Lock Flag.

Colour Framing
engl. Verkoppelung von →MAZ-Maschinen beim →linearen Schnitt während des →Hochlaufs zur →PAL-4er-Sequenz oder →PAL-8er-Sequenz.

Colour Fringe
engl. Farbsaum.

Colour ID
engl. Abk. Colour Ident. →PAL-Impuls.

Colour Killer
engl. Farbabschalter. *1.)* Funktion an →Bildmischpulten, um aus einem farbigen ein schwarzweißes Bild zu machen. *2.)* † Früheres System zur Abschaltung des Chromaanteils in einem Farbempfänger bei der Aussendung von Schwarzweiß-Sendungen ohne →Burst. Dadurch wurden →Cross Colour- und →Cross Luminance-Störungen vermieden.

Colour Lock Flag
engl. Farbverkoppelungszeichen. 1 →Bit innerhalb des →Time Codes, das eine Verkoppelung des →Time Codes mit der →PAL-8er Sequenz anzeigt. Aus dem Time Code-Wert eines Videobildes läßt sich dann die Position des Videobildes innerhalb der 8er Sequenz bestimmen.

Colour Matching
engl. →Matching.

Colour Matte
engl. →Farbflächengenerator.

Colour Plus-Verfahren
engl. →Motion Adaptive Colour Plus.

Colour Reference Burst
→Burst.

Colour Subcarrier
engl. Farbunterträger. →Farbträger.

Colour Television Set
engl. Farbfernsehgerät.

Colour TV
engl. Farbfernsehgerät.

Colour Under-Verfahren
engl. System zur Aufzeichnung des →FBAS-Signals auf →MAZ-Formate, die nur eine →Videofrequenzbandbreite von etwa 2-3 →MHz und damit eine gegenüber der professionellen Videofrequenzbandbreite von 5 MHz geringere →Auflösung aufweisen. Da der →Farbträger bei 4,43 MHz liegt, wird dieser abhängig vom →MAZ-Format in einen Farbunterträger zwischen etwa 500 und 900 →kHz umgesetzt und

63

dann aufgezeichnet. Neben den →U-matic-Formaten arbeiten damit alle Consumer-Formate: →Betamax, →VHS, →S-VHS, →Video 8, →Hi 8.

Colour Under-MAZ-Formate
engl. Aufzeichnungssysteme, bei denen der →Farbträger von 4,43 →MHz in einen Farbunterträger zwischen etwa 500 und 900 →kHz umgesetzt und dann aufgezeichnet wird. Neben den →U-matic-Formaten arbeiten damit alle Consumer-Formate: →Betamax, →VHS, →S-VHS, →Video 8, →Hi 8.

COM
engl. Abk. 1.) Communication. Kommunikation. *2.)* Commentary. →Kommentarton, →Kommentarleitung.

Comb Filter
engl. Kammfilter. →Kammfilterdecoder.

Combiner
engl. System, das zwei oder mehrere Kanäle (Bildspeicher) →digitaler Videoeffektgeräte kombiniert. Einige Geräte berücksichtigen die Lage der Kanäle im dreidimensionalen Raum und erreichen damit eine Illusion von Vorder- und Hintergrund oder ermöglichen eine gegenseitige Durchdringung der Videobilder.

Comet Tail
engl. Kometenschweif. Effekt bei →Röhrenkameras, der bei sehr hellen, bewegten Objekten als farbiger Schweif auftreten kann. Bewegter →Blooming-Effekt. Verminderung der Effekte durch Techniken wie z.B. →ACT.

COMMAG
Abk. Kombinierter magnetischer Ton. Die Toninformation liegt auf den Magnetrandspuren eines →16- oder →35mm →Bildfilms.

Common Interface
engl. Allgemeine Schnittstelle, die im Gegensatz zu →DVB-Empfängern mit fest eingebauter Entschlüsselungstechnik eines →Pay TV-Anbieters, wie z.B. die →d-box, auch den Empfang anderer Programme ermöglicht. In Empfängern mit einem Common Interface wird die Entschlüsselungslogik z.b. auf einer →PCMCIA-Karte gespeichert.

COMOPT
Abk. Kombinierter optischer Ton. Die Toninformationen liegen als →Lichtton auf belichteten Randspuren des →16- oder →35mm →Bildfilms.

Comp
engl. Abk. Component. Komponenten. →Komponentensignale.

Compact Cassette
engl. →Kompaktkassette.

Compact Disk
Speichermedium digitaler Audio-, Video- und Computerdaten auf optischem Wege. Die Platte besteht aus einer dünnen, durchsichtigen Kunststoffscheibe mit hinterklebtem Aluminiumspiegel. Das digitale Signal wird in konzentrischen Kreisen in mikroskopisch kleinen Vertiefungen, sogenannten →Pits, gespeichert. Die Intensität des abtastenden →Laserstrahls ändert sich je nach Reflexion und ergibt so die digitale Information. →CD-Audio, →CD-I, →CD-MO, →CD-R, →CD-ROM, →CD-WORM, →DVD, →Minidisc.

Component
engl. Elektronisches Bauteil.

Component Signal
engl. →Komponentensignale.

Composite Datarate
engl. →Multiplexbitrate.

Composite Signal
engl. →FBAS-Signal.

Composite Sync
engl. →Synchronimpulse.

Composite Video
engl. →FBAS-Signal.

Compositing
engl. Überlagern mehrerer Bildebenen. Arbeitsweise z.B. von →Layer-orientierten Bildmischpulten.

Compression
engl. →Datenkompression.

Compression Ratio
engl. →Kompressionsfaktor.

Computermonitor
Die →Bildwechselfrequenz verschiedener Computermonitore kann sehr unterschiedlich sein und entspricht meist nicht der →Fernsehnorm. Daher kommt es bei der Aufnahme der Computerbildschirme mit Filmkameras oder elektronischen Kameras zu einem störenden →Flimmern. Abhilfe schafft hier eine Regelung der →Belichtungszeiten an CCD-Kameras.

Computerschnitt
Ugs. Bezeichnung des →linearen Schnitts mit einem →Schnittsteuergerät, heute ebenso mißverständliche Beschreibung des →nichtlinearen Schnitts.

Computerschnittstellen
→Centronics, →Firewire, →IEEE 488, →RS-232 C, →RS-422 A.

CON
engl. Abk. Contrast. →Kontrastregler.

Concealment
engl. Error Concealment.

Concentrator
engl. (Ampex) System, das zwei oder mehrere Kanäle (Bildspeicher) →digitaler Videoeffektgeräte kombiniert und diese unter Berücksichtigung von Vorder- und Hintergrund-Illusion zusammenfügt.

Conditional Access
engl. Zugriff auf verschlüsselte Fernsehprogramme. Zugang zu kostenpflichtigen Fernsehprogrammen eines Anbieters.

Cone Heads
engl. Konische Köpfe. →Eierkopf.

Confi
engl. Abk. Confidence. →Hinterbandkontrolle.

Confidence
engl. →Hinterbandkontrolle.

Conform
engl. Anpassen. In Nachbearbeitungssystemen wie z.B. →nichtlinearen Schnittsystemen die Berechnung von →Tricks oder →digitalen Videoeffekten, die aufgrund der Leistung des Systems nicht in Echtzeit ausgeführt werden können.

Consumer DV-Format
→DV-Format.

Consumer-Geräte
engl. Heimgeräte.

Cont
franz. Abk. Contour. →Kantenkorrektur.

Continuous Jam Sync
Wird der →LTC auf die →Audiospur eines zweiten →MAZ-Bandes kopiert, leidet die Signalqualität derart, daß der →Time Code in der Kopie schlecht oder gar nicht mehr lesbar ist. Daher wird der bei der Wiedergabe ausgelesene Time Code ständig neu generiert und dann wieder aufgezeichnet.

Contour
franz. 1.) Konzentrische Figuren um einen zentralen Punkt einer →EIRP-Karte oder →G/T-Karte, die die abnehmende Empfangsbzw. Sendequalität in Schritten angibt. *2.)* →Kantenkorrektur.

Contr
engl. Abk. Contrast. →Kontrastregler.

Contrast
engl. →Kontrast, →Kontrastregler.

Contribution
engl. Beitrag. Zuführung von Rohmaterial, fertig geschnittenen Beiträgen oder einer →Live-Sendung, z.B. von einem →Übertragungswagen zum →Hauptstudio oder zwischen zwei Studios. *Ggs.* →Distribution.

Contribution Level
engl. Studioqualität eines Bild- oder Tonmaterials. →Sendefähig.

Control Track
engl. →Steuerspur.

Convergence Pattern
engl. →Gittertestbild.

Cord
→Magnetfilm.

Cordband
→Magnetfilm.

Cordläufer
Gerät zur Wiedergabe von →Magnetfilm.

Cordmaschine
Gerät zur Wiedergabe von →Magnetfilm.

Co-sited Samples
Benachbarte, zusammengehörende →Abtastwerte. Bei der →Analog/Digital-Wandlung von →Komponentensignalen nach dem →ITU-R 601-Standard entstehen für jeweils zwei Pixel ein Abtastwert für Blau und ein Abtastwert für Rot.

Counter
engl. Bandzählwerk.

Counter Balance
engl. Gegengewicht. Verstellbare Vorrichtung an Kamerastativen zum Ausgleich des Kameragewichts beim Neigen.

Cox Box
† *engl. (Cox)* Zusatzgerät zu →Bildmischpulten zur Einfärbung von Videosignalen. Meist wird dazu das Signal zuerst in ein schwarzweißes Bild umgewandelt und dann den dunklen und hellen Bildpartien ein Farbton zugeordnet. Das System ist durch die Einführung →digitaler Videoeffektgeräte mit Effekten wie →Posterisation und →Solarisation überholt.

CPB
engl. Abk. Colour Play Black. Wiedergabe der →CTCM-Spur.

CPNT
engl. Abk. Component. →Komponentensignale in der Videotechnik.

CPS
engl. Abk. Cycles Per Second. →Hertz.

CPU
engl. Abk. 1.) Central Processing Unit. Zentrale Recheneinheit eines Computers oder eines computergesteuerten Systems. *2.) (Philips DVS)* Camera Processing Unit. →CCU.

Crab
engl. Art der Richtungssteuerung an →Pumpstativen. Die drei Räder des Stativs bleiben immer parallel, die Lenkung wirkt auf alle Räder gemeinsam. Dadurch ist aus dem Stand eine Fahrt in jede beliebige Richtung, auch seitwärts, möglich. *Ggs.* →Steer.

Crash Edit
→Crash Record.

Crash Record
engl. Neuaufzeichnung auf einer →MAZ-Maschine, bei dem sie sich auf das aufzuzeichnende Videosignal synchronisiert und bestehende Video- oder Audiosignale löscht. Es entsteht kein fehlerfreier Anschnitt an eine vorhergehende Szene.

Crawl
engl. →Kriechtitel.

CRC
engl. Abk. →Cyclic Redundancy Check.

Crispening
engl. →Kantenkorrektur.

Crop
engl. Rechteckige Beschneidung von Bildkanten bei →digitalen Videoeffekten und →Einzelbildspeichern. Wird aus technischen Gründen zur Vermeidung schwarzer Ränder beim →Luminanz Key-Trick gegenüber einem Hintergrundbild verwendet und aus gestalterischen Gründen zur Erzeugung z.b. eines Fotoeffektes aus einem vollformatigen Videobild eingesetzt.

Cross Colour-Störung
engl. Fehler im →FBAS-Signal. Störende farbige Strukturen, wenn im →Demodulator eines Fernsehempfängers oder Monitors Teile des Helligkeitssignals auf die Farbe übersprechen. Ursache dafür sind feine schwarzweiße Bilddetails wie Streifen- oder Karomuster im Bereich der →Farbträgerfrequenz. →Cross Luminance-Störung.

Cross-Effekte
→Cross Colour-Störung und →Cross Luminance-Störung.

Crossfade
engl. →Überblendung.

Cross-Filter
engl. →Effektfilter, der von einem →Spitzlicht in eine Richtung ausgehende Strahlen erzeugt. Ist mit sichtbarer Reduzierung der Schärfe verbunden.

Crosshatch
engl. →Gittertestbild.

Cross Luminance-Störung
engl. Fehler im →FBAS-Signal. Störende, unruhige Strukturen an farbigen - meist senkrechten - Kanten, wenn im →Demodulator eines Fernsehempfängers oder Monitors Teile des →Farbträgers auf das Helligkeitssignal übersprechen. Dabei entsteht eine perlenschnurartige Störung. →Cross Colour-Störung.

Crosstalk
engl. →Übersprechen.

CR-Signal
Abk. Farbdifferenzsignal der digitalen Komponentensignale nach →ITU-R 601. Nicht zu verwechseln mit den analogen →Komponentensignalen.

CRT
engl. Abk. Cathode Ray Tube. Kathodenstrahlröhre. →Bildröhre.

c/s
engl. Abk. Cycles per Second. →Hertz.

CS
engl. Abk. →Cinemascope.

CSC
engl. Abk. Colour Subcarrier. →Farbträger.

CSDI
engl. Abk. (Panasonic) Compressed Serial Digital Interface. Serielle →Schnittstelle, über die die →datenreduzierten Videosignale des →DVCPRO-Formats überspielt werden können. Zusätzlich sind die Audio- und →Time Code-Daten darin enthalten. Über CSDI sind Überspielungen zwischen zwei →MAZ-Maschinen des DVCPRO-Formats oder von einer DVCPRO-Maschine auf eine →Festplatte mit vierfacher Geschwindigkeit möglich. Das CSDI-Signal ist nicht mit dem →SDI Signal und auch nicht mit den anderen datenreduzierten Schnittstellen →SDDI oder →QSDI kompatibel. Erst die Schnittstelle →SDTI ermöglicht eine Übertragung von DVCPRO-Daten über bestehende →SDI-Wege.

CSF
Abk. Componenten Steckfeld. →Videosteckfeld.

C-Signal
Abk. →Chrominanzsignal.

67

CSI-Licht
engl. Abk. Compact Source Iodide. Entladungslampe mit einer →Farbtemperatur von 4.000 Kelvin, also in Richtung →Kunstlicht.

CS-Mount
Einschraubgewinde für →Objektive an Industrie- und Überwachungskameras. Gegenüber →C-Mount mit steilerem Gewinde.

CSO
engl. Abk. Colour Separation Overlay. →Chroma Key-Trick.

CT
engl. Abk. Colour Temperature. →Farbtemperatur.

CTB
engl. Abk. Colour Temperature Blue. Blaufilter zur Umstimmung von →Kunstlicht auf →Tageslicht.

CTCM
engl. Abk. Chrominance Time Compression Multiplex. System zur zeitlichen Komprimierung und anschließenden abwechselnden Aufzeichnung der →Farbdifferenzsignale beim →M II-Format. →Komponenten-MAZ-Formate.

CTDM
engl. Abk. Compressed Time Division Multiplex. System zur zeitlichen Komprimierung und anschließenden abwechselnden Aufzeichnung der →Farbdifferenzsignale bei den Formaten →Betacam und →Betacam SP auf eine Chromaspur. →Komponenten-MAZ-Formate.

CTI
engl. Abk. Colour Transition Improvement. →Kantenkorrektur von farbigen Bildteilen.

CTL
engl. Abk. Control Track Longitudinal. →Steuerspur. Anzeige des Bandzählwerks bei →MAZ-Maschinen.

CTL-Impulse
engl. Abk. Control Track Longitudinal. →Steuerspursignal.

CTO
engl. Abk. Colour Temperature Orange. Orange-Filter zur Umstimmung von →Tageslicht auf →Kunstlicht.

CTRL
engl. Abk. Control. Kontrolle.

Cube Maker
engl. (Abekas) Hilfsfunktion für die Konstruktion eines Würfels mit Hilfe eines →digitalen Videoeffektes. Dabei werden die richtigen Positionen der verschiedenen Seiten eines Würfels automatisch berechnet. Die Positionen können abgespeichert und für eine Aufzeichnung der Würfelseiten in mehreren →MAZ-Generationen abgerufen werden. →Auto Cube.

Cue
engl. Hinweis, Markierung, Zeichen.

Cue Lock
engl. Schnittverkoppelung. Verkoppelung zweier →MAZ-Maschinen beim →linearen Schnitt während der →Hochlaufzeit, um den Schnittzeitpunkt bildgenau zu erreichen.

Cuen
engl. Positionieren. Eingedeutschter Begriff für das Auffinden einer bestimmten Stelle eines Beitrags.

Cue-Spur
engl. →Audiospur minderer Qualität. *1.)* Bei →digitalen MAZ-Formaten dient die Spur zur Aufnahme von Tönen, die das Auffinden von Bandstellen beim Umspulen vereinfachen. *2.)* Bei einigen älteren →MAZ-Formaten wie z.B. dem →Quadruplex-Format wurde die Cue-Spur zur Aufzeichnung gesprochener Hinweise oder für Kontrolltöne des →linearen Schnitts verwendet.

Cue Time
engl. Suchlaufzeit.

Cue-Ton
engl. 1.) Elektronisches Merksignal, das z.b. zum Auffinden bestimmter Stellen eines →Magnetbandes verwendet wird. *2.)* Tonleitung, auf der Hinweise für den Moderator am Produktionsort übertragen werden. →Meldeleitung.

Cursor
engl. Positionsmarkierung.

Cut
engl. →Hartschnitt.

Cutaways
engl. →Zwischenschnitte.

CV
engl. Abk. Component Video. →Komponentensignale.

CVBS
engl. Abk. (PTV) Colour Video Blanking Signal. →FBAS-Signal.

CVE
Abk. Componenten Videoentzerrer. →Videoentzerrer für →Komponentensignale.

CVS
engl. Abk. Composite Video Signal. →BAS-Signal.

CVSF
Abk. Componenten →Videosteckfeld.

CVT
Abk. Componenten →Videoverteiler.

CY
Abk. →Cyan.

Cyan
→Mischfarbe aus den →Grundfarben Blau und Grün.

Cyclic Redundancy Check
engl. Zyklische Redundanzkontrolle. Fehlerkorrektursystem bei der Übertragung digitaler Daten. Einer bestimmten Bitmenge werden zusätzliche →Bits zugeordnet. Diese Zusatzdaten enthalten einen Restwert, der bei einer Division der ursprünglich zu übertragenden Daten mit einem bekannten Zahlenwert entstanden ist. Beim Empfang der Daten gibt der Restwert über aufgetretene Fehler Aufschluß und ermöglicht zum Teil auch eine vollständige Fehlerkorrektur. Dieses System wird z.b. beim →VITC verwendet.

D1-Format
→MAZ-Format, das digitale →Komponentensignale zusammen mit vier digitalen Tonsignalen auf eine Kassette mit 19mm breitem →Oxidband aufzeichnet. Man erreicht damit über 50 →Generationen ohne sichtbaren Qualitätsverlust. Die analogen Komponentensignale werden mit einer →8 Bit-Quantisierung nach →ITU-R 601 abgetastet und ohne →Datenreduktion aufgezeichnet. Die maximale Spieldauer beträgt 96'.

D2-Format
→MAZ-Format, das ein digitales →FBAS-Signal zusammen mit vier digitalen Tonsignalen auf eine Kassette mit 19mm breitem →Reineisenband aufzeichnet. Man erreicht damit 20 →Generationen ohne sichtbaren Qualitätsverlust. Das analoge FBAS-Signal wird mit einer →8 Bit-Quantisierung, einer Abtastfrequenz von →4fsc abgetastet und ohne →Datenreduktion aufgezeichnet. Die maximale Spieldauer stationärer Geräte beträgt 208'.

D2-MAC-Verfahren
engl. Sendenorm des →MAC-Verfahrens für eine →Satellitenübertragung durch →Rundfunksatelliten. Für eine Verteilung von Programmen mit einer →Kanalbandbreite von 7-8 →MHz. D2 steht für Duobinär, die Art der Toncodierung.

D3-Format
→MAZ-Format, das ein digitales →FBAS-Sig-

nal zusammen mit vier digitalen Tonsignalen auf eine Kassette mit ½ →Zoll breitem →Reineisenband aufzeichnet. Man erreicht damit 20 →Generationen ohne sichtbaren Qualitätsverlust. Das analoge →FBAS-Signal wird mit einer →10 Bit-Quantisierung mit einer Abtastfrequenz von →4fsc abgetastet und ohne →Datenreduktion aufgezeichnet. Die maximale Spieldauer stationärer Geräte beträgt 245'. Die maximale Spieldauer kleiner Kassetten für Kamerarecorder beträgt 64'.

D5-Format
→MAZ-Format, das digitale →Komponentensignale zusammen mit vier digitalen Tonsignalen auf eine Kassette mit ½ →Zoll breitem →Reineisenband aufzeichnet. Man erreicht über 50 →Generationen ohne sichtbaren Qualitätsverlust. Die analogen Komponentensignale werden mit einer →10 Bit-Quantisierung nach →ITU-R 601 abgetastet und ohne →Datenreduktion aufgezeichnet. Die maximale Spieldauer stationärer Geräte beträgt 123'. Die maximale Spieldauer kleiner Kassetten für tragbare Recorder beträgt 32'. Einige stationäre Maschinen des D5-Formats können Kassetten des →D3-Formats abspielen. Zusätzliche Möglichkeiten sind die Aufnahme von →16:9-Signalen mit einer →Abtastfrequenz von 18 →MHz und einer →8-Bit-Quantisierung oder die Aufzeichnung von →HDTV-Signalen als →HD-D5-Format.

D6-Format
→MAZ-Format, das digitale →Komponentensignale der Fernsehnorm →HDTV zusammen mit 12 digitalen Tonsignalen auf eine Kassette mit 19mm breitem →Reineisenband aufzeichnet. Man erreicht damit über 50 →Generationen ohne sichtbaren Qualitätsverlust. Die analogen Komponentensignale werden mit einer →8 Bit-Quantisierung nach →ITU-R 601 abgetastet und ohne →Datenreduktion aufgezeichnet. Die maximale Spieldauer beträgt 64'.

D7-Format
→DVCPRO-Format.

D8-Format
Consumer →MAZ-Format, das digitale →Komponentensignale zusammen mit zwei digitalen Tonsignalen auf eine Kassette des →Video-8-Formats aufzeichnet. Die analogen Komponentensignale werden mit einer →8-Bit-Quantisierung im Verhältnis →4:2:0 abgetastet und mit einer →Datenreduktion von 5:1 aufgezeichnet. Dies entspricht dem digitalen Videosignal des →DV-Formats. D8-Systeme sind jedoch preislich wesentlich günstiger als DV-Geräte. Die maximale Spieldauer beträgt 90'. D8-Recorder können das →Hi8-Format aufzeichnen und wiedergeben, das Video 8-Format jedoch nur wiedergeben.

D9-Format
→MAZ-Format, das digitale →Komponentensignale zusammen mit zwei digitalen Tonsignalen auf eine Kassette mit ½ →Zoll breiten →Reineisenband aufzeichnet. Die analogen Komponentensignale werden mit einer →8 Bit-Quantisierung im Verhältnis →4:2:2 abgetastet und mit einer →Datenreduktion von 3,3:1 aufgezeichnet. Die maximale Spieldauer beträgt 105'. Geräte des D9-Formats können Kassetten des →S-VHS-Formats abspielen.

D10-Format
→MAZ-Format, das digitale →Komponentensignale zusammen mit vier digitalen Tonsignalen auf eine Kassette mit ½ →Zoll breitem →Reineisen-Magnetband aufzeichnet. Die analogen Komponentensignale werden mit einer →10 Bit-Quantisierung im Verhältnis →4:2:2 abgetastet und nach dem →MPEG-Format →422P@ML, I-Frame only mit einer →Datenrate von 50 →MBit/Sekunde und einer →Datenreduktion von 3,3:1 aufgezeichnet. Die maximale Spieldauer stationärer Geräte beträgt 220'. Die maximale Spieldauer kleiner Kassetten für Kamerarecorder beträgt 71'. Das Format zeichnet sich besonders dadurch aus, daß je nach Ausführung der →MAZ-Maschinen Kassetten der Formate →Digital Betacam, →Betacam SX und →Betacam SP abgespielt werden können.

D16-Format
Aufzeichnungsformat auf der Basis des →D1-Formats für die Aufnahme von Filmmaterial mit vollständiger Auflösung. Dabei wird pro Filmbild der Platz benötigt, der für insgesamt 16 Videobilder gebraucht würde. Eine Wiedergabe des Films mit Normalgeschwindigkeit ist dabei mit 16facher Wiedergabegeschwindigkeit der MAZ-Maschine möglich.

D 65
→Lichtart D 65.

DA
engl. Abk. 1.) Distribution Amplifier. →Verteiler. *2.)* Digital Audio. Digitaler Ton.

DAB
engl. Abk. Digital Audio Broadcasting. Ausstrahlung von Hörfunkprogrammen über ein digitales, →terrestrisches →Gleichwellennetz.

DAC
engl. Abk. Digital to Analog Converter. Gerät zur →Digital/Analog-Wandlung.

Dämpfung
Reduzierung eines Video- oder →Audiopegels. Angabe in →Dezibel. *Ggs.* Verstärkung.

Dämpfungsglied
Ein in einem kleinen Gehäuse untergebrachter Transformator, der einen →Audiopegel z.B. um 20 →Dezibel (dB) reduziert. Dient z.B. zur Anpassung der Empfindlichkeit der Eingänge an einem →Tonmischpult an das ankommende Tonsignal.

DASH-Format
engl. Abk. Digital Audio Stationary Head. Digitale Audioaufzeichnung mit feststehenden Köpfen auf ¼- oder ½ Zoll breite →Magnetbänder. →Time Code-Aufzeichnung möglich. *Ggs.* →R-DAT-Format.

DAT
Abk. 1.) →R-DAT-Format. *2.)* † →Diaabtaster.

Data Line
engl. →Datenzeile.

Dateiformate
→AVI, →BMP, →BWF, →GIF, →JPG, →MPG, →PICT, →TGA, →TIFF, →QT, →WAV.

Datenbrücke
Gerät zur Einspeisung der →Datenzeile in das auszusendende Videosignal.

Datenfernübertragung
Übermittlung von Computerdaten über analoge Telefonleitungen oder →ISDN.

Datenkompression
Im Wortsinne eine Verdichtung digitaler Daten ohne jeglichen Daten- und Qualitätsverlust. Die vor der Übertragung entfernten Bits werden am Ende wiederhergestellt. Fälschlicherweise wird der Begriff Datenkompression auch anstelle des Begriffs →Datenreduktion verwendet, wenn die Reduktion subjektiv zu keiner Verschlechterung führt, objektiv aber Daten nach der Übertragung fehlen. →Relevanzreduktion, →Irrelevanzreduktion, →Redundanzreduktion.

Datenmenge
Angabe der →Bytes, die z.B. auf einem Datenträger gespeichert werden. Manchmal auch die Anzahl der →Bits pro Sekunde, die übertragen werden.

Datenrate
Datenmenge, die pro Zeit übertragen wird. Angabe in Bit/Sekunde. Die Datenrate z.B. für die Übertragung eines →digitalen Komponentensignals beträgt 270 →MBit/Sekunde.

Datenreduktion
Im *Ggs.* zur →Datenkompression handelt es sich bei der Datenreduktion um eine bewußte Verringerung der Datenmenge mit dadurch verursachtem geringeren oder größeren Qualitätsverlust. In erster Linie werden Daten entfernt, die subjektiv weniger sichtbar sind. Je nach Anforderung bestimmt der Reduktions-

faktor das Verhältnis zwischen gewünschter Datenmenge bzw. gewünschtem →Datenstrom auf der einen und der Bildqualität auf der anderen Seite. →MPEG-Verfahren, →DCT-Verfahren. →Relevanzreduktion, →Irrelevanzreduktion, →Redundanzreduktion, →ATRAC, →AC-3.

Datenreduzierung
→Datenreduktion.

Datenstrom
1.) Kombination digitaler Video-, Audio-, Time Code- und Zusatzdaten bei der Aufzeichnung auf →digitale MAZ-Formate oder bei der Übertragung innerhalb eines Studios pro Zeit. *2.)* Datenmenge, die pro Zeit übertragen wird. Angabe in →Bit/Sekunde.

Datenübertragungsrate
Beschreibt die Datenmenge, die pro Zeit z.B. bei der Datenübertragung von Videosignalen übertragen wird. Angabe in →Bit/Sekunde.

Datenwort
Eine zusammengehörende Gruppe von Bits. Bei der →Abtastung eines Videosignals entstehen z.B. Datenworte mit einer „Breite" von 8 oder 10 →Bit. Es werden aber auch Datenworte anderer Größen wie z.B. bei der →16-Bit-Quantisierung verwendet.

Datenzeile
Fernsehzeilen 16 bzw. 329 innerhalb der →vertikalen Austastlücke, die digitale Steuerdaten für →VPS und →Tonkennung enthalten.

Datenzeilenkodierer
Gerät, das in das Videosignal eines Studios vor der Aussendung die →Datenzeile 16/329 eintastet.

DAT-Recorder
→R-DAT-Format.

Dauerleitungen
Bild- und Tonleitung für →Programmübertragungen und →Überspielungen zur ständigen Nutzung.

Dauerleitungsnetz
Netz von →Dauerleitungen, die einer Rundfunkanstalt, z.B. der →ARD und dem →ZDF, ständig zur Verfügung stehen. In diesem Fall handelt es sich um →digitale, nur gering →datenreduzierte →Komponentensignale per →Richtfunk mit einer →Datenrate von 140 →MBit/Sekunde.

Dauerpolarisiertes Kondensatormikrofon
→Elektretmikrofon.

DAVID
Abk. (ZDF) Datengesteuerte Videografik. Gerät, das z.B. demoskopische Daten oder Zuschauerreaktionen in eine elektronische Grafik umwandelt, die dann per →Luminanz Key oder Linear Key-Trick in das laufende Videobild gestanzt wird.

D/A-Wandlung
Abk. →Digital/Analog-Wandlung.

Day for Night-Effekt
engl. Nachteffekt. Aufnahmemethode bei Spielfilmen, bei der mit Filtereinsatz bei Tag Nachtaufnahmen gedreht werden. Zur Abdunklung eines blauen Himmels können →Polarisationsfilter benutzt werden. Halbwegs glaubwürdig sind die Aufnahmen nur bei wolkenlosem Himmel und wenn natürliche Lichtquellen (z.B. Autoscheinwerfer) vermieden werden können.

dB
Abk. →Dezibel.

DB
Abk. →Datenbrücke.

dBA
Abk. Auch dB(A). Absoluter Schalldruckpegel von 2×10^{-5} →Pascal, bewertet mit der Filterkurve A, die in etwa die unterschiedliche Schalldruckempfindlichkeit des Ohres bei verschiedenen Frequenzen nachbildet. dBA ist daher ein Maß für die empfundene Lautstärke.

dBF
Abk. →Fremdspannungsabstand.

dBFS
engl. Abk. →Dezibel Full Scale. Vollständige Skala. Bezeichnet in der Tontechnik die Angabe eines absoluten digitalen Tonpegels. Full Scale steht dabei für die gesamte, theoretische →Dynamik des digitalen Tonsignals. Der maximale Pegel liegt dann bei 0 dBFS, einen weiteren positiven Bereich gibt es nicht. Von dieser absoluten Größe wird eine →Übersteuerungsreserve abgezogen, die nach Vereinbarungen bei -12 dBFS liegt. Diese Angabe entspricht dann der →Vollaussteuerung und damit einem Pegel von 6 →dBu, bzw. 1,55 Volt oder 0 →dBr.

dBG
Abk. →Geräuschspannungsabstand.

dBm
† *Abk.* Bezeichnet den absoluten Leistungspegel eines Tonsignals. Ist in der Tonstudiotechnik durch den →absoluten Spannungspegel mit der Abkürzung dBu ersetzt worden; wird von einigen Geräteherstellern aber auch heute noch verwendet. Die Pegelangabe bezieht sich auf 1 mW, daher auch das „m". dBm und dBu stimmen dann überein, wenn der Spannungspegel an dem standardisierten Abschlußwiderstand von 600 Ohm gemessen wird.

d-box
Abk. Digital-Box. Empfänger für das →Pay TV-Programm des Senders Premiere über →DVB per Kabel oder Satellit. Das Gerät ermöglicht auch den Empfang der Programme von ARD und ZDF.

dBr
Abk. →Relativer Spannungspegel in der Tontechnik.

DBS
engl. Abk. Direct Broadcasting Satellite. Direktstrahlender Satellit. →Rundfunksatellit.

DBS-Bereich
engl. Abk. Direct Broadcasting Satellite. Direktstrahlender Satellit. →Rundfunksatellit. Oberes Teil des →Ku-Bandes von 11,7 bis 12,5 →GHz. →11 GHz-Bereich.

dB SPL
engl. Abk. Dezibel Sound Pressure Level. →Schalldruckpegel eines Schallereignisses.

dBSt
Abk. →Störspannungsabstand.

dBu
Abk. →Absoluter Spannungspegel eines Tonsignals.

dBv
Abk. Andere Schreibweise von dBu, dem →absoluten Spannungspegel eines Tonsignals.

dBV
Abk. Bezeichnung des →absoluten Spannungspegels, der zum Teil in USA und Japan gebräuchlich ist. Dabei ist der Bezugspegel nicht wie bei uns 0,775 Volt, sondern 1 Volt. Zur Unterscheidung wird im letzteren Fall ein großes V hinter die dB geschrieben. Um weitere Verwechslungen zu vermeiden, wird bei uns die Schreibweise dBu statt dBv verwendet. Die Differenz zwischen den beiden Angaben dBV und dBv ist ein festes Maß und beträgt 2,2 dB.

dBW
Abk. dBWatt. Absoluter Leistungspegel. Gibt eine Leistung P zu der Bezugsleistung von 1 Watt in →Dezibel an.

dbx
engl. →Kompandersystem zur Rauschminderung. Das Audiosignal wird in einem einzigen Frequenzband vor der Aufzeichnung komprimiert und nach der Wiedergabe expandiert.

DC
engl. Abk. Direct Current. Gleichstrom. *Ugs.* auch für Gleichspannung.

73

DC/AC-Wandler
Elektronische Schaltung zur Herstellung einer Wechselspannung aus einer Gleichspannung, z.b. 220 Volt aus einem 12-Volt-Auto-Akku für den Betrieb von Ladegeräten.

DCC
engl. Abk. 1.) Dynamic Contrast Compression. Einrichtung an Reportagekameras oder →Kamerarecordern zur Vergrößerung des aufzuzeichnenden →Kontrastumfangs auf etwa 7 →Blendenstufen. Bildteile, die den Umfang von 5 Blendenstufen überschreiten, werden dann nicht mehr natürlich abgebildet, enthalten aber noch Zeichnung. Die →Kennlinie einer elektronischen Kamera wird bei Überbelichtung automatisch verbogen. *2.)* →Digital Compact Cassette. Audio-Consumer-Format, das auf Kassetten mit 3,78 mm breitem →Magnetband ein datenreduziertes, stereofones Audiosignal mit einer →Abtastfrequenz von 32, 44,1 oder 48 →kHz aufzeichnet. Kassetten bis 90'.

DC/DC-Wandler
Elektronische Schaltung zur Herstellung einer höheren Gleichspannung aus einer niedrigeren, z.B. →48 Volt aus einer 9 Volt-Batterie für Mikrofone mit →Phantomspeisung.

DCF 77
Bezeichnung des amtlichen deutschen Zeitzeichensenders in Mainflingen bei Frankfurt/Main. Funkuhren können im Umkreis von ca. 1500 km die in Mainflingen ermittelten hochgenauen Zeit- und Datumssignale empfangen und anzeigen.

DC-Koeffizient
Abk. Gleichspannungskoeffizient. Beschreibt die niederfrequenten Anteile, z.B. innerhalb eines Video- oder Datensignals. Diese Teile beinhalten in der Regel flächige Strukturen eines Bildes und sind bei der Betrachtung eines Bildes besonders wichtig. Bei einer →Datenkompression müssen diese niederfrequenten Anteile eines Bildes weitestgehend erhalten bleiben. *Ggs.* →AC-Koeffizient.

DCR
engl. Abk. Digital Cassette Recorder. Begriff ist nicht an ein bestimmtes →digitales MAZ-Format gebunden.

DCS-Standard
engl. Abk. Digital Cellular System. Standard für →Mobilfunknetze.

DCT
engl. Abk. Digital Component Technology. →Digitale Komponentensignale.

DCT-Format
→MAZ-Format, das digitale Komponentensignale zusammen mit vier digitalen Tonsignalen auf eine Kassette mit 19mm breitem →Reineisenband aufzeichnet. Man erreicht damit 20 →Generationen ohne sichtbaren Qualitätsverlust. Die analogen →Komponentensignale werden mit einer →10 Bit-Quantisierung nach →ITU-R 601 abgetastet und mit einer →Datenreduktion von 2:1 aufgezeichnet. Die maximale Spieldauer stationärer Geräte beträgt 190'. Neue bzw. modifizierte Maschinen können Kinofilme im →Electronic Film Mastering-Verfahren aufzeichnen.

DCT-Verfahren
engl. Abk. Discrete Cosine Transformation. Diskrete Cosinus-Transformation. Weit verbreitetes System zur →Datenreduktion von Videosignalen. Dabei wird ein digitales Videosignal zunächst in Datenblöcke, z.B. mit je 8x8 Bildpunkten, zerlegt. Danach findet eine zunächst verlustfreie Umwandlung der Helligkeitsinformationen pro Bildpunkt in eine Frequenzinformation statt. Daneben wird eine Tabelle erzeugt, die verschiedene Frequenzen in dieser Blockform repräsentiert. Diese nach Häufigkeit geordneten Frequenzinformationen der Bildpunkte eines 8x8-Blocks können nun je nach gewünschtem Reduktionsfaktor so bearbeitet werden, daß weniger häufig auftretende Frequenzmuster nicht übertragen werden.

DDA
1.) Abk. Bezeichnung für eine digital aufgenommene und digital bearbeitete Tonaufnahme auf einem analogen Tonträger (konventionelle Schallplatte). *2.) engl. Abk.* Disk Drive Array. Zusammenschaltung mehrerer →Festplatten zu einer organisatorischen Einheit, um die Datenmenge und die Ausfallsicherheit zu erhöhen. →RAID-System.

DDD
Abk. Bezeichnung für eine digital aufgenommene und digital bearbeitete Tonaufnahme auf einem digitalen Tonträger (z.b. Audio-CD).

DDR
engl. Abk. Disk Drive Recorder oder Digital Disk Recorder. →Festplattenrecorder.

DDU
engl. Abk. Disk Drive Unit. Diskettenlaufwerk. →Disketten.

DEC
Abk. →Decoder.

Decoder
1.) allg. Gerät zur Entschlüsselung elektronischer Signale. *2.)* Gerät zur →Decodierung von FBAS-Signalen. *3.)* System zur Umwandlung komplexer digitaler Daten in →digitale Videosignale und *ggf.* in der Folge in →analoge Videosignale. *Ggs.* →Coder.

Decodierung von FBAS-Signalen
Vorgang, bei dem ein Decoder in einem Empfänger oder Monitor aus einem →FBAS-Signal die drei Signale Rot, Grün und Blau gewinnt. →Notch-Filter-Decoder. →Kammfilterdecoder.

Dedicated Hardware
engl. Gerät oder System - z.B. ein Gerät für →digitale Videoeffekte - das nicht auf einer der bekannten Computerplattformen basiert, sondern eine eigene, speziell nur für seine Aufgaben entwickelte Hardware, also elektronische Schaltung und Baugruppen, besitzt.

Dedolight-Koffer
(Dedo Weigert) Kompakter Koffer mit drei bis fünf kleinen - in ihrer Intensität schaltbaren - Lampen von z.b. 100 Watt, Stativen und umfangreichem Zubehör. Wird für die Beleuchtung szenischer Produktionen mit →elektronischen Kameras eingesetzt.

Deembedder
engl. Gerät, das digitale Tonsignale aus einem Videosignal filtert. →Embedded Audio. *Ggs.* →Embedder.

Deemphasis
engl. Rückentzerrung. →Emphasis.

Deesser
Gerät in der Tonstudiotechnik zur Dämpfung von Zischlauten hauptsächlich bei Sprachaufnahmen.

Default
engl. Grundwert oder Grundeinstellung, den bzw. die ein Software-gesteuertes Gerät für eine Funktion solange verwendet, bis ein davon abweichender, neuer Wert eingestellt wird.

Defeat
engl. Überbrücken. Funktion z.B. an →Tonmischpulten zum kurzfristigen Ausschalten von Filtereinstellungen.

Deflection
engl. Ablenkung.

Deg
engl. Abk. Degree. Winkelgrad.

Degauss
engl. →Entmagnetisieren.

Deklinationskurve
Soll ein Satellitenempfänger mehrere Satelliten empfangen, muß die Antenne einen ellipsenförmigen Bogen beschreiben. Dieser Bogen wird durch den Deklinationswinkel vorgegeben.

75

Deko
Abk. →Dekoration.

Dekoration
Szenenbild oder Kulisse einer Film- oder Fernsehproduktion.

Dekorationslicht
Licht, das getrennt von der Personenbeleuchtung eingesetzt wird und die gesamte Lichtstimmung beeinflussen kann.

Delay
engl. Verzögerung. →Laufzeit.

Delay Edit
engl. →Bild/Ton-versetzter Schnitt.

Delay Line
engl. →Laufzeitkette, →Tonverzögerung.

Delta-Lochmaske
→Lochmaskenröhre.

DEMOD
Abk. →Demodulator.

Demodulator
1.) allg. Gerät zur Rückformung von Signalen.
2.) Ein in Monitoren eingebautes oder eigenständiges Fernsehempfangsteil zur Rückformung eines →HF-Signals in Video- und Tonsignale.

Demultiplexer
Elektronisches Gerät, das ein Gemisch aus mehreren Signalen, z.B. Video-, Audio- und Datensignale, für die weitere Signalverarbeitung auseinanderdividiert. *Ggs.* →Multiplexer.

DEMUX
engl. Abk. →Demultiplexer.

Densitometer
Gerät zur Messung der Dichte von Filmmaterial.

Descrambling
engl. Wiederherstellen des originalen Fernsehsignals nach dessen Verschlüsselung. *Ggs.* Scrambling. →Verschlüsseln von Fernsehsignalen.

Deserializer
engl. Gerät zur Umwandlung →serieller digitaler Videosignale in →parallele digitale Videosignale. *Ggs.* Serializer.

Desktop Publishing
engl. Erfassung von Text- und Bildmaterial sowie vollständige Erstellung und Bearbeitung von Druckvorlagen über Computer. In der Regel handelt es sich um einen →PC mit entsprechender →Software.

Desktop Video
engl. Nachbearbeitung von Bildmaterial über Computer. In der Regel handelt es sich um einen PC mit entsprechender Soft- und Hardware, die die Funktion von →Schnittsteuergeräten, →Bildmischpulten, →Schriftgeneratoren und →Tonmischpulten übernehmen sowie →digitale Videoeffekte ermöglichen. Die Videobearbeitung erfolgt als →Layer-orientiertes Bildmischpult.

Detail
engl. Elektronische Schaltung zur →Kantenkorrektur.

Detailaufnahme
→Einstellungsgröße.

Device
engl. Gerät, Einrichtung.

Dezibel
Relatives Maß mit logarithmischen Zahlenwerten. Gibt den Unterschied zweier Größen an. Kann z.B. die Verstärkung oder →Dämpfung eines Video- oder eines Audiosignals bezeichnen. Dabei sind 0 dB kein Unterschied, 6 dB das Doppelte, -6 dB die Hälfte, 20 dB das 10fache, 40 dB das 100fache und 60 dB das 1000fache. In der Tontechnik sind

verschiedene Pegelangaben wie der →relative Pegel, der →absolute Pegel und der →relative Funkhausnormpegel gebräuchlich. In der Videotechnik ergibt sich bei der →Verstärkung an elektronischen Kameras ein Zusammenhang zwischen dB und →Blendenstufen.

Dezimalsystem
Das gebräuchliche Zahlensystem verwendet die Ziffern 0, 1, 2, 3, 4, 5, 6, 7, 8 und 9. →Hexadezimalsystem, →Binärsystem.

Dezi-Übertragung
Ugs. →Richtfunkübertragung.

DF
engl. Abk. Drop Frame. →Drop Frame Time Code.

DFÜ
Abk. →Datenfernübertragung.

DG
engl. Abk. Differential Gain. →Differentieller Amplitudenfehler.

DI
engl. Abk. Digital In. Digitaler Eingang, z.B. in der Audiotechnik. *Ggs.* →DO.

Diaabtaster
† Gerät zur optischen Abtastung von Kleinbilddias und anschließender Umwandlung in ein Videosignal. Wird heute mit →Scannern durchgeführt.

Diageber
† →Diaabtaster.

Diagnostics
engl. Diagnosesystem. →Software an Geräten zur Einstellung zusätzlicher Parameter oder zur Fehlerüberprüfung.

Diamond-Darstellung
engl. (Tektronix) Diamantförmige Darstellung der →RGB-Signale an →Komponentenoszilloskopen für die Messung von →Videopegeln.

DI Box
engl. Abk. Direct Injection. Übertrager mit einer →galvanischen Trennung zur Ankoppelung von fremden Verstärkeranlagen oder Mikrofonen sowie elektrischen Musikinstrumenten an →Tonmischpulte oder Aufnahmegeräte. Statt des Aufbaus eigener, zusätzlicher Mikrofone werden die Audiosignale den bereits aufgestellten Mikrofonen oder Verstärkeranlagen unter Beachtung von Sicherheitsaspekten entnommen.

Dichroitischer Spiegel
Halbdurchlässiger Spiegel, der teilweise Licht durchläßt und teilweise Licht reflektiert. Findet Verwendung in Tageslichtfiltern oder dient in einigen elektronischen Kameras zur Strahlenteilung des weißen Lichts in die Farbauszüge Rot, Grün und Blau. →Prisma.

Dichtefilter
→Neutraldichtefilter.

Differential Gain
engl. Differenzielle Verstärkung. →Differenzieller Amplitudenfehler.

Differential Phase
engl. →Differenzieller Phasenfehler.

Differenzieller Amplitudenfehler
Amplitudenfehler des →Farbträgers, der sich proportional zum Mittelwert seines Pegels verändert. Die Farbpakete eines →Farbbalkens zeigen zwischen Blau und Gelb eine immer größer werdende Abweichung in ihrer Sättigung. Entsteht durch Übertragungsfehler des frequenzmodulierten Videosignals. →Frequenzmodulation.

Differenzieller Phasenfehler
Phasenverschiebung des →Farbträgers, die sich proportional zum Mittelwert seines Pegels verändert. Die Farbpakete eines →Farbbalkens zeigen zwischen Blau und Gelb eine immer größer werdende Abweichung in ihrem Farbton. Entsteht durch Übertragungsfehler des →frequenzmodulierten Videosignals.

Differenzielle Verstärkung
→Differenzieller Amplitudenfehler.

Differenz-Pulscodemodulation
engl. Auf der →PCM basierendes Verfahren zur →Datenkompression, bei dem nur die Unterschiede zwischen den Bildpunkten eines Videobildes oder die Unterschiede zwischen aufeinanderfolgenden Bildern übertragen werden.

Diff Gain
engl. Abk. Differential Gain. →Differenzielle Verstärkung.

Diff Phase
engl. Abk. Differential Phase. →Differenzielle Phase.

Digiloop
engl. (Ampex) Einrichtung an →Bildmischpulten, mit der die Eingänge für ein externes →digitales Videoeffektgerät geschaltet werden können und somit keine zusätzliche →Videokreuzschiene benötigt wird.

Digital/Analog-Wandlung
Umwandlung digitaler Bild- oder Tonsignale in eine analoge Form. →Digitaltechnik, →Analogtechnik.

Digital Betacam-Format
→MAZ-Format, das digitale →Komponentensignale zusammen mit vier digitalen Tonsignalen auf eine Kassette mit ½ →Zoll breitem →Reineisenband aufzeichnet. Man erreicht damit 15 →Generationen ohne sichtbaren Qualitätsverlust. Die analogen Komponentensignale werden mit einer →10 Bit-Quantisierung nach →ITU-R 601 abgetastet und mit einer →Datenreduktion von 2:1 aufgezeichnet. Die maximale Spieldauer stationärer Geräte beträgt 124'. Die maximale Spieldauer kleiner Kassetten für Kamerarecorder beträgt 40'. Einige stationäre Maschinen des Digital Betacam-Formats können Kassetten des →Betacam SP-Formats abspielen.

Digital Compact Cassette
engl. (Philips) Digitale Audio-Kassette für den Consumer-Markt. Aufzeichnung mit Datenreduktion 4:1 auf Kassetten bis 90'. DCC-Recorder können herkömmliche Musik-Kassetten abspielen.

Digitale Auflösung
Bei der →Analog/Digital-Wandlung beschreibt die digitale Auflösung die Anzahl der Pegelstufen bei der →Quantisierung. Damit wird die Genauigkeit bestimmt, mit der ein vorher analoger Pegelwert (z.B. ein Helligkeitswert) abgebildet wird. Eine Schärfeinformation des digitalisierten Bildes ist darin aber nicht enthalten.

Digitale Bildfehler
Fehler bei der digitalen Bildsignalverarbeitung. →Alias, →Blockstruktur, →Pixelshift, →Schwarzbild.

Digitale Hierarchie
Künftige Fernsehsysteme können so aufgebaut werden, daß sie mehrere Qualitätsstufen mit unterschiedlichen datenreduzierten Signalen beinhalten und daher gleichzeitig Empfangssysteme mit verschiedenen Bildqualitäten bedienen können.

Digitale MAZ-Formate
Analoge Video- und Tonsignale werden vor der Aufzeichnung digitalisiert. Die Vorteile der →Digitaltechnik lassen eine große Anzahl von →Generationen bei der MAZ-Bearbeitung zu. →D1-Format, →D2-Format, →D3-Format, →D5-Format, →D6-Format, →D8-Format, →D9-Format, →D10-Format, →D16-Format, →DCT-Format, →Digital Betacam-Format, →DVCPRO-Format, →DVCPRO50-Format, →DVCAM-Format, →Betacam SX-Format, →DV-Format, →D-VHS-Format.

Digitaler Schnitt
Ugs. ist damit häufig der →nichtlineare Schnitt gemeint. Grundsätzlich beschreibt der Digitalschnitt aber nur einen →linearen Schnitt z.B. mit einem digitalen →Bildmischpult und digi-

talen →MAZ-Maschinen, nicht aber das →Schnittverfahren selbst.

Digitaler Stecker
Ugs. für Stecker zur Übertragung eines →seriellen digitalen Videosignals. →BNC-DS-Stecker, →DS-Stecker.

Digitaler Ton
→Digitales Audiosignal.

Digitaler Videoeffekt
Manipulation von Videobildern in Lage, Größe und Form. Alle →digitalen Videoeffektgeräte können Bilder in ihrer Lage und Größe verändern. Dazu gehören vor allem die Spiegelung, die Drehung, die Verschiebung und die Verkleinerung von Bildern. Eine Vergrößerung von Bildern ist immer mit einem Qualitätsverlust verbunden. Wenn darüber hinaus Bilder in jeder beliebigen Form verbogen werden sollen, sind besonders ausgestattete Geräte notwendig. Effekte wie z.B. Farbveränderungen oder das Aufrastern von Bildern sind Zusatzeffekte. Digitale Videoeffekte sind nicht in →Bildmischpulten enthalten. Im →Live-Betrieb oder im →linearen Schnitt werden eigenständige Geräte eingesetzt, in →nichtlinearen Schnittgeräten sind digitale Videoeffekte über →Hard- oder →Software realisiert.

Digitale Satellitenübertragung
Gegenüber analogen Videosignalen können →digitale Videosignale →datenreduziert werden, ohne daß die Bildqualität automatisch schlechter wird. Dies macht man sich bei der digitalen →Satellitenübertragung zu Nutze, um auf einem bisher analog verwendeten Satellitenkanal, einem →Transponder, mehrere datenreduzierte Programme in sogenannten →Slots zu übertragen. Damit lassen sich die Kosten für eine Übertragung reduzieren. Gleichzeitig sind auch eine geringere Leistung nötig und kleinere Antennen möglich. Die Übertragung geschieht in den meisten Fällen nach dem →QPSK-Prinzip. →Analoge Satellitenübertragung, →SNG-Fahrzeug.

Digitales Audiosignal
Ein professionelles, digitales Tonsignal hat gegenüber einem analogen Tonsignal einen besseren →Störspannungsabstand und damit eine bessere Anfangsqualität. →AES/EBU-Digitales Audioformat. →Digitales Videosignal.

Digitales Bild
→Digitales Videosignal.

Digitales FBAS-Signal
Das analoge →FBAS-Signal im Studio wird mit einer Frequenz von 17,7 →MHz abgetastet und mit einer →10-Bit-Quantisierung in ein digitales Signal gewandelt. Dabei entsteht eine →Datenrate von 177 →MBit/Sekunde. Im →Datenstrom können außerdem zwei Stereo-Audiosignale sowie ein →Time Code-Signal enthalten sein. Die Verteilung im Studio geschieht in der Regel als →serielles Signal über ein einziges →Koaxialkabel und einen →BNC-Stecker mit einer maximalen Kabellänge von etwa 300 Metern. Eine Verteilung digitaler Videosignale als FBAS-Signale wird nur noch dort eingesetzt, wo digitale FBAS-Signale durch →MAZ-Maschinen z.B. des →D3-Formats entstehen oder bei Verbindungen zwischen Produktionshäusern, wie z.B. mit dem →VBN-Netz; im letzteren Fall aber dann mit anderen →Abtastraten, →Quantisierungen und Datenraten. Die Farbqualität eines digitalen FBAS-Signals ist gegenüber einem →digitalen Komponentensignal eingeschränkt und reicht für verschiedene →Tricks einer Nachbearbeitung nicht aus.

Digitales Fernsehen
Verteilung von Fernsehprogrammen, die durch das digitale →MPEG-2-Verfahren datenkomprimiert und dann per →Satellitenübertragung ausgesendet werden. Im Gegensatz zur Übertragung analoger Fernsehprogramme ist es mit Hilfe der →Datenkompression möglich, auf einem Satellitenkanal mehr als ein Fernsehprogramm zu übertragen.

Digitales Komponentensignal
Die meist verwendete Übertragungsart ist ein serielles digitales →Komponentensignal nach →ITU-R 601. Im →Datenstrom, der mit einer Datenrate von 270 →MBit/s übertragen wird, können zusätzlich mehrere Audiosignale sowie ein →Time Code-Signal enthalten sein. Die Verteilung geschieht im Studio über ein einziges →Koaxialkabel und einen →BNC-Stecker mit einer maximalen Kabellänge von etwa 300 Metern. Die Farbqualität eines digitalen Komponentensignals hat keine Einschränkungen und ist gegenüber einem →digitalen FBAS-Signal für alle →Tricks einer Nachbearbeitung geeignet. Wird oft →SDI oder →DSK-Signal genannt.

Digitales Videoeffektgerät
Gerät zur Erzeugung →digitaler Videoeffekte. Videobilder werden in ihrer Größe, Lage und Form manipuliert. Dazu werden die Bildpunkte eines Videobildes vollständig in einen Speicher eingelesen und in einer manipulierten Reihenfolge wieder ausgelesen. Der Vorgang benötigt in der Regel die Zeit eines →Vollbildes. Die Abfolge eines Effektes wird in der Regel durch →Keyframes definiert. Das manipulierte Videosignal wird mit einem ebenfalls im digitalen Videoeffektgerät erzeugten →Stanzsignal an einem →Bildmischpult mit einem →Luminanz Key in ein anderes Bild eingetrickt. →2-kanaliges digitales Videoeffektgerät.

Digitales Videosignal
Ein professionelles digitales Bildsignal hat als Originalsignal die gleiche →Auflösung und damit zunächst die gleiche Qualität wie ein →analoges Videosignal. Erst bei der Erstellung von →MAZ-Generationen oder bei der Übermittlung des Bildsignals über mehrere Schaltstellen erhält die →Digitaltechnik gegenüber der →Analogtechnik eher die ursprüngliche Anfangsqualität. In der Regel werden heute im Studio →digitale Komponentensignale verarbeitet. Bei der Aufzeichnung und Übertragung digitaler Videosignale findet häufig eine →Datenreduktion statt. →Digitales Audiosignal.

Digitalisieren
1.) Wird ugs. für die Überspielung von →MAZ-Material auf →Festplatten →nichtlinearer Schnittsysteme verwendet. Dieser Vorgang kann automatisiert erfolgen und wird im englischen dann Batch Digitize genannt. Das Wesentliche beim Digitalisierungsprozeß ist aber nicht die →Analog/Digital-Wandlung, sondern sind die Vorteile, die sich bei der Wiedergabe von den Festplatten ergeben. *2.)* Im Wortsinne versteht man unter Digitalisieren den Vorgang der Analog/Digital-Wandlung.

Digitalkamera
Ugs. meist für eine →EB-Kamera, bei der das Bildsignal vollständig oder zum großen Teil digital bearbeitet wird. Der wesentliche Vorteil ist die Möglichkeit, bestimmte Einstellungen abzuspeichern. Die →Lichtempfindlichkeit oder die →Auflösung ist jedoch zu den Bildern vergleichbarer analoger Kameras identisch. Die digitale Bildsignalverarbeitung einer Kamera ist nicht zwangsläufig mit der Möglichkeit einer Aufzeichnung auf ein →digitales MAZ-Format verbunden und ist daher auch davon unabhängig zu sehen. Ebenso gibt es keinen direkten Zusammenhang zwischen der digitalen Signalverarbeitung und der Möglichkeit, →16:9-Bilder aufzunehmen.

Digitalschnitt
→Digitaler Schnitt.

Digital S-Format
Vorübergehende Bezeichnung des →D9-Formats.

Digitaltechnik
Im *Ggs.* zur →Analogtechnik werden bei der Wandlung analoger Bild- oder Tonsignale in eine digitale Form nur bestimmte Helligkeits- bzw. Lautstärkestufen bearbeitet. Die Übertragung geschieht mit codierten Signalen, die nur zwei verschiedene Spannungswerte, „0" und „1" oder „Low" und „High", kennen. Verändern sich infolge von Störungen diese Spannungen geringfügig, so werden trotzdem die Bild- oder Toninformationen richtig übertragen. →Analog/Digital-Wandlung.

Digital Theatre System
engl. →DTS.

Digital Time Base Corrector
engl. Digitaler →Zeitfehlerausgleicher.

Digitaltrick
→Digitale Videoeffekte.

Digitization
engl. Digitalisierung. →Digitalisieren.

Digitize
engl. →Digitalisieren.

Dimmer
Gerät zur Steuerung der Leistung und damit der Helligkeit von →Leuchten und →Scheinwerfern. Eine deutliche Verringerung der Helligkeit reduziert meist auch die →Farbtemperatur.

DIN
Abk. 1.) Deutsches Institut für Normen. Deutsche Industrienorm. *2.)* Gibt die Lichtempfindlichkeit von Filmmaterial an. Heute wird die Lichtempfindlichkeit international in →ISO angegeben. 21 DIN entsprechen etwa ISO 100/21°.

DIN-Stecker
Mehrpoliger Steckverbinder der Consumertechnik für →asymmetrische Tonsignale. Halbrunde Anordnung der Stifte, 3-polig für Mono, 5-polig für Stereosignal. Würfelförmige Anordnung der Stifte für Kopfhörer-Anschluß.

Dioptrienausgleich
Einstellmöglichkeit am Okular z.B. eines →EB-Kamerarecorders zur Korrektur von Fehlsichtigkeiten.

Direct Colour-MAZ-Formate
engl. Aufzeichnungssystem, bei dem das gesamte Videosignal mit einer →Videofrequenzbandbreite von 5 →MHz aufgezeichnet wird. →Quadruplex-Format, →B-Format, →C-Format.

Direktempfangssatellit
→Rundfunksatellit.

Direktsendung
Programm, das überwiegend aus vorproduzierten Teilen besteht und in dem nur die Überleitungen „live" gesendet werden.

Direktstrahlender Satellit
→Rundfunksatellit.

Dirty EDL
engl. Abk. Dirty Edit Decision List. Unsaubere →Schnittliste.

Dirty Feed
engl. Bild oder Bildsignal mit Schrifteinblendungen. *Ggs.* →Clean Feed.

Disable
engl. Ausschalten. *Ggs.* →Enable.

DiSEqC
engl. Abk. Digital Satellite Equipment Control. Gerät, das entweder Signale oder Impulse zur Umschaltung zwischen verschiedenen →LNB und einer oder mehrerer Satellitenempfangsanlagen durch den Satellitenreceiver vermittelt.

Disk
engl. Abk. →Diskette, Diskettenlaufwerk

Disk Drive Recorder
engl. →Festplattenrecorder.

Diskette
Flexible Kunststoffscheibe mit magnetischer Schicht als Träger für →digitale Daten. Durchmesser: Standard 8", Mini 5¼", Micro 3½", Compact 3".

Diskrecorder
engl. →Festplattenrecorder.

Diskrete Cosinus Transformation
→DCT-Verfahren.

Display
engl. Anzeige, Anzeigefeld, Monitor.

DISS
engl. Abk. (Sony) Dissolve. Überblenden, →Überblendung.

Dissolve
engl. Überblenden, →Überblendung.

Distribution
engl. Verteilung. Verteilung eines Sendesignales (Bild, Ton, →Videotext, →VPS und →Prüfzeilen) vom Studioausgang zu den Sendeanlagen und weiter an die Zuschauer. *Ggs.* →Contribution.

Distribution Amplifier
engl. →Verteiler.

Dithering
engl. Schwanken. Eingedeutschter Begriff: Dithern. Bei der →Quantisierung werden die analogen Pegelwerte bestimmten digitalen Pegelstufen zugeordnet. Die Pegelwerte, die zwischen zwei Pegelstufen fallen, werden einer der beiden Stufen zugeordnet. Dies kann zu sichtbaren störenden Bildstrukturen führen. Dithering vergibt beim Zuordnungsprozeß statistisch eine zufällige Größe und reduziert bzw. vermeidet daher die genannten Störungen.

DIV
engl. Abk. Division. An →Oszilloskopen: Abschnitt.

Diversity-Betrieb
engl. Bei der drahtlosen Übertragung von Mikrofonsignalen kommt es aufgrund des wechselnden Standortes zu unterschiedlichen Empfangsqualitäten. Der Diversity-Betrieb verwendet immer zwei Empfänger für das gleiche Mikrofon. Die Antennen der beiden Empfänger werden so getrennt aufgestellt, daß immer ein Empfänger über die besseren Empfangsverhältnisse verfügt. Dabei kommt es nicht auf eine große Entfernung zwischen den Antennen an, sondern auf eine Position, die von den Raumverhältnissen und den verwendeten →Frequenzen abhängt. Es findet eine dauernde, nicht hörbare Umschaltung zwischen den beiden Empfängern statt, wobei immer das empfangsstärkere Signal zum →Tonmischpult weitergeleitet wird.

DL
engl. Abk. Delay Line. →Laufzeitkette. →Tonverzögerung.

DLS
engl. Abk. (Quantel) Digital Library System. Elektronischer →Einzelbildspeicher für mehrere hundert Bilder.

DLT
engl. Abk. Digital Linear Tape. Magnetbandkassette zur Speicherung digitaler Daten. Dabei werden die Daten in mehreren Spuren →longitudinal auf das Band aufgezeichnet. Maximale →Datenrate →5MBit/s, Kapazität z.B. 40 →GByte. Wird z.B. als →Backup-Medium und zur Langzeitsicherung beim →nichtlinearen Schnitt verwendet.

D-MAC-Verfahren
engl. Sendenorm des →MAC-Verfahrens für eine → Satellitenübertragung durch →Rundfunksatelliten. Relevant für die Verteilung von Programmen, die mit einer →Kanalbandbreite von 10,5 →MHz arbeiten. D steht für Duobinär, die Art der Toncodierung. →D2-MAC.

DMC
engl. Abk. (Sony) Dynamic Motion Control. Programmiermöglichkeit an →MAZ-Maschinen für die Wiedergabe von Videobildern mit variabler Geschwindigkeit.

DMD
engl. Abk. (Sony) Digital Multimirror Device. Projektionssystem für →Großbildprojektoren.

DNG
engl. Abk. Digital News Gathering. →DSNG.

DO
engl. Abk. 1.) Digital Out. Digitaler Ausgang, z.B. in der Audiotechnik. *Ggs.* →DI. *2.)* →Drop Out.

DOC
engl. Abk. →Drop Out Compensator.

DOC-Recorder
Abk. Meist Consumer-Recorder des →VHS-Formats zur Aufzeichnung von Sendungen zu Dokumentationszwecken.

Dolby A
engl. (Dolby) →Kompandersystem zur Rauschminderung bei der professionellen →Magnetband-Aufzeichnung. Tonsignale mit einem →Audiopegel unterhalb -10 →Dezibel (dB) werden in vier Frequenzbänder unterteilt und vor der Aufzeichnung in Abhängigkeit vom Pegel komprimiert und nach der Wiedergabe expandiert. Die Nennpegel müssen durch exaktes Pegeln genau eingehalten werden, da es sonst zu Verzerrungen der →Dynamik und des →Frequenzganges kommt. Daher ist ein Einpegeln der Anlage erforderlich. Verbessert den →Störspannungsabstand um etwa 15 bis 20 →dB.

Dolby B
engl. (Dolby) →Kompandersystem zur Rauschminderung bei der Consumer-Magnetbandaufzeichnung. Nur →Frequenzen über 1.000 →Hz werden in einem einzigen Frequenzband vor der Aufzeichnung komprimiert und nach der Wiedergabe expandiert. Diese untere Grenzfrequenz verschiebt sich mit zunehmendem Gesamtpegel. Die Nennpegel müssen genau eingehalten werden, da es sonst zu Verzerrungen der →Dynamik und des →Frequenzganges kommt. Verbessert den →Störspannungsabstand um etwa 10 →Dezibel.

Dolby C
engl. (Dolby) →Kompandersystem zur Rauschminderung bei der →Magnetband-Aufzeichnung in der professionellen und der Consumertechnik. Das Dolby C-Verfahren besteht im wesentlichen aus zwei hintereinander geschalteten →Dolby B-Systemen. Die Wirkung wird multipliziert und dadurch ergibt sich eine Verbesserung des →Störspannungsabstandes um etwa 15 →Dezibel.

Dolby Digital
engl. (Dolby) Kinotonverfahren mit sechs diskreten Tonkanälen: Links, Mitte, Rechts, Surround links, Surround rechts und →Subwoofer. Das Verfahren wird daher auch als 5.1 bezeichnet, wobei die 1 für den Subwoofer steht. Der Ton befindet sich als digitale optische Daten zwischen den Perforationslöchern. Diese Platzbeschränkung wird durch die Datenreduzierung nach dem →AC3-Verfahren erreicht. Filme mit Dolby Digital enthalten den Ton wegen der Kompatibilität und aus Havariezwecken auch im →Dolby SR-Verfahren. Im Consumerbereich ist Dolby Surround nicht automatisch gleichbedeutend mit sechs Audiokanälen; alle Varianten zwischen Mono und 5.1 sind möglich. →Dolby Digital Surround.EX.

Dolby Digital Surround.EX
engl. (Dolby) Erweiterung des bestehenden Systems →Dolby Digital um einen weiteren Tonkanal hinten Mitte zusätzlich zu den Kanälen Links, Mitte, Rechts, Surround links, Surround rechts und →Subwoofer. Dieser Kanal wird aus einer Matrix aus dem linken und rechten Surround-Kanal gewonnen.

Dolby Pro Logic
engl. (Dolby) Raumklang System für Consumer-Anwendungen. In einem Stereosignal sind die vier Kanäle Links, Mitte, Rechts und Surround codiert. Das Verfahren wird z.B. für Video und Musik sowie →DVDs angewandt.

Dolby SR
engl. Abk. (Dolby) Dolby Spectral Recording. *1.)* Analoges Kinotonverfahren mit vier Tonkanälen: Links, Mitte, Rechts und Surroundkanal. Die vier Kanäle sind in zwei Summenkanäle codiert und auf zwei optische Tonspuren zwischen der →Perforation und den Bild-

feldern des Films untergebracht. Bei der Wiedergabe müssen sie entsprechend decodiert werden. In diesem Verfahren ist das gleichnamige →Rauschunterdrückungsverfahren Dolby SR integriert. Auch bei Filmen mit →Dolby Digital ist der Dolby SR-Ton parallel enthalten, um eine kompatible Wiedergabe auch im Havariefall zu erreichen. *2.)* →Kompandersystem zur Rauschminderung bei der professionellen →Magnetband-Aufzeichnung, entwickelt aus dem →Dolby A-System. Das Tonsignal wird in fünf verschiedenen Frequenzbändern mit festen und verschiebbaren →Frequenzen vor der Aufzeichnung komprimiert und nach der Wiedergabe expandiert. Im *Ggs.* zum Vorgänger Dolby A unempfindlich gegenüber unterschiedlichen Nennpegeln.

Dolby SR-D
engl. →Dolby Digital.

Dolby Stereo
engl. →Dolby SR.

Dolby Stretcher
engl. →Dolby A.

Dolby Surround
engl. (Dolby) Raumklang-System für Consumer-Anwendungen. In einem Stereosignal sind drei Kanäle Links, Rechts und Surround codiert. Das Signal kann z.B. auf Videokassetten gespeichert und zu Hause mit einfachen Decodern entsprechend wiedergegeben werden. Wurde vom →Dolby Pro Logic-Verfahren abgelöst.

Dolly
engl. Fahrgerät für eine Film- oder elektronische Kamera für ruhige Kamerafahrten. Trägt auf einer Plattform eine Kamera, den Kameramann/die Kamerafrau und den Assistenten/die Assistentin. Fährt auf geeignetem glatten Untergrund auf Gummirädern oder auf Schienen mit speziellen Schienenrädern. Gegenüber einer Fahrt mit dem →Zoomobjektiv vermittelt ein Dolly perspektivisch-räumliche Eindrücke.

Dominanz
→Halbbilddominanz.

Doppel 8-Film
Doppelt perforierter, spezieller 16mm breiter Film. Amateurformat. In der Filmkamera wird zuerst die eine Hälfte und danach beim Rücklauf die zweite Hälfte belichtet und nach der Entwicklung in zwei 8mm breite Filmstreifen zerschnitten. Nicht kompatibel mit →Super 8-Film.

Dot Mask
engl. →Lochmaskenröhre.

Double Fog-Filter
engl. Nebelfilter. Im *Ggs.* zum →Fog-Filter enthält dieser →Effektfilter zusätzlich einen →Low-Contrast-Filter. Dadurch ist das Bild schärfer.

Downkonverter
Gerät zur Umsetzung eines Videosignals von einem höheren Standard in einen niedrigeren. Wird z.B. für die Umwandlung eines →HDTV-Signals mit 1250 Zeilen in ein herkömmliches Videosignal mit 625 Zeilen verwendet.

Downlink
engl. Abwärtsverbindung vom Satelliten zu einer stationären oder mobilen →Erdfunkstelle innerhalb einer →Satellitenübertragung. *Ggs.* →Uplink.

Download
engl. 1.) Übertragen eines Effektes oder einer Schrift z.B. von einer →Diskette in den Hauptspeicher eines →digitalen Videoeffektgerätes, eines →Bildmischpultes oder eines →Schriftgenerators. *2.)* Übertragen von Daten aus Computernetzen auf den eigenen Computer.

Downstream
Bei der Bildbearbeitung, z.B. in →Layer-orientierten Bildmischpulten, diejenigen Bildebenen, die am Ende gefertigt bzw. „oben" eher vordergründig liegen. *Ggs.* →Upstream. →Downstream Keyer.

Downstream Keyer
engl. →Luminanz Key-Stufe am Ende einer Bildsignalverarbeitung bzw. am Ende eines →Bildmischpultes. Wird zum Einsetzen von Schriften oder Logos verwendet. →Schriftzusetzer.

DP
engl. Abk. Differential Phase. →Differenzieller Phasenfehler.

DPB
engl. Abk. (Quantel) Digital →Paint Box.

DPCF
engl. Abk. Digital PAL Comb Filter. Digitaler →Kammfilterdecoder für ein →PAL-Signal.

DPCM
engl. Abk. Differenz-Pulscodemodulation. Auf der →PCM basierendes Verfahren zur →Datenkompression, bei dem nur die Unterschiede zwischen aufeinanderfolgende Bildpunkte eines Videobildes oder die Unterschiede zwischen aufeinanderfolgenden Bildern übertragen werden.

DPI
engl. Abk. Dots per Inch. Bildpunkte pro →Inch. Aus der Computertechnik kommendes Maß für die Auflösung von Scannern, Druckern und Monitoren.

Drahtgebundenes Mikrofon
→Mikrofon und →Tonmischpult sind durch ein Tonkabel verbunden

Drahtlose Kamera
Tragbare Kamera, die ihr Videosignal z.B. über eine →Richtfunkübertragung an einen →Ü-Wagen weiterleitet. Wichtig ist dabei auch die Möglichkeit der drahtlosen →Aussteuerung der Kamera, damit ihr Bildsignal an das der anderen Kameras wie gewohnt angepasst werden kann. Ebenso müssen das Kommando und das →Rotlicht zur Kamera zurückgesendet werden.

Drahtlose Rückstrecke
Sender-Empfänger-Kombination vom →Kamerarecorder zurück zum →Tonmischpult zur Überwachung der drahtlosen Hinstrecke vom Tonmischpult zum Kamerarecorder.

Drahtloses Mikrofon
Ugs. für eine Sender-Empfänger-Kombination für die drahtlose Übertragung des Mikrofonsignals z.B. zu einem →Tonmischpult oder einem →Kamerarecorder. Im Wortsinne ist darunter ein Mikrofon zu verstehen, das den Sender direkt im eigenen Gehäuse beinhaltet. Oft ist aber auch eine Kombination eines separaten Senders mit der Anschlußmöglichkeit beliebiger Mikrofone gemeint. →Ansteckmikrofone müssen nicht zwangsläufig drahtlos betrieben werden.

Drahtlose Übertragungssysteme
→Drahtlose Kamera, Flex Repo, →Richtfunk, →Satellitenübertragung.

Drahtmodell
Hilfsmittel der Computergrafik, mit der dreidimensionale Körper konstruiert und auch in ihrer Bewegung rasch dargestellt werden können. Die noch fehlende Oberflächengestaltung wirkt sich oft nachteilig auf die Geschwindigkeit der Bildschirmdarstellung aus und läßt keine Konstruktionsmerkmale des Körpers für etwaige Veränderungen mehr erkennen.

DRAM
engl. Abk. Dynamic Random Access Memory. →RAM.

Drehbühne
Mitarbeiter/innen, die am Drehort den Auf-, Um- und Abbau der Dekorationen vornehmen. *Ggs.* →Baubühne.

Drehgenehmigung
Presserechtlicher Begriff. Abhängig von den Gesetzen des jeweiligen Landes sind Genehmigungen für Personen, Außendrehorte und Gebäude vor Drehbeginn abzuklären. →Gorilla Style.

Drehverhältnis
Länge oder Dauer des gesendeten Programms in Bezug auf die Menge des bei den Dreharbeiten verwendeten Filmmaterials/Magnetbandes.

Drei-Chip-Kamera
→CCD-Kamera.

Dreirad-Lenkung
→Crab.

Drei-Röhren-Kamera
→Röhrenkamera.

Dreizack
Befestigungsachse für Tonbandspulen, die vor allem in tragbaren professionellen und Consumer-Tonbandgeräten verwendet wird.

Drilling
österr. →3-Maschinen-Schnittplatz.

Drop Frame Time Code
engl. Die →Bildwechselfrequenz der →Fernsehnorm 525/60 beträgt tatsächlich nur 59,94 Hz. Dadurch ergeben sich beim verwendeten →Time Code nach einer gewissen Zeit Abweichungen zwischen der tatsächlich vergangenen und der vom Time Code angezeigten Zeit. Diese Betriebsart heißt Non Drop Frame Mode. Der Drop Frame Mode eines →Time Code-Generators läßt bestimmte Bilderzahlen weg und schafft so eine Übereinstimmung.

Drop Out
engl. Fehlstelle in der Beschichtung eines →Magnetbandes durch Fertigungsfehler oder durch Beschädigungen. Diese lassen sich in analogen →MAZ-Maschinen durch →Drop Out Kompensatoren ausgleichen. Besonders starke Drop Out-Störungen sind dann als →Spratzer in Zeilenrichtung zu sehen. In digitalen MAZ-Maschinen werden Drop Outs in der Regel vollständig durch die Verwendung von Systemen zum →Fehlerschutz verdeckt.

Drop Out Compensator
engl. Gerät zum Ausgleich von →Drop Outs bei der Wiedergabe von →MAZ-Bändern. Beim Auftreten eines Drop Outs wird der Bildinhalt der vorhergehenden Zeile eingesetzt.

Druckempfänger
Mikrofon, bei dem sich die Membran vor einem geschlossenen Gehäuse mit konstantem Luftdruck befindet und sich bei jeder schnellen Luftdruckänderung bewegt, egal von welcher Seite sie auftrifft. Diese Mikrofone haben eine →Richtcharakteristik, die einer Kugel entspricht.

Druckgradientenempfänger
Mikrofon, bei dem sich die Membran vor einem Gehäuse mit seitlichen Öffnungen befindet. Die Membran bewegt sich nur, wenn sich eine schnelle Luftdruckänderung vor und hinter der Membran ergibt. Luftdruckänderungen von der Seite haben keine Auswirkung auf die Auslenkung der Membran. Diese Mikrofone haben eine →Richtcharakteristik, die einer „Acht" entspricht.

Drum
engl. →Kopftrommel einer →MAZ-Maschine.

DSA
engl. Abk. (Philips DVS) Direct Sprocket Addressing. System zur Optimierung des →Bildstandes bei →Filmabtastern.

DSC
engl. Abk. Digital Serial Components. Serielles →digitales Komponentensignal.

DSC270
engl. Abk. Digital Serial Components. Serielles →digitales Komponentensignal mit einer Datenrate von →270 MBit/Sekunde.

DSF
Abk. Deutsches Fernsehen.

DSI
Abk. Digital serial interface. Digitales serielles Interface. Serielles →digitales Komponentensignal.

DSK
1.) engl. Abk. →Downstream Keyer. *2.) Abk.*
Digitale serielle Komponentensignale. Serielles →digitales Komponentensignal.

DSNG
engl. Abk. Digital News Gathering. →Satellite News Gathering mit digitalem Equipment.

DSP
engl. Abk. Digital Signal Processing. Digitale Signalverarbeitung.

DSR
Abk. Digitales Satellitenradio. Ausstrahlung von digitalen Hörfunkprogrammen über Satellit mit einer →Quantisierung von 14 →Bit und einer →Abtastfrequenz von 32 →kHz.

DSS
engl. Abk. Digital Satellite Service. Ausstrahlung von Fernsehprogrammen zum Zuschauer per →DVB-S.

DS-Stecker
Koaxialer Stecker (Außendurchmesser Ø 13mm) für den Anschluß eines →seriellen digitalen Videosignals. Wird an →Videosteckfeldern verwendet. Ist vom →Siemens-Stecker abgeleitet, aber mit diesem nicht kompatibel.

D-Sub-Stecker
Mehrpoliger Steckverbinder. In der Ausführung als 25-poliger Stecker in zwei Reihen z.B. zum Anschluß →paralleler digitaler Videosignale.

DT
engl. Abk. (Sony) Dynamic Tracking. →Automatische Spurnachführung.

DTBC
engl. Abk. Digital Time Base Corrector. Digitaler →Zeitfehlerausgleicher.

DTF
engl. Abk. Dynamic Track Following. →Automatische Spurnachführung.

DTH
engl. Abk. Direct to Home Reception, Satellitendirektempfang von →Rundfunksatelliten durch die Zuschauer.

DTL
engl. Abk. Detail. →Kantenkorrektur.

DTP
engl. Abk. →Desktop Publishing.

DTS
engl. Kinotonverfahren mit sechs diskreten Tonkanälen: Links, Mitte, Rechts, Surround links, Surround rechts und →Subwoofer. Im *Ggs.* zu dem Verfahren →Dolby Digital befindet sich der Ton nicht auf dem Film, sondern auf einer →CD-ROM. Die CD-ROM wird von einem auf dem Film optisch aufgebrachten →Time Code synchronisiert. →SDDS.

DTT
engl. Abk. Digital Terrestrial Television. Digitales →terrestrisches Fernsehen. Verbreiteter ist der Begriff →DVB-T.

DTV
engl. Abk. →Desktop Video.

DTVB
engl. Abk. Digital Television Broadcasting. →DVB-T.

Dual Pixel Readout
engl. Gemeinsames Auslesen nebeneinanderliegender →Pixel eines →CCD-Chips. Dadurch wird die →Lichtempfindlichkeit einer →CCD-Kamera verdoppelt. Gegenüber einer →Verstärkung an elektronischen Kameras entsteht zwar kein →Bildrauschen, jedoch wird die Schärfe um die Hälfte reduziert.

Dualsystem
→Binärsystem.

Dub
engl. Abk. 1.) →Dubbing. *2.)* →Originalkopie.

Dubbing
engl. Kopieren. *1.)* An stationären →MAZ-Maschinen das Kopieren des Bildsignals über die →Dub-Schnittstelle des jeweiligen Formats. *2.)* Komplettes oder teilweises Kopieren bzw. Aufzeichnen von Bild- und/oder Audioinformationen. An tragbaren MAZ-Geräten z.b. das nachträgliche Aufzeichnen eines Tones.

Dub-Schnittstellen
engl. Abk. →Dubbing. Die Dub-Schnittstellen der jeweiligen →MAZ-Formate sind nicht identisch. →U-matic-Dub-Schnittstellen, →Betacam SP-Dub-Schnittstelle, →YC443.

Dub-Stecker
engl. Spezielle Stecker bzw. →Schnittstellen eines →MAZ-Formats zum Kopieren über die →Dub-Schnittstellen des jeweiligen MAZ-Formats.

Dump
engl. Abladen. Sichern von Daten auf einer →Diskette.

Dunkelentsättigung
Die Sättigung der dunklen Farben wie Rot, Blau und Magenta kann von den übrigen Farben getrennt reduziert werden. →Farbkorrektur.

Dunkelsack
→Wechselsack.

Dunkelstrom
Ladung, die in →Aufnahmeröhren elektronischer →Röhrenkameras im unbelichteten Zustand entsteht und den →Schwarzwert erhöht.

Durchlauf
Probelauf von Bändern bzw. Kassetten vor der Sendung.

Durchlaufprobe
Durchgehende Probe aller Teile einer Sendung in der späteren Reihenfolge und möglichst ohne Unterbrechungen.

Durchschleifen
Verteilung von Videosignalen mittels →Durchschleiffiltern. Nachteil ist die frequenzabhängige Verzerrung des Videosignals.

Durchschleiffilter
Miteinander verbundene Ein- und Ausgangsbuchsen an Videogeräten, an denen das am Eingang ankommende analoge Videosignal für eine weitere Verteilung wieder an der Ausgangsbuchse abgegriffen werden kann. Wird der Ausgang nicht verwendet, muß er mit einem 75 Ohm →Abschlußwiderstand belegt werden. Bei Verwendung von Durchschleiffiltern tritt eine →frequenzabhängige Dämpfung des Videosignals auf.

DVB-C
engl. Abk. Digital Video Broadcasting Cable. →DVB-Standard für die Übertragung eines nach dem MPEG-2-Verfahren →datenreduzierten Videosignals in Kabelnetzen. Als digitales Modulationsverfahren wird die →Quadraturamplitudenmodulation verwendet. →DVB-S, →DVB-T.

DVB-S
engl. Abk. Digital Video Broadcasting Satellite. →DVB-Standard für die →digitale Satellitenübertragung eines nach dem MPEG-2-Verfahren →datenreduzierten Videosignals. Als digitales Modulationsverfahren wird →QPSK verwendet. Der DVB-S-Standard wird gleichermaßen für die Zuführung der Programme zu den Rundfunkanstalten und für Aussendung der Programme zum Zuschauer eingesetzt. →DVB-T, →DVB-C.

DVB-Standard
engl. Abk. Digital Video Broadcasting. Digitale Fernsehausstrahlung. Durch die Verwendung des →MPEG-2-Verfahrens kann die →Datenrate für die Ausstrahlung eines Fernsehprogramms auf 2-6 →MBit/s reduziert werden. Damit ist es z.B. bei einer →digitalen Satellitenübertragung möglich, über einen →Transponder statt eines analogen mindestens sechs digitale Fernsehprogramme auszustrahlen.

Durch diese effektivere Transpondernutzung können z.B. Techniken wie →Video on Demand oder →Video near Demand verwirklicht werden oder mehrere Kamerapositionen eines Sportereignisses übermittelt werden. Verzichtete man auf die Möglichkeit, mehrere digitale Programme zu senden, so ließe sich die Bildqualität eines digitalen Programms bis zur →HDTV-Qualität steigern. Die Übertragung per Satellit wird mit dem Verfahren →DVB-S, die →terrestrische Übertragung mit dem Verfahren →DVB-T und die Übertragung in Kabelnetzen mit dem Verfahren →DVB-C vorgenommen.

DVB-T
engl. Abk. Digital Video Broadcasting Terrestrial. →DVB-Standard für die →terrestrische Übertragung eines nach dem MPEG-2-Verfahren →datenreduzierten Videosignals. Als digitales Modulationsverfahren wird →COFDM verwendet. DVB-T wird zur Ausstrahlung von Fernsehprogrammen zum Zuschauer auch für einen mobilen Empfang im Auto oder mit tragbaren Fernsehgeräten eingesetzt, möglich sind aber auch Übertragungssysteme für →drahtlose Kameras oder als Ersatz einer →Richtfunkübertragung. →DVB-S, →DVB-C.

DVC
engl. Abk. Digital Video Cassette. DVC ist kein eigenständiges Format. Aus der von mehreren Herstellern gemeinsam verabschiedeten Norm DV entstanden verschiedene MAZ-Formate: →DV-Format, →DVCAM-Format, →DVCPRO-Format, →DVCPRO50-Format.

DVCAM-Format
→MAZ-Format, das digitale →Komponentensignale zusammen mit zwei oder vier digitalen Tonsignalen auf eine Kassette mit ¼ →Zoll breitem →Reineisenband aufzeichnet. Die analogen Komponentensignale werden mit einer →8-Bit-Quantisierung im Verhältnis →4:1:1 abgetastet und mit einer →Datenreduktion von 5:1 aufgezeichnet. Die maximale Spieldauer stationärer Geräte beträgt 184'. Die maximale Spieldauer kleiner Kassetten für Kamerarecorder beträgt 40'. Maschinen des DVCAM-Formats können Kassetten des →DV-Formats abspielen. Nicht kompatibel zum →DVCPRO-Format.

DVCPRO-Format
→MAZ-Format, das digitale →Komponentensignale zusammen mit zwei digitalen Tonsignalen auf eine Kassette mit ¼ →Zoll breitem →Reineisenband aufzeichnet. Die analogen Komponentensignale werden mit einer →8-Bit-Quantisierung im Verhältnis →4:1:1 abgetastet und mit einer →Datenreduktion von 5:1 aufgezeichnet. Die maximale Spieldauer stationärer Geräte beträgt 123'. Die maximale Spieldauer kleiner Kassetten für Kamerarecorder beträgt 63'. Maschinen des DVCPRO-Formats können Kassetten des →DV-Formats und des →DVCAM-Format abspielen.

DVCPRO25-Format
→DVCPRO-Format.

DVCPRO50-Format
→MAZ-Format, das digitale →Komponentensignale zusammen mit zwei digitalen Tonsignalen auf eine Kassette mit ¼ →Zoll breitem →Reineisenband aufzeichnet. Die analogen Komponentensignale werden mit einer →8-Bit-Quantisierung im Verhältnis →4:2:2 abgetastet und mit einer →Datenreduktion von 5:1 aufgezeichnet. Im Gegensatz zum Format DVCPRO wird mit einer doppelten Bandgeschwindigkeit die doppelte Datenmenge aufgezeichnet. Die maximale Spieldauer stationärer Geräte beträgt dann 62'. Die maximale Spieldauer kleiner Kassetten für Kamerarecorder beträgt 31'. Einige Maschinen des DVCPRO50-Formats können Kassetten des →DVCPRO-Formats, des →DVCAM-Formats und des →DV-Formats abspielen.

DVD
engl. Abk. Digital Versatile Disk. →Compact Disk mit einem Durchmesser von 12 cm. Gegenüber einer herkömmlichen →CD-ROM sind die Informationen wesentlich dichter ge-

packt und es kann auf einer Ebene insgesamt eine Kapazität von etwa 4,7 →GByte untergebracht werden. Darüber hinaus ist es durch eine unterschiedliche Fokussierung des →Laserstrahls möglich, zwei Ebenen auf einer Seite - und damit die etwa doppelte Informationsmenge - unterzubringen. Eine weitere Verdoppelung der Informationen erreicht man durch das Zusammenkleben zweier DVDs Rücken an Rücken. Mit diesen Optionen sind zur Zeit folgende DVD-Systeme möglich: →DVD 5, →DVD 9, →DVD 10 und →DVD 17. Pro 4,7 GByte ist es z.b. möglich, ein Videoprogramm - das nach dem →MPEG-2-Verfahren mit einer maximalen →Datenrate von →10 MBit/s komprimiert wurde - bis zu einer Länge von 100 Minuten zu speichern. Die Speicherung von Audioprogrammen in 8 Sprachen und 32 Untertiteln ist ebenso möglich wie eine umfangreiche Benutzerführung und interaktive Steuerungen. Diese zusätzlichen Informationen sind aber vom Gesamtvolumen einer DVD abzuziehen. Die Wiedergabe von DVDs wird durch →Regionalcodes eingeschränkt.

DVD 5
→DVD mit einer Kapazität von 4,7 →GByte. Die Informationen liegen dabei auf einer Ebene einer Seite. →DVD 9, →DVD 10, →DVD 17.

DVD 9
→DVD mit einer Kapazität von 8,5 →GByte. Die Informationen liegen dabei auf zwei Ebenen einer Seite. Dieses System wird zur Zeit in Deutschland bevorzugt. →DVD 5, →DVD 10, →DVD 17.

DVD 10
→DVD mit einer Kapazität von 9,4 →GByte. Die Informationen liegen dabei auf zwei Seiten mit je einer Ebene. Dieses System wird zur Zeit in Amerika bevorzugt. →DVD 5, →DVD 9, →DVD 17.

DVD 17
→DVD mit einer Kapazität von 17 →GByte.

Die Informationen liegen dabei auf zwei Seiten mit je zwei Ebenen. →DVD 5, →DVD 9, →DVD 10.

DVDR
engl. Abk. Digital Video Disk Recorder. →Festplattenrecorder für die Aufnahme von Videomaterial.

DVE
engl. Abk. Digital Video Effect. →Digitales Videoeffektgerät.

DV-Format
Consumer →MAZ-Format, das digitale →Komponentensignale zusammen mit zwei digitalen Tonsignalen auf eine Kassette mit ¼ →Zoll breitem →Reineisenband aufzeichnet. Die analogen Komponentensignale werden mit einer →8-Bit-Quantisierung im Verhältnis →4:2:0 abgetastet und mit einer →Datenreduktion von 5:1 aufgezeichnet. Die maximale Spieldauer von Standard-DV-Kassetten beträgt 270', die der Mini-DV-Kassetten 60'. Besondere Consumergeräte des DV-Formats können Kassetten des →DVCAM-Formats abspielen. Nicht kompatibel zum →DVCPRO-Format.

D-VHS-Format
engl. Abk. Digital VHS, Video Home System. →MAZ-Format aus der Consumertechnik, das auf ½ →Zoll breites →Reineisenband im →MPEG-2-Verfahren aufzeichnet. Wegen der MPEG-Technologie ist dieses System nicht schnittfähig, sondern ist als Langzeitrecorder gedacht. Die Aufzeichnungsdauer beträgt im Standardbetrieb 7 Stunden, bei reduzierter Datenrate bis zu 21 Stunden. →VHS- und →S-VHS-Kassetten können auf den Geräten wiedergegeben werden.

DVI
engl. Abk. Digital Video Interactive. Standard für die →Hardware-unterstützte Komprimierung und Dekomprimierung von Daten bewegter Videobilder.

DVKS
Abk. Digitale →Videokreuzschiene.

DVR
engl. Abk. Digital Video Recording. Digitale Magnetaufzeichnung. →Digitale MAZ-Formate.

DVTR
engl. Abk. Digital Video Tape Recorder. Maschinen →digitaler MAZ-Formate.

DX-Format
† Frühere, übergangsweise Bezeichnung des →D3-MAZ-Formats.

Dylan
(Quantel) Produktname eines Speichersystems, bestehend aus 20 →Festplatten nach dem →SCSI-Standard mit einer Kapazität von 166 →MByte. Die Speicherung geschieht so, daß bei Ausfall einer einzelnen Platte der Betrieb nicht gestört wird. Wird z.b. für →Serversysteme oder beim →nichtlinearen Schnitt verwendet.

Dynamic Rounding
→Dynamisches Runden.

Dynamic Tracking
engl. (Sony) →Automatische Spurnachführung.

Dynamik
allg. Verhältnis zwischen einem minimalen und maximalen Signalpegel. *1.)* In der Tontechnik das Verhältnis der lautesten zur leisesten Stelle eines Schallereignisses. Angabe in →Dezibel. Dabei erreicht eine digitale Tonaufzeichnung eine Dynamik von etwa 50.000:1 bzw. 90 dB. *2.)* In der Bildtechnik ist die Dynamik die Angabe des Verhältnisses zwischen hellen und dunklen Bildern. Die Bildröhre erreicht ein Verhältnis von etwa 32:1 bzw. 5 →Blendenstufen.

Dynamisches Mikrofon
Der auf das Mikrofon auftreffende Schall setzt eine Membran in Bewegung, die eine Spule in einem Magnetfeld bewegt. Dabei ergibt sich direkt eine Signalspannung. Vorteile der dynamischen Mikrofone sind ihre Robustheit und die Linearität ihres →Frequenzgangs. Nachteile sind die niedrige Ausgangsspannung und ihre geringe Impulstreue.

Dynamisches Runden
Möglichkeit beim →Runden digitaler Daten. Es wird z.b. beim Übergang von einem 10- auf ein →8-Bit-System aus den beiden letzten, niederwertigsten Bits ein statistischer Mittelwert erzeugt, der dann zu dem neuen, 8 Bit breiten Datenwort addiert wird. Je nach Aufwand des Verfahrens entstehen im *Ggs.* zur →Truncation keine sichtbaren Störungen.

DZ
Abk. →Datenzeile.

DZC
Abk. Datenzeilencodierer. Gerät zur Einspeisung der →Datenzeile in das auszusendende Videosignal.

DZD
Abk. Datenzeilendecodierer. Gerät zur Filterung der →Datenzeile aus einem Videosignal und zur Darstellung der in der Datenzeile enthaltenen Informationen.

DZK
Abk. →Datenzeilenkodierer.

E-Anschluß
Abk. Elektroanschluß. Anschluß an die öffentliche Netzstromversorgung z.B. von →Reportagewagen, →Übertragungswagen oder Beleuchtungseinrichtungen.

EAP
Abk. Elektronische Außenproduktion. →Außenübertragung.

Earphone
engl. Ohrhörer.

Easy Cube
→Auto Cube.

91

EAV
engl. Abk. End of Active Video. 4 →Bytes digitaler Daten, die das Endes einer →aktiven Zeile innerhalb der →digitalen Komponentensignale kennzeichnen. *Ggs.* →SAV.

EB
Abk. →Elektronische Berichterstattung.

EB-Kamera
Abk. Kamera für elektronische Berichterstattung. Tragbare elektronische Kamera oder →Kamerarecorder in kompakter, robuster und leichter Bauweise mit geringer Stromaufnahme. Im Vergleich zu →Studiokameras haben moderne EB-Kameras keine qualitativen Unterschiede und werden daher für alle Produktionsformen eingesetzt.

EBR
engl. Abk. (Sony) →Electronic Beam Recording.

EB-Schnitt
Ursprünglich die Beschreibung eines →linearen Schnitts aktueller Beiträge. Heute die Kennzeichnung linearer Schnittplätze mit mittlerer Ausstattung von z.b. →Bildmischpult und digitalem Videoeffektgerät auch für die Bearbeitung technisch anspruchsvollerer Produktionen. Nicht gleichbedeutend mit →Hartschnittplatz.

EBU
engl. Abk. European Broadcasting Union. Vereinigung europäischer und nordafrikanischer Rundfunkanstalten mit Sitz in Genf. Austausch von Sport- und Nachrichtenfilmen über eigenes Leitungsnetz sowie eigene Strecken für →Richtfunk- und →Satellitenübertragungen. Befaßt sich außerdem mit Normungsfragen. Entspricht UER.

EBU-NET
engl. Abk. Leitungsnetz der →EBU.

EBU-Phosphore
→Phosphore, deren →Farbarten von der →EBU innerhalb der Koordinaten des →IBK-Farbartdiagramms exakt genormt sind.

EBU/SMPTE-Time Code
engl. Heute verwendeter →Time Code, der 1972 von →EBU und →SMPTE für die →Fernsehnormen 625/50 und 525/60 genormt wurde.

E'_{CB}
Eines der beiden Farbdifferenzsignale des →Komponentensignals.

ECC
engl. Abk. Error Correction Code. Fehlerkorrekturcode. →Reed-Solomon-Code.

Echtfarben
Darstellung der Farben auf einem Bildschirm mit einer →24 Bit-Farbtiefe.

Echtzeit-Effekt
→Tricks, die z.B. beim →nichtlinearen Schnitt sofort berechnet werden und keinen Zeitverzug bei der Schnittarbeit entstehen lassen. *Ggs.* →Non Realtime-Effekt. →Überspielung in Echtzeit.

ECM
engl. Abk. Electronic Counter Measure. Elektronische Gegenmaßnahme. Codeänderung beim Verschlüsseln von →Pay TV-Programmen. Damit werden illegale Piratenkarten unbrauchbar gemacht.

E'_{CR}
Eines der beiden Farbdifferenzsignale des →Komponentensignals.

ECS
engl. Abk. Extended Clear Scan. Wahl kurzer Belichtungszeiten an →CCD-Kameras im Bereich von 1/25 bis zum Teil 1/50 Sekunde, um z.B. Aufnahmen im Kino zu ermöglichen.

ED-Beta
engl. Abk. Extended Definition Betamax. →MAZ-Format aus der Consumertechnik, das

im →Colour Under-Verfahren aufzeichnet. In Verbindung mit Monitoren, die über einen →S-Video-Eingang verfügen, zeigen diese Geräte eine höhere →Auflösung als das Vorläufer-Format →Betamax. ED-Beta-Recorder können Betamax-Kassetten bespielen und wiedergeben.

Edge
engl. Kante. Trickkante.

Edge Track
engl. Randspur.

EDH
engl. Abk. (Tektronix) Error Detection and Handling. →Fehlerschutzsystem bei der Übertragung →digitaler Komponentensignale auf der Basis des →Cyclic Redundancy Check-Verfahrens.

Edit
engl. →Elektronischer Schnitt.

Edit Controller
engl. Schnittsteuergerät.

Edit Decision List
engl. →Schnittliste.

Edited-Master
engl. →Schnittband.

Editing
engl. Elektronisches Schneiden. →Elektronischer Schnitt.

Editing-MPEG
engl. Abk. (Fast) →422P@ML, I-Frames only.

Editor
engl. →Schnittsteuergerät.

Edit Suite
engl. Schnittplatz, Schneideraum, Nachbearbeitungsplatz.

EDL
engl. Abk. Edit Decision List. →Schnittliste.

EDT
engl. Abk. Edit. →Elektronischer Schnitt.

EDTV
engl. Abk. Extended Definition Television. Allgemein: →Fernsehsystem verbesserter →Auflösung. Digitaler Fernsehübertragungsstandard in einer durch das →MPEG-2-Verfahren auf eine →Datenrate von ca. 10 →MBit/s reduzierten Qualität. Entspricht visuell etwa der Qualität eines modernen →digitalen Komponentensignals. Studiostandards. →LDTV, →STDV. Wird auch zur Kennzeichnung der höheren Auflösung von →16:9-Systemen verwendet.

EE
engl. Abk. Electronics Electronics. Weg eines Bild- oder Tonsignals vom Maschinen-Eingang direkt zum Maschinen-Ausgang. *Ggs.* Wiedergabe- oder →Hinterbandsignal.

E-E Master
engl. Abk. Electronically Edited Master. →Schnittband.

EEPROM
engl. Abk. Electrically Erasable Programmable Read Only Memory. Speicher-Chip, das nach Programmierung seine Daten ohne Stromversorgung behält. Der Speicherinhalt kann elektrisch gelöscht und neu beschrieben werden. →EPROM, →ROM.

EES
1.) Abk. Elektronischer Einzelbildspeicher.
2.) † engl. Abk. (Philips DVS) Electronic Editing System. →Schnittsteuergerät.

EFF
Abk. Effektstufe, Effektgerät.

Effekte
Die Anzahl von Tricks und Effekten für die Bildbearbeitung scheint zunächst unüberschaubar zu sein. Besonders in →nichtlinearen Schnittsystemen sind die Möglichkeiten in verschiedenen Menüs versteckt und schwer

93

erkennbar. Nach wie vor gilt aber folgende Abgrenzung: *1.)* Bildmischpult-Effekte mit →Standardtricks, →Linear Key, →Luminanz Key und →Chroma Key-Tricks. *2.)* →Digitale Videoeffekte. *3.)* →2D-Grafik. *4.)* →3D-Grafik.

Effektfilter
Die Wirkung von Effektfiltern ergibt sich immer nur durch den Zusammenhang zwischen künstlichen und natürlichen Lichtquellen, durch den Blickwinkel und den verwendeten Filter. →Cross-Filter, →Double Fog-Filter, →Fog-Filter, →Grauverlauffilter, →Low Contrast-Filter, →Pro Mist-Filter, →Sepia-Filter, →Starlight-Filter, →Streak-Filter, →Verlauffilter.

Effektgerät
→Digitales Videoeffektgerät.

EFM
engl. Abk. 1.) Eight-to-Fourteen-Modulation. Von-8-auf-14-Modulation. Modulationsverfahren digitaler Signale, wie es z.B. bei der →Audio-CD verwendet wird. Dabei wird eine Kette von 8 →Bit auf jeweils 14 Bit ergänzt. Von den nun 16.384 möglichen Datenworten sind aber nur 256 zugelassen, die anderen werden als falsch erkannt. Dadurch ergibt sich eine hohe Sicherheit gegenüber Fehlinterpretationen. *2.)* →Electronic Film Mastering.

EFP
engl. Abk. Electronic Field Production. Aufzeichnung von Außenereignissen mit tragbaren bzw. transportablen Kameras und →MAZ-Geräten.

EFuSt
Abk. (Telekom) →Erdfunkstelle.

FFX
engl. Abk. Effects. Effekte.

EHF
engl. Abk. Extremely High Frequency. Frequenzen zwischen 30 und 300 →GHz.

EI
engl. Abk. Exposure Index. Belichtungsindex. Kennzeichnet die Lichtempfindlichkeit professioneller →16mm-Filme und →35mm-Filme, meist nur mit der arithmetischen Zahl, z.B. EI 100. International wird die Lichtempfindlichkeit in →ISO angegeben. EI 100 entsprechen etwa ISO 100/21°.

Eierkopf
Bezeichnung für ein 16:9-Bild, das für die Ausstrahlung im →PALplus-Verfahren auf einem herkömmlichen Studiomonitor mit einem Bildseitenverhältnis von 4:3 horizontal zusammengepreßt erscheint und daher vertikal gedehnt zu sein scheint. Diese Eierkopf-Darstellung bekommen weder die Zuschauer mit Empfängern des →PAL-Verfahrens noch die des PALplus-Verfahrens zu sehen.

Einbeinstativ
Stativ zur Stabilisierung einer →Handkamera. Die Kamera ist per Schnellverschluß aufsetzbar. Der Kameramann/Die Kamerafrau kann recht stabile Aufnahmen liefern, ohne den Platzbedarf eines Dreibeinstativs zu benötigen.

Einblenden
Ein vorbereiteter →Luminanz- oder →Chroma Key-Trick wird vor einem Hintergrundbild weich eingeblendet.

Einbrenner
Einbrenner entstehen durch →Spitzlichter von nur wenigen →Blendenstufen Überbelichtung, die wenige Sekunden oder Minuten auf die Speicherschicht einwirken. Je nach Röhrentyp erscheinen Einbrenner als weiße oder schwarze Punkte. Weniger starke Einbrenner können durch unterschiedliche Maßnahmen entfernt werden, gravierende Einbrenner führen zu einer dauerhaften Beschädigung der Speicherschicht der →Aufnahmeröhre.

Ein-CCD-Farbkamera
Consumer-Kamera, bei der das einfallende Licht mit Hilfe eines Streifenfilters auf ver-

schiedene Teile des →CCD-Chips verteilt wird. Neben den beiden zusätzlichen Chips wird gegenüber einer professionellen →CCD-Kamera das →Prisma gespart.

Eindigitalisieren
→Digitalisieren.

Einfrieren
Ein Bild einer Szene mit bewegten Bildern wird zu einem →Standbild gemacht.

Eingebrannter Time Code
→Sichtbarer Time Code.

Eingemauerte Kamera
Kamera, deren Position, →Bildausschschnitt und Schärfeeinstellungen z.b. für verschiedene, nacheinander aufgenommene Trickszenen nicht verändert wird. Dies ist z.b. für →Stoptricks notwendig.

Einkabel-Synchronisation
→FASK, →Genlock.

Einleuchten
Der Vorgang, bei dem vor einer Sendung oder Aufzeichnung die →Leuchten und →Scheinwerfer für Personen und Dekoration definiert und eingerichtet werden. Dabei geht es um die Festlegung der Lichtrichtung, der Helligkeit und der Konzentration, aber auch um die Frage, mit welchen Effekten oder Effektscheinwerfern gearbeitet werden soll.

Einrad-Lenkung
→Steer.

Ein-Röhren-Farbkamera
Consumer-Kamera, bei der das einfallende Licht mit Hilfe eines Streifenfilters auf verschiedene Teile der →Aufnahmeröhre verteilt wird. Neben den beiden zusätzlichen Röhren wird gegenüber einer professionellen →Röhrenkamera auch das →Prisma gespart.

Einspielung
Wiedergabe eines →MAZ-Beitrages in ein laufendes Programm. Dabei kann der Beitrag innerhalb der Rundfunkanstalt oder von außen eingespielt werden.

Einsteckakku
Ugs. für weit verbreitete →NiCd-Akkus einer kompakten Bauform. Ermöglichen z.b. in →Kamerarecordern mit entsprechenden Behältern einen schnellen Akkuwechsel. Die Betriebsdauer hängt von der Akkukapazität und vom Stromverbrauch der Kameraeinheit ab und kann über eine Stunde betragen.

Einstellungsgröße
Folgende Begriffe beschreiben einen sich verengenden Bildausschnitt: Supertotale, totale, halbtotale, halbnahe, nahe Einstellung, Großaufnahme, Detailaufnahme. Dabei gibt es keine absolute Beschreibung der einzelnen Angaben. Vielmehr beziehen sie sich auf den jeweiligen Kontext der Szene oder des Bildes. Nur die Einstellungsgröße „amerikanisch" beschreibt den Ausschnitt einer Person vom Kopf bis zum Oberschenkel (dort wo früher der Colt saß).

Einstieg
Inhaltlicher oder technischer Beginn einer Hörfunk- oder Fernsehsendung.

Einstiegspunkt
Anfangsmarkierung einer Einstellung beim →elektronischen Schnitt.

Einstreifige Videotext-Untertitelung
Die Daten der →Videotext-Untertitel sind in der →vertikalen Austastlücke des →MAZ-Sendebandes aufgezeichnet und werden bei der Sendung den übrigen Seiten des →Videotextes zugefügt. *Ggs.* →Zweistreifige Videotext-Untertitelung.

Einstreuung
Störung, die z.B. durch fehlerhafte →Abschirmung in ein Kabel oder durch unpassend verwendete →Frequenzen in eine Funkstrecke eines Audio- oder Videosignals eindringt.

95

Eintasten
Einfügen z.B. des →Videotextes in ein bereits bestehendes Videosignal.

Einzelbild
Ein in einem Einzelbildspeicher abgelegtes Bild, das von einer Kamera, von einem Grafikgerät oder aus einem laufenden MAZ-Beitrag stammt. →Standbild.

Einzelbildaufnahmen
Extreme Form des →Zeitraffers, mit der lang andauernde Zeitabläufe auf eine kurze Wiedergabezeit reduziert werden. Dazu werden in einem definierten Abstand (z.b. Sekunden, Minuten oder Stunden) einzelne Bilder aufgenommen. Dies ist mit bestimmten Filmkameras und entsprechendem Zubehör sowie mit speziellen →MAZ-Maschinen möglich. In vielen Fällen läßt sich ein Zeitraffer-Effekt auch durch den Schnitt von Einzelbildern in der Nachbearbeitung erzielen.

Einzelbildspeicher
Gerät zur Speicherung unbewegter Bilder, die von beliebigen Bildquellen stammen. Bei der Wiedergabe der Einzelbilder kann zwischen der Darstellung eines →Vollbildes (volle →Auflösung bei unbewegten Vorlagen) oder eines →Halbbildes (halbe →Vertikalauflösung bei bewegten Vorlagen) gewählt werden.

EIRP
engl. Abk. Equivalent Isotropically Radiated Power. Die einem Sender zugeführte Sendeleistung multipliziert mit dem durch die Richtwirkung der Antenne entstehenden Gewinn. *1.)* Die Angabe der Sendeleistung eines Satelliten erfolgt in →dBW und wird vom Satellitenbetreiber in Form einer →EIRP-Karte angegeben, da die Leistung abhängig vom Empfangsort ist. *2.)* Sendeleistung eines →SNG-Fahrzeugs zum Satelliten als EIRP in dBW.

EIRP-Karte
engl. Abk. Grafische Darstellung der →EIRP eines Satelliten in Form einer Ausleuchtzone für den →Downlink. Diese Ausleuchtzone kann kreisförmig sein. Es gibt aber auch bizarre Formen, die den geografischen Vorgaben des Satellitenbetreibers folgen. Die EIRP wird in der Regel zunächst für einen zentralen Punkt der Ausleuchtzone angegeben. Darum bilden sich konzentrische Figuren mit abnehmender EIRP, den so genannten Contouren. Der in der EIRP-Karte abgelesene Wert ist einer der Paramter, der für ein →Link-Budget kalkuliert werden muß.

Eisenoxidband
Mit Eisenoxidkristallen versetztes →Oxidband.

Eject
engl. Auswurf.

E-Kamera
Abk. →Elektronische Kamera.

EKR
Abk. Euro-Kontrollraum. Arbeitsplatz zur Überwachung und zur Abwicklung der Überspielungen zwischen den europäischen Rundfunkanstalten.

ELA
Abk. Elektroakustik. Beschallungstechnik. →Beschallung.

Elapsed Time Code
engl. →Time Code, bei dem im *Ggs.* zum →Real Time Code eine fortlaufende Zeit aufgenommen wird. Es entsteht eine unterbrechungsfreie Zeitinformation.

Electronic Beam Recording
engl. (Sony) System zur Übertragung elektronischer Produktion per →Laserstrahl auf Film.

Electronic Film Mastering
Wiedergabemodus an →MAZ-Maschinen des →DCT-Formats. Dabei werden Kinofilme, die in einem speziellen Verfahren mit 24 Bildern/Sekunde aufgenommen wurden, mit 25 Bildern/Sekunde wiedergegeben. In Ländern

mit der →Fernsehnorm 525/60 findet eine Wiedergabe im →3/2-Pulldown-Verfahren statt. Vorteil dieser Technik ist die Speicherung von Kinofilmen für beide Fernsehnormen auf einem →Magnetband.

Electronic News Gathering
engl. →Elektronische Berichterstattung.

Elektretmikrofon
Der auf das Mikrofon auftreffende Schall bewegt eine Membran, die sich vor einem Elektretmaterial mit „eingefrorener" Kapazität befindet. Daraus ergibt sich eine sich ändernde Kapazität, die mit einer geeigneten Schaltung in eine Spannung umgewandelt wird. Vorteile des Elektretmikrofons sind sein hoher Ausgangspegel, seine Impulstreue sowie sein durch das Elektretmaterial günstiger Preis, nachteilig ist seine Spannungsversorgung, die im *Ggs.* zu →Kondensatormikrofonen nicht zur Herstellung der Kapazität, sondern nur für die Ausgangsschaltung benötigt wird.

Elektrische Länge
→Laufzeit.

Elektromagnetische Wellen
Elektromagnetische Wellen entstehen durch Schwingungen elektrisch geladener Teilchen in Atomen, Molekülen oder Kristallen. Die Wellen breiten sich mit →Lichtgeschwindigkeit aus und unterscheiden sich durch ihre →Frequenz bzw. durch ihre →Wellenlänge. Zu den elektromagnetischen Wellen gehören: der →NF-Bereich zur Sprach- und Musikübertragung, die Bereiche LW, →MW, →KW und →UKW für die Übertragung von Hörfunkprogrammen, die Bereiche →VHF, →UHF, →SHF und →EHF zur Übertragung von Fernsehprogrammen, der →IR-Bereich, der Bereich des →sichtbaren Lichts, der →UV-Bereich, die Röntgen-, Gamma- und kosmischen Strahlen.

Elektronenstrahl
Große Anzahl negativ geladener elektrischer Teilchen, die zu einem Elektronenstrahl gebündelt und mit positiven elektronischen Feldern wie aus einer Elektronenkanone geschossen werden. Dient in der →Aufnahmeröhre einer Kamera zur Abtastung (Entladung) der Aufnahmeschicht (Speicherschicht). In der →Bildröhre eines Monitors oder Fernsehempfängers bringt der Elektronenstrahl mit seiner Energie die →Phosphore zum Leuchten.

Elektronische Berichterstattung
Aufnahme aktueller Ereignisse mit tragbaren elektronischen Kamerarecordern oder mit Kombinationen aus Kamera und Recorder. →DNG.

Elektronische Farbkorrektur
→Farbkorrektur.

Elektronische Kamera
→Röhrenkamera, →CCD-Kamera.

Elektronischer Schnitt
Ugs. ist oft der →Lineare Schnitt gemeint. Grundsätzlich ist aber auch der →nichtlineare Schnitt ein elektronisches Schnittverfahren. Die Kombination der beiden Systeme wird →Hybrid-Schnitt genannt.

Elektronischer Sucher
→Suchermonitor.

Elektronische Schreibmaschine
→Schriftgenerator.

Elektronisches Testsignal
→Testsignal.

Elektronisches Testbild
→Testsignal.

Elektronische Tricks
Die Anzahl von Tricks und Effekten für die Bildbearbeitung scheint zunächst unüberschaubar zu sein. Besonders in →nichtlinearen Schnittsystemen sind die Möglichkeiten in verschiedenen Menüs versteckt und schwer erkennbar. Nach wie vor gilt aber folgende Abgrenzung: *1.)*→ Bildmischpult-Effekte mit →Standardtricks, →Linear Key, →Luminanz

Key und →Chroma Key-Tricks. *2.)* →Digitale Videoeffekte. *3.)* →2D-Grafik. *4.)* →3D-Grafik.

Elektronische Umstimmung
Anpassung einer →elektronischen Kamera mit Hilfe des →Weißabgleichs an die →Farbtemperatur einer Szene. Gegenüber der Verwendung von →Konversionsfiltern ergibt sich kein Blendenverlust. Die notwendige, überproportionale Verstärkung eines Farbkanals kann aber zu →Bildrauschen führen.

Elektronische Verstärkung
→Verstärkung an elektronischen Kameras.

Elektrostatisches Mikrofon
→Kondensatormikrofon.

Elevation
Der Erhebungswinkel über den theoretischen Horizont in Blickrichtung auf den Satelliten. Der Winkel beträgt z.b. für den Satelliten DFS Kopernikus in Hamburg 27°. Ein Hindernis darf dort nicht höher als die halbe Entfernung zwischen der Bodenstation und dem Hindernis sein. →Azimut.

Embedded Audio
engl. Verankerter Ton. Die im Datenstrom eines →digitalen Videosignals möglicherweise enthaltenen Tondaten. Maximal sind 4 Gruppen je 2 Stereokanäle, also insgesamt 16 Tonkanäle möglich. Dem Vorteil einer einfachen Signalverteilung steht der Nachteil gegenüber, den Ton nicht jederzeit unabhängig vom Bild bearbeiten zu können.

Embedder
engl. Gerät, das digitale Tonsignale für die weitere Übertragung in einem Videosignal verankert. →Embedded Audio. *Ggs.* →Deembedder.

Emboss
engl. Erhaben. Effekt z.B. an Grafikgeräten, bei dem helldunkle Bildübergänge mit einem reliefartigen Effekt versehen werden.

E-MEM
engl. Abk. (GVG) Effects Memory. Speicher für alle Einstellungen an →Bildmischpulten.

Empfänger
Empfangsgerät für drahtlose Ton- und/oder Bildprogramme. *Ugs.* Empfänger →drahtloser Mikrofone oder Fernsehgeräte mit eingebautem Empfangsteil.

Empfangsgütefaktor
→G/T.

Empfangsleitung
Dauernd überlassene Leitung von der zuständigen Ton- bzw. Fernsehschaltstelle zu einem Studio.

Empfindlichkeit
→Lichtempfindlichkeit, →maximale Lichtempfindlichkeit.

Emphasis
engl. Betonung. Bei der Tonübertragung wird das Signal vorverzerrt (Preemphasis), um das durch die →Frequenzmodulation verursachte Rauschen über die gesamte →Audiofrequenzbandbreite etwa gleich zu halten. Bei der Wiedergabe ist eine entsprechende Entzerrung (Deemphasis) notwendig. Auch bei der Tonaufzeichnung findet eine Anhebung der hohen →Frequenzen vor der Aufnahme statt, um den →Störspannungsabstand zu verbessern.

Emulation
Nachbildung eines Computersystems durch ein anderes bzw. Nachbildung einer →Software durch eine andere.

Emulsion
Lichtempfindliche Schicht von Filmmaterial.

E-Musik
Abk. Ernste Musik, klassische Musik. *Ggs.* →U-Musik.

EMV
Abk. Elektromagnetische Verträglichkeit. Aus-

wirkungen →elektromagnetischer Felder auf den Menschen und auf die Funktion von Studiogeräten.

Enable
engl. Einschalten. *Ggs.* →Disable.

Enc
engl. Abk. →Encoded.

Encoded Video
engl. →PAL-codiertes Videosignal.

Encoder
engl. Coder. *1.)* Gerät zur →PAL-Codierung der RGB-Signale. *2.) allg.* Gerät zur Verschlüsselung elektrischer Signale.

Endbild
In einer →Senderegie das verbindliche, fertige, mit allen Schrifteinblendungen versehene Programm zur Aufzeichnung oder Sendung.

Endkontrolle
Letzte technische Kontrolle von Bild und Ton innerhalb der Sendeanstalt vor der Übergabe des Fernsehprogramms an die Telekom zur weiteren Verteilung an die Sender bzw. Zuführung zu Satelliten oder Einspeisung in das →Breitbandkabelnetz.

Endzeit
Die Uhrzeit am Ende einer Überspielung, z.B. zwischen zwei Rundfunkanstalten, die ver bindlich für die Abrechnung der Übertragungsstrecke genannt wird.

ENG
engl. Abk. Electronic News Gathering, →Elektronische Berichterstattung.

Entbrummdrossel
Gerät, das z.B. durch →Einstreuung von →Netzspannung verursachte Störungen im Videosignal eliminieren kann.

Entbrummer
Ugs. →Entbrummdrossel.

Entmagnetisieren
Zur Vermeidung von →Farbreinheitsfehlern werden die Schattenmasken von Farbmonitoren mit einer eingebauten Spule automatisch beim Einschalten oder manuell entmagnetisiert. Zusätzlich ist eine Entmagnetisierung mit einer externen Spule möglich.

Entropie
griech. Für die digitale Bildverarbeitung gilt folgende Bedeutung: Die Entropie beschreibt die Eigenschaft des digitalen Bildsignals, pro Bildpunkt mit einer im Durchschnitt möglichst geringen Bitzahl auszukommen. Die Entropie definiert den mittleren Informationsgehalt pro Bildpunkt. Ein niedriger Entropie-Wert weist auf eine geringe Anzahl Bits pro Bildpunkt hin. Die Entropie ist eine statistische Größe und läßt eine Aussage über den Grad der möglichen Kompression zu. Ein Bildsignal mit einer Entropie von 7, das nach einer Umcodierung eine Entropie von 6 aufweist, kann somit um ca. 15% komprimiert werden.

Entspiegelung
→Vergütung.

Entzerrer
→Videoentzerrer.

Entzerrung eines Videosignals
Die durch eine gesamte →Dämpfung des →Videopegels und durch eine →frequenzabhängige Dämpfung des Videosignals entstehenden Verluste können mit einem Videoentzerrer ausgeglichen werden. Dabei können der gesamte Videopegel und die hohen Frequenzanteile getrennt geregelt werden.

EPG
engl. Abk. Electronic Programme Guide. Elektronische Programmzeitung der →DVB-Programme von →ARD und →ZDF. →TONI.

Epidiaskop
→Episkop.

99

Episkop
Projektor für undurchsichtige Bildvorlagen.

EPROM
engl. Abk. Erasable Programmable Read Only Memory. Speicher-Chip, das nach Programmierung seine Daten ohne Stromversorgung behält. Der Speicherinhalt kann mit UV-Licht wieder gelöscht und neu beschrieben werden. →EEPROM, →ROM.

EQ
engl. Abk. Equalizing, Equalizer. Entzerrung, Entzerrer. →Videoentzerrer.

Equalizer
engl. Entzerrer. →Videoentzerrer.

Equalizing Pulses
engl. Vor- und Nachtrabanten innerhalb der →vertikalen Austastlücke. →Trabanten.

Equipment
engl. Ausrüstung.

Erase
engl. Löschen.

Erdfunkstelle
Empfangs- und Sendestelle für →Satellitenübertragungen.

ErdFuSt
Abk. (Telekom) →Erdfunkstelle.

Erdsegment
Empfangs- und Sendestelle bei einer →Satellitenübertragung. *Ggs.* →Raumsegment.

ERF
Abk. Elektronische Reportagetechnik Fernsehen. →Elektronische Berichterstattung.

Erlaubte Farben
→Zulässige Farben. →Gültige Farben.

ERP
engl. Abk. Equivalent Radiation Power. Äquivalente Strahlungsleistung. In der Satellitentechnik die Sendeleistung, die sich aus der Ausgangsleistung und dem →Antennengewinn ergibt. *Ggs.* →EIRP.

Error Concealment
engl. →Fehlerverdeckung.

Error Correction
engl. →Fehlerkorrektur.

Error Detection
engl. →Fehlererkennung.

Ersatzstromerzeuger
→Stromaggregat.

ES
Abk. 1.) →Elektronischer Schnitt, elektronischer Schnittplatz. 2.) † *Abk.* Elektronischer Schalter.

ESB
Abk. Erweiterter →Sonderkanalbereich. Kanäle S 21 - S 37 (303,25 - 431,25 →MHz) für die Übertragung von Fernsehprogrammen in Kabelanlagen.

E-Schnitt
Abk. →Elektronischer Schnitt.

ESG
engl. Abk. Electronic Sports Gathering. Elektronische Sportberichterstattung.

ESO
engl. Abk. (Philips DVS) Electronic Steady Optimizing. System zur Optimierung des →Bildstandes bei →Filmabtastern.

ESP
Abk. Einspielen.

ESS
Abk. Elektronischer Standbildspeicher. →Einzelbildspeicher.

ESW
Abk. Einspielweg.

ETB
Abk. Elektronisches Testbild. →Testsignal.

Ethernet
engl. Standardisiertes Netz zur Verbindung vieler Computer über sehr lange Strecken bis zu 2 Kilometern mit →Koaxialkabeln. Die →Datenrate kann bis etwa 100 →MBit/Sekunde betragen.

E-to-E
engl. Abk. Electronic to Electronic. Weg eines Bild- oder Tonsignals vom Maschinen-Eingang direkt zum Maschinen-Ausgang. *Ggs.* Wiedergabe- oder →Hinterbandsignal.

ETSI
engl. Abk. European Telecommunication Standards Institute. Institut, das verbindliche Normen im Bereich der Telekommunikation in Europa erarbeitet.

ETSI-Coder
engl. Abk. Vom →ETSI standardisiertes Verfahren zur Codierung von Videosignalen in ein datenreduziertes Signal mit 34 →MBit/Sekunde zur Übertragung z.B. über eine →Satellitenstrecke. Es gibt dabei zwei verschiedene Standards für →FBAS- bzw. →Komponentensignale.

EUREKA
Entwicklungsgemeinschaft für ein europäisches →HDTV-System mit einer →Zeilenzahl von 1250 Zeilen und einer →Bildwechselfrequenz von 50 →Hz.

EURO AV-Stecker
→Scart-Stecker.

Eurocrypt
System zur Verschlüsselung von Fernsehprogrammen von →Pay TV-Anbietern. Dabei werden Teile der Helligkeits- und Farbanteile innerhalb der Fernsehzeilen und zum Teil auch zusätzlich noch die Reihenfolge der Zeilen vertauscht.

Europäische Norm
Ugs. Damit ist die in Europa verbreitete →Fernsehnorm gemeint. Ein gemeinsames →Farbcodierverfahren gibt es jedoch in Europa nicht.

Eurovision
(EBU) Organisation der →EBU, deren wichtigste Aufgaben der mehrmals tägliche Nachrichtenaustausch und die Verteilung allgemeiner Programme zwischen den europäischen und einigen außereuropäischen Rundfunkanstalten sind.

EVC
engl. Abk. (EBU) Eurovision Control. Schaltzentrale der →Eurovision.

Evershed
Hersteller von →Kamerafernbedienungen.

EVF
engl. Abk. Electronic View Finder. →Suchermonitor.

EVN
Abk. Eurovision News. Die von der →Eurovision organisierten zentralen Überspieltermine zum Austausch von Nachrichtenbeiträgen zwischen den europäischen Rundfunkanstalten.

EVS
engl. Abk. (Sony) Enhanced Vertical Definition System. Verbesserung der →Vertikalauflösung durch →progressive Abtastung. Nachteilig sind die verminderte →Bewegtbildauflösung und der Lichtverlust um eine →Blendenstufe. In normalen Bildern ergibt sich kaum ein Auflösungsgewinn.

EW
Abk. Einspielweg.

Exciter
engl. Gerät in der Tonstudiotechnik zur Erhöhung der Sprachverständlichkeit durch Beimischung von Obertönen.

101

Exposure Index
engl. Belichtungsindex. Angabe der Lichtempfindlichkeit von Filmmaterial in →EI.

EXT
Abk. Extern. →Externes Sucherbild.

Extender
engl. Verlängerung. →Range Extender. →Extender Board.

Extender Board
engl. Verlängerungsplatine. Vorrichtung, um →Platinen auch außerhalb eines Gerätes zu betreiben und Messungen vornehmen zu können.

Externes Sucherbild
Videosignal, z.B. End- oder Trickbild, das aus der Regie zum →Suchermonitor einer →Studiokamera geführt wird und das an der Kamera zu Informationszwecken angewählt werden kann.

E'$_Y$
Das Helligkeitssignal des →Komponentensignals.

E'$_Y$, E'$_{CB}$, E'$_{CR}$-Signale
→Komponentensignale.

Eye light
engl. →Augenlicht.

Eyepattern
engl. →Augendiagramm.

f
Abk. 1.) Frequenz. *2.)* f-Stop. →Blendenstufe.

F
Abk. 1.) →Farbe. *2.)* F-Signal. →Farbträger.

Fade
engl. →Abblende.

Fader
engl. Regler.

Fade to Black
engl. →Abblende.

Fahnenziehen
→Nachzieheffekt, →Comet Tail.

Fahraufnahme
Aufnahme, bei der sich die Kamera auf einem Kamerawagen oder einem Kamerakran relativ zur Szene bewegt.

Fahrspinne
Eine fahrbare Variante der →Stativspinne, ausgerüstet mit Gummi- oder luftgefüllten Rädern. Kamerafahrten lassen sich nur mit vielen Einschränkungen durchführen, eine schnelle Positionsveränderung für unterschiedliche Einstellungen wird allerdings erleichtert.

Falschfarben
Ugs. für →illegale Farben oder →ungültige Farben.

Farad
Einheit der Kapazität, die das Ladungsvermögen von Kondensatoren angibt. *Abk.* F.

Farbabgleich
Ugs. →Weißabgleich.

Farbart
Beinhaltet →Farbton und →Farbsättigung. Die Farbart im Videosignal wird →Chrominanzsignal genannt. Die Farbart kann durch das →IBK-Farbartdiagramm angegeben werden.

Farbartsignal
Teil des →FBAS-Signals, das Informationen des →Farbtons und der →Farbsättigung enthält. →Chrominanzsignal.

Farbauszug
Rot-, Blau- oder Grünsignal eines farbigen Videobildes.

Farbbalance
→Weißabgleich.

Farbbalken
Universelles elektronisches →Testsignal. Wird z.b. zu Beginn jeder Bild-Magnetaufzeichnung aufgenommen oder zum →Pegeln von Videoleitungen benutzt.

Farbbalken 100/75
Elektronisches →Testsignal. Die →Amplituden von G, B und R in den sechs farbigen Balken sind auf 75% Helligkeit reduziert. Dadurch liegen die oberen Pegelwerte der farbigen Balken →Gelb und →Cyan sowie der Weiß-Balken auf dem gleichen Pegel von 100% der Amplitude des →BA-Signals. →Farbbalken 100/100.

Farbbalken 100/100
Elektronisches →Testsignal. Die →Amplituden von G, B und R haben 100% Helligkeit. Die oberen Pegelwerte der farbigen Balken →Gelb und →Cyan haben daher einen Pegelwert von 133% der Amplitude des →BA-Signals. →Farbbalken 100/75.

Farbbalkengenerator
Gerät zur Erzeugung elektronischer →Farbbalken.

Farbbalken mit Rotfläche
→Farbbalken mit einer durchgehenden Rotfläche im unteren Bilddrittel. Dient bei älteren →MAZ-Formaten zur betrieblichen Kontrolle und Einstellung von →Zeitfehlern an MAZ-Maschinen.

Farbbalkensignal
→Farbbalken.

Farbbildröhre
In Monitoren und Fernsehgeräten zur Umsetzung der elektrischen Spannung eines Videosignals in Helligkeit. Die von den drei Elektronenstrahl-Erzeugern abgegebenen Elektronen werden zeilenweise abgelenkt und treffen nach dem Durchgang durch eine →Schattenmaske auf die verschiedenen →Phosphorpunkte auf. Diese leuchten entsprechend der Intensität der →Elektronenstrahlen rot, blau und grün auf.

Farbcoder
Gerät zur →PAL-Codierung der RGB-Signale.

Farbcodierverfahren
→NTSC-Verfahren, →PAL-Verfahren, →SECAM -Verfahren. →Codierung.

Farbdecoder
Gerät zur →Decodierung von FBAS-Signalen in →RGB-Signale.

Farbdifferenzsignale
1.) Entstehen bei der →Codierung von RGB-Signalen durch Differenzbildung zwischen den →Farbwertsignalen Rot, Grün und Blau und dem →Luminanzsignal. Sie enthalten keine Informationen über die Helligkeit, sondern nur über den →Farbton und die →Farbsättigung. →B-Y-Signal, →R-Y-Signal, →U-Signal, →V-Signal. *2.)* Durch Differenzbildung der →Farbwertsignale Grün, Blau und Rot werden ein →B-G-Signal und ein →R-G-Signal erzeugt, die bei →Röhrenkameras zur Justage der Rasterdeckung verwendet werden.

Farbdreieck
Zweidimensionale Darstellung von →Farbton und →Farbsättigung aller →Grund- und →Mischfarben.

Farbe
Eine Farbe wird durch die drei Faktoren →Farbton, →Farbsättigung und →Farbhelligkeit definiert. →16,7 Mio. Farben, →Grundfarben, →Illegale Farben, →Komplementärfarbe, →Körperfarben, →Mischfarben, →Pastellfarbe, →Purpurtarben, →Spektralfarben, →Unbunte Farben, →Ungültige Farben.

Farbfernsehnorm
→Farbcodierverfahren.

Farbflächengenerator
Bildquelle von →Bildmischpulten. Erzeuger farbiger Flächen, die zur Gestaltung von Trickhintergründen, Trickkanten oder zur Einfärbung von Schriften dienen.

103

Farbfolien
Konversion der →Farbtemperatur einer Lichtquelle mit Hilfe von Folien. →Voll-Blau, →½ Blau, →¼ Blau, →⅛ Blau, →Voll-Orange, →½ Orange, →¼ Orange, →⅛ Orange.

Farbhelligkeit
Die Helligkeit einer Farbe wird in der Fernsehtechnik in einer Skala zwischen 0% und 100% angegeben.

Farbhilfsträger
→Farbträger.

Farbkamera
→CCD-Kamera, →Röhrenkamera.

Farbkanal
Rot-, Blau- oder Grünsignal eines farbigen Videobildes.

Farbkompensationsfilter
→Konversionsfilter.

Farbkorrektur
Farbliche Anpassung von aufeinanderfolgenden Szenen. Im *Ggs.* zur →programmierten Farbkorrektur bieten die Farbkorrektoren z.B. an →Schnittplätzen nur eingeschränkte Möglichkeiten.

Farbkorrekturfilter
→Konversionsfilter.

Farblichtbestimmung
→Lichtbestimmung.

Farbmischung
→Additive Farbmischung, →subtraktive Farbmischung.

Farbort
Geometrische Beschreibung von →Farbton und →Farbsättigung einer →Farbe im →IBK-Farbartdiagramm oder in einem →Vektorskop.

Farbrauschen
Überlagerung der farbigen, meist stark gesättigten Teile eines Videobildes durch eine unregelmäßige, unruhige Störstruktur.

Farbreinheit
Die Fähigkeit eines Monitors, eine einheitlich weiße oder graue Fläche, z.B. eines →Farbflächengenerators, völlig gleichmäßig und ohne Farbstiche an einzelnen Stellen der Bildröhre wiederzugeben.

Farbreinheitsfehler
Eine unerwünschte Magnetisierung der →Schattenmaske lenkt die →Elektronenstrahlen so ab, daß diese nicht mehr exakt die Löcher der Schattenmaske treffen. Damit werden die Farben in verschiedenen Zonen des Monitorbildes ungleichmäßig wiedergegeben.

Farbreiz
Farbempfindung, die durch eine Reizung der Netzhaut entsteht. Die spektrale Zusammensetzung des Reizes ist meßbar und somit eine objektive Größe. *Ggs.* →Farbvalenz.

Farbsättigung
Intensität einer →Farbe. Wird in der Fernsehtechnik in einer Skala zwischen 0% und 100% angegeben. Eine maximale Sättigung ist dann erreicht, wenn der Farbe keine →Komplementärfarbe beigemischt ist.

Farbsaum
Farbige Kanten im Videobild, die durch →chromatische Aberration von →Objektiven, durch fehlerhafte →Konvergenz von Monitoren oder fehlerhafte →Rasterdeckung an elektronischen →Röhrenkameras entstehen können.

Farbsignal
→Chrominanzsignal, Teil des →FBAS-Signals.

Farbsuchermonitor
Für eine volle →Auflösung der →Videofrequenzbandbreite von 5 →MHz benötigt ein Farbmonitor etwa 500.000 Löcher in seiner →Schattenmaske. Dies ist für kleine →Suchermonitore nicht realisierbar. Auch →LCD-Displays bieten hier keine Lösung.

Farbsynchronimpuls
† →Burst.

Farbsynchronsignal
† →Burst.

Farbtafel
Testtafel mit aufgeklebten, genormten farbigen Pappstreifen. Wird bei Filmaufnahmen verwendet und dient bei der im Kopierwerk stattfindenden →Lichtbestimmung als Anhaltspunkt. Der Abgleich elektronischer Kameras findet dagegen mit einem →Weißabgleich statt.

Farbtemperatur
Gibt den →Farbton einer Lichtquelle an. Einheiten →Kelvin, *Abk.* K oder →Mired. Kelvin entspricht 1.000.000/Mired. Studiolicht hat z.B. 3.200 K, mittleres Tageslicht 5.600 K.

Farbtestbild
Ugs. →Farbbalken, →FuBK.

Farbtiefe
Für die Darstellung der Farbe in einem elektronischen digitalen Bild gibt die Farbtiefe die Anzahl der →Bits an, die für die Auflösung der Farbe eines →Pixels genutzt wird. →1-Bit-Farbtiefe, →8-Bit-Farbtiefe, →24-Bit-Farbtiefe.

Farbton
Unterscheidung von →Farben mit Begriffen wie Rot, Gelb, Orange.

Farbträger
Kontinuierliche →Frequenz von 4,43361875 →MHz. Entspricht dem 283,5fachen der →Zeilenfrequenz mit nachfolgendem →Viertelzeilen-Offset und →25 Hz-Versatz. Dient im →Coder einer Kamera zur Erstellung des →Burst und zur Modulation der Farbdifferenzsignale. Im Decoder eines Fernsehempfängers wird aus dem Burst wieder ein synchroner Farbträger zurückgewonnen. Dieser ist dann die Referenz für die →PAL-Schaltphase und für die richtige Darstellung von →Farbton und →Farbsättigung. Der Farbträger im →NTSC-Verfahren hat eine Frequenz von etwa 3,58 MHz.

Farbträgerfrequenz
Kontinuierliche →Frequenz von 4,43361875 →MHz des →Farbträgers.

Farbträgerperiode
Die Zeit von 225→ns, die einer Schwingung des →Farbträgers entspricht.

Farbträgerphasenlage
Zeitliche Lage der →Farbträgerfrequenz eines →FBAS-Signals zur Farbträgerfrequenz eines Bezugssignals. Die Winkellagen des →Burst müssen auf dem →Vektorskop genau übereinstimmen. Ist dies nicht der Fall, so werden z.B. während der Überblendung zweier Bildsignale an einem →Bildmischpult die Farben nicht richtig wiedergegeben. →Synchronisation von FBAS-Signalen.

Farbträgerschwingung
→Farbträger.

Farbträgersignal
→Farbträger.

Farbträger zu Horizontalphasenlage
Beschreibt die zeitliche Beziehung des →Farbträgers zur →Horizontalfrequenz eines Videosignals. Kennzeichnet die →PAL-8er-Sequenz.

Farbtripel
→Tripel.

Farbunterträger
System, mit dem →Colour Under-MAZ-Formate arbeiten.

Farbvalenz
Subjektive Farbwahrnehmung eines →Farbreizes durch Auge und Gehirn eines Betrachters. Die Farbvalenz ist die Wirkung des Farbreizes auf Auge und Gehirn. Sie ist vom Betrachter abhängig.

Farbverkopplung
Verkopplung von →MAZ-Maschinen beim →linearen Schnitt während des →Hochlaufs zur →PAL-4er-Sequenz oder →PAL8-er-Sequenz.

105

Farbversatz
→Y/C-Versatz.

Farbwert
→Farbton.

Farbwertsignale
Die Signale Rot, Grün und Blau, die z.B von →Aufnahmeröhren oder →CCD-Chips geliefert werden.

FASK
Abk. Signal- und →Impulsgemisch für die →Synchronisation von FBAS-Signalen, die Bildquellen eines →Bildmischpultes sind. Dabei werden in einem Kabel der →Farbträger, die →Austast- und →Synchronimpulse sowie der →K-Impuls übertragen.

Fast Forward
engl. Schnelles Vorspulen.

Fast Fourier-Analyse
→Fourier-Analyse.

Fast Motion
engl. →Zeitraffer.

FAT
Abk. →Filmabtaster.

FAW
engl. Abk. (JCV) Full Automatic White Balance. Vollautomatischer →Weißabgleich. Im *Ggs.* zu dem normalerweise vor Beginn des Drehens einer Szene durchgeführten Weißabgleich wird dieser Weißabgleich ständig den veränderten Aufnahmebedingungen angepaßt. Im professionellen Bereich jedoch nur in Ausnahmefällen einsetzbar.

FAZ
Abk. →Filmaufzeichnung.

FB
Abk. 1.) →Farbbalken. *2.) engl.* →Feedback-Signal. *3.)* Farbbild.

FBAS-Chroma Key
engl. →Chroma Key-Effekt, bei dem das →Stanzsignal aus einem →FBAS-Signal gewonnen wird. Da die →Frequenzbandbreite des Farbanteils nur rund 1,5 →MHz groß ist, hat das Stanzsignal eine geringe →Auflösung und die Person im Vordergrund erscheint sehr künstlich vor dem Hintergrund. Ein FBAS-Chroma Key muß z.b. dann gemacht werden, wenn das zu stanzende Vordergrundsignal nicht direkt von einer Kamera kommt, sondern über eine FBAS-Leitung übertragen wird. *Ggs.* →RGB-Chroma Key.

FBA-Signal
Abk. Farb-Bild-Austast-Signal. Farbiges Videosignal mit →Austastimpulsen, aber ohne →Synchronimpulse.

FBAS-Signal
Abk. Farb-Bild-Austast-Synchron-Signal. Farbiges Videosignal mit →Austast- und →Synchronimpulsen, das aus der →PAL-Codierung der Farbwertsignale entsteht.

FBI
engl. Abk. Field Blanking Interval. →Vertikale Austastlücke.

fc
† *engl. Abk.* Footcandle. Einheit der →Beleuchtungsstärke.

FC
engl. Abk. →Fibre Channel.

FCCC
Nicht näher geklärte *Abk.* eines Gerätes für →Programmierte Farbkorrektur.

F-Codierung
→TAE-Stecker.

FD
engl. Abk. Field Drive. →Vertikale Synchronimpulse.

FDAT
† *Abk.* →Farbdiaabtaster.

FDBK
engl. Abk. →Feedback-Signal.

FDM
engl. Abk. Frequency Division Multiplex.
→Frequenzmultiplex.

FEC
engl. Abk. Forward Error Correction. Vorwärtsfehlerkorrektur. Teil eines →Fehlerkorrektursystems, das mit der Übertragung zusätzlicher digitaler Daten (redundante Daten) eine bestimmte Menge von fehlübertragenen →Bits nach statistischen Wahrscheinlichkeiten korrigiert. Diese Verfahren wird dort angewandt, wo ein Signal in nur eine Richtung übertragen wird und es keinen Rückkanal gibt, über den mitgeteilt werden könnte, daß bei der Übertragung Fehler aufgetreten sind. Die Angabe einer FEC von 3/4 bedeutet, daß die übertragenen Daten aus 3/4 Originaldaten und zusätzlich 1/4 redundanten Daten bestehen. Ein FEC-Wert von 1/2 ist sicherer, weil zu jedem Originalbit ein redundantes Bit übertragen wird. Allerdings ist hier auch die Datenmenge viel größer.

Feedback
engl. 1.) →Akustische Rückkoppelung. *2.)*
→n-1.

Feedback-Leitung
Tonrückleitung von einem Studio zum Kommentator oder zum Außenübertragungsort mit dem →n-1-Signal.

Feedback-Signal
→n-1.

Feeder
engl. Wiedergabegerät im →MAZ-Schnitt.

Feedhorn
Trichterförmiger Teil der Satellitenempfangsanlage, der die von der →Parabolantenne reflektierten Strahlen bündelt und damit das →LNC speist. Meist bilden das Feedhorn und das LNC eine Einheit.

Fehler
→Bandfehler, →Bildstörungen, →Objektivfehler.

Fehlererkennung
Bei digitaler Datenübertragung ist die Erkennung von falsch übertragenen →Bits die Voraussetzung für die anschließende →Fehlerkorrektur.

Fehlerkorrektur
Fehlerkorrektursysteme, wie z.B. der →Cyclic Redundancy Check, basieren auf der zusätzlichen Übertragung digitaler Daten, mit deren Hilfe am Ende der Übertragung eine bestimmte Menge von fehlübertragenen →Bits korrigiert werden können. →Fehlerverdeckung.

Fehlerrate
→Bitfehlerrate.

Fehlerschutz
Besteht aus →Fehlererkennung, →Fehlerkorrektur und →Fehlerverdeckung.

Fehlerverdeckung
Haben Systeme zur →Fehlerkorrektur bei digitaler Datenübertragung nicht alle Fehler vollständig korrigiert, können diese z.B. durch Hinzuziehen der Information benachbarter Bildpunkte weitestgehend unsichtbar gemacht werden.

Feinsicherung
Die in den meisten elektronischen Geräten in Europa gebräuchliche Sicherung. Größe 5 x 20mm.

Feld
→Filmfeld.

Felddominanz
→Halbbilddominanz.

Feldkorrelation
System zur Vermeidung von Jittereffekten bei Standbildern. Die Bewegungsunterschiede der beiden →Halbbilder innerhalb eines →Vollbil-

107

des werden ermittelt. Es entsteht ein neues Vollbild mit voller vertikaler Schärfe aber verminderter Bewegungsschärfe.

Feldübertragungsfaktor
Quotient aus effektiver Ausgangsspannung durch den →Schalldruck am Ort des Mikrofons. Einheit mV/Pa.

Feldverdoppelung
System zur Vermeidung von Jittereffekten bei Standbildern. Eines der beiden →Halbbilder innerhalb eines →Vollbildes wird verdoppelt und ersetzt somit das andere Halbbild. Bei der Wiedergabe ergibt sich eine um die Hälfte reduzierte vertikale Schärfe. Gegenüber der →Feldkorrelation ist das Bild aber bewegungsscharf. Mit Feldverdoppelung hergestellte Laufbilder weisen außerdem eine um die Hälfte reduzierte →Bewegtbildauflösung auf.

Fell
Gegen besonders starke Windgeräusche kann ein →Korbwindschutz zusätzlich mit einem →Fell überzogen werden. Das Fell schützt das Mikrofon auch für eine bestimmte Zeit gegen Regen.

Fernbedienung elektronischer Kameras
→Kamerafernbedienung.

Fernmeldesatellit
Satellit mit geringer Leistung (ca. 10-20 →Watt) für die Nachrichtenübermittlung zwischen →Erdfunkstellen mit großen Antennensystemen. Teilweise auch mit kleineren Antennen (Ø ca. 1,20m) empfangbar, der Empfang ist jedoch genehmigungspflichtig. →Rundfunksatellit.

Fernsehkasch
Einzeichnung in Suchern von Filmkameras oder →Suchermonitoren elektronischer Kameras, die ungefähr das auf Fernsehgeräten ausgeschriebene Raster zeigen sollen.

Fernsehkopie
Kopie eines →Negativfilms auf besonderes Positivmaterial mit eingeschränktem →Kontrastumfang, das die reduzierten Übertragungsmöglichkeiten des Fernsehens berücksichtigt. →Filmabtastung.

Fernsehnorm
Eine Fernsehnorm beschreibt grundsätzlich die →Zeilenanzahl und die →Bildwechselfrequenz. In Europa wird die Norm 626/50 verwendet, also 625 Zeilen mit 50 →Hz übertragen. In den USA und in Japan gilt die Norm 525/60, dort werden 525 Zeilen mit 60 Hz übertragen. Ganz extakt beträgt die Bildwechselfrequenz in USA und Japan 59,94 Hz. Dies wurde wegen der kompatiblen Einführung der Farbe damals geändert und hat heute noch Konsequenzen bei der Verwendung des Time Code. →Drop Frame Time Code. Zusammen mit einem →Farbcodierverfahren ergibt eine Fernsehnorm ein →Fernsehsystem. →HDTV.

Fernsehraster
Zeilen- oder Bildpunktstruktur des Videobildes, z.B. eines →Elektronenstrahls einer Bildröhre oder des →CCD-Chips einer →elektronischen Kamera.

Fernsehsignal
Ugs. Das modulierte und kombinierte Bild- und Tonsignal, das über eine Antenne oder über ein Kabel zu empfangen ist.

Fernsehstandard
→Fernsehnorm, →Farbcodierverfahren.

Fernsehstein
Auch Ulexit oder Boronatrocalit genannt. Die genaue chemische Formel lautet: $NaCa[B5O6(OH)6]\cdot5H2O$. Nadelige Kristalle oder normalfaserige Bruchstücke können Bilder so vollkommen übertragen, als wären sie ins Innere des Steins projiziert. Nur geringe Vorkommen in den Wüsten Mojave (Nevada, USA) und Atacama (Chile).

Fernsehstudio
Schallisolierter Studioraum mit Beleuchtungseinrichtung für die Aufzeichnung und Sen-

dung von Fernsehprogrammen. →Studiokomplex.

Fernsehsystem
Kombiniert eine →Fernsehnorm mit einem →Farbcodierverfahren. In Deutschland →PAL-B und PAL-G.

Fernsehtext
Offizielle Bezeichnung des →Videotextes.

Fernsehweiß
Ein auf etwa 60% reduziertes Weiß, um Kontrastprobleme bei der Aufnahme mit →elektronischen Kameras zu reduzieren. Aus heutiger Sicht ist dies nicht mehr nötig, da sich moderne Kameras auch einem höheren →Szenenkontrast anpassen können.

Fernsehzeile
Komplette Zeile mit Bildinhalt und →horizontaler Austastlücke. Dauer 64 →µs.

Festbrennweite
→Festobjektiv.

Festobjektiv
Objektiv mit unveränderlicher →Brennweite. Der Vorteil liegt heute kaum noch in der besseren Abbildungsqualität, sondern in der wesentlich kürzeren Bauart und in der höheren Lichtstärke im Vergleich zu →Zoomobjektiven.

Festplatte
Speichermedium von Computern und computerbasierenden Nachbearbeitungs- und Speichersystemen, bestehend aus einer oder mehreren festen, zum Teil beidseitig magnetisierbaren Platten. Hohe Speicherkapazität von bis zu einigen →GByte bei schneller Zugriffszeit auf die Daten von ca. 10 →ms. →AV-optimierte Festplatte.

Festplattenrecorder
Systeme, die auf eine oder mehrere →Festplatten Video- und/oder Audioprogramme aufzeichnen. Anwendung findet diese Technik bei der Nachbearbeitung oder auch bei der Speicherung und Sendung von Fernseh- oder Hörfunkprogrammen. Einige Geräte besitzen mehrere Kanäle, die zum Teil gleichzeitig, aber unabhängig voneinander aufzeichnen und wiedergeben können. Beinhaltet das Gerät mehrere Festplatten, können diese mit Hilfe eines →RAID-Systems miteinander verknüpft sein.

FFT
engl. Abk. Fast Fourier Transformation. →Fourier-Analyse.

FFWD
engl. Abk. Fast Forward. Schnelles Vorspulen.

FG
engl. Abk. Foreground. Vordergrund.

fH
Abk. Horizontale →Zeilenfrequenz.

F/H-Phasenlage
Abk. Phasenlage des →Farbträgers zur →Horizontalfrequenz eines Videosignals. Kennzeichnet die →PAL-8er-Sequenz.

Fiber Channel
amerik. Abk. Frühere Bezeichnung für →Fibre Channel.

Fibre Channel
engl. Abk. Ein ursprünglich für leistungsfähige Computersysteme entwickeltes Übertragungsverfahren. Fibre Channel kann elektrisch über Kupferkabel oder auch optisch über →Lichtwellenleiter übertragen werden. Dabei sind Datenraten bis über 1 →GBit/Sekunde möglich.

Field
engl. →Halbbild.

Field Dominance
engl. →Halbbilddominanz.

Field Store
engl. Halbbildspeicher. Bildspeicher mit der Kapazität eines →Halbbildes.

109

Field Store Synchronizer
engl. Gerät zur →Synchronisation eines Videosignals, das z.B. von einem →Übertragungswagen oder einem Außenstudio kommt und das nicht vom →Taktgenerator des →Hauptstudios synchronisiert werden kann. Um das externe Signal als Bildquelle für das →Bildmischpult des Hauptstudios zu nutzen, wird es mit seinem eigenen Takt in den →Halbbildspeicher des Synchronizers eingelesen und mit dem →Studiotakt des Hauptstudios synchron ausgelesen.

Figure Eight
engl. →Acht-Charakteristik.

Figure of Merit
engl. Hauptpunkt. Empfangsgütefaktor. →G/T.

File
engl. *1.)* Datei, die Texte, Bilder oder andere Daten enthält. *2.)* Speicherplatz für Daten, z.B. →Scene File.

File Transfer
engl. Datenübertragung. Dieser Begriff der Computertechnik wird heute auch auf Videomaterial angewandt. Sollen Fernsehbeiträge zwischen Rundfunkanstalten für eine spätere Aussendung überspielt werden, kann das Videomaterial in digitale Daten umgewandelt werden und die Übertragung bei Leitungswegen mit geringer →Datenrate in mehrfacher Echtzeit erfolgen. Eine solche Datenübertragung kann z.B. auch über Computernetzwerke zwischen mehreren →nichtlinearen Schnittsystemen stattfinden. →Store and Forward-System.

Fill Light
engl. →Aufhellicht.

Fill-Signal
→Key Fill-Signal.

Filmabtaster
→CCD-Filmabtaster, →Lichtpunktabtaster, →Speicherröhrenabtaster.

Filmabtastung
Umwandlung von Filmen fast aller →Filmformate in ein Videosignal durch einen →Filmabtaster.

Filmaufzeichnung
Erstellung eines →16mm oder →35mm-Films von einem Videoprogramm.

Filmfeld
Ein einzelnes Filmbild eines Filmstreifens. Entspricht einem elektronischen →Vollbild.

Filmformate
Amateurformate: →Super 8-Film, →Doppel 8-Film. Professionelle Formate: →16mm-Film, →Super 16-Film, →35mm-Film, →65mm-Film, →70mm-Film, →IMAX-Film.

Filmgalgen
Betrachtungsgestell, an dem Filmszenen zur besseren Übersicht an Nägeln oder Wäscheklammern hängen. Bei →nichtlinearen Schnittsystemen wird dieser Begriff auch im übertragenen Sinne verwendet. →Bin.

Filmgeber
† →Filmabtaster.

Filmhobel
Gerät für den →Filmschnitt des Negativfilms. Die beiden zerschnittenen Filmstreifen werden mit einem Hobel an den Stelen des →Bildstrichs aufgerauht und mit Klebeband leicht überlappend verbunden. Diese Schnitte sind unsichtbar. →Klebepresse.

Filmkassette
Um einen schnelleren Wechsel des Materials zu ermöglichen, verfügen die meisten Filmkameras über Doppelkammer-Kassetten, bei denen das Material raumsparend in einem an die Kamera anflanschbaren Gehäuse untergebracht ist. Die Laufzeit für →16mm-Film-Kassetten beträgt dann etwa 11 Minuten bei 122 Metern.

Filmkorn
Kleinstes chemisches Teilchen, aus dem die Emulsion eines Filmmaterials besteht. Je lichtempfindlicher das Filmmaterial ist, umso größer ist das Filmkorn. Wird bei starker Vergrößerung bei der Projektion des Films als Rauschen sichtbar.

Filmmaterial
Folgende Unterscheidungen können gemacht werden: →Negativfilm oder →Umkehrfilm, hoch- und niedrigempfindliches Material sowie Film für die Belichtung bei →Tageslicht oder →Kunstlicht. Beim Fernsehen werden folgende →Filmformate eingesetzt: →16mm-Film, →Super 16-Film oder →35mm-Film.

Film-Mode
Beschreibung innerhalb des →Motion Adaptive Colour Plus-Verfahrens für Filmbilder mit einer →Bewegtbildauflösung von 25 →Hz. Dabei werden die Zeilen der beiden →Halbbilder bei der Vorfilterung im →PALplus-Coder kombiniert. Voraussetzung ist eine →Halbbilddominanz von „1". *Ggs.* →Kamera-Mode.

Filmprojektor
Im Filmprojektor wird der von der Abwickelspule kommende Film durch den Strahlengang der Optik geführt und mit einer starken Lichtquelle auf die →Bildwand projiziert. Jedes Filmbild wird für die Projektion kurz angehalten. Während des Weitertransports des Films deckt eine Umlaufblende den Projektionsstrahl ab. Auch während der Projektion eines Filmbildes wird der Lichtstrahl durch die Umlaufblende kurz unterbrochen. Damit erreicht man trotz der niedrigen →Bildwechselfrequenz von 24 Bildern/Sekunde eine flimmerfreie Wiedergabe mit 48 →Hz.

Filmschnitt
Ursprünglich Schnittverfahren, bei dem der Film mechanisch zerschnitten und entsprechend wieder zusammengeklebt wird. Bei der Filmaufnahme entsteht ein →Negativfilm, von dem für Schnittzwecke eine →Arbeitskopie angefertigt wird. Diese wird mit Hilfe einer →Klebepresse zusammengeklebt; die Schnitte sind jedoch sichtbar. Nach den Vorgaben des Arbeitsschnitts wird das Negativ mit einem →Filmhobel *ggf.* im Kopierwerk zusammengefügt. In den meisten Fällen wird Film jedoch im →nichtlinearen Schnittverfahren bearbeitet, nachdem das Filmmaterial abgetastet und auf →Festplatten überspielt wurde.

Filmschramme
Mechanische Beschädigung des Filmmaterials, meist in Laufrichtung, verursacht durch Staub- oder Schmutzpartikel auf dem Film, am Filmschneidetisch oder am →Filmabtaster.

Filmtyp A
Kunstlichtfilm mit einer →Farbtemperatur von 3.400 Kelvin.

Filmtyp B
Kunstlichtfilm mit einer →Farbtemperatur von 3.200 Kelvin.

Filmtyp D
Tageslichtfilm mit einer →Farbtemperatur von 5.500 Kelvin.

Filter
1.) Optische Filter: →Cross-Filter, →Double Fog-Filter, →Fog-Filter, →Grauverlauffilter, →Konversionsfilter, →Low Contrast-Filter, →Neutraldichtefilter, →Polarisationsfilter, →Promist-Filter, →Sepia-Filter, ·Starlight-Filter, →Verlauffilter. *2.)* Tontechnische Filter: →90°-Filter, →Hochpaß, →Tiefpaß, →Trittschallfilter. *3.)* Videotechnische Filter: →Kammfilter, →Notch-Filter.

Filterhalter
Rahmen aus Metall oder Kunststoff zur Aufnahme von rechteckigen Filtern. Im *Ggs.* zu →innenfokussierenden Objektiven ist ein Filterhalter bei →Objektiven erforderlich, deren Frontelement sich beim Fokussieren mitdreht. Oft nehmen Filterhalter Einschübe für durchschiebbare Filter, z.B. Verlauffilter, auf und zusätzlich einen weiteren →Effektfilter oder →Konversionsfilter.

Filterkreuzschiene
† →V-Lücken-gesteuerte Videokreuzschiene.

Filterrad
Drehbarer Filterhalter in elektronischen Kameras, in dem verschiedene →Konversions-, →Neutraldichte- und/oder →Effektfilter untergebracht sind.

Fine
engl. Fein-(Einstellung) z.b. der →Farbträgerphasenlage an Studiogeräten oder der Verstärkung an →Tonmischpulten.

Fingerkamera
→Ein-CCD-Farbkamera sehr kleiner Abmessungen. Die gegenüber →CCD-Kameras mit drei Chips eingeschränkte Bildqualität wird in Kauf genommen, da sich durch einen versteckten Einbau der Kamera besondere Aufnahmesituationen ergeben. Das Kamerasignal wird drahtgebunden oder drahtlos zu einem Aufzeichnungsgerät eines beliebigen →MAZ-Formates geführt.

Firewire
Universelle Computerschnittstelle. Zeitkritischen Signalen wie Video- oder Audiodaten kann auf einer Übertragungsstrecke Priorität eingeräumt werden. Datenraten von 100 bis 400→MBit/Sekunde. Wird von Computern, →DVD-Systemen und einigen digitalen MAZ-Formaten, wie z.B. dem →DV-Format, genutzt. Wurde für kurze Leitungslängen bis 5m geplant; heute sind Längen bis 70m möglich.

Firmware
engl. Spezielle, von einem Gerätehersteller geschriebene →Software, die in Form eines →ROM oder →EPROM in seinem Gerät integriert und somit leicht aktualisierbar ist.

Fischauge
Ugs. Objektiv mit extrem kurzer →Brennweite. Im *Ggs.* zu einem →Superweitwinkel, das zwar einen extremen →Bildausschnitt, jedoch eine möglichst korrekte Abbildung besitzt, wird vom Fisheye eine Verzeichnung, wie sie dem vorstehenden Auge eines Fisches zugeschrieben wird, erwartet.

Fisheye
engl. ugs. →Fischauge.

FIT
engl. Abk. →Frame Interline Transfer-Chip.

Fit To Fill
Funktion von Schnittsystemen, die beim Einfügen einer Szene an eine Stelle mit vorgegebener Länge die Geschwindigkeit der Zuspielung entsprechend so verändert, daß die Szene bildgenau plaziert ist.

Fixed Disk
engl. →Festplatte.

Fixed Pattern Noise
engl. Feststehende Störstruktur, die die Bilder einiger →CCD-Kameras oder →CCD-Filmabtaster überlagert. Nimmt bei höherer Betriebstemperatur, geringer Lichtstärke und bei elektronischer →Verstärkung zu.

Fixfocus-Objektiv
→Objektiv mit fester →Brennweite.

fL
† *engl. Abk.* →Footlambert. Einheit der →Leuchtdichte.

Flacher Bildschirm
→LCD-Display.

Flackern
→Flimmern.

Fläche
Ugs. →Flächenleuchte.

Flächenleuchte
Eine Leuchte, die großflächig gleichmäßiges, weiches Licht erzeugt.

Flag
engl. Kleine, metallene Fläche zum Abdecken

von Licht, das z.B. in das Objektiv einer Kamera fallen könnte. Mit einer entsprechenden Halterung kann es auf einem Beleuchtungsstativ befestigt werden.

Flange Back
engl. Flansch. →Auflagemaß.

Flankensteilheit
Zeit, die ein →Impuls zwischen 10% und 90% seiner →Amplitude benötigt. Auch ein Maß der →Frequenzbandbreite eines elektrischen Signals.

Flanschbrennweite
→Auflagemaß.

Flare
engl. →Streulicht.

Flare Correction
engl. →Streulichtkompensation.

Flash Memory
engl. Elektronisches Speicherbauteil, das seine Daten aber auch nach Abschaltung des Systems behält. Flash Memory-Speicher gibt es z.B. in Form scheckkartengroßer Speicherkarten. Wird z.B. zum Speichern persönlicher Gerätedaten verwendet.

Flat
engl. Flach. Lineare Stellung eines Filters ohne Beeinflussung des →Frequenzgangs.

Flaues Videobild
Videobild mit vermindertem Kontrast, meist durch Anhebung des →Schwarzwertes. Ursache könnte z.B. eine falsche →Aussteuerung einer elektronischen Kamera oder aber →Streulicht sein.

FLD
engl. Abk. Field. →Halbbild.

Flexicart
engl. Abk. (Sony) Herstellerbezeichnung für einen kleinen →Kassettenautomaten mit bis zu 40 Kassetten für den Sendebetrieb und die →Zuspielung an einem Schnittplatz.

Flex Repo
Abk. (Telekom) Flexibles Reportagesystem. Drahtlose Übertragung von Bild- und Tonsignalen auf der Basis des →DVB-T-Systems. Grundsätzlich muß nach wie vor eine Sichtverbindung bestehen, wobei die Anforderungen nicht mehr so streng sind. Übertragungen z.B. von Umzügen oder Rennen müssen daher nicht mehr zwangsläufig mit Hubschraubern als Relaisstationen durchgeführt werden, wie es mit →Richtfunk nötig ist, der Aufbau der Empfangsantennen kann auch auf hohen Gebäuden oder Türmen erfolgen.

Flickern
→Flimmern.

Fliegende Löschköpfe
→Rotierende Löschköpfe.

Flightcase
Stabiler Transportkoffer aus Holz und/oder Aluminium, in den video- und/oder tontechnische Geräte fest eingebaut sind. Größere Flightcases sind mit Rollen versehen.

Flimmerfrequenz
Die Anzahl der (Bild-)Helligkeiten pro Sekunde, bei der das Auge aufgrund seiner Trägheit schnell aufeinanderfolgende Hellphasen nicht mehr voneinander unterscheiden kann und der Eindruck einer gleichbleibenden Helligkeit entsteht. Die Flimmerfrequenz nimmt mit steigender Bildhelligkeit zu und liegt im Bereich zwischen 50 und 80 →Hz. →Großflächenflimmern.

Flimmergrenze
→Flimmerfrequenz.

Flimmern
Störeffekt, der durch schnell aufeinanderfolgende periodische Veränderungen der Bildhelligkeiten entsteht, die das Auge aufgrund seiner Trägheit noch voneinander unterschei-

113

den kann. Tritt als →Großflächenflimmern z.b. bei der Aufzeichnung von →Computermonitoren auf oder wenn die →Belichtungszeit der Kamera nicht mit der →Netzfrequenz übereinstimmt. Für eine Abhilfe kann die Steuerung der →Belichtungszeiten an CCD-Kameras sorgen. →Kantenflimmern, →Flimmerfrequenz.

Flip
engl. →Digitaler Videoeffekt, bei dem das Videobild um seine senkrechte Achse gedreht wird.

Floating Video
engl. Geräteeingang für ein Videosignal, dessen Masse von der Gehäusemasse getrennt ist. Dient zur Vermeidung von →Brummstörungen.

Floppy Disk
engl. →Diskette.

Flow-Programme
engl. →Live-Sendungen oder unter Live-Bedingungen produzierte Fernsehsendungen, wie z.B. Sportveranstaltungen, Show-Sendungen oder Talkshows. →Stock-Programme.

Flügelblende
→Umlaufblende.

Fluidantrieb
→Fluidzoom.

Fluidzoom
Anbaubares oder bereits in die Objektivkonstruktion integriertes System zum weichen, manuellen Bedienen des →Zoomobjektivs. Schwer- oder Leichtgängigkeit lassen sich stufenlos regeln. Dadurch lassen sich insbesondere bei →Objektiven, die für Servoantrieb ausgelegt sind, auch beim Handbetrieb langsame, weiche, gezielte Zoomfahrten durchführen.

Fluter
Flächenleuchte mit einem Reflektor zur weichen, weitwinkligen Lichtverteilung.

Flyaway
engl. Ugs. Transportable Anlage für →Satellitenübertragungen. Die Antenne mit einem Durchmesser von z.b. einem Meter ist zerlegbar und kann zusammen mit der dazugehörigen Elektronik in mehreren →Flightcases untergebracht und somit leicht verschickt werden. Eine solche Anlage wird für Einsätze im ferneren Ausland genutzt, bei denen hauptsächlich Live-Bilder oder rasch geschnittene Beiträge überspielt werden sollen.

Flying Erase Heads
engl. Fliegende Löschköpfe. →Rotierende Löschköpfe.

Flying Spot-Abtaster
engl. →Lichtpunktabtaster.

FM
Abk. →Frequenzmodulation. An Radioempfängern oft der →UKW-Empfangsbereich.

FM-Ton
Abk. →Frequenzmodulierter Ton.

Focal Length
engl. →Brennweite.

Focus
engl. →Fokus.

Fog-Filter
engl. Nebelfilter. →Effektfilter, der Lichtquellen überstrahlen läßt, Kontraste reduziert und die Schärfe verringert. →Double Fog-Filter.

Fokus
lat. Brennpunkt. *1.)* An Kameras wird mit dem Fokus am Objektiv die Entfernung und damit die Schärfe des Bildes eingestellt. *2.)* An Bildröhren die Fokussierung des Elektronenstrahls.

Folien
→Konversionsfolien, →Neutraldichtefolie.

Footage
Länge bzw. Menge von →Filmmaterial.

Footcandle
† *engl.* Einheit der →Beleuchtungsstärke. *Abk.* fc. 1 Lux entspricht 10,76 Footcandle.

Footlambert
† *engl.* Einheit der →Leuchtdichte. 1 Footlambert entspricht 3,42 cd/m². *Abk.* fL.

Footprint
1.) →Ausleuchtzone. *2.)* →PAL-Footprint. *3.)* →Spurbild.

Forcieren
Verstärken. Verlängerter oder veränderter Entwicklungsprozeß für Filmmaterial, dessen Empfindlichkeit um 1-3 →Blendenstufen höher ausgenutzt werden soll, als dies vom Hersteller vorgesehen ist. Abhängig vom Filmmaterial sind unterschiedlich starke qualitative Einbußen zu erwarten (groberes Korn, reduzierte →Auflösung). Wird ugs. auch im übertragenen Sinn für die →Verstärkung an elektronischen Kameras verwendet.

Foreground
engl. Vordergrund. Bildquelle beim →Stanzen.

Formate
→Bildformat, →Filmformate, →MAZ-Formate, →Tonbandformate.

Formatkonverter
→Formatwandler.

Formatumschaltbare Kamera
→Studiokamera oder →EB-Kamera, bei der sich das →Bildseitenverhältnis von 4:3 auf 16:9 umschalten läßt. Dabei wird die Aufnahmefläche des →CCD-Chips entsprechend dem Bildformat anders ausgenutzt. Bei einigen Kamerasystemen ändert sich die Brennweite der Kamera. Andere Systeme erhalten den horizontalen Blickwinkel bei beiden Bildformaten und machen so den Einsatz teurer →Minuskonverter überflüssig. Das Bild im Suchermonitor der Kamera wird entsprechend umgeschaltet, so daß es unverzerrt zur Verfügung steht. →PALplus.

Formatwandler
1.) Gerät zur Konvertierung von →4:3-Bildern in das Format →16:9 und umgekehrt. Da der →Bildausschnitt standardisiert ist, führt dies häufig zu einem Verlust von Bildteilen. So werden z.B. bei einer Konvertierung von 4:3-Bildern in das Format 16:9 am oberen und unteren Rand Bildteile abgeschnitten, was insbesondere bei Großaufnahmen von Personen zu einem unbefriedigenden Bildausschnitt führt. *2.)* Gerät zur Wandlung analoger →Komponentensignale in analoge →RGB-Signale und umgekehrt ohne Qualitätsverluste. *3.)* Gerät zur Wandlung →paralleler in →serielle digitale Videosignale.

Forward
engl. Vorspulen.

Fotodiode
Elektronisches Bauelement, das bei auftreffendem Licht seine elektrischen Eigenschaften ändert.

Fotozelle
Lichtempfindliches elektronisches Bauteil.

Fourier-Analyse
Darstellung eines beliebigen Signals durch die Kombination von →Sinusschwingungen verschiedener →Frequenzen, →Phasenlagen und →Amplituden. Das Signal wird in verschiedene Sinusschwingungen „zerlegt". Wird z.B. von Messgeräten zur →spektralen Darstellung von Signalen eingesetzt oder beim →DCT-Verfahren.

FPN
engl. Abk. →Fixed Pattern Noise.

FPS
engl. Abk. Frames Per Second. Bilder pro Sekunde. →Bildwechselfrequenz.

FPU
engl. Abk. (Sony) Field Pickup Unit. →Richtfunkübertragungsanlage.

Frame
engl. →Vollbild.

Framegrabber
engl. Zusatzkarte für Computer, die ein Videosignal digitalisiert und *ggf.* ein einzelnes Bild zur Speicherung auf der →Festplatte komprimiert. Bildsequenzen können nicht abgespeichert werden.

Frame Interline Transfer-Chip
engl. Zwischenzeile. Technik von →CCD-Chips, bei der die Bildinformationen während der Zeit der →vertikalen Austastlücke in einen vom Aufnahmebereich örtlich getrennten Speicherbereich gebracht werden. In dieser kurzen ungeschützten Transportzeit können →Vertical Smear-Effekte - je nach Kameratyp - erst bei vielen →Blendenstufen Überbelichtung auftreten und sind damit kaum sichtbar. Frame Interline-Chips professioneller konventioneller Kameras haben eine →Bildfeldgröße von ⅔ →Zoll (HDTV-Kameras 1 Zoll). →Lens On Chip-Technologie möglich.

Frame Store
engl. Vollbildspeicher. Bildspeicher mit der Kapazität eines →Vollbildes. *Ugs.* für →Frame Store Synchronizer.

Frame Store Synchronizer
engl. Gerät zur →Synchronisation eines Videosignals, das z.B. von einem →Übertragungswagen oder einem Außenstudio kommt und das nicht vom →Taktgenerator des →Hauptstudios synchronisiert werden kann. Um das externe Signal als Bildquelle für das →Bildmischpult des Hauptstudios zu nutzen, wird es mit seinem eigenen Takt in den →Vollbildspeicher des Synchronizers eingelesen und mit dem →Studiotakt des Hauptstudios ausgelesen.

Frame Transfer-Chip
engl. Technik von →CCD-Chips, bei der die Bildinformationen während der Zeit der →vertikalen Austastlücke in einen vom Aufnahmebereich örtlich getrennten Speicherbereich gebracht werden. Diese Transportzeit wird zusätzlich mit einer rotierenden Umlaufblende vor einem Lichteinfall geschützt. Dadurch kann kein →Vertical Smear-Effekt entstehen. Frame Transfer-Chips professioneller Kameras haben eine →Bildfeldgröße von ⅔ →Zoll.

Französische Norm
Ugs. Damit ist nicht eine bestimmte →Fernsehnorm, sondern das in Frankreich zu Ausstrahlung verwendete →Farbcodierverfahren →SECAM gemeint.

Free Run
engl. →Real Time Code.

Free to air Box
engl. Empfänger für →DVB-Programme für den Empfang freier Radio- und Fernsehprogramme. Man kann damit kein →Pay TV empfangen, weil die zum Entschlüsseln dieser Programme notwendige Hardware fehlt.

Freeze
engl. →Einfrieren.

Freiraumdämpfung
Beschreibt die Reduzierung der Signalstärke bei der →Satellitenübertragung durch die Entfernung zwischen dem Satelliten und der Bodenstation. Wird ein weit entfernter Satellit verwendet, muß dies bei der →Link Budget-Berechnung einkalkuliert werden.

Fremdspannungsabstand
Verhältnis zwischen der Spannung eines Nutzsignals UN und einer Fremdspannung UF in der Bild- und Tontechnik. Die Störungen entstehen durch ungenügende →Abschirmung oder Entfernung des Nutzsignals von Fremdspannungen. Gegenüber einer →Geräuschspannung findet bei der Messung der Fremdspannung keine Bewertung statt, so daß der Fremdspannungsabstand zwar eine objektive Angabe, für das subjektive Qualitätsempfinden jedoch nicht entscheidend ist. Die Angabe erfolgt in dBF und berechnet sich wie folgt:
dBF = 20 × log (UN/UF).

French Flag
engl. Im *Ggs.* zum →Flag wird das French Flag an einem Gelenkarm befestigt, der z.b. direkt an einer Kamera festgeschraubt werden kann.

Frequency
engl. Frequenz.

Frequency Response
engl. →Frequenzgang.

Frequenz
Anzahl von periodisch wiederkehrenden Vorgängen (z.b. Tonschwingungen, Wechselspannung, Bilder) pro Zeiteinheit, meist pro Sekunde. →Hertz.

Frequenzabhängige Dämpfung
Beim Durchgang von Videosignalen durch lange →Koaxialkabel mit hohem →Wellenwiderstand tritt für hohe →Frequenzen eine stärkere Dämpfung auf als für niedrige Frequenzen. Dies hat bei analoger Videosignalverteilung mit zunehmender Kabellänge einen Verlust kleiner Bilddetails und eine Verringerung der →Farbsättigung zur Folge. Bei digitaler Signalübertragung treten Bildstörungen ab einer bestimmten Kabellänge schlagartig auf.

Frequenzband
Abk. →Frequenzbandbreite.

Frequenzbandbreite
Abstand der tiefsten von der höchsten →Frequenz eines zu übertragenden Signals. →Audiofrequenzbandbreite, →Videofrequenzbandbreite.

Frequenzgang
Die Betrachtung der Signalgröße über die →Frequenzbandbreite. Von einem linearen Frequenzgang z. B. eines Audioverstärkers spricht man dann, wenn dieser über seine gesamte Frequenzbandbreite von 20 bis 20.000 →Hz eine völlig gleichmäßige Verstärkung gewährleistet.

Frequenzhub
Bei der →Frequenzmodulation gibt der Frequenzhub an, um welche Frequenz sich das modulierte Signal von der →Trägerfrequenz unterscheidet. Je höher der Frequenzhub ist, desto höher ist die benötigte →Frequenzbandbreite und desto besser ist der Rauschabstand des Signals.

Frequenzmodulation
Verfahren zur Übertragung elektrischer Signale. Eine →Trägerfrequenz ändert sich in Abhängigkeit von der zu übertragenden Information. Die →Amplitude des modulierten Signales bleibt dabei gleich.

Frequenzmodulierter Ton
Wird bei einigen →MAZ-Formaten wie →Betacam SP, →M II, →S-VHS mit den rotierenden →Videoköpfen auf Schrägspuren aufgenommen und hat einen hohen →Störspannungsabstand. Allerdings sind zum Teil Störgeräusche durch die segmentierte Aufzeichnung hörbar. Ein →linearer Schnitt des frequenzmodulierten Tones unabhängig vom Bild ist nicht möglich.

Frequenzmultiplex
Übertragung mehrerer Informationen, die per →Modulation mit verschiedenen →Frequenzen über ein Signal übertragen werden. Über ein →Triaxkabel werden z.b. Video-, Audio- und Steuersignale zwischen einer Kamera und der Bildtechnik übertragen. *Ggs.* →Zeitmultiplex.

Frequenzspektrum
Die Aneinanderreihung von akustischen, sichtbaren oder →elektromagnetischen Wellenlängen bzw. →Frequenzen. So umfaßt das Spektrum der hörbaren Töne etwa den Frequenzbereich zwischen 20 und 16.000 →Hz, das Spektrum des sichtbaren Lichtes Wellenlängen zwischen 380 und 780 →nm.

Fresnellinse
Eine in mehreren Stufen aufgebaute konvexe Linse zur Bündelung des Lichts. Spart gegenüber herkömmlicher Linsenform Größe und Gewicht. Einsatz in →Stufenlinsenscheinwerfern.

Friktion
Einrichtung an einem →Hydrokopf, der durch eine einstellbare Reibung für eine Gegenkraft beim →Schwenken und →Neigen und somit für gleichmäßige und ruckfreie Bewegungen sorgt.

Frischband
Fabrikneues unbenutztes →Magnetband. *Ggs.* →Löschband.

FRM
engl. Abk. Frame. →Vollbild.

Frontallicht
Ugs. →Vorderlicht.

Front Porch
engl. →Vordere Schwarzschulter.

Frosch
→Froschstativ.

Froschperspektive
Die Kamera ist dabei flach über dem Boden, soweit die Bauweise der Kamera dies ermöglicht. Um doch noch Kamerabewegungen zu ermöglichen, wird ein →Froschstativ oder einfach ein →Sandsack eingesetzt.

Froschstativ
Sehr kleines bzw. kurzes Stativ, auf dem z.B. ein →Hydrokopf knapp über dem Boden zu befestigen ist und damit eine →Froschperspektive erzielt werden kann.

F-Run
engl. Abk. (Sony) Free Run. →Real Time Code.

FS
Abk. 1.) Fernsehen. *2.)* Fernschreiber.

fsc
engl. Abk. Subcarrier Frequency. →Farbträgerfrequenz.

F-Signal
Abk. →Farbträger.

FSS
engl. Abk. Fixed Satellite Service. Fernmeldesatellitendienst. Satellitendienst für die Überspielung, Zuführung und Verteilung von Programmen zwischen den Rundfunkanstalten über →Fernmeldesatelliten. *Ggs.* →BSS.

f-Stop
→Blendenstufe.

ft
engl./amerik. Abk. foot, Mehrzahl: feet. Längeneinheit. Entspricht 30,48 cm.

FT
1.) engl. Abk. →Frame Transfer. *2.) Abk.* →Farbträger.

FTA
engl. Abk. Free To Air. Fernsehprogramme, die, im *Ggs.* zu →Pay TV-Programmen, ohne Verschlüsselung ausgestrahlt werden.

FT-UT
Abk. Fernsehtext-Untertitel. →Videotext-Untertitelung.

FuBK
Abk. Funkbetriebskommission. →Testsignal für die Kontrolle des →terrestrischen Fernsehempfangs.

FÜ
Abk. Farb-→Übertragungswagen.

Führung
→Führungslicht.

Führungslicht
Das maßgebliche Licht, das durch seinen Standort, seine Richtung, Stärke und Qualität für die Lichtstimmung ausschlaggebend ist.

Füllsender
Fernsehsender kleiner Leistung, die die bei →terrestrischer Übertragung entstehenden Versorgungslücken, z.B. in engen Tälern, schließen. Die Zuführung des Signals geschieht meist durch →Ballempfang.

Full Format 16:9
engl. Bezeichnung für ein 16:9-Bild, das für die Ausstrahlung im →PALplus-Verfahren auf einem herkömmlichen Studiomonitor mit einem Bildseitenverhältnis von 4:3 horizontal zusammengepreßt und daher vertikal gedehnt zu sein scheint. Diese Eierkopf-Darstellung bekommen weder die Zuschauer mit Empfängern des →PAL-Verfahrens noch die des PALplus-Verfahrens zu sehen.

Full Scale
engl. →dBFS.

Full Shot
engl. Totale Einstellung. →Einstellungsgröße.

Funkhausnormpegel
→Relativer Funkhausnormpegel.

Funkhauspegel
→Relativer Funkhausnormpegel.

Funktelefon
Tragbare →Mobilfunkgeräte kleiner Leistung oder in Fahrzeugen fest installierte Geräte größerer Leistung.

Fuse
engl. Sicherung.

FuÜ
Abk. (Telekom) Funkübertragungsbetrieb.

FuÜm
Abk. (Telekom) Dienststelle Funkübertragungsmeßstelle.

FuÜSt
Abk. (Telekom) Funkübertragungsstelle. Zuständig für →Richtfunkübertragung.

fV
Abk. Vertikale →Bildwechselfrequenz.

FWD
engl. Abk. Forward. Vorspulen.

FX
engl. Abk. Effects. Effekte.

G
Abk. 1.) Grün. *2.)* →Giga.

GA
Abk. Gemeinschaftsantennenanlage.

Gaffertape
engl. Leinenverstärktes, 5cm breites Klebeband.

Gain
engl. Verstärkung. →Verstärkung an elektronischen Kameras.

Galgen
→Tongalgen, →Filmgalgen.

Galvanische Trennung
Transformator, der zwei Stromkreise völlig voneinander trennt. Es besteht keinerlei direkte Verbindung über ein leitendes Material wie Eisen oder Kupfer. Die Übertragung von Strom, Audio- oder Videosignalen geschieht über →Induktion. Anwendung z.B. in →Trenntransformatoren oder →DI-Boxen.

Gamma-Bereich
Mittelhelle Bildpartien (z.B. Hauttöne) in einem Videosignal.

Gamma-Tafel
→Testtafel mit aufgeklebten Papp- und Stoffteilen mehrerer definierter Helligkeitsstufen zur Justage von elektronischen Kameras.

Gamma-Vorentzerrung
Wegen der nichtlinearen →Kennlinie der Bildröhre muß die Kennlinie elektronischer Kameras entgegengesetzt gekrümmt sein, damit Helligkeitsunterschiede in einer Szene auch gleichen Unterschieden der →Leuchtdichte in Monitoren entsprechen.

Gamma-Wert
Größe der →Gradation.

Gamut-Anzeige
engl. Warnanzeige beim Über- bzw. Unterschreiten der Pegel von →Komponentensignalen an →Komponentenoszilloskopen.

Gateway
engl. (Telekom) Leitungsschaltstelle am Beginn und Ende einer →Satellitenübertragung. Das Gateway ist nicht zwingend auch der Ort, an dem die →Erdfunkstelle steht. Für die Telekom ist das Gateway in Deutschland Frankfurt.

Gaze
Gewebematerial (z.b. Glaswolle) vor →Scheinwerfern und →Leuchten. Dient zur Streuung und Dämpfung des Lichts.

GB
Abk. →GByte.

GBit
Abk. Giga-Bit. 1.073.741.824 →Bit.

GBR
Abk. Farbwertsignale Grün, Blau und Rot.

GByte
engl. Abk. Giga-Byte, entspricht 2^{30} Bytes = 1.073.741.824 →Bytes. Auf ein GByte kann etwa 45 Sekunden Videomaterial nach dem →Komponentenstandard ohne →Datenreduktion aufgenommen werden.

GCR-Signal
engl. Abk. →Ghost Cancellation Reference.

GE
Abk. →Gelb.

Geblimpte Kamera
Filmkamera im schallgeschützten Gehäuse, zur Unterdrückung des Laufgeräuschs. Ermöglicht die gleichzeitige Tonaufnahme.

Gegenimpuls
Einstellung, die beim Einschalten der →Verstärkung an elektronischen Kameras verhindert, daß sich der →Schwarzwert ändert.

Gegenlicht
→Hinterlicht.

Gegenlichtblende
Meist als Gummitubus gefertigt, soll sie das Objektiv vor Gegenlicht schützen. Bei →Zoomobjektiven ist ein wirkungsvoller Schutz jedoch nicht möglich, da die Gegenlichtblende auch bei weitwinkliger Einstellung nicht stören darf. Sinnvoll ist der Einsatz eines →Kompendiums.

Geisterbilder
Bildstörung. Mehrfacher Bildeindruck, hervorgerufen durch →Reflexion des gesendeten Fernsehsignals.

Gelb
→Mischfarbe aus den →Grundfarben Rot und Grün.

GEN
Abk. Generator. →Testsignalgenerator.

Generalansage
Ansage aller wesentlichen Sendungen, z.B. vor dem Beginn des Abendprogramms.

General Purpose Interface
engl. Einfache →Schnittstelle, z.B. an →Schnittsteuergeräten zur Ansteuerung von →Bildmischpulten und →digitalen Videoeffektgeräten.

Generationen
Das Original einer Magnetaufzeichnung ist die erste Generation, eine Kopie davon die zweite, eine Kopie von dieser die dritte Generation. Bei analogen →MAZ-Formaten vermindert sich die Bild- und Tonqualität mit jeder Generation. Das Generationsverhalten ist daher ein wichtiges Qualitätsmerkmal analoger Systeme. Ein wesentlicher Vorteil digitaler MAZ-Formate ist die weitgehend gleichbleibende Qualität, auch bei mehreren Generationen. Bei welcher Generationenzahl die Bildqualität sichtbar schlechter wird, hängt vom verwendeten MAZ-Format sowie vom Bildinhalt ab.

Generationsverhalten
→Generationen.

Generator
Signalerzeuger. →Farbbalkengenerator, →Farbflächengenerator, →Schriftgenerator, →Testsignalgenerator, →Time Code-Generator.

Genlock
engl. General Lock. Verfahren zur →Synchronisation von Videosignalen, die Bildquellen eines →Bildmischpultes sind. Dabei wird über ein einziges Videokabel ein →Farbbalken oder →Black Burst übertragen.

Geometriefehler
Fehler an Objektiven, aber auch an Aufnahmeröhren und Bildröhren, durch den das Bild verzerrt wiedergegeben wird.

Geostationäre Umlaufbahn
Satellitenbahn in der Ebene des Äquators im Abstand von rund 35.786 km von der Meeresoberfläche. Der Satellit rotiert dann so, daß er von der Erde aus betrachtet scheinbar still steht. Diese Bahn ist die Voraussetzung für die heutige Satellitenübertragung.

Gerätelaufzeit
Zeit, die ein elektrisches Signal für das Passieren von Geräten benötigt. Analoge Videoverteiler haben Laufzeiten von ca. 20 →ns, analoge →Bildmischpulte, je nach Größe, bis zu 600 ns. Digitale Bildmischpulte oder digitale Videoeffektgeräte haben Laufzeiten zwischen einer halben →Fernsehzeile und einem oder mehreren →Halbbildern oder →Vollbildern.

Geräuschspannungsabstand
Verhältnis zwischen der Spannung eines Nutzsignals U_N und einer Geräuschspannung U_G in der Tontechnik. Die Geräuschspannung setzt sich aus impulsartigen Störungen und dem Rauschen zusammen. Gegenüber einer →Fremdspannung ist die Geräuschspannung subjektiv störender. Die Messung des Geräuschspannungsabstandes geschieht durch eine gehörrichtige Bewertung mittels eines entsprechenden Filters, der die →Frequenzen zwischen 4.000 und 6.000 →Hz, für die das menschliche Gehör besonders empfindlich ist, stärker berücksichtigt. Der Geräuschspannungsabstand ist für die subjektive Qualitätsbeurteilung entscheidend. Die Angabe erfolgt in dBG und berechnet sich wie folgt: dBG = $20 \times \log(U_N/U_G)$.

Geschlossen codiertes Videosignal
→FBAS-Signal.

Geschwärztes Band
→Vorcodiertes Band.

Geschwindigkeitsfehler
→Zeitfehler, bei denen eine Zeile länger oder kürzer als normal ist. Führt zu horizontalen, streifenförmigen Fehlern in der →Farbsättigung.

Gestripte Festplatten
Kombination mehrerer →Festplatten zu einer organisatorischen Einheit. Dies führt zu einer Erhöhung der Zuverlässigkeit, zu einer Verringerung der Zugriffszeit und zu einer Erhöhung der →Datenrate.

GF
Abk. Glasfaser. →Lichtleiterübertragung.

GFK
Abk. Glasfaserkunststoff. Glasfaserkabel. →Lichtleiterübertragung.

GGA
Abk. Groß-Gemeinschaftsantennenanlagen.

Ghost Cancellation Reference
engl. Technik, bei der in der Zeile 318 innerhalb der →vertikalen Austastlücke ein Bezugssignal gesendet wird, mit dessen Hilfe ein Fernsehempfänger mit einer Zusatzeinrichtung über einen Vergleich Geisterbilder bzw. Reflektionen eliminieren kann.

GHz
Abk. Gigahertz. 1.000.000.000faches von →Hertz.

GIF
engl. Abk. Graphics Interchange Format. →Dateiformat für Grafiken mit einer verlustlosen →Datenkompression von maximal 5:1. Maximal sind nur 256 Farben zulässig, jedoch werden die 256 am häufigsten genutzten Farben verwendet, um eine naturgetreue Farbwiedergabe zu sichern. Für eine Speicherung von fotoähnlichen Bildern ist das Format jedoch weniger geeignet. Der ursprüngliche Standard GIF87 wurde mit dem Standard GIF89 oder GIF89a um die Fähigkeiten erweitert, einen transparenten Hintergrund aufzunehmen und Animationen zuzulassen.

Giga
Milliardenfaches. *Abk.* G.

Gigahertz
1.000.000.000faches von →Hertz. *Abk.* GHz.

Giraffe
Ugs. Meist elektrische kleine Hebebühne für ein oder zwei Personen z.B. zur Installation von →Scheinwerfern oder Dekorationsteilen im Studio.

Girozoom
engl. Spezielles →Zoomobjektiv mit eingebautem Kreiselkompass für tragbare Kameras, das dadurch leichte bis mittlere Erschütterungen auffängt und damit vor verwackelten Bildern schützt. Gegenüber einer →Steadicam nicht so wirkungsvoll aber günstiger und ohne Vorkenntnisse zu bedienen. Eine Antiwackel-Einrichtung - wie in Consumerkamerarecordern üblich - ist in professionellen Geräten bzw. Objektiven ansonsten nicht eingebaut.

Gittertestbild
Elektronisches →Testsignal, bestehend aus horizontalen und vertikalen weißen Linien auf schwarzem Grund. Dient der Überprüfung der →Konvergenz und der Geometrie von Monitoren. Kann z.B. auf dem externen Eingang am →Suchermonitor einer Studiokamera zum Einrichten von Schriften dienen.

Gittertesttafel
→Testtafel mit horizontalen und vertikalen schwarzen Linien auf weißem Grund. Dient der Überprüfung der →Rasterdeckung an elektronischen →Röhrenkameras.

GL
engl. Abk. →Genlock.

Glasfaserübertragung
→Lichtleiterübertragung.

Glaswolle
Oft als →Gaze zur Verteilung und Dämpfung von Licht vor →Leuchten oder →Scheinwerfern.

Gleichlaufschwankung
Schwankungen der →Bandgeschwindigkeit.

Gleichspannungskoeffizient
Beschreibt die niederfrequenten Anteile, z.B. innerhalb eines Video- oder Datensignals. Diese Teile beinhalten in der Regel flächige Bildteile und werden vom Auge besonders deutlich wahrgenommen. Bei einer →Datenkompression müssen diese niederfrequenten Anteile eines Bildes weitestgehend erhalten bleiben. *Ggs.* →Wechselspannungskoeffizient.

Gleichwellennetz
Übertragung von Hörfunk- oder Fernsehprogrammen mit →digitalen Signalen. Gegenüber herkömmlicher →analoger Technik wird nur noch ein einziger Übertragungskanal mit einer einzigen →Frequenz benötigt. Der bei herkömmlicher Ausstrahlung gestörte Empfang durch die Überlagerung mehrerer Sender tritt bei diesem System nicht auf.

Glitches
engl. Fehler während der →Digital/Analog-Wandlung, bei der Pegelübergänge mit →Überschwingern behaftet sind.

Global Channel
engl. Gesamtkanal. Funktion bzw. ein Kanal innerhalb eines Gerätes für →digitale Video-

effekte, der die Bewegung mehrerer Kanäle koordiniert. Bei der Konstruktion z.b. eines Würfels werden die drei sichtbaren Seiten mit jeweils einem Kanal positioniert. Die Bewegung aller drei Kanäle zusammen, also die Gesamtbewegung des Würfels, übernimmt dann der übergeordnete Global Channel.

GMT
† *engl. Abk.* Greenwich Mean Time. Wurde durch →UTC ersetzt.

GND
engl. Abk. Ground. Masse.

Gobo
Maske oder Blende, die - in einen speziellen →Scheinwerfer geschoben - eine Projektion ermöglicht. Gobos aus Glas ergeben (farbige) Diaprojektionen, Gobos aus Metall ergeben Schattenprojektionen. *Ugs.* wird auch die Kombination aus Scheinwerfer und Maske Gobo genannt.

Goldener Schnitt
Bildseitenverhältnis von 1,618:1, das für ideal gehalten wird. Findet sich in der Form vieler natürlicher Gegenstände wieder.

Goniometer
→Stereosichtgerät.

GOP
engl. Abk. Group of Pictures. Eine Gruppe von Bildern innerhalb einer Bildsequenz eines ·MPEG-Signals, bestehend aus →I-Bildern, →P-Bilder und →B-Bildern. Die GOP gibt den Abstand zweier I-Bilder an.

Gorilla Style
Produktionsverfahren, bei dem ohne den Versuch, eine →Drehgenehmigung zu erlangen, ohne Rücksicht auf Persönlichkeits- oder Hausrechte gedreht wird.

GPI
engl. Abk. →General Purpose Interface.

GPS
engl. Abk. Global Positioning System. System aus 24 in drei Bahnen über der Erde kreisenden Satelliten, die eine Ortung in Form von →Längengrad und →Breitengrad und der Höhe über dem Meeresspiegel zulassen. Wird beim Fernsehen u.a. zur Positionsbestimmung von →SNG-Fahrzeugen und Satelliten genutzt oder auch zur →Synchronisation externer Videosignale, z.B. eines →Übertragungswagens.

Graceful Degradation
engl. Langsamer Qualitätsabfall, z.B. am Rande eines Versorgungsgebietes, bei der Ausstrahlung →terrestrischer →digitaler Fernsehprogramme anstelle eines bei digitaler Übertragung typischen plötzlichen Totalausfalls. Um diesen Totalausfall zu vermeiden, muß das digitale Bildsignal vor der Übertragung in einen Basisteil und zusätzliche Teile aufgespalten und eine →digitale Hierarchie hergestellt werden.

Gradation
Steilheit der →Kennlinie der Videotechnik. →Gamma-Vorentzerrung.

Gradientempfänger
→Druckgradientempfänger.

Gradientenempfänger
→Druckgradientempfänger.

Grafik
→2D-Grafik, →3D-Grafik.

Grafikkarte
Baugruppe, die das Videosignal eines Computers auf einen Monitor leitet. Mögliche Standards sind →VGA, →SVGA, →XGA und →SXGA.

Grauabgleich
→Neutralabgleich.

Graufilter
→Neutraldichtefilter.

Graufolie
→Neutraldichtefolie.

Grauglas
Kleines, dunkel gefärbtes Schutzglas, das - meist an einer Schnur um den Hals getragen - zur Beurteilung z.b. der Ausrichtung von →Scheinwerfern verwendet wird.

Graukeil
→Grautreppe.

Grauskala
→Grautreppe.

Graustufen
→Grautreppe.

Grautreppe
1.) →Testtafel mit aufgeklebten Pappstreifen in einer Folge abfallender oder ansteigender Helligkeiten zur Justage →elektronischer Kameras.
2.) Elektronisches →Testsignal, bestehend aus vertikalen Balken mit fallenden Helligkeiten zwischen weiß und schwarz.

Grauverlauffilter
→Effektfilter mit abgestuftem Verlauf einer grauen Fläche. Einsatzbereich z.B. bei Aufnahmen, in denen der Himmel oder ein Fenster zur Kontrastreduzierung in der Helligkeit herabgesetzt werden soll.

Green Box
engl. →Chroma Key-Trick.

Green Room
engl. Aufenthaltsraum für Künstler/innen vor und nach ihrem Auftritt.

Grenzflächenmikrofon
→Kondensatormikrofon, das mit seiner Membran bündig in eine Platte eingebaut ist und auf eine möglichst große Fläche, z.B. auf den Fußboden, gestellt wird. Das Mikrofon erhält so den maximalen Schalldruck ohne Überlagerungen von Hallanteilen und führt zu einem ausgewogenen →Frequenzgang und einem akustisch guten Raumeindruck.

Grenzfrequenz
Maximale Frequenz einer bestimmten Frequenzbandbreite.

Grey Scale
engl. →Grautreppe.

Grid
Deckenkonstruktion aus Schienen oder Rohren zur flexiblen Aufhängung von →Scheinwerfern.

Großaufnahme
→Einstellungsgröße.

Großbildprojektion
Gerät zur Projektion von Videobildern auf eine Leinwand. Dabei wird mit Lichtventilprojektoren oder →LCD-Projektoren gearbeitet. Die Hauptunterschiede liegen in der erreichbaren →Bildwandgröße und der zu erzielenden Lichtstärke. Einige Geräte sind darüber hinaus in der Lage, neben Videosignalen auch Computerbilder zu projizieren.

Großflächenflimmern
Störeffekt, der durch die →Bildwechselfrequenz entsteht und die gesamte Bildfläche betrifft. Ein →Filmprojektor gibt jedes Filmbild zweimal wieder, beim Fernsehen wird das →Zeilensprungverfahren angewandt. Bei einer Übertragung mit 50→Hz flimmern die Bilder um so mehr, je heller sie sind. Besser sind die 60 Hz anderer →Fernsehnormen oder die →100 Hz-Technik. →Flimmerfrequenz.

Ground
engl. Masse.

Grundfarben
Die →Farben Rot, Grün und Blau sind die Grundfarben der →additiven Farbmischung in der Farbfernsehtechnik.

Grundlicht
Lichtmenge, die mindestens für die Belichtung einer Szene notwendig ist. →Führung, →Aufhellung.

Gruppenlaufzeit
Einzelne Frequenzgruppen, insbesondere tiefe und hohe →Frequenzen, weisen unterschiedliche →Laufzeiten auf.

GSM-Standard
engl. Abk. Global System for Mobile Communications. Standard für →Mobilfunknetze.

G/T
engl. Abk. Gain to Temperature. Empfangsgütefaktor. Die Qualität eines Empfangssystems wird im Wesentlichen durch die Größe der Empfangsantenne und durch ein niedriges (temperaturabhängiges) Rauschen des Empfängers bzw. des →LNB bestimmt. *1.)* Kennzeichnet die Qualität, mit der ein Satellit das Signal einer Bodenstation, z.B. eines →SNG-Fahrzeugs, empfängt. Die Angabe erfolgt in →dB (1/K) und wird vom Satellitenbetreiber in Form einer →G/T-Karte angegeben, da die Qualität abhängig vom Sendeort ist. *2.)* Angabe der Qualität der Empfangsantenne einer Bodenstation. Erfolgt ebenfalls in dB (1/K) und wird hauptsächlich durch die Antennengröße bestimmt.

G/T-Karte
engl. Abk. Grafische Darstellung der →G/T eines Satelliten für ein vom →Uplink gesendetes Signal. Diese Ausleuchtzone kann kreisförmig sein. Es gibt aber auch bizarre Formen, die den geografischen Vorgaben des Satellitenbetreibers folgen. Die G/T wird in der Regel zunächst für einen zentralen Punkt der Ausleuchtzone angegeben. Darum bilden sich konzentrische Figuren mit abnehmendem G/T-Faktor, den so genannten Contouren. Der in der G/T-Karte abgelesene Wert ist einer der Parameter, der für ein →Link-Budget kalkuliert werden muß.

Guardbands
engl. →Rasen.

Gültige Farben
Pegelwerte von Farben, die sowohl als →Komponentensignale, →RGB-Signale und auch nach dem Übergang zu einem →FBAS-Signal keine →Videoüberpegel aufweisen. *Ggs.* →Ungültige Farben. →Zulässige Farben.

GUI
engl. Abk. Graphical User Interface. Grafische Bedieneroberfläche.

Guide-Leitung
engl. Tonleitung zur Übertragung von Informationen des Ursprungsortes zum Kommentator im Funkhaus.

Gummilinse
Ugs. →Zoomobjektiv.

Gummispinne
Vorrichtung zum gesicherten Aufstellen eines Kamerastativs. Die drei, meist aus Gummi bestehenden Ausleger der Spinne verhindern das Auseinanderrutschen der Stativbeine.

h
engl. Abk. Hour. Stunde.

H
Abk. 1.) Horizontal. *2.)* →H-Impuls.

HAD
engl. Abk. (Sony) Hole Accumulation Diode. Technik bei →CCD-Chips, um das Rauschverhalten und die Farbwiedergabe der Kameras mit →Interline Transfer- und →Frame Interline Transfer-Chips zu verbessern.

HADS
engl. Abk. (Sony) Hole Accumulated Diode Sensor. →CCD-Chips mit →HAD-Technik.

Hafl
Abk. (Telekom) →Heranführungsleitung.

Halbbild
312,5 Zeilen eines →Vollbildes, die während einer 1/50 Sekunde (20ms) übertragen werden. Das erste Halbbild beginnt mit der Übertragung einer ganzen, das zweite mit der Übertragung einer halben Zeile. →Zeilensprungverfahren.

Halbbilddominanz
Definition eines →Vollbildes, das entweder aus einem ersten und einem zweiten oder einem zweiten und einem ersten →Halbbild besteht. Die aus einem ersten und einem zweiten Halbbild bestehenden Vollbilder werden mit der Halbbilddominanz „1" gekennzeichnet. Werden von einem Videoprogramm mit wechselnder Halbbilddominanz →Einzelbilder gezeigt, kann es zu Störungen kommen, weil ein Einzelbild aus Halbbildern besteht, das zu verschiedenen Vollbildern gehört. Eine Halbbilddominanz „2" beschreibt ein Vollbild, das aus einem zweiten und einem ersten Halbbild besteht.

Halbbildrate
→Bildwechselfrequenz.

Halbbildsequenz
→2er Sequenz.

Halbbildwechselfrequenz
→Bildwechselfrequenz.

Halb-kW
Beschreibung der Leistung eines →Scheinwerfers mit einem halben Kilowatt bzw. 500 →Watt. Analog dazu auch 1 kW, 2 kW und 5 kW.

Halbnahe Einstellung
→Einstellungsgröße.

Halbplayback
Bei Musiksendungen angewandtes Verfahren, bei dem ein Sänger live singt, die Begleitmusik jedoch z.B. vom Tonband eingespielt wird. →Vollplayback.

Halbspur
Tonbandformat, das auf 6,3mm breites Tonband zwei →Tonspuren mit einer Spurbreite von 2,75mm und eine Trennspur von 0,75mm für ein stereofones Programm aufzeichnet. →Zweispur.

Halbtotale Einstellung
→Einstellungsgröße.

Halbtransponder
Im Halbtransponderbetrieb wird ein →Transponder mit einer →Frequenzbandbreite von 54 oder 72 →MHz gleichzeitig für die →Satellitenübertragung zweier analoger Programme genutzt. →Volltransponder.

Hallradius
Unsichtbarer Kreis, der ein →Mikrofon umgibt, innerhalb dessen eine „trockene" Aufnahme ohne Raumhall gelingt. Die Größe des Hallradius hängt von der →Richtcharakteristik des verwendeten Mikrofons und der Raumakustik ab.

Halo-Effekt
engl. Lichthof. Blauer Lichtkreis, der um den Kopf und die Schultern einer Person entsteht, wenn bei einem →Chroma Key-Effekt z.B. ein zu geringer Abstand zwischen der Blauwand und der Person eingehalten oder die Blauwand zu hell beleuchtet wurde.

Halogenglühlampe
→Lampe mit einer →Farbtemperatur von 3.200 Kelvin.

Halogenlampe
→Lampe mit einer →Farbtemperatur von 3.200 Kelvin.

Halogen-Metalldampflampe
→HMI-Licht.

HANC
engl. Abk. Horizontal →Ancillary Data Space.

Handkamera
Filmkamera oder im Bereich des Studios eine →elektronische Kamera, die ohne Stativ, also von der Schulter betrieben wird.

Handlampe
Ugs. für eine →Akkuleuchte.

Handlungsachse
Eine gedachte Gerade, die z.B. zwischen den beiden Personen verläuft, die ein Interview führen. →Achsensprung.

Handy
→Mobilfunkgerät kleiner Leistung.

Harddisk
engl. →Festplatte.

Harddisk Recorder
engl. →Festplattenrecorder.

Hardware
engl. 1.) Ursprünglich in der Computertechnik der Computer selbst, einschließlich seiner Zusatzgeräte. *2.)* Heute werden ugs. auch andere auf Computertechnik basierende oder computergestützte audio- oder videotechnische Geräte so bezeichnet. *3.)* Bei der Erweiterung audio- oder videotechnischer Geräte, wie z.B. einem →DVE, werden die dazu verwendeten →Platinen oder Baugruppen Hardware genannt. *Ggs.* →Software.

HARPICON
engl. Abk. (Hitachi) High Gain Avalanche Rushing Amorphus Photoconductor. →Aufnahmeröhre mit Vervielfachungseffekt für die in der Speicherschicht auftretenden Elektronen. Dadurch ergibt sich eine etwa 10fach höhere Empfindlichkeit gegenüber konventionellen Kameras mit →Saticon-Röhren von 260 →Lux bei Blende 8 ohne elektronische →Verstärkung.

Hartschnitt
Augenblicklicher Wechsel zwischen zwei Bildquellen beim →elektronischen Schnitt oder an einem →Bildmischpult mittels einer →Videokreuzschiene.

Hartschnittplatz
→2-Maschinen-Schnitt.

Hauptbediengerät
Kontrollgerät, mit dem alle Einstellungen an einer →Studiokamera sowohl meß- als auch betriebstechnisch vorgenommen werden. Der Begriff ist von den Herstellerbezeichnungen →MSU bzw. →MCP abgelöst worden.

Hauptkanal
† Bezeichnung für wichtige Videosignalwege z.B. des Sendewegs. Hier sind die Anforderungen an die Qualität der Übertragung hoch.

Hauptschaltraum
Technische Zentrale zur Verknüpfung aller Bild-, Ton- und →Kommandoleitungen innerhalb einer Sendeanstalt oder eines Produktionshauses sowie von und nach außen.

Hauptspeicher
→Arbeitsspeicher.

Hauptstudio
Der →Studiokomplex, der bei der →Programmübertragung aus mehreren Orten die zentrale Regie übernimmt und damit Bezug für die →Synchronisation von Videosignalen ist.

Haupttrabanten
→Trabanten.

HAV
Abk. Havarie.

Havarie-Kreuzschiene
Parallel zum →Bildmischpult liegende →Videokreuzschiene, auf der gleichzeitig alle Bildquellen aufliegen. Bei einem Ausfall des Bildmischpults können die Bildquellen dann noch per →Hartschnitt geschaltet werden.

Havarie-Schalter
Umschalter, mit dem bei einem Ausfall des →Bildmischpultes zwischen dem Bildmischpult und der Havarie-Kreuzschiene umgeschaltet werden kann.

HB
1.) Abk. →Halbbild. *2.) engl. Abk.* High Band. →U-matic High Band.

HBI
engl. Abk. Horizontal Blanking Interval. →Horizontale Austastlücke.

HBR
engl. Abk. →Hybrid Recorder.

HD
engl. Abk. *1.)* Horizontal Drive. →Horizontaler Synchronimpuls. *2.)* Harddisk. →Festplatte.

H-Darstellung
Abk. Horizontal-Darstellung eines →Oszilloskops. Alle Zeilen eines Fernsehbildes werden übereinander geschrieben. *Ggs.* →V-Darstellung.

HD-Betamax-Format
engl. Abk. High Definition Betamax. →MAZ-Format der Consumertechnik, das auf ½ →Zoll breites →Reineisenband im →Colour Under-Verfahren aufzeichnet. In Verbindung mit Monitoren, die über einen →S-Video-Eingang verfügen, zeigen diese Geräte eine höhere →Auflösung als das →Betamax-Format. HD-Betamax-Recorder können Betamax-Kassetten bespielen und wiedergeben. Format hat in Europa keine Bedeutung.

HDCD
engl. Abk. High Definition Compatible Digital. Digitales Tonverfahren, bei dem bei der →Analog/Digital-Wandlung das Audiosignal mit 20 →Bit →quantisiert wird.

HDD
engl. Abk. Harddisk Drive. →Festplatte.

HD-D5-Format
→MAZ-Format für die Aufzeichnung eines digitalen →HDTV-Signals mit einer →Datenreduktion von 4:1 und vier Tonspuren auf →MAZ-Maschinen des →D5-Formats.

HD-MAC
engl. Abk. High Definition →MAC. Analoges Übertragungsverfahren für →HDTV-Programme mit einem Bildseitenverhältnis von 16:9. Die 1250 Zeilen des HDTV-Signals werden allerdings vor der Übertragung auf 625 Zeilen reduziert, wobei diese Umwandlung bewegungsabhängig erfolgt. Damit wird gegenüber echten 625-Zeilen-Programmen eine etwas bessere →Auflösung erreicht. Gegenüber dem →D2-MAC-Verfahren kompatibel.

HD-Qualität
engl. Abk. High Definition. Hohe →Auflösung. →35mm-Film oder →HDTV.

HDR
engl. Abk. Harddisk Recorder. →Festplattenrecorder.

HD-SDI
engl. Abk. High Definition Serial Digital Interface. Digitale Komponentensignale des →HDTV-Standards mit 1920 Bildpunkten und 1080 Zeilen. Im →Datenstrom, der mit einer Datenrate von 1,5 GBit/Sekunde übertragen wird, sind außerdem bis zu 16 Tonkanäle sowie ein →Time Code enthalten. Die Verteilung kann in einem komprimierten Verfahren über →SDTI geschehen.

HDTV
engl. Abk. High Definition Television. Fernsehnormen mit erhöhter Zeilenzahl. Ursprünglich dachte man an eine zukünftige Ausstrahlung von HDTV-Fernsehen mit Zeilenzahlen von 1125 (USA/Japan) und 1250 (Europa) mit einem →Bildseitenverhältnis von →16:9. Die höhere Zeilenzahl würde einen geringeren →Betrachtungsabstand mit etwa 2,5facher Bildhöhe und damit einen gegenüber dem herkömmlichen Fernsehen kinoähnlicheren Gesamtbildeindruck liefern. Nur in Japan wird HDTV mit dem →MUSE-Verfahren vor allem für Hotels ausgestrahlt. Heutige HDTV-Normen werden vorrangig zur Produktion von Programmen genutzt, die auf Grund ihrer hohen Bildqualität auch im Kino gezeigt werden können. Dabei geht es neben der →Auflösung von 1980 →Pixel pro Zeile und 1080 Zeilen auch um eine →Bildwechselfrequenz von 24 Bildern pro Sekunde - wie die Kinonorm. Sowohl zum europäischen Fernsehstandard von 25 Bildern als auch zum amerikanischen/japanischen Standard von 30 Bildern pro Sekunde gibt es Konvertierungsmöglichkeiten, so daß auch an eine spätere Aussendung mit Fernsehnormen hoher Qualität, z.B. über den →DVB-Standard zu denken ist.

HDTV-T
Projekt deutscher Unternehmen aus Wirtschaft und Forschung zur Realisierung eines →digitalen, →terrestrischen Fernsehübertragungssystems für HDTV-Programme.

HDVS
engl. Abk. (Sony) High Definition Video System. →HDTV.

HE
Abk. →Höheneinheit. Die Bauhöhe von Geräten, die in →19-Zoll-Gestelle eingebaut werden, wird in Vielfachen einer Höheneinheit von 44,45mm angegeben.

Head clog
engl. →Kopfzusetzer.

Headphone
engl. Kopfhörer.

Headroom
→Übersteuerungsreserve insbesondere digitaler Systeme. Der Bereich über dem Normalpegel, bevor eine Verzerrung auftritt. Dieser Bereich muß von der gesamten →Dynamik abgezogen werden.

Heads and Tails
Arbeitsweise, vorzugsweise beim →nichtlinearen Schnitt, bei dem die gewünschten Szenen mit Materialreserven vor und nach dem eigentlichen Ereignis markiert werden, um in der nachfolgenden Bearbeitung noch Spielraum für Korrekturen bzw. Änderungen zu haben.

Head Servo
engl. Kopfradregeleinheit an →MAZ-Maschinen.

Headset
engl. →Hörsprechgarnitur.

Headwear
engl. Kopfabrieb.

Heiße Probe
Probe unter Live- bzw. Aufzeichnungsbedingungen. *Ggs.* →Kalte Probe.

Helical Recording
engl. →Schrägspuraufzeichnung.

Helical Scanning
engl. Schrägspurabtastung. →Schrägspuraufzeichnung.

Helligkeitsregler
An Monitoren zur Einstellung des →Schwarzwertes.

Helpersignal
Für die Übertragung eines 16:9-Bildes mit dem →PALplus-Verfahren wird im PALplus-Coder das Helpersignal gebildet, das aus 144 Zeilen besteht. Diese 144 Zeilen werden aus den 575 Zeilen mit Bildinhalt gewonnen, aus denen ein Fernsehbild der →Fernsehnorm 625/50 besteht. Für das Helpersignal wird somit jede vierte der 575 Zeilen herausgefiltert. Das Helpersignal wird mit einem Luminanzpegel von Schwarz übertragen und mit dem →Farbträger - ähnlich wie der →Burst - moduliert. Dadurch sind die Helperzeilen bei einem Empfang mit einem herkömmlichen PAL-Empfänger nur als schwarze Zeilen sichtbar. Der PALplus-Empfänger gewinnt daraus wieder eine sichtbare Bildinformation und sortiert die Zeilen mit dem Helpersignal an ihren ursprünglichen Platz.

Heranführungsleitung
Dauernd überlassene Leitung von einem Studio oder von einer Ton- bzw. Fernsehschaltstelle zu einer Anlage des →Breitbandkabelnetzes oder einer →Erdfunkstelle.

Hertz
Einheit für periodisch wiederkehrende Vorgänge pro Sekunde. *Abk.* Hz.

Hexadezimalsystem
Zahlen, die die Ziffern 0....9 und die Zeichen A, B, C, D, E und F verwenden. →Dezimalsystem, →Binärsystem.

129

HF
Abk. 1.) Hochfrequenz. →HF-Signal. *2.)* Hörfunk. *3.) Ugs.* der Empfang eines Hörfunk- oder Fernsehprogramms über eine Antenne. *4.) engl.* High Frequency. Hohe Frequenzen zwischen 3 und 30 →MHz.

HF-Empfänger
Fernsehempfänger.

HF-Mitschnitt
Abk. Aufzeichnung des laufenden Fernsehprogramms.

H-Frequenz
Abk. Horizontalfrequenz. →Zeilenfrequenz.

HF-Signal
Abk. Hochfrequenzsignal. In der Videotechnik: *1.)* Das modulierte und kombinierte Bild- und Tonsignal, das über eine Antenne oder über ein Kabel zu empfangen ist. *2.)* Die hohen →Frequenzen innerhalb eines Videosignals von 4 - 5 →MHz.

Hi 8-Format
engl. →MAZ-Format aus der Consumertechnik, das im →Colour Under-Verfahren auf 8mm breites →Reineisenband aufzeichnet. In Verbindung mit Monitoren, die über einen →S-Video-Eingang verfügen, zeigen diese Geräte eine höhere →Auflösung als der Vorläufer, das →Video 8-Format. Hi 8-Recorder können Kassetten des Video 8-Formats bespielen und wiedergeben.

High
engl. In der →Digitaltechnik einer der beiden möglichen logischen Zustände eines →Bits.

High 1440 Level
engl. Das →MPEG-2-Verfahren unterscheidet vier Bildformate. Der sogenannte High 1440 Level läßt maximal 1440 Bildpunkte pro Zeile, 1152 Zeilen und dabei eine →Bildwechselfrequenz von 25 →Vollbildern pro Sekunde zu.

High Band
engl. →U-matic High Band-Format.

High Density Recording
engl. System verschiedener →MAZ-Formate, bei dem die →Videospuren dicht an dicht ohne einen Zwischenraum, den sogenannten →Rasen, liegen. Dadurch wird eine hohe Informationsdichte bei geringem Platzbedarf erreicht. Um Übersprechen zu vermeiden, muß das →Azimut-Verfahren angewandt werden.

High Key
engl. Beleuchtungsart, bei der vorhandene Kontraste durch Beleuchtung weitgehend ausgeglichen werden. Kleidung und Dekoration müssen darauf abgestimmt sein. Das Resultat ist ein helles, kontrastausgewogenes Bild. Anwendungen sind heitere, positive Stimmungen. *Ggs.* →Low Key, →Very Low Key.

High Level
engl. Das →MPEG-2-Verfahren unterscheidet vier Bildformate. Der sogenannte High Level läßt maximal 1920 Bildpunkte pro Zeile, 1152 Zeilen und dabei eine →Bildwechselfrequenz von 25 →Vollbildern pro Sekunde zu.

Highlight Compression
engl. Automatische Einrichtung an Reportagekameras oder →Kamerarecordern zur Vergrößerung des aufzuzeichnenden →Kontrastumfangs auf etwa 7 →Blendenstufen. Bildteile, die den Umfang von 5 Blendenstufen überschreiten, werden dann nicht mehr natürlich abgebildet, enthalten aber noch Zeichnung.

High Power Amplifier
engl. Verstärker hoher Leistung. *Abk.* HPA. Bei einer →Satellitenübertragung wird das aus Video-, Audio- und anderen Daten zusammengesetzte Sendesignal moduliert, durch den HPA verstärkt und über einen →Hohlleiter zur Sendeantenne geführt. Der HPA ist wegen seiner Wichtigkeit in der Übertragungskette eines →SNG-Fahrzeugs in vielen Fällen doppelt ausgeführt. Genauso besitzt auch ein Satellit für die Rücksendung zur Erde einen

HPA. Ein HPA ist entweder als Röhrengerät →Travelling Wave Tube Amplifier oder als Transistorgerät →Solid State Power Amplifier ausgeführt.

High Power-Satellit
engl. →Rundfunksatellit.

High-Profile
engl. Das →MPEG-2-Verfahren unterscheidet fünf Untergruppen, sogenannte Profiles. Beim High-Profile besteht die Möglichkeit, den Datenstrom in drei unterschiedliche Anteile aufzuspalten. Dadurch ist eine Decodierung in unterschiedlichen Qualitäten möglich. In Kombination mit dem →High Level kann die →Datenrate bis zu →100 MBit/Sekunde betragen.

Highspeed-Filmmaterial
engl. Hochempfindliches Filmmaterial oberhalb ISO 100/21°. Die Empfindlichkeit von hochempfindlichem, farbigem →Negativfilm und →Umkehrfilm liegt bei etwa ISO 500/28°, die Empfindlichkeit von Umkehrfilm kann mit forcierter Entwicklung auf etwa ISO 2000/34° gesteigert werden.

Highspeed-Kamera
engl. Filmkamera, deren →Bildwechselfrequenz höher als 75 Bilder/Sekunde ist.

Highspeed-Objektiv
engl. Film- oder Fotokamera-Objektiv, dessen →Lichtstärke besser als etwa 1:2 (maximal 1:0,95) ist.

Highspeed-Shutter
engl. →Belichtungszeiten an CCD-Kameras.

HiKa
Abk. →Hilfskassette.

Hilfskassette
Kassette, die z.B. beim →elektronischen Schnitt entsteht, wenn mehr →Tonspuren für die nachfolgende →Tonmischung benötigt werden, als auf dem verwendeten →MAZ-Format zur Verfügung stehen. Dabei werden das Bild zu Informationszwecken und ein →Time Code zur Synchronisation aufgenommen und an den entsprechenden Stellen die zusätzlichen Tonereignisse →angelegt.

H-Impuls
Abk. 1.) Horizontalimpuls. Vom →Taktgenerator des Studios zu Meßzwecken verteilter, 7 →µs breiter →Impuls mit →Zeilenfrequenz. *2.)* →Horizontaler Synchronimpuls.

Hinterbandkontrolle
Asynchrone Kontrolle der gerade aufgezeichneten Bild- und/oder Tonsignale während einer Aufzeichnung.

Hinterbandsignal
Das während einer Aufzeichnung mit einem zusätzlichen →Video- oder →Audiokopf sofort wiedergegebene Bild- oder Tonsignal. *Ggs.* →Vorbandsignal.

Hintere Schärfe
→Auflagemaß.

Hintere Schwarzschulter
Teil der →horizontalen Austastlücke vom Ende der horizontalen Komponente des S-Impulses bis zum Beginn der →aktiven Zeile.

Hinterkamerabedienung
Fernbedienung der →Brennweite, der Entfernung und zum Teil auch der Blende für tragbare Kameras oder →Kamerarecorder. Ermöglicht z.B. in Verbindung mit einem →Aufbausucher eine stehende Arbeitsweise.

Hinterlicht
Licht, das, meist von hinten kommend, eine Person oder einen Gegenstand plastischer wirken läßt.

Hi Vision-System
engl. Analoge Verfahren für die Ausstrahlung von →HDTV-Signalen über Satellit nach den →MUSE-Prinzip.

H-Komponente
Abk. Horizontaler Anteil eines Videosignals.

H-Lage
Abk. →Horizontalphasenlage.

H-Lücke
Abk. →Horizontale Austastlücke.

HM
Abk. Hauptmischung. →Programmton.

HMI-Lampe
engl. Abk. Hydrargym Medium Arc Length Iodide. Halogen-Metalldampflampe. →Lampe mit einer →Farbtemperatur von 5.600 K.

HMI-Licht
→Flächenleuchte mit →HMI-Lampe.

Hochfrequenz
Frequenzen, mit denen Ton- und Bildsignale →terrestrisch über ein →Breitbandkabelnetz oder durch →Satellitenübertragung gesendet bzw. empfangen werden. Je nach Übertragungssystem handelt es sich um Frequenzen zwischen einigen →Megahertz bis in den →Gigahertz-Bereich. *Ggs.* →Niederfrequenz.

Hochlaufzeit
Zeit, die z.B. eine →MAZ-Maschine benötigt, um ihre Betriebsgeschwindigkeit zu erreichen.

Hochpaß
Filter, der hohe →Frequenzen durchläßt.

Hochpegeliges Tonsignal
Tonsignale mit einem Pegel von -10 bis +6 →dBu. Dabei handelt es sich z.B. um Tonpegel von Studiogeräten, wie z.B. Tonbandgeräten oder CD-Playern, aber auch um Signale, die z.B. per Leitungen überspielt werden. *Ggs.* →niederpegelige Tonsignale.

Hochtöner
Lautsprecher, der Frequenzen ab etwa 1.000 bzw. 5.000 →Hz abstrahlt. Diese Übernahmefrequenz hängt davon ab, ob es sich um eine →2-Wege- oder um eine 3-Wege-Lautsprecherbox handelt. →Mitteltöner. *Ggs.* →Tieftöner.

Hochzeilenfernsehen
→HDTV.

Hochzeiliges Fernsehen
→HDTV.

Höhen
Ugs. Tonfrequenzen oberhalb 5 →kHz. *Ggs.* →Tiefen.

Höheneinheit
Maßeinheit der Bauhöhe von Geräten und Einschüben in →19 Zoll-Gestellen. Höhe: 44,45 mm.

Hörschwelle
Unterste Schallwahrnehmungsgrenze.

Hörsprechgarnitur
Kombination aus Kopfhörer und angebautem Mikrofon z.B. für die Verständigung der Kameramänner/frauen mit der Regie.

Hohlkehle
Runder Übergang des →Rundhorizontes zum Studioboden, um diesen möglichst unsichtbar zu gestalten.

Hohlleiter
Bei der →Satlitenübertragung muß bei der Sendestation eine starke →Mikrowellenstrahlung vom Leistungsverstärker zur Sendeantenne geführt werden. Diese Verbindung wird durch einen rechteckigen oder runden Schacht, den Hohlleiter, geführt. Eine Kabelverbindung ist technisch nicht möglich.

Honda-Stecker
8-polige Steckverbindung der Consumer- und der semiprofessionellen Technik für den gemeinsamen Anschluß von Ein- und Ausgängen eines Video- und eines →asymmetrischen Audiosignals.

Horizontalauflösung
Schärfeinformation eines Videobildes, das durch die Anzahl der →Bildpunkte innerhalb einer →Fernsehzeile bestimmt wird. Kameras der →Fernsehnorm 625/50 weisen bis zu 1.000 Bildpunkte auf. *Ggs.* →Vertikalauflösung.

Horizontale Austastlücke
Die 12 →μs breite horizontale Austastlücke beschreibt denjenigen Teil einer →Fernsehzeile, in der kein Bildinhalt übermittelt wird. Während dieser Zeiten findet der horizontale →Zeilenrücklauf statt. Bei der Überspielung von Programmaterial zwischen den Produktionshäusern kann während des →horizontalen Synchronimpulses →Sound in Sync übertragen werden.

Horizontale Polarisation
Schwingungsebene der →linearen Polarisation bei der Ausbreitung →elektromagnetischer Wellen.

Horizontaler Synchronimpuls
4,7 →μs breiter →Impuls innerhalb der →horizontalen Austastlücke mit der Zeilenfrequenz von 15.625 Hz. Bestimmt den horizontalen →Zeilenrücklauf.

Horizontalfrequenz
→Zeilenfrequenz.

Horizontalphasenlage
Zeitliche Lage des →horizontalen Synchronimpulses eines →FBAS-Signals oder der →Komponentensignale zu einem Bezugssignal. In der gedehnten →2H-Darstellung eines Oszilloskops müssen die →S_H-Vorderflanken übereinstimmen. Ist dies nicht der Fall, so sind z.B. während der Überblendung zweier Bildsignale an einem →Bildmischpult horizontale Rucker im Bild zu sehen. →Synchronisation von FBAS-Signalen, →Synchronisation von Komponentensignalen.

Hosiden-Stecker
4-poliger Stecker der Consumer- und der semiprofessionellen Technik für den Anschluß eines Signals per →YC443-Schnittstelle.

Hot Spot-Effekt
Bei Projektionen, wie z.B. →Großbild- oder Filmprojektionen, unerwünschter Effekt, bei dem die Bildmitte heller ist als die Randbereiche der Projektionsfläche. Ursache dafür ist die ungenügend gleichmäßige Ausleuchtung durch die Projektionslampe.

HP
engl. Abk. 1.) Highpass. →Hochpaß. *2.)* →High Profile.

HPA
engl. Abk. →High Power Amplifier. Verstärker hoher Leistung. Bei einer →Satellitenübertragung wird das aus Video-, Audio- und anderen Daten zusammengesetzte Sendesignal moduliert, durch den HPA verstärkt und über einen →Hohlleiter zur Sendeantenne geführt. Der HPA ist wegen seiner Wichtigkeit in der Übertragungskette eines →SNG-Fahrzeugs in vielen Fällen doppelt ausgeführt. Genauso besitzt auch ein Satellit für die Rücksendung zur Erde einen HPA. Ein HPA ist entweder als Röhrengerät →Travelling Wave Tube Amplifier oder als Transistorgerät →Solid State Power Amplifier ausgeführt.

HPF
engl. Abk. High Pass Filter. →Hochpaß.

H-Phase
Ahk. →Horizontalphasenlage.

hrs
engl. Abk. Stunden.

HS
engl. Abk. Highspeed. →Highspeed-Filmmaterial, →Highspeed-Kamera, →Highspeed-Shutter.

HSR
Abk. →Hauptschaltraum.

Hue
engl. →Farbton.

Huffman-Code
engl. →Algorithmus zur Herstellung einer →variablen Längencodierung digitaler Signale.

Hum
engl. Brumm. →Brummstörung.

Hum Eliminator
engl. →Entbrummdrossel.

Humid
engl. Feucht. Warnhinweis an →MAZ-Maschinen vor Feuchtigkeit auf der →Kopftrommel.

Hunting
engl. Jagen. Unerwünschte Helligkeitsschwankungen, die durch den Regelprozeß der →Blendenautomatik an einem →Kamerarecorder entstehen können.

Hybrid
Ugs. Telefonhybrid, →Telefonanschaltgerät.

Hybride DCT
Eine Kombination der Verfahren →DPCM und →DCT zur →Datenkompression von Videobildern.

Hybrid-Recorder
MAZ-Maschine, die sowohl ein Bandlaufwerk als auch eine →Festplatte besitzt.

Hybrid-Schnitt
Kombination des herkömmlichen →linearen Schnitts von MAZ-Bändern mit dem →nichtlinearen Schnitt über →Festplatten.

Hydrokopf
Mechanismus, der durch eine eingebaute Hydraulik →Schwenk- und →Neigebewegungen einer Kamera auf einem Stativ ermöglicht. Je nach Gewicht und Schwerpunkt der Kamera muß der Kopf vor der Aufnahme entsprechend justiert werden. Je nach gewünschter Kamerabewegung ermöglicht dann eine einstellbare Dämpfung weiche und ruckfreie Kamerabewegungen. Zwar ist ein Stativ nur mit einem entsprechenden Kopf komplett, doch kann dieser durchaus getrennt behandelt werden. Eine Kameraausrüstung könnte aus Gründen der Gewichtsreduzierung aus nur einem Kopf mit verschieden langen Stativbeinen bestehen. Die Verbindung zwischen dem Kopf und der Kamera stellt die zur Kamera gehörende →Adapterplatte her.

Hyperband
→ESB-Kanäle des →Sonderkanalbereichs für die Übertragung von Fernsehprogrammen in Kabelanlagen.

Hypergain
Große →Verstärkung an elektronischen Kameras von bis zu 36 →Dezibel (64fach) entsprechend 6 →Blendenstufen. Dabei werden immer die Rauschanteile mitverstärkt.

Hyperkardioid
Mikrofon mit →Richtcharakteristik, bei dem der Schall vorzugsweise von vorne und kaum von der Seite aufgenommen wird. Schall, der von hinten auf das Mikrofon auftrifft, wird nur wenig ausgeblendet. Der →Bündelungsfaktor beträgt 2,4.

Hyperniere
→Hyperkardioid.

Hz
Abk. →Hertz.

i
engl. Abk. Interlaced Scanning. →Zeilensprungverfahren. *Ggs.* →p.

I-Bild
Abk. Intraframe codiertes Bild innerhalb einer Folge von Bildern eines →MPEG-Signals. Es kann vollständig ohne zusätzliche Informationen aus anderen, benachbarten Bildern decodiert werden. I-Bilder können Referenzbilder für →P-Bilder und →B-Bilder sein.

IBK
Abk. Internationale Beleuchtungskommission.

IBK-Farbartdiagramm
Von der →IBK genormtes Diagramm, in dem die →Farbart aller →Farben mit Hilfe eines zweidimensionalen Koordinatensystems bestimmt werden kann.

IBO
engl. Abk. →Input Backoff.

IC
engl. Abk. Integrated Circuit. →Integrierte Schaltung.

ID
engl. Abk. Identification. Identifikation.

IDS
engl. Abk. Insertion Data Signals. →Datenzeile.

IDTV
engl. Abk. Improved Definition Television. Fernsehverfahren mit verbesserter Auflösung. Hersteller von Consumerfernsehgeräten verwenden diesen Begriff zur Beschreibung der →100 Hz-Technik.

IEEE
engl. Abk. Institute of Electrical and Electronical Engineers.

IEEE 1394 - Schnittstelle
→Firewire-Schnittstelle.

IEEE 448-Schnittstelle
Bezeichnet eine vom →IEEE genormte Schnittstelle des Typs →RS-232C mit einem 24-poligen Steckverbinder.

IF
Abk. →Impulsfalle.

IFB
engl. Abk. International →Feedback.

I-Frame
engl. →I-Bild.

Illegal Colours
engl. Unerlaubte Farben. Pegelwerte von Farben, die zu einem →Videoüberpegel führen. →Invalid Colours.

Illegale Farben
Unzulässige Pegelwerte von Farben, die zu einem →Videoüberpegel führen und damit technisch nicht übertragbar sind. *Ggs.* →Zulässige Farben. →Ungültige Farben.

IMAX-Film
Reines Show-Format höchster Bildqualität, nicht für die Ausstrahlung beim Fernsehen geeignet. Filmmaterial mit einer Breite von 70mm. Der Film wird bei der Aufnahme und bei der Projektion horizontal geführt. →Bildseitenverhältnis 1,43:1. Die →Bildwand nimmt 90° bis 110° des Gesichtsfeldes ein.

Impedanz
Widerstand einer Bild- oder Tonquelle, der sich nur in Verbindung mit der Wechselspannung des Bild- oder Tonsignals bestimmen läßt. Wichtig bei der Kombination von Geräten.

Impuls
Schneller Wechsel zwischen zwei Pegelwerten eines elektrischen Signals. →Austastimpuls, →Bottle Pulses, →CTL-Impulse, →H-Impuls, →Horizontaler Synchronimpuls, →K-Impuls, →PAL-Impuls, →Schneideimpuls, →Synchronimpulse, →Vertikale Synchronimpulse, →V-Impuls, →Zeile 7-Impuls

Impulsfalle
Elektronische Baugruppe innerhalb eines Gerätes, das bestimmte Impulse, z.B. innerhalb eines Videosignals, erkennt.

Impulsflanke
Aufsteigender oder abfallender Pegelsprung eines Signalimpulses. →S_H-Vorderflanke.

Impulsgeber
† →Taktgeber.

Impulsgemisch
Mischung verschiedener →Impulse mit unterschiedlichen →Frequenzen und/oder Impulsdauern. →FASK, →Synchronimpulse.

IMX-Format
Übergangsweise Bezeichnung des →D10-Formats.

Inch
engl. Längenmaß. Zoll. Entspricht 2,54 cm.

INCOM
engl. Abk. Intercom. Kommandoanlage.

Indoor
engl. Innen.

Induktion
Übertragung von Strom, Audio- oder Videosignalen über Transformatoren. Der ankommende Strom fließt durch eine Spule und erzeugt ein Magnetfeld, das ohne elektrische direkte Verbindung in einer zweiten benachbarten Spule wieder eine Spannung erzeugt. →Galvanische Trennung.

Induktionsschleife
Im →Fernsehstudio wird z.B. der Kommandoton der Regie nach dem Prinzip der →Induktion auf spezielle Kopfhörer der Aufnahmeleitung übertragen. Dazu sind im Studio Induktionsschleifen fest verlegt.

In Ear-Mikrofon
engl. Zwei Mikrofone, die wie Ohrhörer in den Ohren getragen werden und so zu einer →stereofonen, subjektiven Aufnahme führen.

In Ear Monitoring
Abhören des Sendetons während der Sendung von Moderator/inn/en durch kleine drahtlose Ohrhörer.

Informationsbitrate
Die nutzbare Datenmenge, die sich für eine →digitale Satellitenübertragung aus der Summe der digitalen Audio-, Video- und Kommunikationsdaten ergibt und dann übertragen werden soll. Auch Nettobitrate genannt.

Infrarot
Für das Auge nicht sichtbares Licht, das im →Spektrum des Sonnenlichts unterhalb des roten Lichtes liegt. Wird z.B. für die Übertragung von Audiosignalen für Kopfhörer oder für Dolmetscheranlagen benutzt. Da es sich um Lichtwellen handelt, können keine Störungen durch andere Funkübertragungen auftreten; starke Lichtquellen hingegen können den Empfang beeinträchtigen. →Elektromagnetische Wellen.

Inlay-Verfahren
engl. Stanztrick, bei dem das Stanzsignal, das Vordergrund- und das Hintergrundsignal von drei unterschiedlichen Bildquellen stammen. Wird z.B. beim →Luminanz Key-Trick verwendet. *Ggs.* →Overlay-Verfahren.

Inline
engl. Prinzip der →Farbbildröhre, bei dem die Erzeuger der →Elektronenstrahlen in einer Reihe liegen. →Schlitzmaskenröhre, →Streifenmaskenröhre.

Innenfokussierendes Objektiv
→Objektive, bei denen sich die Frontlinse bei der Schärfeneinstellung nicht mitdreht. Dadurch lassen sich auch Filter wie →Polarisations-, →Starlight- oder →Verlauffilter verwenden, die bei ihrer Drehung unterschiedlich wirken.

In-Punkt
engl. Beginn eines →elektronischen Schnitts.

Input
engl. Eingang.

Input Backoff
engl. Die Beziehung zwischen dem Input Backoff und dem Output Backoff beschreibt die Kennlinie eines →High Power Amplifiers. Dabei gibt der Output Backoff an, um welchen Betrag die Ausgangsleistung abnimmt,

wenn die Eingangsleistung reduziert wird. Bei digitaler →Satellitenübertragung muß ein Input Backoff von etwa 10 →dB eingehalten werden. Damit wird sichergestellt, daß sich das verstärkte Signal im linearen Teil der Kennlinie befindet und frei von Produkten einer →Intermodulation ist.

Input Power Flux Density
engl. →Leistungsflußdichte.

INS
engl. Abk. Inserter. Z.B. →Time Code Inserter.

Insert
engl. →Schrifttafel zur Einblendung in einen laufenden Beitrag.

Insert-Kamera
engl. Meist eine Schwarzweiß-Kamera zur Aufnahme von Schrifteinblendungen für →Bildmischpulte oder zur Speicherung in Grafikgeräten bzw. →Schriftgeneratoren.

Insert-Schnitt
engl. Einfügen. Schnittbetriebsart, bei der Bild- und/oder Tonsignale auf dem Band störungsfrei und bildgenau ausgetauscht werden können, die →Steuerspur aber erhalten bleibt. Voraussetzung ist die →Vorcodierung des →MAZ-Bandes.

Int.
Abk. 1.) International. *2.)* Intern.

Integrierte Schaltung
Auf einem Chip angeordnete Bauelemente wie Transistoren, Dioden und Widerstände, die einen analogen oder digitalen Schaltkreis mit einer bestimmten Funktion bilden.

Intensitätsstereofonie
Tonaufnahmeverfahren, bei dem die beiden Kanäle den Pegelunterschied der Schallquellen unterscheiden. Ein von der rechten Seite kommendes Schallereignis trifft am linken Kanal leiser ein. *Ggs.* →Laufzeitstereofonie.

Intercarrier-Brumm
engl. Zwischenträger. Durch das →Intercarrier-Verfahren kann es zu Tonbrumm-Störungen kommen, weil der →Tonträger durch zu hohe →Videoüberpegel gestört wird.

Intercarrier-Frequenz
engl. Zwischenträgerfrequenz. Der Abstand zwischen der →Bild- und der →Tonträgerfrequenz im →Intercarrier-Verfahren.

Intercarrier-Verfahren
engl. Zwischenträger. Fernsehempfänger besitzen keinen getrennten Tonempfänger, sondern erwarten in einem bestimmten Abstand von der →Bildträgerfrequenz die →Tonträgerfrequenz. Wurde aus wirtschaftlichen Gründen eingeführt.

Intercast
Ausstrahlung von Zusatzprogrammen gleichzeitig zum Fernsehprogramm, z.B. von Computerinformationen, in der →vertikalen Austastlücke. →Simulcast.

Intercom
engl. Kommandoanlage.

Interface
engl. →Schnittstelle.

Interface-Kabel
engl. Schnittstellenkabel.

Interferenz
lat. Durch die Überlagerung zweier →Frequenzen entsteht eine dritte, niedrigere Störfrequenz.

Interferenzempfänger
Mikrofon, bei dem sich vor der Membran ein Gehäuse mit seitlichen Schlitzen befindet. Nur Schallwellen, die direkt von vorne auf das Mikrofon auftreten, addieren sich gleichphasig. Schallwellen aus seitlicher Richtung löschen sich teilweise aus. Die Richtwirkung ist stark frequenzabhängig.

Interfield Coding
engl. →Datenkompression von Bildsequenzen, bei der die Beziehung zwischen aufeinander folgenden →Halbbildern ausgenutzt wird. →Interframe Coding, →Intraframe Coding, →Intrafield Coding, →Interfield Coding.

Interfield Compression
engl. →Interfield Coding.

Interframe Coding
engl. →Datenkompression von Bildsequenzen, wie z.b. beim →MPEG-Verfahren. →Intraframe Coding, →Intrafield-Coding. Dabei wird die Beziehung aufeinander folgender →Vollbilder genutzt.

Interframe Compression
engl. →Interframe Coding.

Interlaced Scanning
engl. →Zeilensprungverfahren.

Interlace Flicker
engl. →Kantenflimmern.

Interleaving
engl. Verschachtelung. Vor der Übertragung digitaler Daten werden die →Bits in ihrer Reihenfolge verschachtelt. Eine Fehlübertragung mehrerer aufeinanderfolgender Bits beeinflußt dann nicht die ursprüngliche Bitreihenfolge.

Interline Transfer-Prinzip
engl. Zwischenzeile. Technik von →CCD-Chips, bei der die Bildinformationen während der Zeit der →horizontalen Austastlücke in einen direkt neben den lichtempfindlichen →Bildelementen liegenden Speicherbereich des CCD-Chips gebracht werden. Überbelichtungen führen zu starken →Vertical Smear-Effekten. Interline-Chips professioneller Kameras haben eine →Bildfeldgröße von ½ →Zoll oder ⅔ Zoll. →Lens On Chip-Technologie möglich.

Intermodulation
Intermodulationsprodukte sind unerwünschte Signalanteile, die bei der →Modulation z.b. eines Video- oder Audiosignals entstehen und zu Störungen bei der Übertragung oder Aufzeichnung führen können.

Internationaler Ton
Beinhaltet Musik, Geräusche, Effekte und Originaltöne von Interviews vom Drehort.

Internationale Tonleitung
Leitung zur Übertragung des →Internationalen Tons.

Internet
Weltweites Netz verschiedenster Computer, die über ein weit verzweigtes Leitungssystem und Satellitenstrecken miteinander verbunden sind. Die Hauptstützpunkte des Internets sind Rechner an Universitäten. →Intranet.

Interpolation
Berechnung neuer Bildpunkte aus der Information benachbarter Bildpunkte oder die Berechnung kompletter Bilder aus voranliegenden und nachfolgenden Bildern oder die Berechnung neuer Zeilen aus den benachbarten Zeilen z.b. in →digitalen Videoeffektgeräten und Computern.

Interpolieren
→Interpolation.

Intrafield Coding
engl. →Datenkompression innerhalb eines →Halbbilds. Dieses Verfahren bietet gegenüber dem →Intraframe Coding die bessere →Bewegtbildauflösung. →Interframe Coding.

Intrafield Compression
engl. →Intrafield Coding.

Intraframe Coding
engl. →Datenkompression innerhalb eines →Einzelbilds bzw. →Vollbilds, wie z.B. beim →JPEG-Verfahren. →Intrafield Coding, →Interframe Coding.

Intraframe Compression
engl. →Intraframe Coding.

Intranet
Firmeninternes Computernetz mit einer Anbindung an das →Internet.

Invalid Colours
engl. Ungültige Farben. Pegelwerte von Farben innerhalb eines →Komponentensignals, die dort zwar erlaubt bzw. legal sind, aber nach der →Codierung zu einem →FBAS-Signal zu einem →Videoüberpegel führen. →Illegale Farben.

I/O
engl. Abk. Input/Output. Eingang/Ausgang.

I/P
engl. Abk. Input. Eingang.

I-PAL
engl. Abk. Improved PAL. Idee eines verbesserten →PAL-Verfahrens. Durch eine zeilenweise abwechselnde Übertragung des →Luminanz- und →Chrominanzsignals werden →Cross Colour- und →Cross-Luminance-Störungen weitgehend vermieden und die empfangbare →Videofrequenzbandbreite des Luminanzsignals auf 5 →MHz erweitert. →Q-PAL.

IPCC
engl. Abk. (EBU) International Programme Control Centre. Internationales Programm-Kontrollzentrum der →EBU.

IPFD
engl. Abk. Input Power Flux Density. →Leistungsflußdichte.

ips
engl. Abk. Inch per second. →Inch pro Sekunde.

IR
Abk. →Infrarot.

IRD
engl. Abk. Integrated Receiver Decoder. Gerät zum Empfang datenreduzierter Satellitensignale nach dem →MPEG-2-Verfahren. Das Gerät vereint die beiden Baugruppen für den Empfang und für die Decodierung der digitalen Video- und Audiodaten.

Irdeto
Verschlüsselungssystem für →Pay TV. Mit diesem System arbeitet z.B. Premiere. →Viaccess.

Iris
engl. →Blende.

Irrelevanzreduktion
Qualitative Bewertung eines Datenkompressionsverfahrens. Weisen Videobilder trotz Kompression kaum subjektive (sichtbare) Veränderungen auf, spricht man von einer Irrelevanzreduktion. →Relevanzreduktion, →Redundanzreduktion. In der Praxis Kompressionsverfahren zwischen 2:1 und 5:1.

ISDN
engl. Abk. Integrated Services Digital Network. Dienstintegrierendes digitales Fernmeldenetz. Breitbandiges digitales Kabelnetz für die Übertragung von Sprache, Text, Daten und Bildern. Die →Datenrate beträgt 64 kBit/Se-kunde pro Kanal. Eine Kombination mehrerer ISDN-Kanäle (Bündelung) ist möglich und wird z.B. im Bereich der Audiotechnik eingesetzt. Über ISDN können auch →Kommandoverbindungen und n-1 übertragen werden. Für die Übertragung von Videosignalen guter Qualität in Echtzeit reicht die Datenrate nicht aus.

I-Signal
→Farbdifferenzsignal des →NTSC-Verfahrens entlang der Farbachse Orange →Cyan. *Ggs.* →Q-Signal.

ISO
engl. Abk. International Standards Organisation. Internationaler Zusammenschluß der nationalen Normungsgremien. Die Lichtempfindlichkeit von Filmmaterial wird mit der arithmetischen und der logarithmischen Kenn-

zahl angegeben. Normalempfindliches Filmmaterial hat eine Empfindlichkeit von ISO 100/21°. Eine doppelte Empfindlichkeit wird mit ISO 200/24° angegeben. →Highspeed-Filmmaterial.

ISO-Key
engl. Abk. (Ampex) Isolated Key. Beschreibung eines externen →Stanzsignals für einen →Luminanz Key-Trick.

ISPC
engl. Abk. (Telekom) International Sound Programme Centre. Internationale Tonschaltstelle. →ITPC.

IT
1.) Abk. Internationaler Ton. Beinhaltet Musik, Geräusche, Effekte und Originaltöne von Interviews. *2.) engl. Abk.* →Interline Transfer.

ITCC
engl. Abk. (EBU) International Technical Control Centre. Internationales technisches Kontrollzentrum der →EBU.

ITPC
engl. Abk. (Telekom) International Television Programme Centre. Internationale TV-Leitungsschaltstelle. →ISPC.

ITS
engl. Abk. Insertion Test Signals. →Prüfzeilen.

IT-Spur
Abk. Getrennte →Tonspur eines →Magnetbandes, die nur den →internationalen Ton enthält. Ermöglicht jederzeit eine nachträgliche Mischung mit einem neuen Kommentarton zu einem →Programmton.

ITU
engl. Abk. International Telecommunication Union. Internationale Fernmeldeunion. Ist in die Abteilungen →ITU-R und →ITU-T gegliedert. Befaßt sich mit Normungsfragen. Löste Ende 1992 die →CCIR und →CCITT ab.

ITU-R
engl. Abk. Gruppe innerhalb der →ITU, die sich mit technischen Empfehlungen im Bereich des Rundfunks befaßt.

ITU-R 601-Standard
Standard der →ITU zur →Analog/Digital-Wandlung analoger →Komponentensignale, bei der das →Luminanzsignal Y mit einer →Frequenz von 13,5 →MHz, die →Farbdifferenzsignale B-Y und R-Y mit je 6,75 MHz abgetastet und mit 10 →Bit →quantisiert werden. Die Bezeichnung der digitalen Komponentensignale ist Y, C_B, C_R. Die Datenrate beträgt 270 →MBit/Sekunde; es findet keine →Datenreduktion statt.

ITU-R 656-Standard
Standard der →ITU, der die Parameter für die →Schnittstelle zur Übertragung →digitaler Komponentensignale beschreibt. Enthält z.B. Angaben zur Synchronisation zwischen den Signalen und zur Anschluß-Norm, dem 25-poligen →D-Sub-Stecker.

ITU-T
engl. Abk. Gruppe innerhalb der →ITU, die sich mit technischen Empfehlungen im Bereich der Telekommunikation befaßt.

ITV
engl. Abk. Interactive Television. Interaktives Fernsehen. Fernsehsystem, bei dem der Zuschauer über einen Rückkanal Informationen zum Programmanbieter übermitteln kann oder das Programmangebot beeinflußen kann. Der Rückkanal kann z.B. aus einer Telefonleitung bestehen.

Jackfield
engl. →Steckfeld.

Jaggy
engl. Zackig. Diagonale Kanten erscheinen z.B. in →digitalen Videoeffekt-Geräten oder →Schriftgeneratoren häufig mit einer starken Treppenstruktur. Abhilfe schaffen →Anti Aliasing-Systeme.

Jam Sync
Funktion eines →Time Code-Generators, sich bei einem →Assemble-Schnitt auf den →Time Code-Wert der vorhergehenden Szene zu synchronisieren. Während der Synchronisationsphase wird der alte Time Code-Wert gelesen und ab der Schnittstelle kontinuierlich weiter aufgezeichnet. →Continuous Jam Sync.

Japan-I-Stecker
→Honda-Stecker.

Jingle
engl. Klingeln. Kurze Einspielung als meist musikalisches Erkennungs-, Betonungs- oder Unterbrechungszeichen.

Jittern
engl. 1.) →Bildstörung des Fernsehsignals, die sich durch eine schnelle horizontale Zitterbewegung eines Bildes äußert. *2.) allg.* Zitterbewegung →analoger Videosignale z.b. an →MAZ-Maschinen oder digitaler Daten. →Augendiagramm.

Jog
engl. Abk. →Jogging.

Jogging
engl. Einzelbildweise Vor- oder Zurückschaltung bei der Wiedergabe an einer →MAZ-Maschine.

Joystick
engl. Bedienhebel, der sich gleichzeitig horizontal und vertikal bewegen läßt.

JPEG
engl. Abk. Joint Photographic Expert Group. Arbeitsgruppe, die sich mit der Normung von Verfahren zur Datenkompression befaßt. →JPEG-Verfahren.

JPEG-Verfahren
Standardisiertes Codierverfahren der →JPEG zur →Datenreduktion digitalisierter, farbiger Einzelbilder in Echtzeit. Basiert auf dem →DCT-Verfahren. →Motion-JPEG-Verfahren, →MPEG-Verfahren.

JPG
engl. Abk. →JPEG. →Dateiformat für fotoähnliche Grafiken mit einer verlustbehafteten →Datenreduktion nach dem →JPEG-Verfahren. Damit ist eine Datenreduktion mit einem Faktor von maximal 15:1 für Monitorbilder eines Computers bei akzeptabler Qualität erreichbar.

Jumper
engl. Kleiner →Brückenstecker bzw. Kurzschlußstecker auf Leiterplatten.

k
Abk. →Kilo.

K
Abk. 1.) Kelvin. Einheit der →Farbtemperatur. *2.)* →Kopierer. *3.)* →K-Impuls.

Ka-Band
Einige Satelliten wie z.B. TV-Sat oder DFS Kopernikus verwenden Kanäle in diesem Frequenzbereich um die 30 →GHz zur →Satellitenübertragung.

Kabelfernsehen
Eine Verteilung von Fernsehprogrammen über Kupferkabel oder durch →Lichtleiterübertragung.

Kabelkopfstation
→Kopfstation.

Kabeltaugliche Fernschgeräte
Fernsehgeräte, deren Empfangsteile auch die →Frequenzen der →Sonderkanäle empfangen können.

Kaiserfilm
Kaiserfilm bedeutet kein Film, er existiert nur als Codewort von Filmteams, die sich mit der Bemerkung „das drehen wir auf Kaiserfilm" darüber verständigen, daß sie nur so tun, als würden sie drehen. Die Aufnahme findet scheinbar statt, weil man sie offiziell nicht absagen will.

Kalibrierung
Exaktes Justieren eines Meßgerätes, z.B. eines →Oszilloskopes oder →Vektorskopes.

Kalte Probe
Probe entweder ohne Einsatz oder nur mit einem Teil der Technik. *Ggs.* →Heiße Probe.

Kamera
→Abgesetzte Kamera, →abgesteckte Kamera, →CCD-Kamera, →Fingerkamera, →geblimpte Kamera, →Kamerarecorder, →Röhrenkamera, →stumme Kamera.

Kamerafahrt
→Schienenfahrt.

Kamerafernbedienung
Steuerung einer →Studiokamera in Position, →Schwenken, →Neigen, →Bildausschnitt und Schärfe durch ein Robotersystem. So werden z.B. für Nachrichtensendungen die Einstellungen für verschiedene Szenen vorab gespeichert und dann während der Sendung abgerufen. Dadurch ist kein Kameramann notwendig. Mit Kamerafernbedienung ist nicht die →Aussteuerung elektronischer Kameras gemeint.

Kamerakabel
→Mehraderkabel, oder →Triaxkabel, das den →Kamerakopf einer →Studiokamera mit der →Basisstation verbindet.

Kamerakennlinie
→Kennlinie der elektronischen Kamera.

Kamerakontrollgerät
† Kontrollgerät, mit dem alle Einstellungen an einer →Studiokamera sowohl meß- als auch betriebstechnisch vorgenommen werden. Der Begriff ist von den Herstellerbezeichnungen →MSU bzw. →MCP abgelöst worden.

Kamerakopf
Bei →Kamerarecordern der Kamerateil, bestehend aus →Objektiv, →Suchermonitor und Elektronik für die Bildaufnahme und die Erstellung eines vollständigen Videosignals für die weitere Aufzeichnung. Bei →Studiokameras der Kamerateil, bestehend aus →Objektiv, →Suchermonitor und Elektronik für die Bildaufnahme. Die weitergehende Bildverarbeitung geschieht in der →Basisstation.

Kamerakran
Ähnlich wie ein →Dolly wird der Kamerakran eingesetzt, um dem Raum Tiefe zu geben, die räumliche Wirkung des Bildes zu ermöglichen oder zu erweitern. Der Kameramann/Die Kamerafrau und der/die Assistent/in sind auf dem Kran an der Kamera. Mit ferngesteuerten Kränen können spektakuläre Effekte erreicht werden, die Kamera wird unter Monitorkontrolle beliebig bedient und die Bewegungsabläufe sind speicherbar.

Kameralicht
Ugs. →Vorderlicht.

Kameramikrofon
1.) Direkt am →Kamerarecorder befestigtes Mikrofon, das aufgrund seiner schlechten Position in Bezug zum Schallereignis in der Regel nur zur Aufzeichnung eines Informationstones geeignet ist. *2.)* Bei Sportveranstaltungen in der Nähe der →Studiokamera aufgestelltes, windgeschütztes Mikrofon, das zur Aufzeichnung der →Atmo eingesetzt wird und dessen Signal über das Kamerakabel zur Tonregie geführt wird.

Kamera-Mode
Beschreibung innerhalb des →Motion Adaptive Colour Plus-Verfahrens für Kamerabilder oder Bilder anderer Quellen mit einer →Bewegtbildauflösung von 50 →Hz. Dabei werden die Zeilen beider Halbbilder getrennt voneinander gefiltert. *Ggs.* →Film-Mode.

Kamerarecorder
Kombination aus elektronischer Kamera und angeflanschtem oder fest im Kameragehäuse eingebautem Recorder.

Kameraröhre
→Aufnahmeröhre.

Kameraschwenk
Horizontale Bewegung meist gleichbleibender Geschwindigkeit der Kamera. Beim schnellen Schwenk einer Kamera z.b. über einen Lattenzaun ergibt sich, je nach Geschwindigkeit, durch die Latten ein →Shuttereffekt. Durch die schlechtere →Bewegtbildauflösung des Films gegenüber der elektronischen Aufnahme ist der Effekt bei Filmaufnahmen schon früher deutlich. →Panoramaschwenk.

Kamerazug
Komplettes System einer →Studiokamera bestehend aus →Objektiv, →Kamerakopf, →Stativ, →Kamerakabel, →Basisstation, →Hauptbediengerät und →Nebenbediengerät.

Kammfilterdecoder
Filter zur bestmöglichen Trennung zweier Frequenzspektren. Wird z.b. bei der Trennung von Helligkeits- und Farbsignalen bei der →Decodierung von FBAS-Signalen benutzt. Gegenüber einem →Notch Filter-Decoder bleiben die →Frequenzen des Helligkeitssignals bis 5 →MHz weitestgehend erhalten.

Kanal 38
Fernsehkanal, auf den Satellitenreceiver oder Videorecorder ihr moduliertes Fernsehsignal, bestehend aus Video- und Tonsignal, an ein Fernsehgerät übergeben. Alternativ kann die →AV-Buchse mit besserer Qualität genutzt werden.

Kanalbandbreite
→Frequenzbandbreite eines Übertragungskanals.

Kanalcodierverfahren
Technik zur Übertragung und Aufzeichnung digitaler Signale. Das Signal wird z.B. an die Besonderheiten der Übertragung →digitaler Videosignale oder an die Erfordernisse bei der Aufzeichnung auf →digitale MAZ-Formate angepaßt. →Bi-Phase-Mark-Code, →NRZ, →NRZI, →SSNRZ.

Kantenflimmern
Störeffekt, der horizontale Bildkanten oder feine horizontale Linien betrifft und durch das →Zeilensprungverfahren verursacht wird. Die Bildkanten oder die feinen Linien sind nur in jedem zweiten →Halbbild zu sehen und →flimmern daher mit 25 →Hz.

Kantenkorrektur
Einrichtung, z.b. in jeder →elektronischen Kamera, zur Erhöhung des subjektiven Schärfeeindrucks durch Überhöhung der schwarzweißen und weißschwarzen Kanten. Ist auch Bestandteil von Videorecordern oder an →Suchermonitoren als Hilfe bei der Einstellung der →vorderen Schärfe.

Kardioid
griech. Herzförmig. Mikrofon mit →Richtcharakteristik, bei der der Schall vorzugsweise von vorne aufgenommen wird. Schall, der von hinten auf das Mikrofon auftrifft, wird ausgeblendet. Der →Bündelungsfaktor solcher Mikrofone beträgt 1,7.

Kasch
→Fernsehkasch.

Kaschen
Kaschieren, verdecken. Das Kaschen - z.B. mit →Scheinwerfertoren oder →Black Wrap verhindert, daß unerwünschtes Licht von Scheinwerfern auf Personen oder Dekorationsteile fällt.

Kassettenautomat
System, bestehend aus mehreren →MAZ-Maschinen und der Möglichkeit, je nach Typ bis über 1.000 Kassetten zu beherbergen. Über eine interne Kassetten-Verwaltung und ein Transportsystem können die Kassetten in beliebiger Reihenfolge abgespielt werden. So müssen z.B. Werbesendungen nicht vorproduziert werden, weil die einzelnen Werbespots in immer wieder veränderter Reihenfolge abgespielt werden können. Ebenso sind Zuspielungen für Nachrichtenprogramme, ein kompletter Sendebetrieb oder - mit kleineren Systemen - die Wiedergabe an einem Schnittplatz möglich.

Kathodenstrahlröhre
→Bildröhre.

KB
Abk. →kByte.

K-Band
Wegen mangelnder Kapazitäten von Satellitenkanälen innerhalb des →Ku-Bandes wurde der nutzbare Bereich mit Frequenzen um 18 →GHz erweitert.

kBit
Abk. Kilo-Bit. 1.024 →Bit.

kByte
engl. Abk. Kilo-Byte, entspricht 2^{10} Bytes = 1.024 →Bytes.

Kdo.
Abk. Kommando.

Keilplatte
Metallplatte, die - fest an die →Adapterplatte einer Kamera geschraubt - eine schnelle Verbindung der Kamera mit dem →Hydrokopf eines Stativs ermöglicht. Die Keilplatte gehört zum Stativ und paßt meist nur für eine Baureihe eines Stativtyps.

Kellfaktor
Experimentell ermittelter Wert, der die theoretische →Vertikalauflösung unserer →Fernsehnorm, vor allen Dingen durch das →Zeilensprungverfahren, um einen Faktor von etwa 0,7 auf 400 Zeilen reduziert.

Kelvin
Einheit der →Farbtemperatur. *Abk.* K.

Kennlinie der Bildröhre
Aufgrund seiner Bauform weist jede →Bildröhre einen nicht-linearen Zusammenhang zwischen dem Pegel des Videosignals und der daraus resultierenden →Leuchtdichte auf. Dunkle Bildteile werden gestaucht. Daher findet in jedem elektronischen Bildgeber eine →Gamma-Vorentzerrung statt.

Kennlinie der elektronischen Kamera
→Gamma-Vorentzerrung.

Kennlinie der Videotechnik
Beschreibt den, im *Ggs.* zum Film, linearen Zusammenhang zwischen Helligkeitsänderungen einer Szene und →Leuchtdichteänderungen im Monitor. Da aber die Kennlinie von Monitoren gekrümmt ist, muß bei elektronischen Kameras eine entgegengesetzte →Gamma-Vorentzerrung vorgenommen werden, um, über alles gesehen, wieder einen geradlinigen Verlauf zu erreichen.

Kennung
→Bildkennung, →Tonkennung.

Kernbildsignal
Für die Übertragung eines 16:9-Bildes mit dem →PALplus-Verfahren wird im PALplus-Coder das Kernbildsignal gebildet, das aus 430 Zeilen besteht. Diese 430 Zeilen werden aus den 575 →Zeilen mit Bildinhalt gewonnen, aus denen ein Fernsehbild der →Fernsehnorm 625/50 besteht. Dabei wird jede vierte der 575 Zeilen weggelassen. Das Kernbildsignal ist die Voraussetzung für einen kompatiblen Empfang eines 16:9-Bildes mit herkömmlichen 4:3-Fernsehgeräten im →Letter Box-Format. Dabei reduziert sich allerdings gegenüber einem PALplus-Empfang die vertikale →Auflösung.

Kernsignal
→Kernbildsignal.

Keule
Mikrofon mit starker →Richtcharakteristik, bei dem der Schall vorzugsweise von vorne und kaum von der Seite aufgenommen wird. Schall, der von hinten auf das Mikrofon auftrifft, wird nur wenig ausgeblendet. Der →Bündelungsfaktor solcher Mikrofone beträgt etwa 3,3.

Key
engl. Abk. Key-Signal. →Stanzsignal.

Keyboard
engl. 1.) Tastatur als Eingabegerät. *2.)* Tasteninstrument.

Keycode
engl. Ein auf einen Filmstreifen neben der Perforation belichteter Barcode, der neben Daten zum Filmtyp, Hersteller und →Chargennummer eine Referenznummer zum ersten Bild enthält, so daß das Filmmaterial mit dem →Time Code einer →Schnittliste in Übereinstimmung gebracht werden kann.

Key Fill-Signal
engl. Bildsignal, das beim →Stanzen in das durch ein →Stanzsignal geschaffenes „Loch" eingesetzt wird.

Keyframe
engl. Eckpunkt innerhalb des Bewegungsablaufes z.B. eines →digitalen Videoeffektes, der Größe, Form und Lage eines Bildes bestimmt. Ein Effekt wird durch eine Abfolge mehrerer Keyframes, die Wahl der Geschwindigkeit und die Form der Bewegung zwischen den Keyframes entlang einer Zeitachse definiert.

Key Invert
engl. Umkehrung des →Stanzsignals. Weiße und schwarze Bildteile werden vertauscht.

Key Light
engl. →Führungslicht.

Key-Signal
engl. →Stanzsignal.

KF
engl. Abk. →Keyframe.

K+F
Abk. →Kommandoleitung und →Feedback-Leitung.

K+FB
Abk. Kommando und Feedback. →Kommandoleitung, →Feedback-Leitung.

kHz
Abk. Kilohertz. 1.000faches von →Hertz.

Kicker
→Hinterlicht, von unten plaziert.

Kilo
Tausendfaches. *Abk.* k.

Kilohertz
1.000faches von →Hertz. *Abk.* KHz.

K-Impuls
→Impuls, der bei der →Codierung von RGB-Signalen die Position des →Burst bestimmt.

Kinofilmformate
→Academy, →Breitwand-Verfahren, →Cinemascope, →Panavision, →Super 16-Film, →Todd-AO.

Kinoflo
(Kinoflo) Hersteller von dimmbarem oder schaltbarem, weichen Licht, aus - für das Fernsehen geeigneten - →Leuchtstoffröhren von 38-120cm Länge, die mit einem →Vorschaltgerät betrieben werden müssen. Es stehen Röhren mit einer →Farbtemperatur von 3.200 oder 5.400 Kelvin zur Verfügung. Kleine Einheiten können auch mit 12 Volt gespeist werden.

Kinokopie
Im *Ggs.* zur →Fernsehkopie ist die Kinokopie auf die besonderen Vorführmöglichkeiten in einem abgedunkelten Projektionsraum und optischer Projektion abgestimmt. Sie ist kontrastreicher und entspricht damit fast den Möglichkeiten, die der →Negativfilm bietet.

Kinoton
Kinotonverfahren: →Dolby SR, →Dolby Digital, Dolby Digital Surround EX, →DTS, →SDDS.

KKG
† *Abk.* Kamerakontrollgerät. →CCU.

Klammermaterial
Filmsequenzen aus Archiv- oder Fremdmaterial für die Verwendung in einer laufenden Produktion. Ursprünglich ein Filmbegriff, wird heute auch bei der Bearbeitung von Videomaterial verwendet.

Klammern
→Abklammern.

Klammerteil
Bild- oder Tonsequenzen eines Filmmaterials, die für die weitere Verwendung kopiert werden sollen.

Klappe
→Synchronklappe.

Klasse 1 Monitor
Farbmonitor mit einer →Bildröhre höchster →Auflösung, stabilen elektrischen Werten (z.b. →Schwarzwert) und sehr gutem →Decoder. Klassifizierung ist heute überholt.

Klasse 2 Monitor
Farbmonitor mit einer →Bildröhre sehr guter →Auflösung und stabilen elektrischen Werten (z.b. →Schwarzwert). Klassifizierung ist heute überholt.

Klasse 3 Monitor
Alle durch Klasse 1 und Klasse 2 nicht abgedeckten Farbmonitore. Klassifizierung ist heute überholt.

Klebepresse
Gerät für den →Filmschnitt einer →Arbeitskopie. Die beiden zerschnittenen Filmstreifen werden auf Stoß zusammengefügt und mit einem breiten durchsichtigen Klebeband verbunden. Diese Schnitte sind sichtbar und nicht für die Sendung oder Vorführung geeignet. →Filmhobel.

Klebeschiene
Stahlplatte mit Vertiefung für Tonbänder, um das Kleben zu erleichtern.

Klinkenstecker
Zentrierter Steckverbinder mit Ø 6,3mm, für ein →symmetrisches oder maximal zwei →asymmetrische Audiosignale oder für den Anschluß von Lautsprechern und Kopfhörern. Klinkenstecker mit Ø 3,5mm oder Ø 2,5 mm finden in der Consumertechnik Verwendung.

Klirrfaktor
Maß der Verzerrung eines elektrischen Signals. Die Angabe erfolgt in Prozent.

K-MAZ
Abk. Kopier-MAZ. Magnetaufzeichnungsmaschine, die aus organisatorischen Gründen nur zum Kopieren von Beiträgen und sonstigem Material eingesetzt wird.

Knee
engl. →Knie.

Knie
Einrichtung an →elektronischen Kameras zur Vergrößerung des aufzuzeichnenden →Kontrastumfangs auf etwa 7 →Blendenstufen. Bildteile, die den Umfang von 5 Blendenstufen überschreiten, werden dann nicht mehr natürlich abgebildet, enthalten aber noch Zeichnung. Die →Kennlinie einer elektronischen Kamera erhält dazu einen Knick, ein Knie.

Knob-a-Channel-Mischer
† *engl.* →Bildmischpult mit einer Hartschnitt-Taste und einem Regler pro Bildquelle. Wird heute nicht mehr hergestellt.

Koax
Abk. →Koaxialkabel.

Koaxialkabel
Kupferkabel mit konzentrischem Leiter, der durch eine Isolierung in einem festen Abstand zur →Abschirmung gehalten wird. Die Abschirmung dient gleichzeitig als elektrischer Rückleiter. Durch den mechanischen Aufbau des Koaxialkabels ergibt sich die in der Fernsehstudiotechnik übliche →Impedanz von 75 Ohm. Dickere Koaxialkabel haben eine geringere →frequenzabhängige Dämpfung.

Kodierung
allg. Umwandlung. Codierung. →PAL-Codierung, →Vorcodieren, →Verschlüsseln.

Körnigkeit
Typisches Kennzeichen jeglichen Filmmaterials. In Abhängigkeit von der Empfindlichkeit macht sich das →Filmkorn als „Rauschen" mehr oder weniger bemerkbar. Höher empfindliches Filmmaterial ab →ISO 50/18° rauscht stärker.

Körperfarben
→Farbe, die durch →subtraktive Farbmischung der Pigmentierung und Oberflächenstruktur eines Gegenstandes entsteht. *Ggs.* →additive Farbmischung.

Körperschall
→Störschall, der nicht durch die Luft, sondern z.b. durch Griffgeräusche am Gehäuse des Mikrofons oder durch Kabel, Stativ und Angel übertragen wird. Kann mit →Trittschallfiltern vermindert werde.

Koinzidenzmikrofon
Stereomikrofon, bei dem zwei Kapseln in einem Gehäuse untergebracht sind.

Kombikopf
→Audio- oder →Videokopf, der sowohl für die Aufnahme als auch für die Wiedergabe benutzt wird. Im *Ggs.* zu Geräten mit getrennten Aufnahme- und Wiedergabeköpfen kann hier keine →Hinterbandkontrolle stattfinden.

Kommandodämpfung
Beim Betätigen der Kommando-Taste zum Einsprechen in den Studioraum wird zur Vermeidung von →akustischen Rückkopplungen der Abhörweg bedämpft.

Kommandoleitung
Tonleitungen zur Übertragung von Anweisungen für Regie und Technik.

Kommandoverbindungen
1.) In einem Studio zwischen der Regie und dem Studio. In der Regel werden die Informationen im Studio durch einen Aufnahmeleiter per drahtloser Kommandoverbindung empfangen und per Handzeichen zu den Akteuren weitergegeben. In einigen Fällen ist auch eine direkte Verbindung zwischen der Regie und den Moderatoren möglich. *2.)* In einem Studio zwischen der Regie und den Kameraleuten. Geschieht in der Regel über das Kamerakabel, oft auch als sogenanntes offenes Kommando in nur eine Richtung, da das Rücksprechen aus dem Studio aus akustischen Gründen oft nicht möglich ist. *3.)* In einem Studio zwischen der Regie und anderen Stellen im Hause, z.B. einem Raum, aus dem →Zuspielungen erfolgen. *4.)* Von einem Studio zu einer Außenstelle, z.B. einem →Übertragungswagen. Meist mehrere Verbindungen, wobei eine den →Hauptschaltraum und die andere die Regie der Rundfunkanstalt mit der Außenstelle verbindet. Die Anbindung geschieht in der Regel über →ISDN-Leitungen oder über →Mobilfunk.

Kommentarleitung
Tonleitung zur separaten Übertragung eines →Kommentartons.

Kommentarton
Sprache, die zusammen mit dem →internationalen Ton den sendefertigen →Programmton ergibt.

Kommentatoreinheit
Gerät, mit dem der Kommentarton eines Reporters mit dem →internationalen Ton gemischt und auf eine Übertragungsleitung der Telekom gegeben wird.

Kommunikationssatellit
→Fernmeldesatellit.

Kompaktkassette
Übliche Tonkassette mit einer Bandbreite von 3,81mm. Zwei Spuren je Seite. Maximale Spieldauer 2x60'.

Kompaktregie
Ton- und Bildregie in einem Raum.

147

Kompander
System, bestehend aus →Kompressor und Expander. Kompander-Verfahren werden zur Rauschminderung angewandt, wenn ein Tonsignal großer →Dynamik in einem System mit geringerer Dynamik übertragen (drahtlose Übertragung) oder gespeichert (→Magnetbandaufzeichnung) wird. Die niedrigen Pegel eines Eingangssignals werden angehoben. Dadurch entsteht ein größerer Abstand des Tonsignals gegenüber dem Rauschen. Nach der Übertragung bzw. nach der Wiedergabe werden die niedrigen Pegel spiegelbildlich wieder expandiert. Dadurch wird auch das Rauschen abgesenkt, so daß sich der →Störspannungsabstand vergrößert. Rauschminderungsverfahren für die Magnetband-Aufzeichnung: →Dolby A, →Dolby B, →Dolby C, →Dolby SR, →Telcom C4.

Kompatibel
→Kompatibilität.

Kompatibilität
Austauschbarkeit zweier unterschiedlicher Systeme. →Aufwärtskompatibilität, →Abwärtskompatibilität.

Kompendium
Vorsatz vor dem Kameraobjektiv in Form eines faltbaren Balgens oder eines Kastens als Schutz vor Gegenlicht und/oder als Filterhalterung.

Komplementärfarbe
→Farbe, die bei →additiver Farbmischung mit einer anderen Farbe weiß ergibt. Folgende Farbenpaare sind komplementär: Blau/Gelb, Rot/Cyan, Grün/Magenta. →Phasensprung.

Komponentenaufzeichnung
→Komponenten-MAZ-Formate.

Komponenten-MAZ-Formate
→MAZ-Formate mit einem Aufzeichnungssystem, bei dem das →Luminanzsignal auf eine, die beiden →Farbdifferenzsignale auf eine zweite →Videospur getrennt aufgezeichnet werden. →Betacam-Format, →Betacam SP-Format, →M II-Format.

Komponentenoszilloskop
Meßgerät zur Kontrolle von →Videopegeln und der Beziehung zwischen den →Laufzeiten von →Komponentensignalen. Neben den Betriebsarten, die es auch an →Oszilloskopen für FBAS-Signale gibt, sind die →Lightning- oder →Star- und die →Bowtie-Darstellung möglich. Gerät für die Messung →digitaler Komponentensignale verfügen noch über die →Arrowhead-Darstellung.

Komponentensignale
Die noch nicht zu einem qualitätsreduzierten →FBAS-Signal codierten, einzelnen drei Komponenten: das →Luminanzsignal und die beiden →Farbdifferenzsignale. Für die Übertragung sind drei getrennte Leitungen erforderlich. Die →Videopegel der Komponentensignale sind genormt. Die korrekte Bezeichnung ist E'_Y, E'_{CB}, E'_{CR}.

Komponentenstecker
3-polige Steckverbinder für den gleichzeitigen Anschluß von RGB- oder →Komponentensignalen.

Komponententechnik
Technische Ausstattung z.B. eines Schnittplatzes oder auch eines kompletten Funkhauses mit Geräten, wie z.B. →Bildmischpulten und →MAZ-Maschinen, die →Komponentensignale verarbeiten und auch entsprechend untereinander verkabelt sind.

Kompression digitaler Daten
→Datenkompression.

Kompressionsfaktor
Faktor, um den die Datenmenge des Videosignals nach der Kompression verringert wurde. Eine Datenkompression →digitaler MAZ-Formate bewegt sich zwischen 2:1 und 10:1.

Kompressor
System zur Verminderung der →Dynamik von

Tonsignalen. Der Kompressor verstärkt niedrige Pegel mehr als höhere. Damit können Schallereignisse großer Dynamik (z.b. 100 →Dezibel eines Orchesters) in eine geringere Dynamik (z.b. 60 Dezibel eines Tonbandgerätes) komprimiert werden. Die Komprimierung der natürlichen Dynamik von Sprache vergrößert aber auch gleichzeitig den Lautheitseindruck.

Kondensatormikrofon
Der auf das Mikrofon auftreffende Schall bewegt eine Membran, die zusammen mit einer festen Elektrode einen Kondensator bildet. Daraus ergibt sich eine sich ändernde Kapazität, die mit einer geeigneten Schaltung in eine Spannung umgewandelt wird. Vorteile des Kondensatormikrofons gegenüber dem →dynamischen Mikrofon sind sein hoher Ausgangspegel und seine Impulstreue. Nachteilig ist die notwendige Spannungsversorgung, die zur Herstellung der Kapazität benötigt wird. Eine besondere Form des Kondensatormikrofons ist das →Elektretmikrofon.

Konferenzschaltung
Zusammenschaltung mehrerer Gesprächsteilnehmer, die sich an verschiedenen Orten aufhalten, ohne daß →akustische Rückkoppelungen auftreten. Dabei erhält jeder Gesprächsteilnehmer eine eigene Tonmischung, auch →n-1-Mischung genannt, die nur die Signale der übrigen Teilnehmer, nicht aber sein eigenes enthält. Wird für Hörfunk- und Fernsehprogramme sowie bei redaktionellen Absprachen verwendet.

Konserve
Ugs. Voraufgezeichnetes Programm im *Ggs.* zur →Live-Sendung.

Konsolidieren
Verfestigen. Beim →nichtlinearen Schnitt der Vorgang, bei dem z.B. zum Zwecke der Platzersparnis die Szenen gelöscht werden, die für das Ausspielen des geschnittenen Materials nicht erforderlich sind. Ist auch auf Tondaten anwendbar, die für die Tonnachbearbeitung

→ausgespielt werden sollen. Bei einigen Systemen ist eine Konsolidierung auch aus technischen Gründen notwendig, um z.b. die Zugriffsgeschwindigkeit zu optimieren.

Kontrast
→Kontrastumfang, →Kontrastregler, →Szenenkontrast.

Kontrastregler
An Monitoren zur Einstellung der →Leuchtdichte.

Kontrastumfang
Beschreibt den maximalen Helligkeitsumfang eines Fernsehbildes von Schwarz bis Weiß. Kontrastumfang in der Natur ca. 1:1.000.000, beim Film 1:500, beim Fernsehen 1:32 (5 →Blendenstufen). →Szenenkontrast.

Kontrollspur
→Steuerspur.

Konturen
Durch eine zu starke Einstellung der →Kantenkorrektur hervorgerufene →Bildstörung, die sich durch eine unnatürliche Betonung von schwarzweißen Bildkanten bemerkbar macht. Konturen werden z.B. in →elektronischen Kameras, →MAZ-Maschinen und Fernsehgeräten erzeugt.

Kontur
→Kantenkorrektur.

Konventioneller Schnitt
Beim →Filmschnitt ist damit der Schnitt des Filmmaterials mit einer Schneide- und einer Klebevorrichtung gemeint, beim elektronischen Schnitt das Verfahren des →linearen Schnitts.

Konvergenz
Das Zusammentreffen der drei →Elektronenstrahlen in den Löchern bzw. Schlitzen der →Schattenmaske einer Farbwiedergaberöhre. Eine fehlerhafte Konvergenz führt zu →Farbsäumen. *Ggs.* →Rasterdeckung.

149

Konversionsfilter
1.) Die Anpassung einer →elektronischen Kamera an die →Farbtemperatur einer Szene. Gegenüber einer →elektronischen Umstimmung entsteht ein Verlust von →Blendenstufen. *2.)* Bei Filmaufnahmen ist eine Filterung unverzichtbar. Mit einem Konversionsfilter wird das Filmmaterial an die Farbtemperatur einer Szene angepaßt.

Konversionsfolien
Folien zur Konversion der Farbtemperatur eines Scheinwerfers. →Voll-Blau, →½ Blau, →¼ Blau, →⅛ Blau, →Voll-Orange, →½ Orange, →¼ Orange, →⅛ Orange.

Konverter
1.) →Downkonverter. *2.)* →LNB. *3.)* →Formatwandler. *4.)* →Minuskonverter. *5.)* →Range-Extender. *6.)* →Ratio Converter. *7.)* →Telekonverter. *8.)* →Vertikalkonvertierung.

Kopfhörsprechgarnitur
→Hörsprechgarnitur.

Kopflicht
→Vorderlicht.

Kopfmikrofon
Ugs. für →Kameramikrofon.

Kopfrad
→Kopftrommel.

Kopfraum
Platz, der sich zwischen dem Kopf einer Person und dem oberen Bildrand ergibt.

Kopfscheibe
→Kopftrommel.

Kopfspalt
Spalt zwischen den beiden Polen eines →Audiokopfes oder →Videokopfes. Über den Kopfspalt tritt das magnetische Feld aus und dringt in das →Magnetband ein.

Kopfstandszeit
Betriebsstundenzahl während der ein →Videokopf einer →MAZ-Maschine voll funktionstüchtig und durch den Betrieb nicht übermäßig abgeschliffen ist. Je nach MAZ-System und Betriebszuständen werden Zeiten zwischen 1.000 und 3.000 Stunden erreicht. Danach reduziert sich bei analogen MAZ-Maschinen der →Störspannungsabstand, das Bild rauscht.

Kopfstation
Empfangsanlage für →Kabelfernsehen oder per Satellit empfangener Kanäle, das die einzelnen Programme an die angeschlossenen Fernsehteilnehmer verteilt.

Kopfstromoptimierung
Optimale Einstellung des Aufnahmestroms der →Videoköpfe. Dadurch werden eine maximale Wiedergabespannung des →FM-Signals und ein hoher →Störspannungsabstand des Bildsignals erreicht.

Kopfträger
Einheit z.B. bestehend aus den verschiedenen →Audioköpfen für mehrere →Audiospuren an einem Tonbandgerät oder an einer →MAZ-Maschine.

Kopftrommel
Trommel, auf der sich an →MAZ-Maschinen die rotierenden →Videoköpfe für Aufzeichnung, Wiedergabe und für das Löschen der Videoinformationen befinden. Beim →C-Format trägt die Kopftrommel zusätzliche Köpfe für Sync-Signale, beim →Betacam SP-Format für →frequenzmodulierten Ton. Maschinen →digitaler MAZ-Formate zeichnen sowohl die Video- als auch die Audioinformationen mit rotierenden Köpfen auf.

Kopfüberstand
Betrag, um den ein →Videokopf über die →Kopftrommel herausragt, um einen einwandfreien →Band-Kopf-Kontakt von einigen 10 →µm zu gewährleisten.

Kopfzusetzer
Verschmutzung im Bereich des Kopfspaltes von →Video-, →Audio-, →Time Code- oder →Steuerspurköpfen bei Aufnahme oder Wiedergabe. Folgen können ein schlechter →Störspannungsabstand oder aber eine zeitweise oder vollkommen gestörte Wiedergabe sein. Abhilfe bei feststehenden Köpfen schafft eine vorbeugende Reinigung. Rotierende Videoköpfe sollten nur in akuten Fällen gereinigt werden. Der Einsatz von →Reinigungskassetten ist nicht empfehlenswert.

Kopiereffekt
Nicht erwünschte Übertragung von Magnetisierung zwischen den benachbarten Lagen eines Tonbandes. Das Resultat sind Vor- und Nachechos.

Kopierer
Vom Film kommender Begriff, der einen →Take nach dem Drehen als gelungen kennzeichnet. Die so ausgewählten Szenen werden bei einer Filmbearbeitung vom Originalmaterial für den nachfolgenden Schnitt kopiert. Für eine Bearbeitung beim →nichtlinearen Schnitt werden die Kopierer vom Originalmaterial auf die →Festplatten überspielt. *Ggs.* Nichtkopierer.

Koppelfeld
System aus mehreren →Video- oder →Audiokreuzschienen, um z.B. 16 Quellen acht Verbrauchern zuzuführen.

Koppelpunkt
Verbindung zwischen einer Quelle und einem Verbraucher innerhalb einer →Kreuzschiene.

Korbwindschutz
Aufgrund des beruhigten Luftraumes, der sich zwischen dem Mikrofon und dem Korb befindet, ist der Korbwindschutz das einzige effektive System zur Vermeidung von Geräuschen bei Mikrofonaufnahmen bei starkem Wind. Der Korb wird meist auf einer →Angel montiert und ist wegen seiner Größe auffällig und schwer. Der Korbwindschutz kann gegen Windgeräusche bei besonders starkem Wind und gegen Regen zusätzlich mit einem →Fell geschützt werden.

Korn
Ugs. →Filmkorn.

Korrelationsgradmesser
Meßgerät, das die Phasenbeziehung beider Stereokanäle eines Audioprogramms zeigt. Ein sich ändernder Wert zwischen 0,2 und 0,7 weist auf ein stereofones, ein Wert von 1 auf ein monofones Programm hin. Fehlt ein Kanal völlig, ist die Anzeige 0. Negative Werte deuten auf ein →phasenverkehrtes Stereosignal hin, das nicht kompatibel, also nicht als vollständiges Monosignal, wiedergegeben werden kann.

Kran
Ugs. →Kamerakran.

Kreuzschiene
Gerät, mit dem immer nur eine von mehreren Signalquellen per Tastendruck zu einem Verbraucher durchgeschaltet werden kann. →Videokreuzschiene, →Audiokreuzschiene, →Zentrale Kreuzschiene.

Kriechtitel
→Einblendung einer von rechts nach links laufenden Schrift, meist im unteren Drittel des Bildschirms durch einen →Schriftgenerator. →Rolltitel.

KS
Abk. →Kreuzschiene.

Ku-Band
Innerhalb dieses Frequenzbandes finden in Europa fast alle →Satellitenübertragungen von Fernseh- und Hörfunkprogrammen statt. Die Sendefrequenzen liegen zwischen 12,75 und 14,5 →GHz, die Empfangsfrequenzen im 11 GHz-Bereich zwischen 10,95 und 11,45 GHz sowie im 12 GHz-Bereich zwischen 12,25 und 12,75 GHz. Jedes Satellitensystem wie z.B. Astra oder Eutelsat verwendet einen bestimm-

151

ten Teil des Frequenzbandes. Gegenüber dem →C-Band können kleinere Antennen verwendet werden und schlechte Wetterbedingungen haben eine geringere Auswirkung auf die Empfangsqualität.

Kugelcharakteristik
Mikrofon ohne spezifische →Richtcharakteristik. Es ist für Schallwellen aus allen Richtungen gleich empfindlich.

Kunstlicht
Lichtart mit einer →Farbtemperatur von etwa 3.200 Kelvin. *Ggs.* →Tageslicht.

Kurven gleicher Lautstärke
Das menschliche Gehör ist für mittlere →Frequenzen um 1.000 →Hz besonders empfindlich, für niedrige und hohe Frequenzen weniger. Die Kurven gleicher Lautstärke zeigen, das dieser Effekt beim Hören kleiner Lautstärken noch deutlicher ist. Dem wirkt z.B. die →Loudness-Taste an Consumer-Verstärkern entgegen.

Kurze Beine
Mit dieser Bezeichnung werden Stativbeine klassifiziert, die länger als bei einem →Babystativ, jedoch kürzer als die üblichen sind. Auf die kurzen Beine kann dann der Stativkopf des Normalstativs aufgesetzt werden.

Kurze Belichtungszeiten an CCD-Kameras
→Belichtungszeiten an CCD-Kameras.

Kurzwelle
Frequenzbereich zwischen 3 und 30 →MHz zur →terrestrischen Übertragung von Hörfunkprogrammen. Kurzwellen haben eine große Übertragungsreichweite bei geringer Sendeleistung, da die Wellen an der Ionosphäre reflektieren.

KV
† *Abk.* Kameraverstärker. →Basisstation.

kVA
Abk. →Kilo →Volt →Ampere. Einheit der Leistung. Entspricht 1000 Watt.

kW
Abk. Kilowatt. 1.000 →Watt. Als ½ kW, 1 kW, 2 kW oder 5 kW auch die Beschreibung der Leistung von →Scheinwerfern.

KW
Abk. →Kurzwelle.

Label
engl. Etikett, Zeichen. *1.)* Aufkleber mit Programmdaten an MAZ-Kassetten für →Kassettenautomaten. *2.)* →Datenwort für die Steuerung der →VPS-Daten beim Sender.

Längengrad
Horizontale Grad-Unterteilung der Erdkugel. Der Längengrad 0° verläuft durch Greenwich (England). Davon ausgehend werden westliche oder östliche Längengrade zwischen 0° und 180° angegeben. In Amerika ist eine Unterteilung von 0° bis 360° verbreitet. *Ggs.* →Breitengrad.

Längsspur
Parallel zur Bandkante liegende Spuren auf einem →Magnetband für die Aufzeichnung von Audiosignalen oder des →Time Codes. Auch die →Cue-Spur und die →Steuerspur sind Längsspuren. Die Aufzeichnung erfolgt mit feststehenden →Magnetköpfen.

Lag
engl. Verzögerung →Nachzieheffekt.

Lampe
Beleuchtungsmittel, einsetzbar in einen →Scheinwerfer oder in eine →Leuchte. →CID-Lampe, →Halogenglühlampe, →HMI-Lampe, →Xenonlampe.

LAN
engl. Abk. Local Area Network. Lokales Datennetz, z.B. innerhalb des Geländes einer Rundfunkanstalt. *Ggs.* →WAN.

Langwelle
Frequenzbereich zwischen 30 und 300 →kHz zur →terrestrischen Übertragung von Hörfunkprogrammen. Langwellen breiten sich bodennah aus.

Laptop Editor
Mobiles →lineares Schnittsystem aus →Player, einem →Recorder, einem kleinen →Tonmischpult und zwei →LCD-Monitoren in einem tragbaren Gerät in Laptop-Form. Damit sind nur →Hartschnitte möglich. Laptop-Editoren gibt es u.a. im Zusammenhang mit neueren →digitalen MAZ-Formaten wie →Betacam SX oder →DVCPRO.

Large Area Flicker
engl. →Großflächenflimmern.

Laser Beam Recording
engl. (Sony) →Electronic Beam Recording.

Laser Disc
→CAV-Bildplatte, →CLV-Bildplatte.

Laserstrahl
engl. Abk. Light Amplification by Stimulated Emission of Radiation. Licht einer einzigen →Polarisationsebene einer bestimmten Wellenlänge. Einteilung in 5 Schutzklassen. Anwendung z.b. bei der →Compact Disk.

Lassoband
Leinenverstärktes, 2,5cm breites Klebeband.

Latitude
franz. →Breitengrad. *Ggs.* →Longitude.

Laufzeit
1.) Zeit, die ein elektrisches Signal für das Passieren von Leitungen oder Geräten benötigt. Geschwindigkeit rund 200.000 km/s. Ein Videosignal benötigt pro 1 Meter Videokabel etwa 5 →ns. →Laufzeitkette. *2.)* Sendelänge eines Bild- oder Tonprogrammes.

Laufzeitkette
Passives Bauteil oder elektrische Schaltung, die ein Videosignal um einen definierten, einstellbaren Zeitabschnitt verzögert. Wird in der Praxis in Größenordnungen von 5 bis 500 →ns verwendet, um Videosignale in ihrer →Laufzeit aneinander anzupassen. Diese zeitliche Anpassung ist notwendig, wenn mehrere Bildquellen an einem →Bildmischpult gemischt oder mit einem →elektronischen Trick kombiniert werden sollen und daher die →Synchronität von Videosignalen gefordert ist.

Laufzeitstereofonie
Tonaufnahmeverfahren, bei dem die beiden Kanäle den Laufzeit- bzw. Phasenunterschied der Schallquellen unterscheiden. Ein von der rechten Seite kommendes Schallereignis trifft am linken Kanal später ein. Das Laufzeitstereofonieverfahren ist nur dann monokompatibel, wenn eine spezielle Mono-Kopie angefertigt wird. *Ggs.* →Intensitätsstereofonie.

Lautheit
→Lautstärke.

Lautsprecher
→2-Wege-Lautsprecherbox, →3-Wege-Lautsprecherbox.

Lautstärke
Hörempfindung, die durch den →Schalldruck hervorgerufen wird. Wird durch das Verhältnis eines Schalldrucks p zu einem Bezugsschalldruck po angegeben. po beschreibt den Schalldruck der →Hörschwelle bei 1.000 →Hz. Die Lautstärke wird in phon angegeben und wie folgt berechnet: $p = 20 \times \log(p/p_o)$. Damit liegt die Hörschwelle bei 0 phon, eine Unterhaltung bei 50 phon, ein Orchester bei 80 phon und die Schmerzgrenze bei 130 phon.

Lavalier-Mikrofon
† *franz.* Umhängemikrofon, Vorläufer des →Ansteckmikrofons.

Layer
engl. Schicht. Bildebenen, z.B. beim →Stanzen an →Layer-orientierten Bildmischpulten.

Layer-orientiertes Bildmischpult
engl. Bildmischpult, das nicht nach dem herkömmlichen Prinzip der →Mix-Effekt-Ebenen arbeitet. Die feste Struktur von Vorder- und Hintergrund z.B. beim →Stanzen weicht beliebig kombinierbaren und in der Priorität ver-

änderbaren Bild- bzw. Videoebenen. Ist vor allem bei →Desktop-Video-Geräten, aber auch bei Bildmischpulten für komplexe Nachbearbeitung zu finden.

LB
engl. Abk. Lowband. →U-matic Low Band-Format.

LB-Index
engl. Abk. Light Balancing Index. Angabe einer Farbverschiebung in →Mired-Werten für eine Konversionsfilterung.

LCD
engl. Abk. Liquid Crystal Display. Flüssigkeitskristallanzeige. →LCD-Display.

LCD-Display
Flaches Anzeigefeld. Die Darstellung erfolgt über ein Feld von Flüssigkeitskristallen, die zwischen zwei Plexiglasplatten eingeschlossen sind. Durch eine elektrische Ansteuerung wird das Licht der hinter dem Display liegenden Lichtquelle mehr oder weniger durchgelassen.

LC-Filter
engl. Abk. →Low Contrast Filter.

LCP
engl. Abk. Local Control Panel. Bedienteil direkt an der Maschine.

L-Cut
engl. →Bild/Ton-versetzter Schnitt.

LD
engl. Abk. Line Drive. →Horizontaler Synchronimpuls.

LDTV
engl. Abk. Limited Definition Television. Digitaler Fernsehübertragungsstandard in einer durch das →MPEG-2-Verfahren auf eine →Datenrate von 1,5 bis 2 →MBit/Sekunde auch sichtbar reduzierten Qualität. →SDTV, →ETDV.

Lead
engl. Vorlauf eines →VU-Meters.

LED
engl. Abk. Light Emitting Diode. Lichtaussendende Diode, Halbleiterbauteil. Kleine, energiesparende Lichtquelle.

Leerband
Unbespieltes →Magnetband, das entweder gelöscht oder zur Löschung und weiteren Neuaufzeichnung freigegeben wurde.

Legale Farben
Zulässige Pegelwerte von Farben, die als →FBAS-Signal zwar erlaubt sind, aber nach dem Übergang zu →Komponentensignalen oder →RGB-Signalen zu →Videoüberpegeln führen können. *Ggs.* →Unzulässige Farben. →Ungültige Farben.

Legalizer
engl. Gerät, das →illegale Farben und →ungültige Farben auf einen legalen und gültigen Wert ändert. Enthält ein Beitrag bereits z.B. illegale Farben, so muß eine Kopierung vorgenommen werden.

Leistungsflußdichte
Die Leistung pro Fläche, die ein Satellit bei optimaler Leistung seines →HPA erzeugt. Die Angabe erfolgt in dBW/m² durch den Satellitenbetreiber.

Leitungen
→2-Draht-Leitung, →4-Draht-Leitung, →Austauschleitung, →Asymmetrische Leitung, →Begleittonleitung, →Bilaterale, →Dauerleitung, →Empfangsleitung, →Feedback-Leitung, →Guide-Leitung, →Heranführungsleitung, →Internationale Tonleitung, →Kommandoleitung, →Kommentarleitung, →Meldeleitung, →Mithörleitung, →Modulationsleitung, →Multilaterale, →n-1-Leitung, →Ortsempfangsleitung, →Ortssendeleitung, →Programmleitung, →Ringleitung, →Rückspielleitung, →Sendeleitung, →Symmetrische Leitung, →Unilaterale, →Verteilleitung, →Zubringerleitung.

Leitungsbüro
Buchungsstelle für Bild- und Tonleitungen, die zur →Programmübertragung oder →Überspielung zwischen den Rundfunkanstalten und →Außenübertragungsstellen benötigt werden.

Lemo-Stecker
Koaxialer, robuster Stecker kleiner Abmessungen mit automatischer Verriegelung für den Anschluß →symmetrischer Audiosignale.

Lens
engl. Objektiv.

Lens Cap
engl. Objektiv-Verschluß.

Lens On Chip
engl. Technik, bei der ein System kleiner Linsen auf einem →Interline oder →Frame Interline Transfer-Chip für die Bündelung des auftreffenden Lichtes sorgt. Lichtstrahlen, die bisher die Transportkanäle trafen, fallen somit auch auf die lichtempfindlichen Bildelemente. Dadurch erhöht sich die →Lichtempfindlichkeit um etwa eine →Blendenstufe.

Letter Box-Format
engl. Wiedergabe von Breitbildformaten mit einem →Bildseitenverhältnis von z.B. →16:9 oder anderen Breitbildformaten auf Bildschirmen mit Bildseitenverhältnissen von 4:3, wobei am oberen und unteren Bildrand mehr oder weniger breite, schwarze Balken entstehen.

Letter Box-Konverter
Ugs. für →Formatwandler. Irreführende Bezeichnung, weil bei der Konvertierung z.B. von →16:9- in →4:3-Material die für das →Letter Box-Format typischen schwarzen Balken am oberen und unteren Bildrand gerade vermieden werden sollen.

Leuchtdichte
Größe der Lichttechnik für das von einer beleuchteten oder selbstleuchtenden Fläche ausgehende Licht. Einheit Candela pro Quadratmeter, *Abk.* cd/m². →Light Level.

Leuchtdichte-Signal
Videosignal, das nur die Helligkeitsinformation enthält.

Leuchte
Kurzform bzw. *allg.* Begriff für →Flächenleuchte. →Akkuleuchte.

Leuchtkasten
Kasten mit einer Opalglasscheibe, die von hinten mit einem sehr gleichmäßigen, meist Leuchtstoffröhrenlicht beleuchtet ist. Wird für die Justage →elektronischer Kameras, insbesondere der →Störsignalkompensation, eingesetzt.

Leuchtmittel
Beleuchtungsmittel, einsetzbar in einen →Scheinwerfer oder in eine →Leuchte.

Leuchtschicht
→Phosphore.

Leuchtstoffröhre
Gasentladungslampen, die im *Ggs.* zu Glüh- oder →Halogenlampen ein nicht kontinuierliches Lichtspektrum abgeben. Dadurch ist die →Farbtemperatur schwer zu bestimmen. Mit elektronischen Kameras ist nach erfolgtem →Weißabgleich eine einwandfreie Aufnahme möglich. In Ländern mit einer Netzfrequenz von 60 →Hz macht sich das Flackern der Leuchtstoffröhren bemerkbar. Dieser Effekt kann mit einer Veränderung der →Belichtungszeiten an CCD-Kameras vermieden werden.

Level
engl. 1.) →Pegelwert. *2.)* →MPEG-Level.

LF
engl. Abk. Low Frequency. Niedrige Frequenzen zwischen 30 und 300 →kHz.

LFE
engl. Abk. Low Frequency Effects. →Subwoofer des →5.1-Systems, wie z.B. bei →Dolby Digital.

LFH
Abk. (ARD) Landesfunkhaus.

Licht
Sichtbarer Teil der elektromagnetischen Strahlung mit Wellenlängen zwischen 380 und 780 →nm.

Lichtart A
Lichtart mit einer →Farbtemperatur von 2.856 Kelvin. Entspricht dem Glühlampenlicht.

Lichtart B
Lichtart mit einer →Farbtemperatur von 4.875 Kelvin. Entspricht dem direkten Sonnenlicht.

Lichtart C
Lichtart mit einer →Farbtemperatur von 6.774 Kelvin. Entspricht dem Tageslicht bei bedecktem Himmel.

Lichtart D65
Lichtart mit einer →Farbtemperatur von 6.504 Kelvin. Farbfernsehgeräte weisen diese Farbtemperatur auf.

Lichtausbeute
Quotient aus →Lichtstrom und zugeführter Leistung. Einheit Lumen/Watt.

Lichtbestimmung
Arbeitsvorgang bei der Erstellung einer Kinokopie von einem →Negativfilm oder →Umkehrfilm. Für jede Szene wird ein Helligkeitswert, bei Farbfilmen auch Farbfilterwerte geschätzt. Bei der nachfolgenden Herstellung einer Kopie werden die entsprechenden Filter in den Strahlengang geschaltet, so daß die einzelnen Szenen in der Kopie in Helligkeit und Farbe zueinander passen und ausgeglichen sind. →Farbkorrektur.

Lichtdouble
Person, die während des →Einleuchtens die Position eines Akteurs/einer Akteurin einnimmt und diese/n entlastet.

Lichtempfindlichkeit
1.) Bei Filmen erfolgt die Angabe in →ISO oder in →EI. →Highspeed-Filmmaterial. *2.)* Bei elektronischen Kameras wird in der Regel die →Blendenöffnung angegeben, die bei der Beleuchtung einer weißen Fläche mit 2.000 →Lux einen →Videopegel von 1 Volt ergibt. Die →maximale Lichtempfindlichkeit ergibt sich bei offener Blende und größter elektronischer →Verstärkung.

Lichter
Hellste Partien eines Bildes. *Ggs.* →Schatten.

Lichtfarben
Natürliches Licht besteht aus weißem Licht, das aus einer Vielzahl einzelner Farben, den →Spektralfarben, mit verschiedenen →elektromagnetischen Wellen zusammengesetzt ist. Diese einzelnen Farben werden auch Lichtfarben genannt.

Lichtgeschwindigkeit
Ausbreitungsgeschwindigkeit des sichtbaren Lichtes und anderer →elektromagnetischer Wellen von 300.000 km/Sekunde.

Lichtkasten
→Leuchtkasten.

Lichtleiterübertragung
Übertragung von Bild- und/oder Tonsignalen mit Hilfe eines →modulierten →Laserstrahls innerhalb eines Glasfaserkabels. Wird z.B. bei der Übertragung zwischen Studiokomplexen oder für die Anbindung weit vom →Übertragungswagen entfernt stehender Kameras eingesetzt.

Lichtorgel
Ugs. für →Lichtstellanlage.

Lichtpunktabtaster
→Filmabtaster, bei dem der Lichtpunkt einer →Bildröhre ein Filmbild abtastet. Nach dem Durchgang durch ein →Prisma werden die Helligkeiten der einzelnen →Farbauszüge von Fotozellen ausgewertet.

Lichtstärke eines Objektivs
Die Lichtstärke wird durch das Verhältnis der maximalen Lichtmenge und der vom →Objektiv durchgelassenen Lichtmenge (z.b. 1:1,7) angegeben. Da die Lichtstärke elektronischer Kameras durch die Bauform des Prismas begrenzt wird, bringt der Einsatz von Objektiven mit einer größeren Lichtstärke als der des →Prismas der verwendeten Kamera keinen Gewinn. →Highspeed-Objektiv.

Lichtstellanlage
Stellpult, in größeren Studios computerunterstützt, von dem aus die Helligkeit der →Scheinwerfer und →Leuchten geregelt wird und verschiedene Lichtstimmungen gespeichert und während der Sendung oder Produktion wieder abgerufen werden können.

Lichtstile
→High Key, →Low Key, →Very Low Key.

Lichtstrom
Größe der Lichttechnik. Die von einer Lichtquelle ausgesandte Strahlungsenergie pro Zeit. Einheit Lumen, *Abk.* lm.

Lichtton
Die Toninformation wird als unterschiedliche Transparenz auf eine Randspur des →Bildfilms belichtet und bei der Projektion von einer Lichtquelle abgetastet. Durch die geringe →Audiofrequenzbandbreite und die Anfälligkeit gegenüber Verschmutzungen des Filmmaterials weist der Lichtton geringe Qualität auf. Der Lichtton wird kostengünstig in einem Kopierprozeß zusammen mit dem Bild kopiert.

Lichtwanne
Ugs. →Flächenleuchte.

Lichtwellenleiter
→Lichtleiterübertragung.

Light Balancing Filter
engl. Farbkorrekturfilter. →Konversionsfilter.

Lighting
engl. Ausleuchtung, Beleuchtung.

Light Level
engl. Maß der →Leuchtdichte, *Abk.* LL. Skala in Spotmetern. Die Zunahme eines LL entspricht einer →Blendenstufe bzw. der Verdopplung der Leuchtdichte. 10 LL entsprechen 135 cd/m².

Lightning-Darstellung
engl. (Tektronix) Blitzförmige Darstellung an →Komponentenoszilloskopen für die Messung von →Videopegeln und der Beziehung zwischen den →Laufzeiten des →Luminanzsignals und der beiden →Farbdifferenzsignale des →Komponentensignals.

Lim
engl. Abk. Limiter. →Begrenzer.

Limiter
engl. →Begrenzer.

Line
engl. Zeile. *1.)* →Fernsehzeile. *2.)* →Hochpegelige Tonsignale. *3.)* Leitung.

Linear Editing
engl. →Linearer Schnitt.

Lineare Polarisation
Horizontale oder vertikale Schwingungsebene, in die die →elektromagnetischen Wellen z.B. bei einer →Satellitenübertragung abgestrahlt werden. Durch die gleichzeitige Verwendung der beiden Polarisationsebenen können doppelt so viele Kanäle innerhalb des möglichen Frequenzbandes untergebracht werden. Satellitenempfänger müssen entsprechend dem Sender zwischen den beiden Polarisationsebenen umschalten. →22 kHz-Impuls. →Zirkulare Polarisation.

Linearer Schnitt
Elektronisches Schnittverfahren, bei dem das Bild- und Tonmaterial eines →Zuspielbandes auf ein →Schnittband kopiert wird. Diese „Schnitte" müssen in ihrer letztendlichen Reihenfolge nacheinander vorgenommen werden. Kürzungen oder Verlängerungen einzelner

Szenen innerhalb des fertigen Beitrages sind mit Kopieren oder mit einem Neuschnitt verbunden. Je nach Ausstattung des →Schnittplatzes mit mehreren →Playern, einem →Bildmischpult, einem →digitalen Videoeffektgerät, einem →Schriftgenerator und einem großen →Tonmischpult können einfache oder auch aufwendigere Produktionen bearbeitet werden. Lineare Schnittplätze können durchgängig mit →analogen oder →digitalen Geräten wie z.b. →MAZ-Maschinen und Bildmischpulten ausgestattet sein. Ein digitaler linearer Schnitt ermöglicht eine bessere Bildqualität, wenn während des Schnitts viele →MAZ-Generationen anfallen. Ein linearer Schnitt ist also nicht mit einem „analogen Schnitt" gleichzusetzen. Im Gegensatz dazu steht ein →nichtlinearer Schnitt. Die Kombination der beiden Systeme ist ein so genannter →Hybrid-Schnitt.

Linear Key
engl. Lineare Stanze. Kombiniert zwei Videobilder mit Hilfe eines schwarz-grau-weißen Videosignals, das z.B. von einer Kamera aufgenommen wird. In Abhängigkeit von diesen Helligkeitswerten werden die Bildinhalte des ersten Videobildes mit denen des zweiten Videobildes überblendet. So können z.B. aus einem →Schriftgenerator kommende weiße Schriften mit grauem Schatten auf schwarzem Untergrund so verarbeitet werden, daß nicht nur die weiße Schrift vor einem Hintergrundbild erscheint, sondern auch ein transparenter Schatten zu sehen ist. →Luminanz-Key.

Line Doubler
engl. →Zeilenverdoppler.

Line-Pegel
engl. →Hochpegelige Tonsignale.

Lineplex-Format
† →MAZ-Format, das auf Kassetten mit ¼ →Zoll breitem →Oxidband ein Videosignal von 4 →MHz →Videofrequenzbandbreite, zwei Tonsignale und den →Time Code aufzeichnet. Kassetten bis 20'. Erlangte nie eine Marktbedeutung.

Line Selector
engl. Zeilenwähler. An →Oszilloskopen die Möglichkeit, jede →Fernsehzeile einzeln per Nummer anzuwählen und darzustellen.

Line Up
engl. Einstellen, justieren. Bei einer →Satellitenübertragung werden etwa 10-15 Minuten für das Ausrichten der Antenne, die Abstimmung und Überprüfung der Übertragungsstrecke als Line up-Zeit benötigt. Diese Zeit wird in der Regel durch den Satellitenbetreiber nicht berechnet.

Link
→Satellitenstrecke.

Link Budget
Berechnung vorab einer →Satellitenübertragung, die über das Zustandekommen und die Zuverlässigkeit der Verbindung - auch bei schlechtem Wetter - Auskunft gibt. In die Berechnung, die mit Hilfe geeigneter →Software durchgeführt wird, fließen unter anderem folgende Parameter ein. Für den →Uplink: →Leistungsflußdichte des Satelliten, →G/T des Satelliten, die →EIRP des →SNG-Fahrzeugs, die →Freiraumdämpfung und die →Bandbreite des zu sendenden Signals. Bei →digitaler Satellitenübertragung kommen Informationen über die →Datenrate und die →FEC hinzu. Für den →Downlink: EIRP des Transponders, Freiraumdämpfung, →Transponderbandbreite. Das Ergebnis ist ein →Störspannungsabstand, der gegenüber einem Grenzwert verglichen wird.

Linse
Ugs. →Objektiv.

LIN SEL
engl. Abk. →Line Selector.

Linsenscheinwerfer
→Stufenlinsenscheinwerfer.

Lippensynchronität
Synchronität zwischen Bild und Ton, so daß Lippenbewegungen im Bild zu den Tonereig-

nissen passen. Ab einem →Bild/Ton-Versatz von etwa einem Bild fällt dieser auf.

LIR
engl. Abk. Line-Referenz. →Colour Under-Verfahren.

Live-Sendung
engl. Im Moment des Entstehens ausgestrahltes Programm. →Direktsendung, →Vorproduktion.

LK
Abk. →Laufzeitkette.

LL
engl. Abk. →Light Level.

lm
Abk. Lumen, Maß des →Lichtstroms.

LMS
engl. Abk. (Sony) Library Management System. Kassettenautomaten, die - je nach →Soft- und →Hardwareausstattung - Bänder aus einem Vorrat von 80 bis über 1.000 Kassetten des →Betacam SP- oder des →Digital Betacam-Formats in bis zu sechs Recorder bzw. Player befördern. Damit sind Aufzeichnung, Wiedergabe oder MAZ-Schnitt computergesteuert möglich.

lm/W
Abk. Lumen pro →Watt. Einheit der →Lichtausbeute.

LNA
engl. Abk. Low Noise Amplifier. Verstärker als Bestandteil eines →LNB.

LNB
engl. Abk. Low Noise Block. Rauscharmer Frequenzumsetzer, der die Aufgabe hat, die vom Satelliten ankommenden hochfrequenten Signale im Bereich von z.B. 10,7 bis 12,75 →GHz in einen niedrigeren Frequenzbereich zwischen 950 und 2.025 →MHz umzusetzen und gleichzeitig zu verstärken.

LNC
engl. Abk. Low Noise Converter. →LNB.

LNG
Abk. →Longitudinal.

LNS
engl. Abk. Lens. Objektiv.

LNX
engl. Abk. Low Noise Mixer. →LNB.

LO
engl. Abk. Local Oscillator. →Oszillator.

LOC
engl. Abk. →Local.

Local
engl. Örtlich. Direkt an der Maschine.

Lochmasken-Röhre
Farbbildröhrenprinzip, bei dem die →Schattenmaske aus kreisrunden Löchern besteht, die dreiecksförmig (deltaförmig) oder in einer Horizontalen (Inline) angebracht sind.

Lock Scan
engl. (Hitachi) Wahl kurzer Belichtungszeiten an →CCD-Kameras im Bereich von 1/50 bis zum Teil 1/125 Sekunde, um Aufnahmen von Computer-Bildschirmen mit unterschiedlichsten →Bildwechselfrequenzen zu ermöglichen.

Löschband
Bereits bespieltes →Magnetband, das gelöscht und/oder neu bespielt werden kann.

Löschdrossel
1.) Stationäres Gerät, das ein starkes magnetisches Feld erzeugt. Große Löschdrosseln werden zum Entmagnetisieren von →Magnetbändern und Magnetbandkassetten verwendet. Es ergibt sich technisch kein Vorteil gegenüber einer Löschung bei der Neuaufzeichnung in einem Recorder. Jedoch werden die bei einer neuen Verwendung irritierenden Bilder und →Time Code-Werte gelöscht. *2.)* Kleinere

Löschdrosseln dienen zum Entmagnetisieren der →Schattenmasken in einer →Farbbildröhre oder von →Video- oder →Audioköpfen.

Löschkopf
Feststehender Kopf, der bei einer Neuaufzeichnung alle bisherigen Bild- und Toninformationen eines →Magnetbandes vollständig löscht. Ggs. →Rotierende Löschköpfe.

Löschschutz
Mechanische Sicherung an Videokassetten, um vor unbeabsichtigtem Löschen bzw. Überspielen zu schützen.

Logging
engl. Eingedeutschter Begriff: Loggen. Sichten und erfassen derjenigen Sequenzen, die beim →nichtlinearen Schnitt vom Originalmaterial auf die →Festplatten überspielt werden. Dies kann z.b. bei Filmaufnahmen bereits während der Aufnahme oder z.b. beim Fernsehen zu einem späteren Zeitpunkt vor dem Schnitt geschehen.

Logo-Inserter
Gerät zur Einblendung der Senderkennung auf der Basis eines →Linear Key-Tricks, bevor das Signal zur Sendung verteilt wird.

Lolux
(JCV) System an →Kamerarecordern für Aufnahmen bei geringen Szenenbeleuchtungen. Erreicht wird dies durch eine hohe →Verstärkung und durch ein verändertes Ausleseverfahren im →CCD-Chip. Damit verbunden ist aber immer eine Reduzierung der Bildqualität durch höheres →Bildrauschen und Unschärfe.

Longitude
engl. →Längengrad. *Ggs.* →Latitude.

Longitudinal
engl. Längsrichtung. Meist entlang der Bandkante eines →Magnetbandes.

Longitudinalköpfe
engl. Längsrichtung. Beschreibt die →Magnetköpfe für die Aufzeichnung von Audio-, →Time Code- und →Steuerspursignalen auf parallel zur Bandkante liegenden Spuren eines →Magnetbandes.

Longitudinalspuren
engl. Längsrichtung. Beschreibt die parallel zur Bandkante liegenden Spuren eines →Magnetbandes für die Aufzeichnung von Audio-, →Time Code- und →Steuerspursignalen.

Longitudinal Time Code
engl. →LTC.

Longplay
Sonderausführung einiger professioneller →MAZ-Maschinen und einiger Consumer-Geräte. Erreicht mit halber Bandgeschwindigkeit doppelte Laufzeit bei geringerer →Videofrequenzbandbreite bzw. geringerem →Störspannungsabstand.

Loop Thru
amerik. Loop Through. →Durchschleiffilter.

Lossless Compression
engl. →Verlustfreie Datenkompression. *Ggs.* →Lossy Compression.

Lossy Compression
engl. Verlustbehaftete →Datenkompression, im Wortsinne also eine →Datenreduktion. *Ggs.* →Lossless Compression.

Loudness
engl. Lautstärke. Anhebung der Tiefen und Höhen bei geringen Abhörlautstärken. →Kurven gleicher Lautstärke.

Low
In der →Digitaltechnik einer der beiden möglichen logischen Zustände eines →Bits.

Low Band
→U-matic Low Band-Format.

Low Contrast-Filter
engl. →Effektfilter, der den Kontrast durch die

Überstrahlung hellerer Bildteile vermindert. Hauttöne wirken weicher, Farben blasser.

Low Key
engl. Beleuchtungsart, bei der hohe Kontraste bestehen bleiben oder durch Beleuchtung erzeugt werden. Dunkle Bildpartien überwiegen, die Belichtung erfolgt auf die hellsten Partien, oft auf die Hauttöne. Anwendungsbereiche sind stimmungsvolle bis dramatische Situationen. →High Key, →Very Low Key.

Low Level
Das →MPEG-2-Verfahren unterscheidet vier Bildformate. Der sogenannte Low Level läßt maximal 352 Bildpunkte pro Zeile, 288 Zeilen und eine →Bildwechselfrequenz von 25 →Vollbildern pro Sekunde zu.

Low Light
engl. Unterbelichtung. Anzeige in →Suchermonitoren einiger →elektronischer Kameras. Indikation erfolgt unabhängig vom Bildinhalt und ist damit nicht brauchbar.

Low Power-Satellit
engl. →Fernmeldesatellit.

LP
Abk. 1.) Langspielplatte. *2.) engl.* Low Pass. →Tiefpaß. *3.) engl.* Longplay. Funktion von Video- oder DAT-Recordern, mit verminderter Bandgeschwindigkeit und Qualität über eine längere Spieldauer Aufzeichnungen zu machen.

LPASS
engl. Abk. Low Pass. →Tiefpaß.

LPF
engl. Abk. Low Pass Filter. →Tiefpaß.

LplFu
Abk. (Telekom) Leitplatz Funk.

LS
Abk. Lautsprecher.

LSB
engl. Abk. Least Significant Bit. Niederwertigstes, in einer Bit-Kette am weitesten rechts stehendes →Bit eines Bytes. *Ggs.* →MSB.

LSI
engl. Abk. Large Scale Integration. →Integrierte Schaltung mit hoher Dichte elektronischer Schaltkreise, die eine Vielzahl von Funktionen auf kleinster Fläche ermöglichen.

LTC
engl. Abk. Longitudinal Time and Control Code. →Time Code, der als Audiosignal auf eine →longitudinale →Audiospur eines →MAZ-Bandes aufgezeichnet wird. Wird bei Bandgeschwindigkeiten unter 1/10 der Normalgeschwindigkeit nicht mehr sicher ausgelesen, ist aber bei Normalbetrieb und beim Umspulen verwendbar. Bei Kopierung ist eine →Regenerierung des Time Codes erforderlich. Der LTC ist nachträglich aufzeichenbar. Aufzeichnung auch auf Tonbänder oder →Magnetfilme zur Synchronisation mit einem →MAZ-Band.

LTD
Abk. →Longitudinal.

Ltg.
Abk. →Leitung.

Lum
Abk. Luminanz. Helligkeit.

Luma Key
Ugs. Abk. für →Luminanz Key.

Lumen
Einheit des →Lichtstroms.

Luminance
engl. Luminanz. Helligkeit.

Luminanz
Helligkeit.

Luminanzbandbreite
Abstand der tiefsten von der höchsten →Frequenz des Helligkeitsanteils eines zu übertragenden Videosignals.

161

Luminanz Key
engl. Helligkeits-Stanztrick. Kombiniert zwei Videobilder mit Hilfe eines schwarzweißen →Stanzsignals, das z.b. von einer Kamera aufgenommen wird. Die weißen Bildteile des Stanzsignals werden mit dem Bildinhalt des ersten Videobildes, die schwarzen Bildteile mit dem Bildinhalt des zweiten Videobildes ausgefüllt. Größe, Form und Position des Stanzsignals lassen sich nur mit Hilfe der Kamerabewegung verändern. →Linear Key.

Luminanzpegel
Helligkeitspegel. →Videopegel.

Luminanzsignal
Videosignal, das nur die Helligkeitsinformation enthält.

Lux
Einheit der →Beleuchtungsstärke.

LV
engl. Abk. Laservision. →CAV-Bildplatte, →CLV-Bildplatte.

LW
Abk. →Langwelle.

LWL
Abk. Lichtwellenleiter. →Lichtleiterübertragung.

lx
Abk. Lux. Einheit der →Beleuchtungsstärke.

µ
Abk. →Mikro.

m
Abk. →Milli.

M
Abk. 1.) →Mega. 2.) →Mired-Wert.

M II-Format
→Komponenten-MAZ-Format, das auf ½ →Zoll breites →Reineisenband ein Videosignal von 5 →MHz →Videofrequenzbandbreite, zwei Tonsignale →longitudinal, zwei →FM-Tonspuren und den →Time Code aufzeichnet. Die maximale Spieldauer beträgt 90'. Das →Betacam SP-Format basiert zwar auf der gleichen Technik, ist aber nicht kompatibel.

M III-Format
† Frühere, übergangsweise Bezeichnung des →D3-MAZ-Formats.

MA
Abk. →Magenta.

MACP
engl. Abk. →Motion Adaptive Colour Plus.

Macro
engl. →Makro.

MAC-Verfahren
engl. Abk. Multiplexed Analogue Components. Übertragung der einzelnen analogen →Komponentensignale innerhalb einer →Fernsehzeile. Dabei werden die Helligkeits- und Farbanteile unterschiedlich stark komprimiert. Vermeidet gegenüber einem →PAL-codierten Signal →Cross Colour- und →Cross Luminance-Störungen. Darüberhinaus eignet es sich wegen seines geringeren Störverhaltens besser für eine →Satellitenübertragung als das PAL-Signal. Zusätzlich verbesserte Tonübertragung durch digitale Tonkanäle. →D-MAC, →D2-MAC.

MAG
engl. Abk. Magnifier. Lupe. Dehnung z.B. der →2H-Darstellung eines Oszilloskops, um z.B. die →Horizontalphasenlage einzustellen.

Magenta
→Mischfarbe aus den →Grundfarben Blau und Rot. Auch Purpur genannt.

Magnetband
Eine mit magnetischen Partikeln beschichtete Kunststoffolie aus Polyester oder Polyvinylchlorid. →Chromdioxid-Band, →Oxidband, →Reineisenband. →MAZ-Formate, →Tonband-Formate.

Magnetbandbreite
Die physikalischen Breiten der verschiedenen →Magnetbänder in Zenti- oder Millimetern sind unter den jeweiligen →MAZ-Formaten und →Tonbandformaten angegeben.

Magnetfilm
Perforiertes →Magnetband, 16mm, 17,5mm oder 35mm breit, zur synchronen Aufzeichnung, Wiedergabe und Tonnachbearbeitung im →Zweibandverfahren parallel zum →Bildfilm. Auch Perfo oder Cord genannt. Während der 16 und 17,5mm breite Film im allgemeinen zwei →Tonspuren aufweist, werden beim 35mm Film 8 Tonspuren verwendet.

Magnetic Cord
engl. →Magnetfilm.

Magnetische Ablenkung
Die Abweichung zwischen dem geographischen und dem magnetischen Nordpol der Erde. Der magnetische Nordpol verändert sich über die Jahre. Diese Abweichung muß für eine exakte Bestimmung des geographischen Nordpols mit einem Kompass verrechnet werden.

Magnetkopf
Magnetköpfe dienen zur Aufzeichnung elektrischer Signale auf ein →Magnetband. Sie bestehen aus einem ringförmigen Magneten mit einem sehr kleinen Spalt. Wird ein elektrisches Signal auf eine um den Magnetkopf gewickelte Spule gegeben, treten am Kopfspalt magnetische Kräfte aus, die das vorbeiziehende Magnetband entsprechend magnetisieren. Die Köpfe unterscheiden sich je nach Aufgabe (Aufnahme, Wiedergabe oder Löschen) und nach den aufzuzeichnenden Informationen (Video-, Audio-, →Time Code oder digitale Daten).

Magneto Optical Disk
engl. Abk. Mehrfach beschreibbare, magnetisch-optische →Diskette, die gegenüber herkömmlichen, rein magnetischen →Festplatten eine langsamere Zugriffszeit hat. Beim Beschreiben erhitzt ein →Laserstrahl den Bereich eines einzelnen →Bit, das dann, je nach Information, in einer Richtung magnetisiert wird. Beim Lesen wird die →Polarisationsebene des abtastenden Laserstrahls durch einen physikalischen Effekt abhängig von der gespeicherten Information geändert.

Magnetrandspur
Magnetische Spur eines →16- oder →35mm →Bildfilms, der die Toninformation trägt.

Main Frame
engl. Das Main Frame z.B. eines →Bildmischpultes enthält die eigentliche Elektronik bzw. die Rechnertechnik. Die Mainframes verschiedener Geräte befinden sich in einem Gestellschrank und dieser - in größeren Studiokomplexen - in einem Geräteraum. Die Bedienung erfolgt über ein an das Mainframe angeschlossenes Bediengerät, das im Falle des Bildmischpultes im Regieraum untergebracht ist.

Main Level
Das →MPEG-2-Verfahren unterscheidet vier Bildformate. Der sogenannte Main Level läßt maximal 720 Bildpunkte pro Zeile, 576 Zeilen und dabei eine →Bildwechselfrequenz von 25 →Vollbildern pro Sekunde zu.

Main Profile
engl. Das →MPEG-2-Verfahren unterscheidet fünf Untergruppen, sogenannte Profiles. Das Main Profile wird für die Codierung bei der Ausstrahlung digitaler Fernsehsignale verwendet.

Mains
engl. Stromversorgung aus der Steckdose.

Makro
→Zoomobjektive im Video- oder Filmbereich sind meist zusätzlich mit einem sogenannten Makroring ausgestattet. Wird das Objektiv im Weitwinkelbereich betrieben, lassen sich mit dieser Makroeinstellung Gegenstände bis annähernd an die Frontlinse des Objektivs scharf abbilden.

Makroobjektiv
→Festobjektiv, bei dem die Einstellung der Schärfe im extremen Nahbereich möglich ist.

Manual
engl. 1.) Handbuch. *2.)* Manuell.

Margin
engl. Reserve.

Mark In
engl. Beginn eines →elektronischen Schnitts.

Mark Out
engl. Ende eines →elektronischen Schnitts.

Maske
→Stanzsignal.

Master-Band
engl. →Schnittband. Auch zur Herstellung von Massenkopien, z.B. auf Kassetten des →VHS-Formats.

Master Clip
engl. Beim →nichtlinearen Schnitt ergibt jeder während des →Loggings ausgesuchte Teil des Originalmaterials nach der Überspielung vom →MAZ-Band auf die →Festplatte eine organisatorische Einheit: den Master Clip. Dieser hat einen direkten →Time Code-Bezug zum Original. Ein Master Clip besteht aus einem →Media File für das Bild und einem oder mehreren Media Files für die Töne. →Sub Clip.

Master Gain
Gesamte →Verstärkung des Bildsignals an elektronischen Kameras.

Mastering
engl. Eingedeutschter Begriff: Mastern. Herstellung eines Ausgangsproduktes für die Fertigung von Massenkopien, z.B. Kassetten des →VHS-Formats oder Audio-→CDs.

Master-Maschine
engl. Aufzeichnungsmaschine beim →elektronischen Schnitt. *Ggs.* →Slave-Maschine.

Master Pedestal
engl. Gesamter →Schwarzwert bei der →Aussteuerung elektronischer Kameras.

Match Frame Edit
engl. →Pseudoschnitt.

Matching
engl. Farbangleich. Durch →Streulicht und unterschiedliche Blickwinkel kommt es bei Produktionen mit mehreren Kameras trotz ausgeführtem →Weißabgleich zu Unterschieden in der Farbwiedergabe. Daher müssen die dunklen und hellen Bildteile aller Kameras während einer Produktion laufend farblich einander angeglichen werden. Nicht zu verwechseln mit der →Farbkorrektur oder dem Abgleich der Kameras vor der Sendung.

Matrix
1.) Teil eines Coders für die →PAL-Codierung der RGB-Signale. Die Matrix bestimmt die Farbtreue bei der Erstellung des Farbbildes aus den einzelnen Farbkanälen Rot, Blau und Grün. *2.)* Gerät zur Zusammenfassung und Verteilung ankommender und abgehender Tonleitungen, meist zu Kommandozwecken.

Matrizierung
Aus den →Farbwertsignalen Rot, Grün und Blau werden die →Farbdifferenzsignale B-Y und R-Y und das →Luminanzsignal Y errechnet.

Matte
engl. →Farbflächengenerator.

Matte Box
→Kompendium.

MAUS
Abk. →MAZ-Ausgang.

Maximale Lichtempfindlichkeit
Elektronische Kameras haben eine maximale →Lichtempfindlichkeit von Blende 11 bei 2.000 →Lux. Diese Empfindlichkeit läßt sich durch →elektronische Verstärkung elektroni-

scher Kameras um etwa zwei →Blenden ohne Verlust der Bildqualität erhöhen. Darüber hinaus lassen sich durch eine extreme Verstärkung des Bildes um den Faktor 60 noch Bilder bei nahezu völliger Dunkelheit erzielen, wobei die Bildqualität allerdings sehr leidet. Ein moderner →Negativfilm hat eine maximale Empfindlichkeit von →ISO 500/28°. →Umkehrfilm gleicher Empfindlichkeit läßt sich noch um bis zu drei →Blendenstufen forciert entwickeln.

Maximal-Pegel des FBAS-Signals
→Videopegel.

MAZ
Abk. Magnetische Bildaufzeichnung. Aufzeichnung von Bild- und Tonsignalen. →MAZ-Band, →MAZ-Maschine.

MAZ-Band
Abk. →Magnetband für eine magnetische Bildaufzeichnungsmaschine. Mit magnetischen Partikeln beschichtete Kunststoffolie aus Polyester oder Polyvinylchlorid. →Chromdioxid-Band, →Frischband, →Löschband, →Oxidband, →Reineisenband. →Rückseitenbeschichtung.

MAZ-Bearbeitung
Zur MAZ-Bearbeitung zählen u.a. folgende Arbeitsgänge: →Linearer Schnitt, Kopieren, →Farbkorrektur, Korrektur von Bild- oder Tonfehlern, →Tonmischung.

MAZ-Formate
Abk. Magnetaufzeichnungsformate für die Aufzeichnung von Videosignalen. →Direct Colour-MAZ-Formate: →B-Format, →C-Format, →Quadruplex-Format. →Colour Under MAZ-Formate: →U-matic High Band-Format, →U-matic Low Band-Format, →U-matic SP-Format, →Betamax-Format, →Video 2000-Format, →VCR-Format, →VHS, →S-VHS-Format, →Video 8-Format, →Hi 8-Format. →Komponenten-MAZ-Formate: →Betacam-Format, →Betacam SP-Format, →Lineplex-Format, →M II-Format, →W-VHS-Format. Digitale MAZ-Formate: →D1-Format, →D2-Format, →D3-Format, →D5-Format, →D6-Format, →D8-Format, →D9-Format, →D10-Format, →D16-Format, →DCT-Format, →Digital Betacam, →DVCPRO-Format, →DVCPRO50-Format, →DVCAM-Format, →Betacam SX-Format, →D-VHS-Format, →DV-Format.

MAZ-Generationen
Das Original einer Magnetaufzeichnung ist die erste Generation, eine Kopie davon die zweite, eine Kopie von dieser die dritte Generation. Bei analogen →MAZ-Formaten vermindert sich die Bild- und Tonqualität mit jeder Generation. Das Generationsverhalten ist daher ein wichtiges Qualitätsmerkmal analoger Systeme. Ein wesentlicher Vorteil digitaler MAZ-Formate ist die weitgehend gleichbleibende Qualität, auch bei mehreren Generationen. Bei welcher Generationenzahl die Bildqualität sichtbar schlechter wird, hängt vom verwendeten MAZ-Format sowie vom Bildinhalt ab.

MAZ-Maschine
Abk. Magnetaufzeichnungsmaschine. Gerät zur Aufzeichnung und/oder Wiedergabe von Audio- und Videosignalen. Es gibt unterschiedliche →MAZ-Formate.

MAZ-Schnitt
→Linearer Schnitt.

MAZ-Start
→0-Sekunden Start. ·1-Sekunden-Start.

MAZ-Wagen
Fahrzeug mit eingebauter Technik für die Aufzeichnung von Fernsehproduktionen. Mögliche Ausstattung: mehrere →Player und →Recorder. *Ggf.* sind Möglichkeiten für den →elektronischen Schnitt und für →Slow Motion vorhanden.

MB
engl. Abk. *1.)* →MByte. *2.)* Mixed Blanking. →Austastimpulse.

165

MBaud
Einheit der Datenmenge in Millionen →Bit/Sekunde.

MBit
Abk. Mega-Bit. 1.048.576 →Bit.

MBL
Abk. Magnetbandläufer. →Cordläufer.

MByte
engl. Abk. Mega-Byte, entspricht 2^{20} Bytes = 1.048.576 →Bytes. Auf ein MByte kann etwa ein Bild aufgezeichnet werden.

MC
Abk. Musik-Cassette, Musik-Kassette.

MCP
engl. Abk. (Philips DVS) Master Control Panel. Kontrollgerät, mit dem alle Einstellungen an einer →Studiokamera sowohl meß- als auch betriebstechnisch vorgenommen werden. Das MCP ist über eine Steuerleitung mit der →Basisstation der Kamera verbunden. →OCP.

MCPC
engl. Abk. Multi Channel Per Carrier. Gebräuchliches Verfahren bei der Aussendung digitaler Fernsehprogramme durch →DVB, bei dem mehrere digitale Bild- und Tonkanäle auf einer →Trägerfrequenz übertragen werden. *Ggs.* →SCPC.

MCR
engl. Abk. Master Control Room. →Senderegie.

MD
engl. Abk. →Minidisc.

MDF
engl. Abk. Modify. Ändern.

ME
Abk. Mix-Effekt. Mix-Effekt-Ebene. Überblend- und Trickstufe eines →Bildmischpultes.

Mean Value
engl. Mittelwert.

ME-Band
engl. Abk. Metal Evaporated. Metallband. →Reineisenband.

Mechanischer Schnitt
Ein mechanischer Schnitt war nur beim →Quadruplex-MAZ-Format technisch richtig möglich, da dort die →Videospuren fast senkrecht aufgezeichnet werden. Bei heutigen →MAZ-Formaten ist dies aufgrund der schrägen Spurlage nicht mehr möglich, ohne daß Störungen auftreten. Daher wird ein mechanischer Schnitt nur dort verwendet, wo ein Band gerissen ist und möglichst viel Programmaterial durch eine Überspielung gerettet werden soll.

Media File
Beim →nichtlinearen Schnitt ein Datensatz, der entweder aus Ton- oder Bilddaten oder aus einem berechneten Effekt besteht. →Master Clip.

Medium Power-Satellit
engl. In Bezug auf die Sendeleistung und Größe der zum Empfang notwendigen Antennen liegen die Medium Power-Satelliten zwischen den →Fernmelde- und →Rundfunksatelliten. Bestimmungsmäßig zählen sie zu den Fernmeldesatelliten. Der Empfang ist somit genehmigungspflichtig.

Medium Shot
engl. Halbtotale Einstellung. →Einstellungsgröße.

Mega
Millionenfaches. *Abk.* M.

Megahertz
1.000.000faches von →Hertz. *Abk.* MHz.

Mehraderkabel
Verbindungsleitung, bestehend aus vielen einzelnen Adern. *1.)* Übermittlung der Stromversorgung, Video- und Tonsignale sowie

Steuerinformationen zwischen einer elektronischen Kamera und einer →CCU. *Ggs.* →Triaxkabel. *2.)* Übermittlung mehrerer Tonleitungen bzw. Videoleitungen zwischen der Regie/Technik und Bühne bzw. Studio. *3.)* Anschluß mehrerer →Scheinwerfer an →Dimmer über ein Mehraderkabel.

Mehrkamera-Produktion
→Zwei-Kamera-Produktion.

Mehrkanalton
Die Aussendung mehrerer Tonkanäle. Über Mehrkanalton können z.B. stereofone oder mehrsprachige Programme gesendet werden. Beim Fernsehempfänger kann unter dem gesendeten Angebot z.B. die Auswahl eines Sprachkanals vorgenommen werden.

Mehrnormenempfänger
Fernsehgerät, das sowohl Programme im →PAL-Verfahren als auch im →SECAM-Verfahren und →NTSC-Verfahren wiedergeben kann. Obwohl es sich dabei nicht um unterschiedliche →Fernsehnormen, sondern um →Farbcodierverfahren handelt, werden diese Geräte *ugs.* Mehrnormengeräte genannt. Die Wiedergabe der verschiedenen Fernsehnormen stellt für ein Fernsehgerät prinzipiell keine Schwierigkeit dar.

Mehrspurmaschine
→Mehrspurtonbandmaschine.

Mehrspur-Tonbandformate
→16-Spur, →32-Spur.

Mehrspurtonbandmaschine
Tonbandgerät mit einem mehr oder weniger breiten →Magnetband zur Aufnahme von 8, 16, 24 oder 32 analogen oder digitalen →Tonspuren. →16-Spur, →32-Spur.

Meldeleitung
Fernsprechleitung mit einer maximalen →Audiofrequenzbandbreite von 300 bis 3400 →Hz für Gespräche vor und/oder während einer Fernseh-Übertragung. Kann als →2-Draht- oder →4-Draht-Meldeleitung geschaltet werden.

Merkspur
→Cue-Spur.

ME SECAM
Fähigkeit herkömmlicher Consumer-Videorecorder, Programme des z.B. in Frankreich verwendeten →SECAM-Verfahrens SECAM B und G aufzuzeichnen und diese auf einem →PAL-Fernsehgerät wiederzugeben. Die Bildqualität hängt dabei vom Fernsehgerät und dem darin verwendeten →Decoder ab.

Meßton
→Pegelton.

MESZ
Abk. Mitteleuropäische Sommerzeit. Liegt zwei Stunden nach der koordinierten Weltzeit, der →UTC. Die Sommerzeit beginnt am letzten Sonntag des Monats März und endet am letzten Sonntag des Monats Oktober. Die MESZ wurde 1978 eingeführt. Im *Ggs.* dazu gilt die →MEZ in Deutschland im Winter und liegt eine Stunde nach der UTC.

Metadaten
Daten, die Informationen über andere Daten enthalten. So enthalten Metadaten z.B. von Videomaterial Informationen über Ursprung und Inhalte. Auch der →Time Code oder die →User Bits sind Metadaten.

Metallband
→Reineisenband.

Metallhalogenlampe
→HMI-Licht.

MEZ
Abk. Mitteleuropäische Zeit. Liegt eine Stunde nach der Weltzeit, der →UTC. Die MEZ gilt in Deutschland im Winter, die →MESZ im Sommer.

MF
engl. Abk. Medium Frequency. Mittlere →Frequenzen.

M-Format
† →Komponenten-MAZ-Format, das auf Kassetten mit ½ →Zoll breitem →Oxidband aufzeichnete. Vorläufer des →M-II-Formats. Gelangte nicht zur Marktreife.

MG
Abk. →Magenta.

MHz
Abk. Megahertz. 1.000.000faches von →Hertz.

Mic
engl. Abk. Microphone →Mikrofon.

Micro lenses
engl. Miniaturlinsen. →Lens on Chip.

MIDI
engl. Abk. Musical Instrumental Digital Interface. Genormte Schnittstelle für die Übertragung digitaler Daten zwischen elektronischen Musikinstrumenten wie z.B. →Keyboards, →Synthesizern, →Sequenzern sowie Computern mit →Software zum Arrangement von Musikstücken und →Tonmischpulten. Dabei werden nicht die Töne selbst, sondern nur Beschreibungen z.B. der Tonhöhe, Tondauer, des Anschlags etc. zu denjenigen Geräten übermittelt, die den endgültigen Klang erzeugen.

Mikro
1.) Abk. Mikrofon. *2.)* Millionstel. *Abk.* µ.

Mikrofon
System zur Wandlung von Schall in elektrische Signale, bestehend aus einer Membran und einem Gehäuse. Die Bauform des Gehäuses bestimmt die →Richtcharakteristik des Mikrofons. →Drahtloses Mikrofon, →Druckempfänger, →Druckgradientenempfänger, →dynamisches Mikrofon, →Elektretmikrofon, →Grenzflächenmikrofon, →Interferenzempfänger, →Originalkopfmikrofon, →Kameramikrofon, →Kondensatormikrofon.

Mikrofonangel
→Tonangel.

Mikrofoncharakteristik
→Richtcharakteristik.

Mikrofonempfindlichkeit
Angabe ab welchem →Schalldruck ein →Mikrofon anspricht. →Kondensatormikrofone sind empfindlicher als →dynamische Mikrofone.

Mikrofongalgen
→Tongalgen.

Mikrofonie
Störeffekt an Röhrenkameras, wenn die →Aufnahmeröhren durch starke Schallwellen, wie z.B. laute Musik, in Schwingungen versetzt werden. Es entstehen helle, horizontale, wandernde Linien.

Mikrofonspeisung
→Phantomspeisung, →Tonaderspeisung.

Mikrofonspinne
System zur Befestigung von Mikrofonen an Stativen oder an einer →Tonangel, bei dem kaum →Körperschall zum Mikrofon übertragen wird.

Mikroport
(Sennheiser) Beschreibung einer Mikrofonanlage, bestehend aus mehreren →drahtlosen Mikrofonen und einer dazu gehörenden Empfangsanlage und einem Antennensystem. Wird *ugs.* auch manchmal für ein drahtloses Mikrofon selbst verwendet.

Mikroprozessor
Zentrale Recheneinheit eines Computers oder eines computergesteuerten Systems.

Mikroskopadapter
Verbindung zwischen einem Mikroskop und einer →elektronischen Kamera oder einer Filmkamera für Mikroskopaufnahmen.

Mikrowellenstrahlung
Die Mikrowellenstrahlung ist der Teil der →elektromagnetischen Strahlung zwischen

dem →UHF-Band und dem →sichtbaren Licht. Dieser →Frequenzbereich wird z.B. für die →Richtfunk- und für die →Satellitenübertragung genutzt. Der Name hat seinen Ursprung in der →Wellenlänge dieser Strahlung, die aber im Falle der Satellitenübertragung etwa 2 cm beträgt. Mikrowellenstrahlung ist bei direkter Einstrahlung und großer Energiemenge gesundheitsgefährdend.

Milli
Tausendstel. *Abk.* m.

Min.
Abk. Minuten

Minidisc
Speichermedium digitaler Audio- und Computerdaten auf optischem Wege nach dem Prinzip einer →Compact Disk mit einem Durchmesser von 64mm. Die Abtastfrequenz beträgt 44,1 →kHz. Maximale Spieldauer eines Stereoprogramms 74'. Die Aufzeichnung geschieht mit →ATRAC, einem Verfahren zur →Datenreduktion.

Mini-Flo
(Kinoflo) Dimmbares, weiches Licht aus →Leuchtstoffröhren von 15-23cm Länge, die mit einer Spannung von 12 →Volt aus einem →Vorschaltgerät oder →Akku betrieben werden. Es stehen Röhren mit einer →Farbtemperatur von 3.200 oder 5.400 Kelvin zur Verfügung. →Kino-Flo.

Minitel
franz. →Bildschirmtext.

Minuskonverter
Optischer Konverter an →Objektiven für →formatumschaltbare Kameras, der die →Brennweite etwa um den Faktor 0,7 verkürzt. Wird bei Objektiven für Kameras eingesetzt, die im 4:3-Betrieb das →CCD-Chip nur zum Teil ausnutzen und damit ohne Minuskonverter eine größere Anfangsbrennweite aufweisen. Kameras, die bei der Umschaltung den horizontalen Bildwinkel beibehalten, benötigen keinen Ratio Converter für den Erhalt der Anfangsbrennweite.

Mired
engl. Abk. Micro Reciprocal Degrees. Die Miredwerte, genauer der Mired-Verschiebungsfaktor, gibt die durch →Konversionsfilter bewirkte Verschiebung der →Farbtemperatur an. So entspricht z.B. die Wirkung eines Voll-Orangefilters von 6.500 auf 3.200 Kelvin einem Miredwert von +159.

Misc
engl. Abk. Miscellaneous. Verschiedenes, vermischtes.

Mischeffekte
→Abblende, →Aufblende, →Ausblenden, →Einblenden, →Schwarzblende, →Schiebeblende, →Überblenden.

Mischen
→Bildmischung, →Tonmischung.

Mischfarben
Die Farben →Gelb, →Cyan und →Purpur, die sich durch →additive Farbmischung aus jeweils zwei →Grundfarben ergeben.

Mischlicht
Beschreibung einer Lichtsituation, die aus mehreren Lichtquellen unterschiedlicher →Farbtemperatur besteht. Meist handelt es sich um eine Mischung aus →Kunstlicht und →Tageslicht.

Mischplan
Plan, der die verschiedenen Tonereignisse synchron zur fortschreitenden Beitragszeit protokolliert. Für jede →Tonspur wird angegeben, wann und wie ein Tonereignis für die nachfolgende →Tonmischung angelegt wurde. Beim →linearen Schnitt muß der Mischplan von Hand geschrieben werden. Beim →nichtlinearen Schnitt wird er grafisch angezeigt, kann ausgedruckt oder für die nachfolgende Tonmischung in die →Audioworkstations übernommen werden.

Mischproduktion
Programme, die auf unterschiedlichen Trägern wie Film und →MAZ-Band entstehen.

Mischpult
→Bildmischpult, →Tonmischpult.

Mischung
1.) →Bildmischung. *2.)* →Tonmischung.

Mithören
Hören eines Audioprogramms zu Informationszwecken. *Ggs.* →Abhören.

Mithörleitung
Tonleitung zur Übertragung eines Programms zu Informationszwecken.

Mitschnitt
Aufzeichnung einer →Livesendung oder eines laufenden Programms. →Sicherheitsmitschnitt.

Mitteltöner
Lautsprecher, der Frequenzen zwischen 1.000 und 5.000 →Hz abstrahlt. Dabei handelt es sich dann um eine 3-Wege-Lautsprecherbox. →Tieftöner, →Hochtöner.

Mittelwelle
Frequenzbereich zwischen 300 und 3.000 →Hz zur →terrestrischen Übertragung von Hörfunkprogrammen. Die Verbreitung geschieht über bodennahe Wellen, abends steigt die Reichweite durch die Reflexion der Wellen an der Ionosphäre.

Mittenmarkierung
Elektronische Markierung der Bildmitte durch ein Fadenkreuz im Suchermonitor einer →elektronischen Kamera.

Mix
engl. →Mischung, →Überblendung.

Mix Down
engl. →Abmischen.

Mixed Blanking
engl. →Austastimpulse.

Mixed Mode CD
engl. →CD-ROM, die gleichzeitig Computer- und Audiodaten enthält.

Mixed Syncs
engl. →Synchronimpulse.

Mix-Effekt-Ebene
Teil des Bildmischpultes für Misch- und Trickeffekte. Eine Mix-Effekt-Ebene kann eine →Überblendung oder →Mischung von Videobildern mit den Trickmöglichkeiten →Standardtrick, →Luminanz Key, →Linear Key oder →Chroma Key kombinieren. So kann z.B. ein Chroma Key mit wechselndem Hintergrund das Ergebnis einer Mix-Effekt-Ebene sein. Bildmischpulte für die Nachbearbeitung weisen in der Regel 1½ Ebenen auf, bei der die „halbe" Ebene das Ergebnis der vorgelagerten kompletten Ebene z.B. noch einmal mit einer →Abblende versehen kann. Bildmischpulte für den Sendebetrieb müssen die Effekte „live" erstellen und sind daher meist mit 2-3 vollständigen Ebenen ausgestattet. *Ggs.* →Layer-orientierte Bildmischpulte.

Mixer
engl. →Tonmischpult.

Mix Minus
engl. →n-1.

MJPEG-Verfahren
engl. Abk. →Motion-JPEG-Verfahren.

Ml
Abk. (Telekom) →Meldeleitung.

ML
engl. Abk. →Main Level.

MO
engl. Abk. →Magneto Optical Disk.

Mobiler Schnittplatz
→Lineares Schnitt-System aus →Player, →Recorder, kleinem →Tonmischpult und zwei Monitoren. Dabei wird das eingebaute →Schnittsteuergerät des →schnittfähigen Recorders benutzt. Damit sind nur →Hartschnitte möglich. In der Verbindung mit neueren →digitalen MAZ-Formaten sind auch →Laptop-Editoren möglich.

Mobilfunk
Die Netze D1 (Rufnummern 0170, 0171, 0175) und D2 (Rufnummern 0172, 0173 und 0174) verwenden den GSM 900-Standard und neuerdings auch den DSC 1800-Standard. Die Netze E1 und E2 (Rufnummern 0177, 0178 und 0179) verwenden den DCS 1800-Standard. Will man bei D1 und D2 alle Frequenzen nutzen und/oder in allen Netzen telefonieren, benötigt man ein Dualband-Handy. In den USA wird der Standard GSM 1900 verwendet, der ebenfalls mit Dualband- oder auch Tripleband-Handys erreichbar ist. In allen Netzen kann eine Datenübertragung mit maximal 9,6 →kBit/Sekunde erreicht werden. Fest eingebaute Mobilfunkgeräte - mit größerer Leistung als Handys - werden für die Übermittlung von →Kommandoverbindungen und →n-1-Signalen mit jedoch eingeschränkter Tonqualität genutzt. Die Mobilfunkfrequenzen können Störungen z.B. in Tonleitungen verursachen. →UMTS.

Mod.
Abk. 1.) →Modulation. *2.)* →Modulator.

MOD
engl. Abk. 1.) →Magneto Optical Disk. *2.)* Minimum Object Distance. Minimaler Abstand zwischen der →Abbildungsebene oder dem Objektiv und dem aufzunehmenden Motiv.

Mode
engl. Betriebsart.

Modem
Kunstwort aus →Modulator und →Demodulator.

Mode Selector
engl. Betriebsartenschalter.

Modl
Abk. (Telekom) →Modulationsleitung.

Modulation
allg. Umformung. *1.)* Tonmodulation. *Ugs.* Tonsignal. *2.)* →Modulationsverfahren.

Modulationsfrequenz
Die eigentlich zu übertragende Frequenz, mit der bei der →Frequenzmodulation die →Trägerfrequenz moduliert wird. Bei einer Bildübertragung also die →Videofrequenz.

Modulationsleitung
Dauernd überlassene Leitung von einem Studio zu einem oder mehreren Sendern.

Modulationstiefe
Prozentuales Verhältnis zwischen den beiden Signalamplituden, die eine →elektronische Kamera bei der Abtastung von schwarzweißen Testbalken von 5 und 0,5 →MHz erreicht. Dient zur Kontrolle der →objektiven Schärfe und der →Kantenkorrektur.

Modulationsverfahren
Verfahren zur Übertragung elektronischer Informationen. Dabei ergeben sich nach der Modulation meist Vorteile wie z.B. geringere Anfälligkeit auf Übertragungsfehler oder eine geringere →Übertragungsbandbreite. Analoge Modulationsverfahren: →Amplitudenmodulation, →Frequenzmodulation. Digitale Modulationsverfahren: →COFDM, QAM, →QPSK.

Modulator
1.) allg. Gerät zur Umformung von Signalen.
2.) Gerät zur Umformung von Video- und Tonsignalen in ein →HF-Signal.

Moiré
franz. →Bildstörung, bei der ein Videosignal von feinen Strukturen überlagert ist. Wird z.B. durch →Cross Colour-Störungen verursacht.

Molton
Dicker, schwer entflammbarer Baumwollstoff zu Dekorationszwecken oder zur →Schalldämpfung.

Mom. Iris
engl. Abk. Momentary Iris. Aktiviert auf Tastendruck die →Blendenautomatik an →elektronischen Kameras.

Mon.
engl. Abk. →Monitor.

Monitor
engl. Überwachen. *1.)* Fernsehgerät ohne Empfangsteil zum Anschluß von Videosignalen. →Klasse 1 Monitor. *2.)* Lautsprecher für das →Abhören von Audioprogrammen.

Monitoring
engl. Kontrolleinheit für Audio- oder Videosignale.

Monitorkennlinie
→Kennlinie der Bildröhre.

Mono
Abk. 1.) Monophon. Einkanalige Tonübertragung. *2.)* →Monochrom.

Monobildung
Erstellen einer monofonen Fassung eines Tonprogramms vom stereofonen Original. Dieser Vorgang muß über ein →Tonmischpult geführt werden, damit keine unerwünschten Effekte auftreten.

Monochrom
Einfarbig. Schwarzweiß.

Monoknopf
Bedienteil bei der →Aussteuerung elektronischer Kameras. Durch eine Schiebebewegung kann die Blende, durch eine Drehbewegung der →Schwarzwert bedient werden. Durch Drücken wird eine →Videokreuzschiene angesteuert, die die betreffende Kamera auf einen Monitor und ein →Oszilloskop schaltet.

Monolith
(Grundig) Fernsehgeräte-Baureihe.

Monopolleitungen
(Telekom) Von der Telekom dauernd oder zeitweilig überlassene Leitungswege.

Morphing
engl. Formen. Effekt eines Grafikgerätes, der die Formwandlung eines Körpers in einen anderen Körper beschreibt, wie z.B. die Wandlung eines fahrenden Autos in ein laufendes Tier. →Bending.

MOS
Abk. „Mit ohne Sound". Without Sound. Ohne Ton, stumm.

Mosaic
engl. Mosaik-Effekt. →Digitaler Videoeffekt, bei dem das Videobild in Rechtecke definierter Größe aufgeteilt wird. Die Inhalte der Rechtecke sind auf nur einen Farb- bzw. Helligkeitswert reduziert. Die Erkennbarkeit des ursprünglichen Videobildes hängt von der gewünschten Anzahl der Rechtecke ab.

Motion Adaptive Colour Plus
engl. →Bewegungsadaptives verbessertes Farbverfahren. Der Motion Adaptive Colour Plus-Prozeß sorgt beim →PALplus-Verfahren für die Nutzung der vollen →Luminanzbandbreite von 5 →MHz und damit für die Übertragung von 16:9-Bildern mit einer gegenüber den 4:3-Bildern um 25% höheren Auflösung sowie für die Vermeidung der →Cross-Effekte. Im PALplus-Coder wird das Videosignal mit Hilfe eines Bildspeichers so vorgefiltert, daß bei der Decodierung der →Farbträger ohne einen Verlust der →Luminanzbandbreite gewonnen werden kann. Gegenüber der Filterung mit einem →Notch-Filter-Decoder in einem PAL-Empfänger vergrößert sich die →Luminanzbandbreite von etwa 3,7 auf 5 MHz. Das Colour Plus-Verfahren unterscheidet zwischen Filmbildern (Film-Mode) und Bildern →elektronischer Kameras (Kamera-Mode). Bei Filmbildern mit einer →Bewegtbildauflösung

von 25 →Hz werden die Zeilen der beiden Halbbilder bei der Vorfilterung kombiniert, bei Kamerabildern wird der bewegungsadaptive Teil der Schaltung aktiviert und die Filterung in den Halbbildern getrennt durchgeführt. Colour Plus kann auch bei der Aussendung von 4:3 Standard-PAL-Sendungen benutzt werden. Erst bei der Kombination von Colour Plus mit 16:9 wird das Ergebnis zu einer Sendung nach dem →PALplus-Verfahren.

Motion Blur
engl. Bewegungsunschärfe. Effekt z.B. an Grafikgeräten, bei dem aufeinanderfolgende Videobilder überblendet werden. Dadurch werden Bewegungen verwischt. →Blur.

Motion-JPEG-Verfahren
Standardisiertes Codierverfahren der →JPEG zur →Datenreduktion digitalisierter, farbiger Einzelbilder in Echtzeit. Basierend auf dem →JPEG-Verfahren berücksichtigt Motion-JPEG die Anwendung der Datenreduktion bei Bewegtbildern. →MPEG-Verfahren.

MP
engl. Abk. →Main Profile.

M-Parameter
Beschreibt den Abstand zwischen →P-Bildern innerhalb eines →MPEG-Datenstroms. →N-Parameter.

MP-Band
engl. Abk. Metal particle. Metallpartikelband. →Reineisenband.

M. PED.
engl. Abk. Master Pedestal. Gesamter →Schwarzwert bei der →Aussteuerung elektronischer Kameras.

MPEG
engl. Abk. Moving Picture Expert Group. Arbeitsgruppe, die sich mit der Normung von Verfahren zur →Datenreduktion von Bewegtbildern befaßt. →MPEG-1-Verfahren, →MPEG-2-Verfahren, →MPEG-4-Verfahren.

MPEG-1-Verfahren
engl. Abk. Von der →MPEG entwickeltes Verfahren zur →Datenreduktion digitalisierter, farbiger Bewegtbilder. Das Verfahren berücksichtigt Ähnlichkeiten aufeinanderfolgender Bilder. Dabei werden in einer bestimmten Reihenfolge komplette datenreduzierte Bilder und durch Bildvergleich vorhergesagte Änderungen übertragen bzw. gespeichert. Gegenüber dem →MPEG-2-Verfahren ist die Bildqualität stark eingeschränkt. Die maximale →Datenrate beträgt 1,5 →MBit/Sekunde. Wird z.B. für →Bildtelefone eingesetzt.

MPEG-2-Verfahren
engl. Aufbauend auf das →MPEG-1-Verfahren berücksichtigt MPEG-2 die speziellen Eigenschaften des Videosignals. MPEG-2 ist die Grundlage zukünftiger Standards zur →Datenreduktion bei der Übertragung und Ausstrahlung digitaler Fernsehprogramme. Für unterschiedliche Anforderungen gibt es verschiedene Qualitätsstufen von MPEG-2, die in sogenannte Levels und Profiles unterteilt sind. Nur bestimmte Kombinationen von Levels und Profiles sind definiert. Dabei ist eine Reduktion der →Datenrate bis 100:1 möglich. Die maximale Datenrate beträgt 15 →MBit/s. →Low Level, →Main Level, →High 1440 Level, →High Level. →Simple Profile, →Main Profile, →SNR-Profile, →Spatial Profile, →High-Profile, →4:2:2 P@ML.

MPEG-3-Verfahren
engl. Abk. Von der →MPEG ursprünglich entwickeltes Verfahren zur →Datenreduktion von →HDTV-Bildern. Führte nicht zu einer Standardisierung, weil die Anforderungen durch das →MPEG-2-Verfahren abgedeckt sind.

MPEG-4-Verfahren
engl. Im Ggs. zum →MPEG-2-Verfahren berücksichtigt MPEG-4 Besonderheiten aus den Mischbereichen Computer, Telekommunikation und Fernsehen. Dazu gehören gute Bildqualität bei niedrigen Datenraten, inhaltsabhängige Bildskalierung und Funktionen für Interaktivität.

MPEG-Level
engl. Das →MPEG-2-Verfahren unterscheidet vier Bildformate mit maximal zulässigen Werten für die Anzahl der →Bildpunkte pro Zeile, die →Zeilenanzahl und die →Bildwechselfrequenz. In der Kombination mit sogenannten Profiles ergeben sich z.b. maximale →Datenraten. →Low Level, →Main Level, →High 1440 Level, →High Level.

MPG
engl. Abk. →MPEG. →Dateiformat zur Speicherung bewegter Bild- und Toninformationen nach dem →MPEG-1-Verfahren.

MPX-Filter
Abk. Multiplexfilter. Unterdrückt den →19 kHz-Pilotton, der bei der Ausstrahlung von Stereo-Hörfunksendungen mitausgesandt wird.

mrd
Abk. →Mired. Einheit der →Farbtemperatur.

ms
Abk. Milli-Sekunde. Eine tausendstel Sekunde.

µs
Abk. Mikro-Sekunde. Eine millionstel Sekunde.

MS
engl. Abk. Mixed Syncs. →Synchronimpulse.

MSB
engl. Abk. Most Significant Bit. Höchstwertigstes, das in einer Bit-Kette am weitesten links stehende →Bit eines Bytes. *Ggs.* →LSB.

MS-Stereofonie
Abk. Mitten/Seiten-Signal. →Intensitätsstereofonieverfahren. Aufnahme eines Schallereignisses mit zwei Mikrofonen, eines mit einer →Acht-Charakteristik, das andere mit einer beliebigen anderen Richtcharakteristik. Beide Mikrofone werden direkt übereinander, senkrecht zueinander stehend angeordnet. Dabei entstehen ein monofones Mittensignal sowie ein zusätzliches Seitensignal. Für eine Wiedergabe müssen die MS-Signale in links/rechts-Signal (→XY-Stereofonie) umgewandelt werden.

MSU
engl. Abk. (Sony) Master Set-Up Unit. Kontrollgerät, mit dem alle Einstellungen an einer →Studiokamera sowohl meß- als auch betriebstechnisch vorgenommen werden. Die MSU ist über eine Steuerleitung mit der →Basisstation der Kamera verbunden. →RCP.

MTBF
engl. Abk. Meantime Between Failures. Statistische Zeit zwischen zwei Geräteausfällen.

MTX-Level
engl. (Matrox) Beschreibung der Datenkompressionsfaktoren für →nichtlineare Schnittsysteme.

MÜZ
Abk. (Telekom) Mindestüberlassungszeit. Zeit von in der Regel 10 Minuten für die Anmietung von Fernseh- oder Tonleitungen.

Multi Angle
engl. Digitales Fernsehen bietet unter anderem die Möglichkeit, Großereignisse wie Autorennen oder Konzerte aus vier bis sechs verschiedenen Kamerapositionen zu betrachten. Die Umschaltung am →DVB-Empfänger erfolgt wegen der →MPEG-2-Codierung mit einer Unterbrechung.

Multiburst
engl. Elektronisches →Testsignal, bestehend aus Gruppen vertikaler, schwarzweißer Streifen mit aufsteigenden Frequenzen, z.B. zwischen 0,5 und 5 →MHz, für die Messung der →Auflösung und der →Modulationstiefe.

Multicore
engl. →Mehraderkabel.

Multikamera-Funktion
1.) Möglichkeit →nichtlinearer Schnittsysteme, mehrere Videoquellen parallel abzuspielen. So kann ähnlich wie bei einer →Live-Sendung z.B. zwischen vier Kamerabildern hin- und hergeschaltet werden. *2.)* Software für Rechner der →virtuellen Studiotechnik. Damit ist es möglich, mit nur einem Rechner den Hintergrund für zwei oder mehrere Kameras zu berechnen.

Multikassettenautomat
→Kassettenautomat.

Multilaterale
Leitung, über die ein im Ursprungsland gesendetes oder aufgezeichnetes Programm gleichzeitig in mehrere Länder zusammen mit einem →IT übertragen wird. →Bilaterale, →Unilaterale.

Multilayer
→Layer.

Multiplexbitrate
Datenmenge in der →digitalen Satellitenübertragung, die sich aus der →Informationsbitrate und dem Fehlerschutzsystem →Reed-Solomon ergibt. Vorsicht: nicht mit der →Symbolrate verwechseln.

Multiplexer
1.) Elektronischer Baustein für die Verfahren des →Zeitmultiplex und →Frequenzmultiplex. *2.)* Elektronisches Gerät, das mehrere Signale, z.B. Video-, Audio- und Datensignale, zu einem neuen Signal kombiniert. *Ggs.* →Demultiplexer. *3.)* Semiprofessionelle optische Vorrichtung, mit der wahlweise das Bild eines Diaprojektors oder eines Filmprojektors mit einer →elektronischen Kamera abgetastet werden kann.

Multiplexverfahren
lat. Vielfältig. In der Übertragungstechnik dienen Multiplex-Verfahren zur gleichzeitigen Übertragung mehrerer Informationen. Unterschieden werden das →Zeitmultiplex- und das →Frequenzmultiplexverfahren.

Multiscan
Fähigkeit von Monitoren, verschiedene Videosignale mit unterschiedlicher →Bildwechselfrequenz und →Zeilenanzahl darzustellen. Dies ist in der Regel dann notwendig, wenn neben dem →Fernsehsignal auch Videosignale von Computern wiedergegeben werden sollen.

Multivision
Projektion mit mehreren programmgesteuerten Diaprojektoren auf zwei oder mehr Bildflächen. Beim Fernsehen für die Gestaltung eines Szenen-Hintergrundes oder einer Kulisse.

MUSE
engl. Abk. Multiple Sub Nyquist Sampling Encoding. In Japan verwendetes System zur →Datenreduktion bei der Aussendung von →HDTV-Programmen. Da die Datenreduktion mit →analogen Mitteln erfolgt, konnten in Japan HDTV-Programme schon sehr frühzeitig ausgestrahlt werden.

Musicam
engl. Abk. Masking Pattern Adapted Universal Subband Integrated Coding and Multiplexing. Verfahren zur →Datenreduktion digitaler Audiodaten.

Mute
engl. Stumm. Stummschaltung z.B. einzelner Kanäle an einem →Tonmischpult.

MUX
engl. Abk. →Multiplexer.

mV
Abk. Milli-Volt. Ein tausendstel Volt.

MVTR
engl. Abk. Mobile Video Tape Recorder. Transportable oder tragbare →MAZ-Maschine.

MW
Abk. →Mittelwelle.

n
Abk. →Nano.

N
Abk. Newton. Einheit der Kraft.

n-1
Ugs. n minus eins. Tonmischung, die z.b. bei Beteiligung eines Außenstudios benötigt wird. Der n-1-Ton wird im →Hauptstudio gemischt und enthält alle Tonquellen bis auf die der Außenstelle. Der Ton der Außenstelle gelangt daher nicht mehr zurück. Dadurch wird eine →akustische Rückkoppelung vermieden. Auch „n minus 1" - Ton genannt.

N 10
Die von der →EBU genormten analogen →Komponentensignale.

Nachteffekt
→Day for Night-Effekt.

Nachtrabanten
→Trabanten.

Nachtsichtgerät
Gerät aus dem militärischen Bereich, das bei extrem schwachem Licht ein →monochromes Bild erzeugt. Ist für Fernsehzwecke nicht mehr so interessant, da die →maximale Lichtempfindlichkeit →elektronischer Kameras heute mit Spezialschaltungen selbst bei nahezu völliger Dunkelheit noch farbige Bilder liefert.

Nachzieheffekt
Bei geringen →Beleuchtungsstärken führt die Trägheit der Speicherschicht einer →Aufnahmeröhre zu einer Verzögerung im Auf- und Abbau der Bildsignale. Dies führt zum Nachziehen heller Gegenstände vor dunklem Hintergrund.

Nahbesprechungseffekt
Anhebung tiefer →Frequenzen bei geringem Besprechungsabstand von Mikrofonen, die nach dem Prinzip eines →Druckgradientenempfängers arbeiten.

Nahe Einstellung
→Einstellungsgröße.

Nahlinse
Eine Nahlinse reduziert den minimalen Abstand zwischen dem Objektiv und dem Motiv. Dadurch ist eine größere Abbildung des Motivs möglich. Randunschärfen können auftreten.

NAM
engl. Abk. Non Additive Mixing. →Nicht additive Mischung.

Nano
Milliardstel. *Abk.* n.

Naßabtastung
Prinzip von →Filmabtastern, bei dem der Film durch ein Fenster mit einer chemischen Flüssigkeit gezogen wird. Dabei werden Fussel, Staub und andere Schmutzpartikel weggeschwemmt. Mechanische Beschädigungen des Films wie Schrammen werden weniger sichtbar, da die Flüssigkeit den gleichen Brechungsindex wie das Filmmaterial hat.

Naßkopierung
→Naßabtastung.

Nat.
Abk. National.

Native Digital Quality
engl. (Fast) Nicht komprimiertes →digitales Videosignal.

NC
engl. Abk. Not Connected. Nicht angeschlossen, nicht belegt.

NC-Akku
Abk. →NiCd-Akku.

NCCVS
engl. Abk. Non Composite Colour Video Signal. →FBA-Signal.

N-Codierung
→TAE-Stecker.

NCVS
engl. Abk. Non Composite Video Signal. →BA-Signal.

ND
Abk. Neutraldichte. Angabe an →Neutraldichtefiltern und →Neutraldichtefolien zur Lichtreduzierung. 0,3 ND entsprechen dem Lichtverlust einer →Blendenstufe, 0,6 ND zweier Blendenstufen. Wird z.B. zur Kontrastreduzierung bei Gegenlichtaufnahmen benutzt oder auch zur Reduzierung der Helligkeit von →Scheinwerfern.

NDF
engl. Abk. Non Drop Frame. →Drop Frame Time Code.

ND-Folie
Abk. →Neutraldichtefolie.

Near Video on Demand
engl.→Video near Demand.

Nebenbediengerät
Bedienteil für die →Aussteuerung elektronischer Kameras mit reduzierten Möglichkeiten gegenüber dem →Hauptbediengerät. Der Begriff ist von den Herstellerbezeichnungen →RCP bzw. →OCP abgelöst worden.

Nebenstudio
→Studiokomplex, der bei einer →Programmübertragung ein Zulieferer eines Programmteils ist.

Negativ-Abtastung
→Filmabtaster sind in der Lage, ein entwickeltes und geschnittenes Negativ direkt abzutasten. Die Umwandlung in ein positives Bild erfolgt elektronisch. Da eine Positivkopie des Filmmaterials auf optischem Wege entfällt, wird gegenüber der Abtastung eines →Umkehrfilms eine bessere →Auflösung erzielt.

Negativfilm
Filmmaterial, das nach der Entwicklung umgekehrte Helligkeits- und Farbwerte aufweist. Beim Fernsehen kann ein Negativfilm mit Hilfe einer →Negativ-Abtastung ohne weitere optische Kopierung abgetastet werden. Für die Kinoprojektion ist eine Kopierung auf ein Positivmaterial notwendig. *Ggs.* →Umkehrfilm.

Neigen
Vertikale Bewegung des Kamerakopfes.

Nettobitrate
Die nutzbare Datenmenge, die sich für eine →digitale Satellitenübertragung aus der Summe der digitalen Audio-, Video- und Kommunikationsdaten ergibt und dann übertragen werden soll. Auch Informationsbitrate genannt.

Nettodatenrate
Datenmenge, die pro Zeit übertragen wird und die die reine Nutzinformation enthält. Angabe in Bit/Sekunde. Die Nettodatenrate eines →digitalen Komponentensignals mit 270 →MBit/Sekunde beträgt für eine Aufzeichnung auf ein →Magnetband etwa 218 MBit/Sekunde.

Netz
Stromversorgung aus der Steckdose.

Netzbrumm
Brummstörung von 50 oder 100 →Hz, die sich im Audio- oder Videosignal als Brummton bzw. wandernde Helligkeitsbalken bemerkbar macht.

Netzfrequenz
→Frequenz unserer Stromversorgung von 50 →Hz. In anderen Ländern zum Teil 60 Hz.

Netzspannung
Spannungsversorgung aus der Steckdose. In Deutschland 230 →Volt, in anderen Ländern zwischen 110 und 270 Volt.

Neue Norm
Bezeichnet die Schichtlage von →16mm-Filmen. Seitenrichtiges Bild bei Aufsicht auf die Blankseite des Films. *Ggs.* →Alte Norm.

Neutralabgleich
Einstellung an →elektronischen Kameras, so daß die dunklen, mittleren und hellen Bildteile einer unbunten Bildvorlage ohne Farbstiche wiedergegeben werden. →Schwarzabgleich, →Weißabgleich.

Neutral Density Filter
engl. →Neutraldichtefilter.

Neutraldichtefilter
Kamerafilter zur Reduzierung der Helligkeit z.b. bei Aufnahmen in einem sehr hellen Umfeld oder zur Reduzierung der →Lichtempfindlichkeit, ohne die →Schärfentiefe zu verändern. Wird z.b. zur Kontrastreduzierung bei Gegenlicht-Aufnahmen benutzt.

Neutraldichtefolie
Farbneutrale, lichtdämpfende Folie. In optisch guter Qualität zum Einsatz vor →Objektiven, wenn kein eingebautes →Neutraldichtefilter zur Verfügung steht. Als Beleuchtungsfolie zur Kontrastreduzierung bei Gegenlicht-Aufnahmen oder auch zur Reduzierung der Helligkeit von →Scheinwerfern. Der Wirkungsgrad der Folie wird in →ND angegeben.

Neutralfilter
ugs. →Neutraldichtefilter.

News on Demand
engl. Technik, bei der mehrere Zuschauer zu unterschiedlichen Zeitpunkten Nachrichtenprogramme von einer Rundfunkanstalt abfordern können.

Newton
Größe der Kraft. *Abk.* N.

Next Channel-Mischer
→Bildmischpult, das aus ein bis vier Ebenen mit Blend- oder Trickmöglichkeiten besteht. Das Ergebnis jeder Ebene ist Grundlage für die Tricks der folgenden Ebene. Aufbau des herkömmlichen, modernen Bildmischpultes.

NF
Abk. →Niederfrequenz.

NF-Signal
allg. Audiosignal.

NF-Verstärker
allg. Audioverstärker.

NG
engl. Abk. No Good. Anzeige im →Suchermonitor elektronischer Kameras, wenn Abgleiche nicht in Ordnung sind.

Nibble
engl. Informationseinheit der →Digitaltechnik, die aus einer Reihe von 4 →Bit entsprechend $2^4 = 16$ diskreten Werten besteht.

NICAM
engl. Abk. Near Instantaneous Companded Audio Multiplex. Zusätzliche Übertragung zweier digitaler Tonkanäle bei der →terrestrischen Ausstrahlung von Fernsehprogrammen in Nordeuropa und Belgien. Die →Abtastfrequenz beträgt 32 →kHz, die →Quantisierung von 14 →Bit pro Abtastung wird während der Übertragung auf 10 Bit komprimiert. (Daher der Name Near Instantaneous Companded). Die →Intercarrier-Frequenzen liegen im Abstand von 5,85 →MHz (→PAL-B) bzw. 6,552 MHz (→PAL-I) zur →Bildträgerfrequenz.

NiCd-Akku
Abk. Nickel-Cadmium Akkumulator. Für den Betrieb von →Kamerarecordern und tragbaren MAZ-Recordern geeigneter Akku-Typ. NiCd-Akkus bieten den Vorteil einer Schnell-Ladung, haben aber den Nachteil einer hohen Selbstentladung. Ebenso entscheidend wie die Kapazität ist eine Nennspannung des Akkus von mindestens 13,2 Volt.

Nicht additive Mischung
Trickmischung zweier Bilder an einem →Bildmischpult. An jeder Stelle des Trickbildes sind die Signalanteile derjenigen Bildquelle zu sehen, die einen höheren Bildpegel aufweist. *Ggs.* →Additive Mischung.

Nichtkopierer
Vom Film kommender Begriff, der einen →Take nach dem Drehen als nicht gelungen kennzeichnet. Die ausgesonderten Szenen werden bei einer Filmbearbeitung nicht entwickelt. Für eine Bearbeitung beim →nichtlinearen Schnitt werden die Nichtkopierer nicht auf die →Festplatten überspielt. *Ggs.* →Kopierer.

Nichtlinearer Schnitt
Elektronisches Schnittverfahren, bei dem das Bild- und Tonmaterial vor dem eigentlichen „Schnitt" von den Original-MAZ-Bändern/ Kassetten, vom Film oder direkt per Leitung auf →Festplatten-Laufwerke mit einer Kapazität von z.B. 18 →GByte überspielt werden müssen. Während der nachfolgenden Bearbeitung ist ein Zugriff auf das Material in beliebiger Reihenfolge und ohne Zeitverlust durch Umspulen möglich. Es findet kein Schnitt statt, vielmehr werden die Bild- und Tonteile von den Festplatten in Echtzeit in der gewünschten Reihenfolge vorgeführt. Daher können Szenen beliebig gekürzt oder verlängert werden. Nichtlineare Schnittsysteme eingeschränkter Bildqualität werden für den →Offline-Schnitt eingesetzt, ein nichtlinearer →Online-Schnittplatz kann die vollständige Bildqualität - wie zur Sendung benötigt - speichern. Nichtlineare Schnittplätze werden häufig als digitale Schnittplätze beschrieben. Richtig ist, daß es keine nichtlinearen Schnittplätze mit analoger Technik gibt. Der Umkehrschluß, daß der →linearer Schnitt ein analoger Schnitt sei, ist aber falsch. Daher führt die Beschreibung analog und digital in diesem Zusammenhang zu Mißverständnissen. Die Kombination von nichtlinearem und linearem Schnitt wird →Hybridschnitt genannt.

Niederfrequenz
Hörbare Schallwellen der →Frequenzen 20 bis 20.000 →Hz. *Ggs.* →Hochfrequenz. Begriff wird nur im Audiobereich verwandt.

Niederpegeliges Tonsignal
Tonsignale mit einem Pegel von etwa -60 bis -10 →dBu. Dabei handelt es sich meist um Signale, die direkt von Mikrofonen abgegeben werden. *Ggs.* →hochpegeliges Tonsignal.

Niere
Ugs. →Kardioid.

NiF
Abk. Nachricht im Film. Kurzer aktueller Nachrichtenfilm, meist nur mit →Atmo oder auch ohne Ton.

Nitrofilm
† Früher verwendetes Filmmaterial auf der Grundlage von Nitrozellulose. Es ist explosiv und leicht entflammbar und darf nicht mehr verwendet werden. →Sicherheitsfilm.

NK
Abk. →Nichtkopierer.

NLE
engl. Abk. Nonlinear Editing. →Nichtlinearer Schnitt.

nm
Abk. Nanometer.

n minus 1
→n-1.

NoD
engl. Abk. →News on Demand.

nöbL
Abk. Nicht öffentlich beweglicher Landfunk. Funksprechverkehr.

Noise Gate
engl. Rauschsperre. Automatisches System in →Tonmischpulten, das einen Tonkanal nur dann einschaltet, wenn ein Tonsignal einen bestimmten Schwellwert erreicht. Damit wird das Rauschen des Audioprogramms insgesamt reduziert.

Non Additive Mixing
engl. →Nichtadditives Mischen.

Non Destructive Editing
engl. Hinweis auf die Tatsache, daß beim →nichtlinearen Schnitt das Originalmaterial auf der →Festplatte nicht verändert wird. Das wesentlichere Merkmal dieses Schnittverfahrens sind aber die Kürzungsmöglichkeiten, die sich durch die Simulation der Schnitte ergeben und nicht, wie beim konventionellen →linearen Schnitt, durch Kopieren entstehen.

Non Drop Frame Time Code
engl. →Drop Frame Time Code.

Non Interlaced Scanning
engl. →Progressive Abtastung.

Nonlinear Editing
engl. →Nichtlinearer Schnitt.

Non Realtime-Effekt
→Tricks, die z.B. beim →nichtlinearen Schnitt nicht sofort berechnet werden und teilweise einen erheblichen Zeitverzug bei der Schnittarbeit entstehen lassen. *Ggs.* →Realtime-Effekt.

Normalbrennweite
Die sogenannte Normalbrennweite ergibt sich in der Film- und Fernsehtechnik bei einem horizontalen Blickwinkel von 24° und ist von der →Bildfeldgröße der →Filmformate bzw. →elektronischen Kameras abhängig. Die Normalbrennweiten beim Film betragen: →16mm-Film = 25mm, →35mm-Film = 52mm. Die Normalbrennweiten elektronischer Kameras sind: ½"-Kamera = 15mm, ⅔"-Kamera = 20mm, 1"-Kamera = 30mm.

Normalfilm
→35mm-Film.

Normalformat
→Academy Format.

Normalgang
Bei einer Filmkamera die Normalgeschwindigkeit, also die normale →Bildwechselfrequenz.

Normallichtart
Licht mit genormter →Farbtemperatur. →Lichtart A, →Lichtart B, →Lichtart C, →Lichtart D65.

Norm
→Fernsehnorm. Farbfernsehnorm, →Farbcodierverfahren. →MAZ-Formate.

Normfarbtafel
→IBK-Farbartdiagramm.

Normgerecht
Bild- oder Tonsignal, das die technischen Richtlinien vollständig erfüllt.

Normlichtart A
Lichtart mit einer →Farbtemperatur von 2.854 Kelvin.

Normlichtart C
Lichtart mit einer →Farbtemperatur von 6.774 Kelvin.

Normpegel
→Relativer Funkhausnormpegel.

Normwandler
Gerät zur →Normwandlung von Videobildern. Die Qualität hängt wesentlich von der Größe des eingebauten Bildspeichers ab. Je mehr →Vollbilder gespeichert werden können, desto geringer sind die Störungen durch →Shutter Effekte.

Normwandlung
Umwandlung von Videosignalen unterschiedlicher →Fernsehnormen. Besonders problematisch ist die Umwandlung der →Bildwechselfrequenz. Abhängig von der Bewegung der Bilder und der Qualität des Normwandlers treten →Shutter-Effekte auf. Handelt es sich um sehr bewegte Bilder, so müssen Zwischenbilder errechnet werden, die mehr oder weniger unscharf sind.

Notch-Filter-Decoder
engl. Kerbe. Bei der →Decodierung von

FBAS-Signalen werden die →Luminanz- und →Chrominanzanteile eines Videosignals mit einem →Tief- und einem →Hochpaß-Filter voneinander getrennt. Die →Videofrequenzbandbreite des Luminanzsignals verringert sich dabei von 5 auf etwa 3,7 →MHz. →Kammfilterdecoder.

Notstromaggregat
Stromerzeuger, der beim Ausfall der festinstallierten Stromversorgung für eine gewisse Zeit den Strombedarf wichtiger technischer Einrichtungen eines Funkhauses decken kann. →Unterbrechungsfreie Stromversorgung.

NP-Akku
Weit verbreiteter →NiCd-Akku einer kompakten Bauform. Ermöglicht z.b. in →Kamerarecordern mit entsprechenden Behältern einen schnellen Akkuwechsel. Die Betriebsdauer hängt von der Akkukapazität und vom Stromverbrauch der Kameraeinheit ab und kann über eine Stunde betragen.

N-Parameter
Beschreibt den Abstand zwischen →I-Bildern innerhalb eines →MPEG-Datenstroms und damit die Länge einer →GOP. →M-Parameter.

NR
engl. Abk. Noise Reduction. →Rauschminderungsverfahren.

N/R
engl. Abk. Normal/Reverse. Abfolge eines →Standardtricks analog zur Richtung der Hebelbewegung.

NRZ Code
engl. Abk. Non Return to Zero Code. Gebräuchliches →Kanalcodierverfahren bei der →Analog/Digital-Wandlung von Audio- und Videosignalen. Gibt die Form der Impulse an, mit der die →Bits übertragen werden.

NRZI Code
engl. Abk. Non Return to Zero Invers Code. →Kanalcodierverfahren bei der →Analog/Digital-Wandlung von Videosignalen. Gibt die Form der Impulse an, mit der die →Bits übertragen werden.

ns
Abk. Nano-Sekunde. Eine milliardstel Sekunde.

N/S
engl. Abk. (GVG) Non Sync. Warnhinweis bei asynchronen Bildquellen am Bildmischpult. →Synchronisation von Videosignalen.

NTSC
engl. Abk. National Television System Committee.

NTSC-Darstellung
Ungenaue Angabe für die →+V-Darstellung an →Vektorskopen.

NTSC-Time Code
engl. ugs. →Drop Frame Time Code.

NTSCV
engl. Abk. Fernsehsystem einiger Videorecorder der Consumertechnik und des →U-matic Low Band-Formats sowie von Heimfernsehgeräten. Besteht aus der →Fernsehnorm 525/60 sowie einer Farbcodierung nach dem →NTSC-Verfahren mit einem von der Norm abweichenden →Farbträger von 4,43 MHz.

NTSC-Verfahren
→Farbcodierverfahren, das vor allem in den USA und Japan verwendet wird. Im *Ggs.* zum →PAL-Verfahren können die auf der Übertragungsstrecke entstehenden Phasenfehler im Empfänger nicht ausgeglichen werden. Es kommt daher zu erheblichen →Farbtonsprüngen bei wechselndem Empfang verschiedener Fernsehsender.

Nullzeit
Die in einem Sendeablaufplan festgelegte und verbindliche Zeit eines Programmbeginns.

NVoD
engl. Abk. Near Video on Demand. →Video near Demand.

OB
engl. Abk. Outside Broadcasting. →Außenübertragung.

Objektiv
→CCD-Objektiv, →Fischauge, →Fixfocus-Objektiv, →Highspeed-Objektiv, →innenfocussierendes Objektiv, →Superweitwinkelobjektiv, →Teleobjektiv, →Weitwinkelobjektiv, →Zoomobjektiv.

Objektive Schärfe
Auflösung, die eine Kamera mit optischen Mitteln bei der Abbildung auf den →Aufnahmeröhren oder →CCD-Chips erreicht, ohne das Videosignal elektronisch zu manipulieren. Wird in elektronischen Kameras immer durch eine →Kantenkorrektur zu einer subjektiven Schärfe ergänzt.

Objektivfehler
Fehler und Qualitätsmaßstab von →Objektiven wie Unschärfen, →Farbsäume und geometrische Verzerrungen. →Astigmatismus, →Bildfeldwölbung, →Chromatische Aberration, →Sphärische Aberration, →Reflexionen, →Verzeichnung.

OBO
engl. Abk. →Output Backoff.

OB-Verbindung
† *Abk.* Ortsbatterie. Telefonsystem, bei dem der Apparat jedes Teilnehmers eine eigene Stromversorgung hat und nur die reinen, passiven Leitungen dazwischen geschaltet werden müssen. Prinzipiell ist nur eine Verbindung zwischen zwei Teilnehmern ohne Wahlmöglichkeit gegeben. Sehr sichere Kommunikationsverbindung z.B. zwischen dem →Hauptschaltraum und einem →Übertragungswagen. Wird nicht mehr verwendet.

OCP
engl. Abk. (Philips DVS) Operational Control Panel. Bedienteil für die →Aussteuerung elektronischer Kameras. →MCP.

OCR
engl. Abk. Optical Character Recognition. Texterkennung durch Scannen einer Aufsichtsvorlage und Umwandlung in eine Textdatei am Computer.

OD
engl. Abk. Optical Disk. Optische Platten. →WORM. MOD, →Magneto Optical Disk.

öbL
Abk. Öffentlich beweglicher Landfunk. Bezeichnung für Mobiltelefone, die mit (B-Netz) oder ohne (C-/D1-/D2-/E-Netz) Kenntnis des Aufenthaltsortes und der dazugehörigen Ortsnetzkennzahl angerufen werden können.

OEL
Abk. →Ortsempfangsleitung.

OEM
engl. Abk. Original Equipment Manufacturer. Hersteller von Originalgeräten.

Off
engl. Für den Fernsehzuschauer nicht sichtbar. *Ggs.* →On.

Off Air
engl. Nicht auf Sendung. *Ggs.* →On Air.

Office Player
Einfaches MAZ-Wiedergabegerät zu Ansichtszwecken. Meist keine normgerechte Bild- und Tonqualität. Anzeige des Time Codes im Bild möglich.

Offline-Schnitt
engl. Allgemein ein Schnittverfahren, bei dem nicht mit dem Originalmaterial bzw. nicht mit der Qualitätsstufe des Originalmaterials geschnitten wird. *1.)* Beim →nichtlinearen Schnitt wird das Bildmaterial mit einer eingeschränkten Bildqualität auf die →Festplatte kopiert und dann bearbeitet. Zur Sendequalität kommt man anschließend durch den Prozeß des →Batch Digitize oder durch einen Nachschnitt des Originalmaterials. Dieser Nach-

schnitt findet als konventioneller →linearer Schnitt mit Hilfe der beim Offline-Schnitt entstandenen →Schnittliste statt. *2.)* Offline-Schnitt beim herkömmlichen →linearen Schnitt wird mit Kopien des Originalmaterials an einfacheren, kostengünstigeren Schnittplätzen durchgeführt. Mit der dort entstehenden →Schnittliste wird danach das Originalmaterial bearbeitet. *Ggs.* →Online-Schnitt.

Offsetantenne
Durch die im *Ggs.* zu einer →Parabolantenne geänderte Form der Spiegelantenne werden die auf die Antenne auftreffenden Strahlen nicht im Mittelpunkt, sondern in einem weiter nach unten versetzten Brennpunkt gebündelt und dort empfangen. Ebenso wird die Leistung eines Senders durch eine Offsetantenne gebündelt abgestrahlt und damit verstärkt.

Off-Sprecher
Sprecher, der z.B. einen Beitrag kommentiert, aber für die Zuschauer nicht sichtbar ist.

Ohrmikrofon
→Originalkopfmikrofon.

Ohrwurm
Ugs. Ohrhörer.

OIRT
† *franz. Abk.* Organisation Internationale de Radiodiffussion et Télévision. Internationale Rundfunk- und Fernsehorganisation. Vereinigung osteuropäischer Rundfunkanstalten mit Sitz in Prag. Austausch von Sport- und Nachrichtenfilmen. Befaßte sich mit Normungsfragen. Wurde 1993 aufgelöst.

Oktave
Frequenzunterschied im Verhältnis 2:1.

OLC
Abk. On Lens Chip. →Lens on Chip.

OMC
engl. Abk. (EBU) One Man Coordination Area. Ein-Mann-Koordinierungsbereich der →EBU.

Omfen
Ugs. Erstellen einer Datei des →OMFI-Formats mit Austauschdaten. Findet z.B. beim →nichtlinearen Schnitt statt, wenn Tondaten an einem anderen nichtlinearen Tonnachbearbeitungsplatz gemischt werden sollen.

OMFI
engl. Abk. (Avid) Open Media Framework Interchange. Datenformat zum Austausch digitaler Mediadaten zwischen verschiedenen Computersystemen. Die Angaben umfassen die Bereiche Video, Audio, Grafik, Animation, Schnittlisten und Bildmanipulation.

Omnidirectional
engl. →Kugelcharakteristik. *Ggs.* Unidirectional, →Richtcharakteristik.

On
engl. Für den Fernsehzuschauer sichtbar. *Ggs.* →Off.

On Air
engl. Auf Sendung. *Ggs.* →Off Air.

On Air Promotion
engl. Bewerbung des eigenen Programms der Rundfunkanstalten im laufenden Fernsehprogramm, u. a. mit →Teasern und →Trailern.

Onlinen
Wird *ugs.* für die Vorgänge verwendet, die nach einem ·Offline-Schnitt notwendig werden. Dabei wird das Originalmaterial anhand der im Offline-Schnitt entstandenen ·Schnittliste an einem konventionellen →linearen Schnittplatz nachgeschnitten oder die für den Schnitt notwendigen Sequenzen mit hoher Auflösung in ein →nichtlineares Schnittsystem eingespielt (→Batch Digitize), die Effekte berechnet und das Ergebnis auf ein →Sendeband überspielt.

Online-Schnitt
engl. Grundsätzlich ein Schnittverfahren, bei dem mit dem Originalmaterial bzw. mit der Qualitätsstufe des Originalmaterials geschnit-

183

ten wird. *1.)* Beim →nichtlinearen Schnitt wird die vollständige Bildqualität des Originalmaterials auf die →Festplatte überspielt und dann bearbeitet. Das Ergebnis wird dann auf ein →Sendeband ausgespielt. *2.)* Wird beim →linearen Schnitt mit dem Originalmaterial an einem dem Material und den geforderten Tricks entsprechenden Schnittplatz durchgeführt. *Ggs.* →Offline-Schnitt.

O/P
engl. Abk. Output. Ausgang.

Open Subtitles
Übertragung von →Untertiteln im Videobild.

Open TV
engl. Open-TV ist eine offene Schnittstelle an Empfängern für →DVB. Diese Schnittstelle ermöglicht es auch anderen Anbietern von DVB-Programmen, den Receiver eines programmspezifischen DVB-Empfängers, wie die →d-box, zu nutzen. Somit ist es z.b. möglich, die Programme von →ARD und →ZDF mit einer d-Box zu empfangen.

Operafolie
Herstellerbezeichnung einer durchscheinenden hellen Kunststoffolie als →Rundhorizont in einem Studio, die sowohl von vorne als auch von hinten beleuchtet werden kann.

Operation Mode
engl. Betriebsart.

Opt
engl. Abk. 1.) Option, optional. *2.)* Optimieren.

Optik
→Objektiv.

Optimizing
engl. Optimieren.

Optische Achse
→Achse, die durch den Mittelpunkt des Linsensystems eines →Objektivs verläuft.

Optische Rückkoppelung
Das Ausgangssignal eines →Bildmischpultes wird mit einer Kamera von einem Monitor abgenommen und wieder zum Eingang des Bildmischpultes geführt. Dadurch wiederholt sich das Bild auf dem Monitor mehrmals. Da jeder Durchgang durch das Bildmischpult →Laufzeit erfordert, findet eine Verschiebung des Bildes abhängig von der Position der Kamera und des Monitors statt.

Orangefolie
→Voll-Orange, →½ Orange, →¼ Orange, →⅛ Orange.

Originalband
Ein bei der ersten Aufzeichnung z.B. im →Kamerarecorder entstehendes →Magnetband, die erste →Generation. *Ggs.* →Schnittband.

Originalkopfmikrofon
Stereomikrofon, das in der Art eines →Ohrhörers getragen wird. Es wird ein subjektiver Klangeindruck erzeugt. Geeignet zur Aufnahme von →Atmo in dynamischen Szenen.

Originalkopie
Eine direkte Kopie des →Originalbandes, die zweite →Generation. Auch Dub genannt.

Originalmaterial
Bild- oder Tonmaterial, das am Drehort entsteht.

Originalton
Am Drehort aufgezeichnete Geräusche, Sprache und Musik.

Ortsempfangsleitung
Bild- bzw. Tonleitung von der Telekom zur Rundfunkanstalt oder Produktionsfirma.

Ortssendeleitung
Bild- bzw. Tonleitung von einer Rundfunkanstalt oder Produktionsfirma zur Telekom.

OSB
Abk. Oberer →Sonderkanalbereich. Kanäle S

11 - S 17 (231,25 - 273,25 →MHz) für die Übertragung von Fernsehprogrammen in Anlagen für →Kabelfernsehen.

OSD
engl. Abk. On Screen Display. Auf dem Fernsehschirm sichtbare Menüsteuerung von Einstellungen.

OSL
Abk. →Ortssendeleitung.

Oszi
ugs. →Oszilloskop.

Oszillator
lat. Elektronische Schaltung zur Erzeugung eines Taktsignals oder einer →Trägerfrequenz.

Oszillograf
lat. griech. Meßgerät zur grafischen Darstellung einer Spannung, die über eine gewisse Zeit gemessen und auf Papier ausgedruckt wird.

Oszillogramm
Der auf einem →Oszilloskop dargestellte Spannungsverlauf.

Oszilloscope
engl. →Oszilloskop.

Oszilloskop
lat. griech. Meßgerät zur Darstellung einer Spannung über die Zeit. Betriebsoszilloskope werden zur Kontrolle von →Videopegeln und zur →Aussteuerung elektronischer Kameras verwendet. Dabei stehen folgende Betriebsarten zur Verfügung: →H-Darstellung, →2H-Darstellung, →V-Darstellung, →Parade-Darstellung. →Komponentenoszilloskop. →Vektorskop. Meßoszilloskope werden bei der Wartung und Reparatur von Geräten eingesetzt und bieten erweiterte Meß- und Bedienmöglichkeiten.

O-Ton
Abk. →Originalton.

Outdoor
engl. Außen.

Outline
engl. Umriß, Kontur. Effekt eines →Schriftgenerators.

Out-Punkt
engl. Ende eines →elektronischen Schnitts.

Output
engl. Ausgang.

Output Backoff
engl. →Input Backoff.

Overlay-Darstellung
Darstellung der →RGB-Signale oder der →Komponentensignale übereinander an →Oszilloskopen. *Ggs.* →Parade-Darstellung.

Overlay-Karte
engl. Zusatzkarte für Computer, die ein Videosignal digitalisiert und es direkt unter Umgehung des Computerspeichers in einem Fenster des Computersignals anzeigt. →Framegrabber.

Overlay-Verfahren
engl. Stanztrick, bei dem das Stanzsignal und das Vordergrundsignal von einer Bildquelle und das Hintergrundsignal von einer anderen Bildquelle stammt. Wird z.B. beim →Chroma Key-Trick verwendet. *Ggs.* →Inlay-Verfahren.

Overload
engl. →Übersteuerung.

Oversampling
engl. Überabtastung. Die Verwendung einer Frequenz bei der →Analog/Digital-Wandlung, die höher ist, als die geforderte →Abtastfrequenz. Ein Oversampling führt z.B. bei der →Digital/Analog-Wandlung zu einer einfacheren Trennung zwischen der Abtastfrequenz und der Bandbreite des analogen Signals und wird auch bei der →Abtastratenwandlung eingesetzt.

Overscan
engl. Schaltung an Monitoren, bei der das Videobild größer ausgeschrieben wird, also Bildteile an den Rändern verloren gehen. *Ggs.* →Underscan.

Overspill
engl. Überlaufen. Gebiet, das über den eigentlichen, geographisch oder politisch festgelegten Versorgungsbereich einer →Satellitenübertragung hinaus geht. Ein Empfang ist hier nur mit eingeschränkter Qualität oder mit größeren Antennen möglich.

Oxidband
→Magnetband, beschichtet mit gegenüber dem →Reineisenband größeren und nicht so fein verteilten Magnetpartikeln. Rauhere Bandoberfläche, die einerseits schlechteren Rauschabstand erzielt, andererseits entstehenden →Kopfzusetzern entgegenwirkt.

p
Abk. 1.) Die Beschreibung der →progressiven Abtastung neuerer →Fernsehnormen. *2.)* →Piko.

P
1.) Abk. P-Impuls. →PAL-Impuls. *2.) engl. Abk.* →Player.

P48
Abk. →Phantomspeisung.

Pa
Abk. Pascal. Einheit des →Schalldrucks.

PA
engl. Abk. Public Adress. →Beschallung.

Pad
engl. Polster. Pegelabsenkung (meist 20 →dB) zur Anpassung →hochpegeliger Tonsignale an einen Eingang eines →Tonmischpultes.

PAG
Abk. Plattenabspielgerät. Konventioneller Plattenspieler.

Pageturn
engl. Umblättern. →Umblätter-Trick.

Paint Box
engl. (Quantel) Mal- oder Tuschkasten. Elektronisches Grafiksystem zum Zeichnen und Verfremden elektronischer Einzelbilder. Ursprünglich ein firmenbezogener Begriff, heute auch für Geräte anderer Hersteller verwendet.

PAL
engl. Abk. Phase Alternating Line. →PAL-Verfahren.

PAL-4er-Sequenz
Beschreibt die Übereinstimmung der Periodizitäten zwischen den unterschiedlichen →Halbbildern und der →PAL-Schaltphase des →PAL-Verfahrens. Erst im fünften Halbbild weist die erste Zeile des ersten Halbbildes wieder eine positive PAL-Schaltphase auf.

PAL-8er-Sequenz
Beschreibt die Übereinstimmung der Periodizitäten zwischen den unterschiedlichen →Halbbildern, der →PAL-Schaltphase und dem →Farbträger im →PAL-Verfahren. Wegen der exakten →Frequenz des Farbträgers herrscht erst wieder nach acht Halbbildern die gleiche Übereinstimmung zwischen dem →horizontalen Synchronimpuls und dem →positiven Nulldurchgang der Farbträgerschwingung.

PAL-B
Das in Deutschland für eine →terrestrische Ausstrahlung verwendete Fernsehsystem, das aus der Kombination des →PAL-Verfahrens und der →Fernsehnorm 625/50 besteht. →Bild/Tonträgerabstand 5,5 →MHz, →Kanalbandbreite 7 MHz. Kompatibel zum ebenfalls in Deutschland verwendeten System →PAL-G.

PAL-Codierung
Der Coder stellt aus den →Farbwertsignalen Rot, Grün und Blau einer Bildquelle zunächst die beiden →Farbdifferenzsignale und das →Luminanzsignal her. Die Farbdifferenzsignale werden mit einem Phasenversatz von 90° am-

plitudenmoduliert und anschließend zu dem →Farbartsignal F addiert. Dann erfolgt die Addition von F- und →BAS- zum →FBAS-Signal. Ein Coder ist in allen Geräten wie z.b. Kameras und →Filmabtastern eingebaut, die →RGB-Signale liefern.

PAL-Darstellung
Das im →PAL-Verfahren mit positivem und negativem Vorzeichen übertragene →V-Signal des Farbsignals wird im →Vektorskop gezeigt. Dadurch sind bei der Darstellung eines →Farbbalkens zwölf →Farborte sichtbar. *Ggs.* →+V-Darstellung.

PAL-Footprint
Bezeichnung für ein Videosignal, das zwar als →Komponentensignal vorliegt, aber vorher aus einem →FBAS-Signal gewandelt wurde. Das Komponentensignal enthält nach der Wandlung nicht mehr die volle Qualität, insbesondere nicht mehr die volle Farbauflösung. Damit ist z.B. ein →Chroma Key-Trick in der Nachbearbeitung mit Kassetten des →Betacam SP-Formats nur mit Qualitätseinschränkungen möglich; eine Zuführung des Videosignals zu einem →PALplus Coder ist nicht mehr sinnvoll. Ist die Herkunft des Videosignals z.B. auf der Begleitkarte des →MAZ-Bandes nicht dokumentiert, so ist der PAL-Footprint augenscheinlich nicht mehr zu erkennen.

PAL-G
Das in Deutschland für eine →terrestrische Ausstrahlung verwendete Fernsehsystem, das aus der Kombination des →PAL-Verfahrens und der →Fernsehnorm 625/50 besteht. →Bild- und Tonträgerabstand 5,5 →MHz, →Kanalbandbreite 8 MHz, kompatibel zum ebenfalls in Deutschland verwendeten System →PAL-B.

PAL-I
Das z.B. in England für eine →terrestrische Ausstrahlung verwendete Fernsehsystem, das aus der Kombination des →PAL-Verfahrens und der →Fernsehnorm 625/50 besteht. →Bild/Tonträgerabstand 6 →MHz, →Kanalbandbreite 8 MHz. Nicht kompatibel zu den in Deutschland verwendeten Systemen →PAL-B und →PAL-G.

PAL ID
engl. Abk. PAL Ident. →PAL-Impuls.

PAL-Impuls
Impuls, der bei der →PAL-Codierung jede zweite Zeile zur Umschaltung der V-Komponente veranlaßt. Bei der →Decodierung des →FBAS-Signals im →Decoder eines Empfängers wird eine Schaltung aktiviert, die die auf der Übertragungsstrecke entstehenden →Farbtonfehler in weniger auffällige →Farbsättigungsfehler reduziert.

PAL-Kennimpuls
→P-Impuls.

PAL-Limiter
Funktion einiger →Bildmischpulte, die die Farben des eingebauten →Farbflächengenerators so begrenzt, daß nur Farben mit für die Übertragung zulässigen →Videopegeln erzeugt werden können.

PAL-M
Fernsehsystem, das aus der Kombination des →PAL-Verfahrens und der →Fernsehnorm 525/60 besteht. Wird z.B. in Brasilien verwendet. Muß vor Ausstrahlung oder Kopierung in Deutschland einer →Normwandlung unterzogen werden.

PAL-Phase
→PAL-Schaltphase.

PALplus-Box
Eigenständiges Gerät, das einen →Decoder des →PALplus-Verfahrens enthält. Zusammen mit einem Fernsehgerät mit einer Bildröhre im →Bildseitenverhältnis von →16:9 können PALplus-Sendungen empfangen werden. Die Industrie bietet aber eher Fernsehgeräte mit integriertem PALplus-Decoder an.

PALplus-Coder
Gerät, das aus analogen →Komponentensigna-

len oder →digitalen Komponentensignalen ein für die Aussendung nach dem →PALplus-Verfahren normgerechtes Signal erstellt.

PALplus-Verfahren
Eine Kombination aus einem verbesserten →PAL-Verfahren und einem veränderten →Bildseitenverhältnis von 16:9. Die Verbesserung besteht im wesentlichen aus einer Vorfilterung des PALplus-Signals, so daß der PALplus-Empfänger gegenüber dem PAL-Empfänger eine höhere →Luminanzbandbreite gewinnt. Dieses Verfahren heißt →Motion Adaptive Colour Plus. Dadurch kann ein 16:9-Bild mit einer gegenüber einem 4:3-Bild benötigten höheren Frequenzbandbreite ausgestrahlt werden. Die Vorfilterung reduziert außerdem drastisch die →Cross Colour-Störung. Das PALplus-Signal ist zum PAL-Verfahren kompatibel. Die 575 Zeilen des →aktiven Bildinhalts werden in ein sogenanntes →Kernbildsignal von 430 Zeilen und in ein →Helpersignal mit 144 Zeilen aufgeteilt. Auf herkömmlichen Fernsehempfängern werden die 430 Zeilen im →Letter Box-Format wiedergegeben. Die Verwendung des PALplus-Coders auf der Senderseite ist auch bei der Ausstrahlung von 4:3-Sendungen möglich. Dabei wird nur das Colour-Plus-Verfahren eingesetzt, mit dem einige Verbesserungen der Bildqualität verbunden sind.

PAL-S
engl. Abk. →Simple-PAL.

PAL-Schaltphase
Die in einem →FBAS-Signal durch die Phasenlage des →Burst enthaltene Information über die wechselnde Polarität des →V-Signals in jeder zweiten Zeile. →PAL-Verfahren.

PAL-Signal
→FBAS-Signal.

PAL-Verfahren
→Farbcodierverfahren, das die während der Übertragung entstehenden →Farbtonfehler beim Empfang in kleine, weniger auffällige →Farbsättigungsfehler reduziert. Dazu wird bei der Aussendung das →V-Signal in jeder zweiten Zeile mit negativem Vorzeichen übertragen. Beim Empfang findet eine Rückschaltung und ein Vergleich zweier aufeinanderfolgender Zeilen durch vektorielle Addition statt. Wurde 1967 in Deutschland zum damaligen Schwarzweiß-System kompatibel eingeführt. Die gleichzeitige Übertragung von Helligkeit und Farbe führt in Fernsehgeräten wegen des →Farbträgers zu →Cross Colour- und →Cross Luminance-Störungen und zu einer Verminderung der →Videofrequenzbandbreite von 5 →MHz auf etwa 3,7 MHz.

PAM
Abk. Pulsamplitudenmodulation. Als Voraussetzung der eigentlichen →Analog/Digital-Wandlung wird das analoge Signal abgetastet und es werden Impulse erzeugt, die der augenblicklichen →Amplitude entsprechen. Das PAM-Signal beschreibt die zeitliche Abtastung des Analogsignals.

Pan
engl. Horizontales Schwenken einer Kamera. *Ggs.* →Tilt.

Panavision
engl. Breitbildverfahren, mit →Cinemascope vergleichbar und gleichem Bildseitenverhältnis von 2,35:1. Die Aufzeichnung geschieht mit einem Spezialobjektiv, einem →Anamorphoten auf →35mm Film. Damit wird das Bild in der Horizontalen zusammengepreßt. Bei der Kinoprojektion wird dieser Vorgang durch ein entsprechendes Objektiv, bei der →Filmabtastung durch optische oder elektronische Einrichtungen wieder rückgängig gemacht.

Panda-Wegener-Verfahren
Verfahren bei der analogen →Satellitenübertragung, um das Audiosignal rauschfreier zu übertragen und durch eine Verringerung der →Übertragungsbandbreite mehrere Tonkanäle gleichzeitig zu übertragen. Das Verfahren kombiniert eine Anhebung der hohen →Frequenzen mit einer Kompression der Signaldynamik und einer anschließenden →Frequenzmodulation.

Panglas
Kleines, dunkel gefärbtes Schutzglas, das meist an einer Schnur um den Hals getragen zur Beurteilung z.b. der Ausrichtung von →Scheinwerfern verwendet wird.

Panoramabild
→Breitwandverfahren.

Panoramaschwenk
Langsamer horizontaler Übersichtsschwenk. Die mögliche Schwenkgeschwindigkeit ist abhängig von der Entfernung des Objekts, der →Brennweite des Objektivs, der →Bildwechselfrequenz und der →Belichtungszeit. Wird zu schnell geschwenkt, entsteht ein →Shutter-Effekt.

Panscan
engl. Verfahren zur Vermeidung breiter horizontaler schwarzer Balken bei der →Filmabtastung von Breitbildfilmen. Da die volle Bildhöhe gezeigt wird, geht seitlich Bildinhalt verloren. Beim Panscan-Verfahren wird der wesentliche Bildinhalt handlungsabhängig „mitgeschwenkt".

Panthograph
Leuchtenhänger mit einer Scherenkonstruktion, die eine Höhenverstellung zuläßt.

Pantograph
Gefedertes Aufhängesystem, das in seiner Höhe verändert werden kann. Der Pantograph dient zur Aufhängung von Scheinwerfern an der Studiodecke oder an der Beleuchtungsebene.

Parabolantenne
Spiegelantenne. Die auf die Antenne auftreffenden Strahlen werden durch deren Parabelform in ihrem Brennpunkt gebündelt und dort empfangen. Ebenso wird die Leistung eines Senders durch eine Parabolantenne gebündelt abgestrahlt und damit verstärkt. →Offsetantenne.

Parade-Darstellung
Darstellung der →RGB-Signale oder der →Komponentensignale nebeneinander an →Oszilloskopen. *Ggs.* →Overlay-Darstellung.

Parade Display
engl. →Parade-Darstellung.

Parallaxe
griech. Abweichung, die sich z.b. durch unterschiedliche Blickwinkel zweier unabhängiger optischer Systeme ergeben kann. Bei Sucherkameras (im *Ggs.* zu Spiegelreflexkameras) ist z.b. der →Bildausschnitt des Suchers und des Films verschieden, es entsteht eine Parallaxe.

Parallelaufzeichnung
MAZ-Aufzeichnung desselben Programms auf einer zweiten Maschine zu Sicherheitszwecken.

Paralleles digitales FBAS-Signal
→Digitales FBAS-Signal, das nur im Studio und über Mehraderkabel und über einen 25-poligen →D-Sub-Stecker mit einer maximalen Kabellänge von etwa 30-50 Meter verteilt werden kann. Da die Verteilung paralleler Signale aber technisch zu aufwendig ist, findet eine →serielle Übertragung statt.

Paralleles digitales Komponentensignal
→Digitales Komponentensignal, das nur im Studio und über ein Mehraderkabel mit einem 25-poligen →D-Sub-Stecker und einer maximalen Kabellänge von etwa 30-50 Meter verteilt werden kann. Da die Verteilung paralleler Signale aber technisch zu aufwendig ist, findet eine →serielle Übertragung statt.

Paralleles digitales Videosignal
Die Verteilung eines digitalen Videosignals als →paralleles digitales Komponentensignal oder →paralleles digitales FBAS-Signal ist heute überholt. Statt dessen wird ein →serielles digitales Komponentensignal oder ein →serielles digitales FBAS-Signal übertragen.

Paralleles Interface
Schnittstelle, bei der die Daten parallel über mehrere Leitungen übertragen werden und die Übertragungsgeschwindigkeit dadurch größer ist als bei einem →seriellen Interface. So werden z.b. die 8 →Bit eines →Byte über acht Leitungen gleichzeitig übertragen. Nachteil ist die relativ kurze mögliche Kabellänge.

PAR-Lampe
engl. Abk. Parabolic Aluminized Reflector. Bauform einer →Leuchte, deren →Lampe fest mit dem Reflektor verbunden ist und gerichtetes Licht abstrahlt.

Partition
Systembedingte oder aus Gründen der Ordnung gewünschte Teilung der Kapazität einer →Festplatte.

PASC
engl. Abk. Precision Adaptive Subband Coding. Eine speziell für Audioanwendungen entwickelte Methode zur →Datenreduktion. Dabei werden dem Audiosignal nur die für das Gehör wichtigen Anteile entnommen.

Pascal
Einheit des →Schalldrucks.

Passive Loop
engl. →Durchschleiffilter.

Pastellfarbe
→Farben schwacher →Farbsättigung und großer →Farbhelligkeit.

Patch Panel
engl. →Steckfeld.

Pathologisches Signal
Digitales →Testsignal, das die Grenzen eines digitalen Übertragungssystems testen soll. Pathologische Signale bestehen aus Folgen von →Bits, die über längere Zeit entweder einer logischen „0" oder „1" entsprechen. Mit pathologischen Signalen werden →Streßtests z.B. an →seriellen digitalen Komponentensignalen durchgeführt.

Pattern
engl. Muster *1.)* →Standardtrick-Muster an →Bildmischpulten. *2.)* →Testtafel oder →Testsignal.

Payload
engl. Nutzlast. In der digitalen Übertragungstechnik z.b. die Datenmenge, die nur die zu übertragenden Informationen enthält und nicht die Daten, die für die Synchronisation oder den →Fehlerschutz notwendig sind.

Pay Per Channel
engl. Verschlüsselte Fernsehprogramme, zu deren Empfang ein spezieller →Decoder erforderlich ist. Die Bezahlung geschieht für den Empfang des kompletten Fernsehkanals. →Pay Per View.

Pay Per View
engl. Verschlüsselte Fernsehprogramme, die über Satellit ausgestrahlt werden. Zu deren Empfang ist ein spezieller →Decoder erforderlich. Die Bezahlung geschieht dann für jede einzelne Sendung und nicht pauschal für das gesamte Programm. →Pay Per Channel.

Pay TV
engl. Verschlüsselte Fernsehprogramme, die über →DVB ausgestrahlt werden. Zu deren Empfang ist ein spezieller →Decoder erforderlich. Außerdem sind zusätzliche Gebühren fällig. →Pay per View. →Pay per Channel. *Ggs.* →FTA.

PB
engl. Abk. →Playback.

P&B
engl. Abk. Pulse and Bars. →Farbbalken.

P-Bild
Abk. Prädiktiv codiertes Bild innerhalb einer Folge von Bildern eines →MPEG-Signals. Es kann nur unter Einbeziehung eines zeitlich vorhergehenden Vergleichsbildes berechnet werden.

P$_B$-Signal
Eines der beiden Farbdifferenzsignale des →Komponentensignals in der →Fernsehnorm 525/60.

PC
engl. Abk. Personal Computer. Einzelplatzrechner, der alle notwendigen Programme und Daten auf seiner eigenen →Festplatte hält. *Ggs.* →Server.

PCB
engl. Abk. Printed Circuit Board. Leiterplatte.

PCM
Abk. Pulscodemodulation. Modulationsverfahren, das bei der →Analog/Digital-Wandlung Verwendung findet. Bei der Audioaufzeichnung z.b. in MAZ-Systemen hat der PCM-Ton eine im *Ggs.* zum analogen Ton grundsätzlich höhere Qualität mit einem →Störspannungsabstand von über 90 →Dezibel.

PCMCIA
engl. Abk. für Personal Computer Memory Card International Association. Kleine, scheckkartengroße Einsteckkarte z.b. für Laptops für Zusatzgeräte wie Modem oder Netzwerkanschluß.

PE
Abk. Polyester. Kunststoff-Trägermaterial für →Magnetbänder.

Peaking
engl. Spitze. Zum leichteren Finden der Schärfe werden bei →Suchermonitoren kleine Bilddetails durch →Kantenanhebung verdeutlicht.

Peak Level
engl. Spitzenwert. Bei der →Tonaussteuerung die Anzeige des maximalen Tonpegels.

Peak-Meter
engl. Tonaussteuerungsinstrument, das auch kurze Spitzenspannungswerte eines Audiosignals mißt und dessen Anzeige einer optimalen Bandaussteuerung entspricht. Werden unterschiedliche Tonprogramme mit gleichem Pegel ausgesteuert, ergeben sich unterschiedliche Lautheiten. →VU-Meter.

PED
engl. Abk. Pedestal. →Schwarzabhebung.

Pedestal
engl. 1.) →Schwarzabhebung. *2.)* →Pumpstativ.

Pegel
Signalgröße, Spannung. →Videopegel, →Audiopegel.

Pegeln
Abstimmen der technischen Bild- und/oder Tonqualität zwischen einer abgebenden und einer annehmenden Stelle. Dies können die →Hauptschalträume zweier Rundfunkanstalten vor der Überspielung eines Beitrags sein. Ebenso kann eine in einem →Kamerarecorder aufgenommene Kassette mit dem →Player des nachfolgenden →elektronischen Schnitts gepegelt werden. Das Pegeln findet für das Bild mit einem →Farbbalken, für den Ton mit einem →Pegelton statt. Nach dem Pegeln ist sichergestellt, daß die Überspielung oder die Kopie ohne Veränderungen des Materials stattfindet und eventuelle Verluste der Übertragung oder der Kopierung durch das Pegeln ausgeglichen wurden.

Pegelsteller
Regler an →Tonmischpulten zur Einstellung des →Audiopegels.

Pegelstereofonie
→Intensitätsstereofonie.

Pegelton
Sinusförmiger Ton einer bestimmten →Frequenz (meist 1 →kHz) und eines vereinbarten →Audiopegels von z.B. -9 dB oder 0 dB bezogen auf →Vollaussteuerung. Dient zur Überprüfung der Pegelverhältnisse von Übertragungsstrecken oder →Magnetbandaufzeichnungen.

191

Pegelwert
Signalgröße. Spannung. →Videopegel, →Audiopegel.

PEL
engl. Abk. Picture Element. →Bildelement.

PEM
Abk. Prüf-Eich-Monitorsignal. →Testsignal zur Einstellung von Monitoren mit den →Kontrast- und →Helligkeitsreglern.

Perfo
Abk. Perfoband. →Magnetfilm.

Perfoband
→Magnetfilm.

Periode
Abk. →Periodendauer, →Periodenlänge, →Farbträgerperiode.

Periodendauer
Dauer einer vollständigen →Sinusschwingung. Entspricht einer kompletten 360°-Umdrehung im Winkelkreis.

Periodenlänge
Länge einer vollständigen →Sinusschwingung. Entspricht einer kompletten 360°-Umdrehung im Winkelkreis.

Peritel-Stecker
→Scart-Stecker.

Personal Computer
engl. Einzelplatzrechner, der alle notwendigen Programme und Daten auf seiner eigenen →Festplatte hält. *Ggs.* →Server.

PFL
engl. Abk. Pre Fade Listening. Auskoppelung eines Audiosignals vor dem Regler eines →Tonmischpultes, also bevor es zur Mischung verwendet wird. Dies dient z.B. zur Herstellung einer Tonmischung mit einem anderen Mischungsverhältnis, um z.B. diesen Signalanteilen Hall zuzufügen. *Ggs.* →AFL. →Vorhören.

P-Frame
engl. →P-Bild.

PG
engl. Abk. Pulse Generator. Impulsgenerator. →Taktgenerator.

PGM
Abk. Programm.

PH
Abk. →Phantomspeisung.

Phantomspeisespannung
→Phantomspeisung.

Phantomspeisung
Eine auf den beiden Adern des Tonkabels mitübertragene Versorgungsspannung von +48 Volt gegenüber der →Abschirmung für →Kondensator- und →Elektretmikrofone. Die Funktion angeschlossener →dynamischer Mikrofone ist nicht beeinträchtigt. Die Phantomspeisung hat die frühere →Tonaderspeisung abgelöst.

Phase
→Phasenlage, →Phasenfehler.

Phase Combiner
Möglichkeit an →SNG-Fahrzeugen, die beiden →High Power Amplifier miteinander zu koppeln, damit mit einer höheren Leistung gesendet werden kann. Damit lassen sich größere Entfernungen zwischen der SNG und dem Satelliten überwinden.

Phasendreher
→Phasenverkehrtes Stereosignal.

Phasenfehler
1.) →Phasenverkehrtes Stereosignal. *2.)* →Horizontalphasenlage. *3.)* →Farbträgerphasenlage. *4.)* →Burst/Chroma-Phasenlage. *5.)* →PAL-8er-Sequenz.

Phasenlage
Zeitliche Lage eines Audio- oder Videosignals

zu einem Bezugssignal. →Horizontalphasenlage, →Farbträgerphasenlage, →Burst/Chroma-Phasenlage.

Phasenschieber
Gerät zur Beeinflussung der eigentlich quarzstabilen Aufnahmegeschwindigkeit einer Filmkamera mit der Absicht, sie bei Aufnahmen von Videobildern der Phasenlage des Monitors anzupassen. Einige Systeme registrieren die Phasenlage per Meßsonde am Monitor. Bei stabilen Videosignalen kann das Ergebnis im Sucher der Filmkamera ausreichend beurteilt werden.

Phasensprung
1.) allg. Wechsel der →Phasenlage einer →Sinusschwingung zu einem Moment um einen großen Betrag. *2.)* →Komplementäre Farben liegen im Farbkreis des →Vektorskops gegenüber. Stoßen zwei komplementäre Farben in der Horizontalen eines Fernsehbildes zusammen, ergibt sich ein Phasensprung von 180°. Der Übergang wird nicht mehr scharf gezeigt und ist, je nach Qualität des Monitors oder Fernsehempfängers, mit einem →unbunten Strich versehen. Besonders bei kleineren Schriften sollten daher Kombinationen stark gesättigter Komplementärfarben vermieden werden.

Phasenstereofonie
→Laufzeitstereofonie.

Phasenverkehrtes Stereosignal
Von einer falschen Phasenlage eines Audiosignals spricht man, wenn z.B. die beiden Adern eines der beiden Stereokanäle im Ggs. zu dem anderen Kanal vertauscht wurden. Bei der gewünschten kompatiblen Monowiedergabe des Stereosignals kommt es zu Auslöschungen besonders der Schallquellen, die in der Mitte aufgenommen wurden. Das Phasenverhalten eines Stereosignals kann mit einem →Korrelationsgradmesser oder einem →Stereosichtgerät kontrolliert werden. Auch bei monofonen Programmen kommt es bei der Mischung mehrerer Kanäle zu unerwünschten Auslöschungen.

Phase Shift Keying
engl. Phasenumtastung. →BPSK, →QPSK.

phon
Einheit der →Lautstärke.

Phones
engl. Kopfhörer.

Phosphore
griech. Chemisches Element. Die in →Bildröhren verwendeten Phosphore wandeln die Energie der auftreffenden →Elektronenstrahlen in sichtbares Licht um. Bei Schwarzweiß-Monitoren ist diese Leuchtschicht homogen. Farbmonitore besitzen bis zu 1.200.000 Phosphor-Punkte. Sie haben eine der →Schattenmaske des Monitors entsprechende Form und leuchten in den Farben Rot, Grün und Blau auf. →EBU-Phosphore.

PI
engl. Abk. PAL Ident. →PAL-Impuls.

Pico
→Piko.

PICT
engl. Abk. (Apple) Picture Format. →Dateiformat für Grafikdaten, die als Pixel- oder als Vektorgrafik oder sogar gemischt definiert sind. Entweder →Dateikompression oder →Datenreduktion nach dem →JPEG-Verfahren.

Picture Cach
engl. Bildzwischenspeicher. Funktion an →Kamerarecordern als →Retro Loop.

Piko
Billionstel. *Abk.* p.

P-Impuls
Abk. →PAL-Impuls.

Pin
Anschlußkontakt eines elektronischen Bauteils oder einer →Platine.

193

PIP
engl. Abk. Picture in Picture. Bild in Bild. Möglichkeit von Fernsehgeräten der Consumertechnik, über einen eingebauten Bildspeicher das verkleinerte Bild anderer Fernsehprogramme in das Hauptbild einzustanzen.

Pit
Kleinste Informationseinheit als Vertiefung auf einer →Compact Disk. Die Daten sind in der unterschiedlichen Länge und Abfolge der Pits codiert. Durch die dabei unterschiedliche Reflexion des abtastenden →Laserstrahls entstehen die →PCM-Daten. Die Pits befinden sich in einer von innen nach außen liegenden Spirale.

Pitch
engl. 1.) Tonhöhe. *2.)* Horizontalabstand von Mitte zu Mitte zwischen zwei Löchern oder zwei Schlitzen einer →Schattenmaskenröhre. *3.)* Abstand von Mitte zu Mitte zweier nebeneinanderliegender Video- oder Datenspuren auf einem →MAZ-Band.

PIX
engl. Abk. Picture. Videosignal, Bildsignal.

Pixel
engl. Abk. Picture Element. →Bildelement.

Pixelshift
Bewegung eines einzelnen →Bildpunkts eines digitalen Signals nach der Verarbeitung z.B. durch ein →Digitales Videoeffektgerät. Kann zu Bildstörungen führen.

Plasma-Display
→LCD-Display.

Platine
Träger elektronischer Bauteile oder Baugruppen. Besteht meist aus Epoxidharz und ist in professionellen Geräten mit Steckfassungen so befestigt, daß ein Herausnehmen im Servicefall leicht möglich ist.

Plattenspeicher
→Festplatte.

Play
engl. Abk. Playback. Wiedergabe.

Playback
engl. Wiedergabe. *1.)* →Hinterbandkontrolle. *2.)* →Halbplayback, →Vollplayback.

Playback-Adapter
Zusatzgerät für →Kamerarecorder des →Betacam SP-Formats, das eine Farbwiedergabe des aufgezeichneten Bildes auf einem externen Monitor ermöglicht. Das →CTDM-Signal wird zu den →Farbdifferenzsignalen expandiert und zusammen mit dem →Luminanzsignal zu einem →FBAS-Signal codiert.

Player
engl. Wiedergabegerät bei →MAZ-Maschinen.

Playlist
Für →Kassettenautomaten eine vorbereitete, am Computer geschriebene Liste der Beiträge, die gesendet werden sollen.

Playout Center
→Sendeabwicklung, bei der die Programme nicht von →MAZ-Maschinen oder →Kassettenautomaten, sondern von den →Festplatten eines →Servers abgespielt werden.

PLL
engl. Abk. Phase Locked Loop. Elektronische Schaltung, bei der die Geschwindigkeit eines Taktgebers in einem Gerät mit einer von außen kommenden Taktinformation verglichen und synchronisiert wird.

PLUGE
engl. Abk. Picture Line Up Generating Equipment. →Testsignal für die Einstellung von Monitoren mit den →Kontrast- und den →Helligkeits-Reglern. Besteht aus einem -2%-Balken, einem +2%-Balken und einer drei- oder fünfstufigen Grautreppe.

Plug In
engl. Einstecken. Softwaremodule, die nachträglich installiert werden. So können z.B.

→nichtlineare Schnittsysteme nachträglich mit besonderen →Effekten oder einer Software für →2D-Grafik erweitert werden oder die Grafikprogramme selbst wiederum mit speziellen Maleffekten.

Plumbicon
→Aufnahmeröhre in elektronischen Kameras, bei der die Speicherschicht aus Bleimonoxid besteht.

PN-S
engl. Abk. (EBU) Permanent Network-Sound. Fernsehton-Dauerleitungsnetz der →EBU. →Dauerleitungen.

PN-V
engl. Abk. (EBU) Permanent Network-Vision. Fernseh-Dauerleitungsnetz der →EBU. →Dauerleitungen.

PO
† *Abk.* Pegeloszilloskop. →Oszilloskop.

Polarisation
Art der Ausbreitung →elektromagnetischer Wellen. Bei der →Satellitenübertragung wird die →lineare Polarisation für Bild und Ton verwendet. Die →zirkulare Polarisation wird für die Übertragung der →Bakenfrequenzen eingesetzt.

Polarisation
Verdrehung der →Polarisationsebene zwischen dem Signal der Bodenstation und des Satelliten bei einer →Satellitenübertragung. Der Polarisationsoffset nimmt mit größerem →Azimut zu. Der Polarisationsoffset muß mit einer Verdrehung der Antenne ausgeglichen werden.

Polarisationsebene
1.) Schwingungsebene bei der →linearen Polarisation. *2.)* Licht, dessen →elektromagnetische Wellen nur in einer einzigen Ebene schwingen.

Polarisationsfilter
Polarisationsfilter lassen Lichtstrahlen nur einer bestimmten Schwingungsebene durch. Durch Drehen des Filters lassen sich z.B. unerwünschte Reflexe von Glas oder auch von metallischen Oberflächen unterdrücken. Die Wirksamkeit von Polfiltern ist bei einem Lichteinfallswinkel von etwa 35° besonders groß. Der Lichtverlust hängt von der jeweiligen Wirkung des Polfilters ab.

Polarmount-Antenne
→Parabolantenne, die fernbedient auf verschiedene Satelliten ausgerichtet werden kann. Polarmount bedeutet, daß je nach →Satellitenposition neben der →Elevation und dem →Azimut die →Polarisationsebene mit verstellt werden kann.

Pol-Filter
Abk. →Polarisationsfilter.

Poppschutz
Meist Schaumstoff, der vor unerwünschten Tonstörungen durch Explosionslaute bei einer Nahbesprechung eines →Mikrofons schützen soll.

Port
engl. →Schnittstelle.

POS
Abk. 1.) Positiv. *2.)* Position.

Positiver Nulldurchgang
Beginn der positiven Halbwelle einer →Sinusschwingung.

Posterisation
engl. →Digitaler Videoeffekt, der die Anzahl der Helligkeitsabstufungen eines farbigen Videobildes reduziert.

Postproduction
engl. Nachbearbeitung. Eingedeutschter Begriff: Postproduktion.

Postproduktion
Eingedeutschter Begriff: für das *engl.* Postproduction. Nachbearbeitung.

Postübergaberaum
Raum im Verantwortungsbereich der Telekom zur Übergabe der Audio- und Videosignale eines Funkhauses auf die Leitungswege der Telekom.

Potential
In der Elektrotechnik die Angabe einer elektrischen Spannung bezogen auf das Erdpotential.

Power
engl. Strom- bzw. Netzversorgung.

Power Belt
engl. →Akkugürtel.

Pp
Abk. Purpur. →Magenta.

PP
engl. Abk. 1.) Patch Panel. →Steckfeld. *2.)* Postproduction. Nachbearbeitung.

PPC
engl. Abk. →Pay per Channel.

PPM
engl. Abk. Peak Programme Meter. →Peak-Meter.

PPV
engl. Abk. →Pay per View.

Präsenz
Ein im Frequenzumfang von Tonsignalen mittlerer Bereich zwischen 1 und 5 →kHz.

Praktikabel
Zerlegbares Podest.

Prd.
Abk. Produktion.

PRE
engl. Abk. →Preset.

Preemphasis
engl. Vorentzerrung. →Emphasis.

Preheat
engl. Vorheizen. Betriebsart an tragbaren →Röhrenkameras, bei der, um Strom zu sparen, lediglich die Aufnahmeröhren vorgeheizt werden und somit schnell betriebsbereit sind.

PreKo
Abk. Pressekonferenz.

Preread Edit
engl. Fähigkeit einiger →digitaler MAZ-Formate, die Bild- und/oder Toninformation an einer Bandstelle zu lesen und sie mit anderen Köpfen wieder an derselben Bandstelle aufzeichnen zu können. Damit ist eine Bearbeitung (Bild- oder Tonmischung) auf demselben Band mit nur einer →MAZ-Maschine möglich. Die Gefahr liegt darin, daß bei einer ungewünschten Überspielung Bild- und Tondaten unwiderruflich gelöscht sind.

Preroll
engl. →Vorlauf.

Presentation Mixer
engl. →Sendeablaufmischer.

Presentation Studio
engl. Sendestudio.

Preset
engl. Vorwahl, voreingestellter Wert.

Pressure Gradient Transducer
engl. →Druckgradientenempfänger.

Pressure Transducer
engl. →Druckempfänger.

Preview
engl. Vorschau. Simulation eines →elektronischen Schnitts.

Preview-Kreuzschiene
engl. →Videokreuzschiene an →Bildmischpulten zur Auswahl von Bildern zu Vorschauzwecken.

Preview Monitor
engl. →Vorschaumonitor.

Prg
Abk. 1.) Programm. *2.)* →Programmton.

Primärfarben
→Grundfarben.

Primärton
Ton, der zu Informations-, nicht aber zu Sendezwecken dient.

Primary Distribution
engl. Verteilung des Fernsehprogramms vom Studioausgang zu den Sendeanlagen. →Secondary Distribution.

Prime Time
engl. Beste Sendezeit.

Printer
engl. 1.) Drucker. →Videoprinter. *2.)* Gerät zur Belichtung eines Films von einem Videoprogramm.

Prisma
In einer elektronischen →Röhrenkamera oder →CCD-Kamera sowie in einem →Filmabtaster zur Strahlenteilung des weißen Lichts in die Farbauszüge Rot, Grün und Blau. Prismen haben eine eigene →Lichtstärke von maximal 1:1,2, so daß der Einsatz von →Objektiven mit einer größeren Lichtstärke als der des Prismas der verwendeten Kamera keinen Gewinn bringt.

Probe
1.) →Kalte Probe, →heiße Probe, →Durchlaufprobe. *2.) engl.* Prüfspitze bei →Oszilloskopen.

Probenmischer
→Probenmischpult.

Probenmischpult
→Bildmischpult, das alternativ oder parallel zum Bildmischpult einer Regie betrieben werden kann, das aber nicht im Regieraum, sondern im Studioraum steht. Der Regisseur und die Bildmischerin haben so einen direkten Kontakt zu den Abläufen im Studio.

Processing Amplifier
engl. →Stabilisierverstärker.

Production Switcher
engl. →Bildmischpult.

Professional Profile
Variante des MPEG-2-Verfahrens. →4:2:2 P@ML.

Professional S
(Panasonic) →S-VHS.

Profile
1.) engl. Das →MPEG-2-Verfahren unterscheidet fünf Untergruppen, sogenannte Profiles. →Simple Profile, →Main Profile, →SNR-Profile, →Spatial Profile, →High Profile. *2.) (Tektronix)* →Festplattenrecorder.

Profilscheinwerfer
→Scheinwerfer, der mit einem optischen System einen scharf begrenzten Lichtstrahl erzeugt. →Gobo, →Verfolger.

Programmbeginn
Beginn des ersten Bildes und/oder des ersten Tons eines Programms.

Programme Play
engl. Funktion einiger digitaler →MAZ-Maschinen, bei der die Wiedergabegeschwindigkeit z.B. im Bereich von 15% variiert werden kann. Ein Beitrag kann damit an einen vorgegebenen zeitlichen Rahmen angepaßt werden.

Programmierte Farbkorrektur
Durch Unterschiede in den Filmchargen und bei der Belichtung des Filmmaterials kommt es zu unterschiedlichen Bildeindrücken in Bezug auf →Kontrastumfang, Helligkeit und Farben. Die aufeinanderfolgenden Szenen des

197

fertig geschnittenen und auf ein →MAZ-Band überspielten Films werden durch Vergleich und neutrale Beobachtung aneinander angepaßt und die Korrekturwerte gespeichert. Dabei können der →Weißwert, der →Schwarzwert, die →Gradation, die Farborte in den dunklen, mittleren und hellen Bildpartien, die →Farbsättigung und die →Dunkelentsättigung eingestellt werden. Bei der anschließenden Überspielung wird jede Szene mit den Korrekturwerten belegt. →Mischproduktionen werden auf dem gleichen Wege farbkorrigiert.

Programmleitung
Tonleitung zur Übertragung des →Programmtons.

Programmton
Sendefertige Mischung aus →internationalem Ton und dem →Kommentarton.

Programmübertragung
Live-Übertragung eines Fernsehprogramms z.B. von einem →Übertragungswagen zu einer Rundfunkanstalt oder von einer Rundfunkanstalt zum →ARD-FS-Sternpunkt.

Progressive Abtastung
Im *Ggs.* zum →Zeilensprungverfahren werden alle Zeilen eines →Vollbildes nacheinander abgetastet und übertragen. Den Vorteilen einer höheren →Vertikalauflösung und der Vermeidung von →Kantenflimmern steht der Nachteil einer doppelt so hohen →Videofrequenzbandbreite gegenüber.

Progressive Scanning
engl. →Progressive Abtastung.

Projektor
Ugs. →Profilscheinwerfer.

Pro Logic
→Dolby Pro Logic.

Pro Mist-Filter
engl. →Effektfilter, der Bilder weniger hart, aber nicht unschärfer erscheinen läßt. Der Kontrast wird reduziert, die Schatten aufgehellt. Lichtquellen oder Reflexe werden diffus wiedergegeben.

Proprietäre Hardware
Gerät oder System - z.B. ein Gerät für →digitale Videoeffekte - das nicht auf einer der bekannten Computerplattformen wie →PC, Macintosh oder SGI basiert, sondern eine eigene, speziell nur für diese Aufgabe entwickelte Hardware, also elektronische Schaltung und Baugruppen, besitzt.

Protect Ground
engl. Schutzerde.

Prozessor
Zentrale Recheneinheit eines Computers oder eines computergesteuerten Systems.

P_R-Signal
Eines der beiden Farbdifferenzsignale des →Komponentensignals in der →Fernsehnorm 525/60.

PRST
engl. Abk. (Sony) Preset. Vorwahl.

Prüfzeilen
In festgelegten Zeilen der →vertikalen Austastlücke sind bei der Übertragung und Aussendung von Fernsehprogrammen Prüfsignale zu Testzwecken der Übertragungsstrecken untergebracht. In der Regel handelt es sich um die Zeilen 17, 18 und 330, 331.

Prüfzeileneinmischer
Gerät zum Einsetzen von →Prüfzeilen in ein Videosignal.

PRV
engl. Abk. →Preview.

Pseudoschnitt
Schnittstelle innerhalb einer laufenden Szene, die nicht zu einer Unterbrechung des Programms führt. Wird benötigt, um z.B. eine Szene in eine →Überblendung oder eine farbi-

ge Szene in eine schwarzweiße übergehen zu lassen. Die Überblendung erfordert den Start einer zweiten →Zuspielung und damit auch einen Schnittpunkt, obwohl die Szene weiterläuft.

PSK
engl. Abk. Phase Shift Keying. →BPSK, →QPSK.

PST
engl. Abk. Preset. Vorwahl, voreingestellter Wert.

PÜR
Abk. →Postübergaberaum.

Pulldown
→3/2-Pulldown.

Puls
→Impuls.

Pulsamplitudenmodulation
→PAM.

Pulscodemodulation
→PCM.

Pumpe
Ugs. für →Pumpstativ.

Pumpen
1.) Bildstörung. Schwankungen der Bildhelligkeit durch den Einsatz einer →Blendenautomatik an einer →elektronischen Kamera. *2.)* Ein Pumpeffekt tritt auch als Monitorfehler bei sehr hell eingestellten Monitoren auf, wenn gleichzeitig sehr helle Motive gezeigt werden. Dabei kann es auch zu Größenveränderungen des Bildes kommen. *3.)* Tonstörung durch Schwankungen der Lautstärke durch die Verwendung einer automatischen →Tonaussteuerung oder eines →Begrenzers.

Pumpstativ
Stativ, das im Studio oder bei Außenproduktionen verwendet wird. Neben Kamerafahrten auf glattem Studioboden ermöglicht es durch Luftdruck- oder Federzugsysteme eine leichte Höhenverstellung während der Aufnahme oder Sendung. →Crab, →Steer.

Purpur
→Mischfarbe aus den →Grundfarben Blau und Rot. Entspricht Magenta.

Purpurfarben
Die nicht im →Spektrum des Sonnenlichts enthaltenen Mischfarben aus Rot und Blau, die durch →additive oder →subtraktive Farbmischung entstehen können.

PV
engl. Abk. Personal Video. Kleiner tragbarer Fernsehempfänger mit einem →LCD-Display.

PVC
Abk. Polyvinylchlorid. Kunststoff-Trägermaterial von →Magnetbändern.

PVW
engl. Abk. →Preview.

PVW-MAZ-Maschinen
Abk. (Sony) Bezeichnet eine Gerätepalette von →MAZ-Maschinen und →Kamerarecordern nach dem →Betacam SP-Format. Das P steht dabei für →Professional und kennzeichnet die zweite von drei Qualitätsstufen. →BVW, →UVW.

PWA
Abk. Programmwählanlage. System zur zentralen Verteilung von Fernsehprogrammen in einem Funkhaus, in der Regel zu Ansichtszwecken.

PZE
Abk. →Prüfzeileneinmischer.

PZM
engl. Abk. Pressure Zone Microphone. →Grenzflächenmikrofon.

Q
engl. Abk. Quality. Gütefaktor eines Filters. Ein hoher Q-Faktor beschreibt ein schmalbandiges Filter.

QAM
Abk. →Quadraturamplitudenmodulation.

Q-PAL
engl. Abk. Quality-PAL. Idee eines verbesserten →PAL-Verfahrens. Durch eine aufwendige Vor- und Nachfilterung des →Luminanzsignals werden →Cross Colour- und →Cross Luminance-Störungen weitgehend vermieden und die empfangbare →Videofrequenzbandbreite des Luminanzsignals auf 5 →MHz erweitert. →I-PAL.

QPSK
engl. Abk. Quadratur Phase Shift Keying. Vierphasenumtastung. Digitales →Modulationsverfahren, bei dem die vier möglichen Zustände zweier →Bit vier festgelegten Phasenlagen einer →Trägerfrequenz zugeordnet werden. Wird z.B. bei der →digitalen Satellitenübertragung verwendet. →BPSK. →8-PSK.

QR
Abk. →Quellenraum. →Hauptschaltraum.

QSDI
engl. Abk. (Sony) Quadrospeed Serial Digital Interface. Serielle →Schnittstelle, über die die →datenreduzierten Videosignale des →DVCAM-Formats überspielt werden können. Zusätzlich sind die Audio- und →Time Code-Daten darin enthalten. Über QSDI sind Überspielungen zwischen zwei →MAZ-Maschinen des DVCAM-Formats oder von einer DVCAM-Maschine auf eine →Festplatte mit vierfacher Geschwindigkeit möglich. Das QSDI-Signal ist nicht mit dem →SDI-Signal und auch nicht mit den anderen datenreduzierten Schnittstellen →SDDI oder →CSDI kompatibel. Erst die Schnittstelle →SDTI ermöglicht eine Übertragung von DVCAM-Daten über bestehende →SDI-Wege.

Q-Signal
→Farbdifferenzsignal des →NTSC-Verfahrens entlang der Farbachse Grün →Magenta. *Ggs.* →I-Signal.

QSR
Abk. Quellenschaltraum. →Hauptschaltraum.

QT
engl. Abk. (Apple) Quicktime. →Dateiformat zur Speicherung von Ton- und Bilddateien in verschiedensten Variationen. Kann Einzelbilder oder Bewegtbilder mit mehreren Ebenen ohne →Datenkompression, mit Datenkompression oder mit →Datenreduktion enthalten. Die Dateilänge kann maximal 2 →GByte betragen.

Quad
engl. Abk. Quadruplex. →Quadruplex-Format.

Quadraturamplitudenmodulation
1.) Verfahren der →Amplitudenmodulation, bei dem gleichzeitig zwei verschiedene Signale auf eine →Trägerfrequenz moduliert werden. Zum Zwecke der späteren Trennung werden die Signale mit unterschiedlichen →Phasenlagen moduliert. Eine analoge Anwendung dieses Verfahrens findet z.B. bei der →PAL-Codierung und zwar bei der Modulation der beiden →Farbdifferenzsignale zu dem →Farbartsignal F statt. *2.)* Die Modulation digitaler Daten basiert auf dem Prinzip der →QPSK. Im *Ggs.* dazu werden die beiden Signale zweier QPSK-Modulationsprodukte zusammengefaßt und nochmals amplitudenmoduliert. Dieses Codierverfahren wird dann 16-QAM genannt. Aufbauend darauf gibt es komplexere Verfahren wie 16-QAM und 256-QAM. Mit zunehmender Wertigkeit steigt zwar die Bandbreitenausnutzung, der erforderliche →Störspannungsabstand nimmt aber ebenso zu.

Quadrofonie
Aufnahme, Übertragung und Wiedergabe von Schallereignissen, die einen räumlichen Höreindruck mit Hilfe von vier Tonkanälen hervorrufen. Hat sich gegenüber der →Sterefonie beim Fernsehen und beim Hörfunk nicht durchgesetzt.

Quadruplex-Format
→MAZ-Format, das in Querspuren auf 2 →Zoll breites →Oxidband im →Direct Colour-Verfahren ein Videosignal von 5 →MHz →Videofrequenzbandbreite, ein Tonsignal und ein →Time Code-Signal aufzeichnet. Maximale Spieldauer etwa 100'. Wird nur noch zum Abspielen von Archivmaterial verwendet.

Quad Split
engl. Bild-Vierteilung. Funktion →digitaler Videoeffektgeräte, bei der in jedem Viertel des Bildes verkleinerte, aber vollständige Bilder zu sehen sind.

Quantisierung
1.) Anzahl der digitalen Pegelstufen, die bei der →Analog/Digital-Wandlung von Audio- und Videosignalen verwendet werden. Audiosignale werden z.B. mit 16 →Bit, entsprechend 65.536 Lautstärkestufen, Videosignale z.B. mit 8 Bit, entsprechend 256 Helligkeitsstufen, oder 10 Bit, entsprechend 1.024 Helligkeitsstufen, aufgelöst. *2.)* Maßstab, mit dem bei der →Datenreduktion nach dem →DCT-Verfahren die Menge der Datenreduktion und damit die Bildqualität bestimmt wird.

Quantisierungsfehler
Bei der →Quantisierung wird einem analogen Pegelwert eine bestimmte Pegelstufe zugeordnet. Die Abweichung der Pegelstufe vom ursprünglichen, analogen Pegelwert nennt man Quantisierungsfehler. Der Fehler kann maximal die Größe einer halben Pegelstufe aufweisen.

Quantisierungsrauschen
Rauscheffekt digitaler Signale, der direkt von der Anzahl der bei der →Quantisierung verwendeten digitalen Pegelstufen abhängt.

Quartercam
† *engl. (Philips DVS)* →Lineplex-Format.

Quellenraum
→Hauptschaltraum.

Quellenschaltraum
→Hauptschaltraum.

Querspuraufzeichnung
→Quadruplex-Format.

Querverbindung
Nicht gerichtete Audio- oder Videoleitung innerhalb eines →Studiokomplexes oder eines Funkhauses.

Quick Motion
engl. MAZ-Effekt, bei dem einzelne Bilder bei der Wiedergabe übersprungen werden. Dadurch ergibt sich ein schnellerer, ruckender Bewegungsablauf. Je nach →MAZ-Format ist maximal eine doppelte oder dreifache Geschwindigkeit möglich.

QV
Abk. →Querverbindung.

R
Abk. 1.) Rot. *engl. 2.)* →Recorder. *3.)* Reverse. Rückwärts. *4.)* Remote. Fernbedienung.

RA
Abk. Rundfunkanstalt.

RAID-System
engl. Abk. Redundant Array of Independent Disks. Kombination mehrerer →Festplatten mit →SCSI-Schnittstellen. Die Daten werden bei der Aufzeichnung durch eine intelligente Steuerung auf verschiedene Platten verteilt. Dadurch ergibt sich eine höhere Datensicherheit und eine schnellere Zugriffszeit gegenüber einzelnen Festplatten. Es gibt 5 RAID-Levels mit verschiedenen Sicherheitsstufen.

RAM
engl. Abk. Random Access Memory. Speicherchip, der mit Informationen in beliebiger Reihenfolge mehrmals beschreibbar und wieder löschbar ist. Ohne Stromversorgung geht der Speicherinhalt verloren. In der Praxis ist dies der wichtigste Teil eines Computers, der sogenannte Arbeitsspeicher. Bestimmt neben der →Prozessorgeschwindigkeit wesentlich die Geschwindigkeit der Arbeitsprozesse.

Ramcorder
engl. Aufzeichnungsgerät, das bis zu mehreren Minuten Videobilder auf →RAM-Chips speichern und wiedergeben kann. Maximal etwa 50fache Wiedergabegeschwindigkeit.

Randspur
Magnetische Spur eines →16- oder →35mm →Bildfilms, der die Toninformation trägt.

Range Extender
engl. Brennweitenvergrößerer an →Zoomobjektiven. Der Vergrößerungsfaktor beträgt 1:1,2 bis 1:2. Der Einsatz ist mit dem Lichtverlust einer →Blendenstufe verbunden. →Brennweitenverdoppler.

Range Reducer
engl. →Minuskonverter.

RAPID Time Code
→Time Code-Verfahren für →VHS-Recorder auf der →Steuerspur mit dem Steuerspurkopf. Der RAPID Time Code ist nachträglich aufzeichenbar.

Rasen
Platz zwischen den nebeneinanderliegenden →Video- oder →Audiospuren eines →Magnetbandes, der nicht beschrieben wird, um →Übersprechen zu verhindern.

Raster
→Fernsehraster.

Rasterdeckung
Übereinanderbringen der Elektronenraster der drei Aufnahmeröhren einer elektronischen →Röhrenkamera. Bei ungenauer Rasterdeckung, z.B. nach starken mechanischen Erschütterungen, treten →Farbsäume und Unschärfen auf.

Ratio Converter
engl. →Minuskonverter.

Rauhfaserwiedergabe
Ugs. Wiedergabe einer →Großbildprojektion auf eine Rauhfasertapete mit einer - durch die fehlende Reflexion einer Leinwand - verminderten Qualität.

Raumsegment
→Transponder, der für die →Satellitenübertragung benötigt wird. *Ggs.* →Erdsegment.

Rauschabstand
Die Größe für das Rauschen in einem Bild- oder Tonsignal. →Bildrauschen. →Geräuschspannungsabstand.

Rauschen
→Bildrauschen.

Rauschminderungsverfahren
Verfahren zur Verminderung des Rauschens in der Audio- oder Videotechnik. Rauschminderungsverfahren für die →Magnetband-Aufzeichnung sind: →dbx, →Dolby A, →Dolby B, →Dolby C, →Dolby SR, →Telcom C4.

Rauschunterdrückung
→Rauschminderungsverfahren.

RC
engl. Abk. 1.) Remote Control. Fernbedienung. *2.)* →Reed-Solomon-Code.

RCA
engl. Abk. Radio Corporation of America.

RCA-Stecker
→Cinch-Stecker.

RCP
engl. Abk. (Sony) Remote Control Panel. Bedienteil für die →Aussteuerung elektronischer Kameras. →MSU.

RCTC
engl. Abk. Rewritable Consumer Time Code. Consumer-Time Code-Verfahren für →Hi 8-Recorder auf einer separaten, zu den →Videospuren parallelen Datenspur mit einem sich auf der →Kopftrommel zusätzlich befindenden Kopf. Der RCTC ist nachträglich aufzeichenbar.

RCU
engl. Abk. Remote Control Unit. Fernbedieneinheit.

RCV
engl. Abk. →Receiver.

R-DAT-Format
engl. Abk. Rotary Head Digital Audio Tape Recorder. Digitaler Tonkassettenrecorder mit rotierenden Köpfen und →Schrägspuraufzeichnung wie bei MAZ-Systemen auf ⅛ Zoll breite Kassetten. →Abtastfrequenz bei Aufnahme/Wiedergabe 48 oder 32 →kHz, Wiedergabe auch mit 44,1 kHz möglich. →16 Bit Quantisierung. Kassetten bis 120'. Schneller Suchlauf und →Time Code-Aufzeichnung möglich. *Ggs.* →DASH-Format.

RDS
Abk. Radio-Daten-System. Übermittlung von Zusatzdaten wie z.B. Senderkennung und Programmart gleichzeitig mit den Hörfunkprogrammen.

RE
engl. Abk. →Range Extender.

Readout
engl. Auslesen, Anzeige.

Real Time Code
→Time Code, bei dem eine Zeitinformation aufgenommen wird, die im *Ggs.* zum →Elapsed Time Code auch in den Aufnahmepausen weiterläuft und auf der Originalkassette zu Zeitsprüngen führt.

Realtime-Effekt
→Tricks, die z.B. beim →nichtlinearen Schnitt sofort berechnet werden und keinen Zeitverzug bei der Schnittarbeit entstehen lassen. *Ggs.* →Non Realtime-Effekt.

Real Time Processing
engl. Echtzeitbearbeitung. Nachbearbeitungs- oder Rechnersystem, das z.B. Trickeffekte sofort berechnet und ohne Wartezeit auf dem Monitor darstellt.

REC
engl. Abk. 1.) Record. Aufzeichnung. *2.)* (EBU) Recommendation. Empfehlung.

Recam
→M-Format.

Rec Current
engl. Abk. Aufnahmestrom. →Kopfstromoptimierung.

Receiver
engl. Empfänger. *Ggs.* →Transmitter.

Recht am eigenen Bild
Presserechtlicher Begriff. Grundsätzlich hat jeder ein Recht am eigenen Bild, so daß für Aufnahmen von Privatpersonen in jedem Einzelfall eine →Drehgenehmigung erforderlich ist. Ausnahmen sind nur für Personen der Zeitgeschichte zulässig.

Reclocking
Aufbereitung →serieller digitaler Komponentensignale z.B. an Geräteeingängen, die durch die Verteilung über längere Kabelstrecken und nach dem Durchgang durch mehrere Geräte →Jitter-Effekte aufweisen. Die Signale erhalten wieder ihre ursprüngliche Form. *Ggs.* →Active Loop.

Record Current
engl. Aufnahmestrom. →Kopfstromoptimierung.

Recorder
engl. Aufzeichnungsgerät.

Recording
engl. Aufzeichnung.

Record Inhibit
engl. Sperrung der Aufzeichnungsfunktion an →MAZ-Maschinen zu Zwecken der Bediensicherheit.

Rec Run
engl. Abk. Record Run. →Elapsed Time Code.

Red.
Abk. Redaktion.

Redaktionelle Abnahme
Vorführung einer Produktion vor letzten redaktionellen Änderungen, Sprachaufnahme und →Tonmischung.

Reduktion digitaler Daten
→Datenreduktion.

Redundanz
lat. Überfülle. In der →Digitaltechnik derjenige Teil eines Signals, der zusätzlich - also doppelt - übermittelt wird, um Übertragungsfehler zu erkennen und zu korrigieren. →Fehlerschutzsysteme.

Redundanzreduktion
Qualitative Bewertung eines Verfahrens zur →Datenkompression. Weisen Videobilder trotz Kompression keine objektiven (meßbaren) und somit auch keine subjektiven (sichtbaren) Veränderungen auf, spricht man von einer Redundanzreduktion. In der Praxis werden Kompressionsfaktoren von 2:1 und darunter erzielt. →Irrelevanzreduktion, →Relevanzreduktion.

Re Edit
engl. →Preread Edit.

Reed-Solomon-Code
→Fehlererkennungs- und →Fehlerkorrektursystem, das zu einem Block digitaler Daten zusätzliche Kontrolldaten hinzufügt, mit deren Hilfe am Ende der Übertragung eine bestimmte Menge von fehlübertragenen →Bits korrigiert werden kann.

Reel
engl. Spule. →MAZ-Band, MAZ-Kassette.

REF
Abk. Referenz. →Referenzsignal.

Referenzsignal
Signal für die →Synchronisation von Videosignalen, die Bildquellen eines →Bildmischpultes sind. In den meisten Fällen wird dazu ein →Farbbalken oder →Black Burst verwendet.

Reflektor
Rahmen, der mit reflektierendem Material bespannt oder beschichtet ist, das geeignet ist, die Sonne oder eine andere Lichtquelle zu reflektieren. Wird im allgemeinen als →Aufheller eingesetzt.

Reflexionen
1.) Bildstörung durch Wiederholung der Bildkonturen in horizontaler Richtung bei schlechten Empfangsverhältnissen →terrestrischer Ausstrahlung. *2.)* Konstruktionsbedingte Objektivfehler durch Spiegelung von Lichtstrahlen im Inneren eines Objektivs. Auch teure →Objektive können diese, bei direkter Lichteinstrahlung weiß oder auch teils farbig sichtbaren Effekte nicht vollständig vermeiden.

Reg.
Abk. 1.) Regie. *2.)* Regional.

Regeltransformator
Transformator mit der Möglichkeit, zu niedrige oder zu hohe Spannungswerte im Stromnetz an die Erfordernisse z.B. eines →Übertragungswagens anzupassen. Eine Kombination mit einem →Trenntransformator ist möglich.

Regendämpfung
Beschreibt die Reduzierung der Signalstärke bei der →Satellitenübertragung, die durch schlechtes Wetter wie Nebel, Regen, Hagel oder Schneefall verursacht wird und bei der →Link Budget-Berechnung einkalkuliert sein muß.

Regenerate
engl. Regenerieren. →Regenerieren des Time Codes.

Regenerieren des Time Codes
Wird der →LTC auf die →Audiospur eines

zweiten →MAZ-Bandes kopiert, leidet die Signalqualität derart, daß der Time Code in der Kopie schlecht oder gar nicht mehr lesbar ist. Daher wird der bei der Wiedergabe ausgelesene Time Code ständig neu generiert und dann wieder aufgezeichnet. *engl.* Continuous Jam Sync.

Regionalcode
Der Zugriff auf die Wiedergabe von →DVDs ist durch Regionalcodes beschränkt. Die in einem Land mit einem Regionalcode gekauften DVDs können nicht ohne weiteres in einem Land mit einem anderen Regionalcode abgespielt werden. Folgende Regionalcodes sind definiert: Region 1: Amerika, Kanada, Region 2: Japan, Europa, Südafrika, Mittlerer Osten inklusive Ägypten, Region 3: Südostasien, Ostasien mit Hong Kong, Region 4: Australien, Neuseeland, Pazifische Inseln, Zentralamerika, Südamerika, Karibik, Region 5: Rußland, Afrika, Nord Korea, Mongolei, Region 6: China, Region 7: zur Zeit nicht belegt, Region 8: Luxusdampfer und Linienflugzeuge. Der Regionalcode kann nur mit Free-Playern umgangen werden.

Region Code
engl. →Regional Code.

Rehearsal
engl. Probe.

Reineisenband
→Magnetband, mit Eisenpartikeln beschichtet. Läßt die Aufzeichnung höherer →Frequenzen zu. Ist härter und glatter als →Oxidband und eher anfällig gegenüber →Drop Outs

Reinigungskassette
Kassette mit sehr rauher Oberfläche, die bei →Kopfzusetzern die →Videoköpfe reinigt. Gleichzeitig tritt aber eine starke Abnutzung der Köpfe auf, so daß eine manuelle Reinigung immer vorzuziehen ist.

Relaisbetrieb
Koppelung zweier oder mehrerer Funkstrecken.

Relativer Funkhausnormpegel
Bezeichnet in der Tontechnik das Verhältnis einer bestimmten Spannung U_x zu der Bezugsspannung bei →Vollaussteuerung von 1,55 →Volt. Der relative Funkhausnormpegel wird in →Dezibel (dB) angegeben und berechnet sich wie folgt: $dB = 20 \times \log (U_x/1,55)$. Damit entsprechen 0 dB ≡ 6 →dBu = 1,55 Volt und -6 dB ≡ 0 dBu = 0,775 Volt.

Relativer Jitter
engl. →Jittern eines digitalen Videosignals in Bezug auf das vom eigenen Signal abgeleitete bzw. regenerierte →Clock-Signal. *Ggs.* →Timing Jitter.

Relativer Pegel
→Relativer Funkhausnormpegel, →relativer Spannungspegel.

Relativer Spannungspegel
Bezeichnet in der Tontechnik das Verhältnis einer Ausgangsspannung U_A zu einer Eingangsspannung U_E. Der relative Spannungspegel wird in dBr angegeben und berechnet sich wie folgt: $dBr = 20 \times \log (U_A/U_E)$. Dabei sind 0 dBr kein Unterschied, 6 dBr das Doppelte, -6 dBr die Hälfte, 20 dBr das 10fache, 40 dBr das 100fache und 60 dBr das 1000fache. Angabe erfolgt in der Praxis oft nur als dB.

Relativgeschwindigkeit
Geschwindigkeit, die sich bei →MAZ-Maschinen aus der Rotationsgeschwindigkeit der →Videoköpfe und der Bandvorschubgeschwindigkeit ergibt.

Relevanzreduktion
Qualitative Bewertung eines Datenkompressionsverfahrens. Weisen Videobilder nach der Kompression subjektive (sichtbare) Veränderungen auf, spricht man von einer Relevanzreduktion. In der Praxis Kompressionsverfahren von 6:1 und höher. →Irrelevanzreduktion, →Redundanzreduktion.

REM
engl. Abk. →Remote.

Remote
engl. Fernbedienung.

Remote Control
engl. Fernbedienung.

Rendering
engl. Übersetzung. Eingedeutschter Begriff: Rendern. *1.)* In der Computergrafik die Umrechnung dreidimensionaler computergenerierter Objekte in Videobilder. Dabei werden den Objekten vorher ausgesuchte Strukturen und Oberflächen zugeordnet. Bei komplexen Objekten und in hochauflösenden Systemen ist dieser Vorgang sehr zeit- und daher auch kostenintensiv. *2.)* In Nachbearbeitungssystemen wie z.B. →nichtlinearen Schnittsystemen die Berechnung eines →Tricks oder eines →digitalen Videoeffekts, die aufgrund der Leistung des Systems nicht in Echtzeit ausgeführt werden kann.

Rep.
Abk. Reporter.

Replay
engl. →Review.

Reportagewagen
Kleines Fahrzeug mit eingebauter Technik für Live-Übertragungen kleinerer Fernsehproduktionen. Mögliche Ausstattung: ein oder zwei →Studio- und tragbare Kameras, kleines →Tonmischpult mit Kommunikationseinrichtungen, ein oder zwei →MAZ-Maschinen mit Möglichkeiten des →elektronischen Schnitts. →Übertragungswagen.

Res.
Abk. Reserve.

Reset
engl. Zurücksetzen, Nullstellung.

Resolution
engl. →Auflösung.

Restlichtverstärker
Gerät aus dem militärischen Bereich, das bei extrem schwachem Licht ein →monochromes Bild erzeugt. Ist für Fernsehzwecke nicht mehr so interessant, da die →maximale Lichtempfindlichkeit →elektronischer Kameras heute mit Spezialschaltungen selbst bei nahezu völliger Dunkelheit noch farbige Bilder liefern.

Restseitenband-Amplitudenmodulation
Bei der →Amplitudenmodulation z.B. eines Fernsehsignals für die →terrestrische Ausstrahlung entstehen links und rechts der →Trägerfrequenz sogenannte Seitenbänder. Für die Übertragung wird nur eines der beiden Seitenbänder benötigt, das andere aber zum Zwecke der Rückgewinnung mit einer eingeschränkten →Frequenzbandbreite mitübertragen.

Resume
engl. Wiederaufnehmen. Zurückholen zuvor gelöschter Daten.

Retro Loop
engl. Rückschau-Schleife. Funktion an →Kamerarecordern, die es ermöglicht, ein Ereignis vor dem Start der Kassette auf einen Speicher aufzunehmen, so daß dieses Ereignis nicht verloren geht. Die tatsächliche Aufzeichnung auf der Kassette findet daher mit einem Zeitversatz statt, der so groß ist wie die Speicherzeit. Bei einer Speicherzeit von z.B. 8 Sekunden läuft der Recorder nach Beenden der Aufzeichnung 8 Sekunden nach, um alle gespeicherten Bilder auf das Band zu bringen.

Ret-Taste an Objektiven
engl. Abk. Return-Taste. Je nach Kombination aus Objektiv, Kamera und Recorder ist bei →Studiokameras ein externes Sucherbild oder bei tragbaren Kameras das Wiedergabesignal des angeschlossenen Recorders zu sehen. An einigen →Kamerarecordern kann mit der Taste ein →Backspace-Schnitt ausgelöst werden.

Return Video
engl. Videosignal, z.B. End- oder Trickbild, das aus der Regie zum →Suchermonitor einer →Studiokamera geführt wird und das an der Kamera zu Informationszwecken angewählt werden kann.

REV
engl. Abk. →Reverse.

Reverse
engl. Rücklauf, rückwärts.

Review
engl. Rückschau. Nochmalige Vorführung eines bereits ausgeführten →elektronischen Schnitts zur technischen Kontrolle oder zu Betrachtungszwecken.

REW
engl. Abk. →Rewind.

Rewind
engl. Zurückspulen.

RfA
Abk. Rundfunkanstalt.

RF-Signal
engl. Abk. Radio Frequency. Bildsignal, das nach einer →Frequenzmodulation auf eine →MAZ-Maschine aufgezeichnet wird.

RfÜ
Abk. (Telekom) Dienststelle Rundfunkübertragungsbetrieb. Zuständig für die Abwicklung des Ton- und Fernsehübertragungsdienstes.

RGB-Chroma Key
engl. →Chroma Key-Effekt, bei dem das →Stanzsignal aus den →RGB-Signalen einer Kamera gewonnen wird. Die hohe →Frequenzbandbreite der RGB-Signale von 5 →MHz ergibt ein Stanzsignal mit einer hohen →Auflösung und daher eine gute Wirkung des Chroma Key-Tricks. →FBAS-Chroma Key.

RGB-Signale
Farbwertsignale Rot, Grün und Blau mit einer →Frequenzbandbreite von jeweils 5 MHz. Dies entspricht der höchsten Qualitätsstufe der →Fernsehnorm 625/50.

R-G-Signal
Farbdifferenzsignal. Wird in einer →Röhrenkamera durch Differenzbildung zwischen den →Farbwertsignalen Rot und Grün erzeugt. Dient zur Justage der Rasterdeckung. Eine →Gittertesttafel soll dabei möglichst grau erscheinen.

Richtantenne
Antennenform, die bevorzugt die Signale aus einer Richtung empfängt oder sie dorthin abstrahlt. →Antennengewinn.

Richtcharakteristik
Die Richtcharakteristik beschreibt das Verhältnis der Empfindlichkeiten eines Mikrofons für Schallquellen, die aus allen Richtungen einer Ebene auf das Mikrofon auftreffen. Die Richtwirkung hängt im wesentlichen von der Bauform des Mikrofons ab und wird durch den →Bündelungsfaktor beschrieben. →Kugelcharakteristik, →Acht-Charakteristik, →Kardioid, →Superkardioid, →Hyperkardioid, →Keule.

Richtfunkfeld
→Richtfunkstrecke.

Richtfunkstrecke
Drahtlose →Richtfunkübertragung zwischen zwei Stationen mit Hilfe einer →Richtfunkübertragungsanlage. Die maximale Länge von ca. 30km kann nur durch die Kopplung zweier Richtfunkstrecken erreicht werden.

Richtfunkübertragung
Technik zur gleichzeitigen Übertragung von Bild- und Tonsignalen über Entfernungen bis zu etwa 30km im →Gigahertz-Bereich. Zwischen Sender und Empfänger darf kein Hindernis sein, es muß eine „Sichtverbindung" bestehen.

Richtfunkübertragungsanlage
Anlage für die →Richtfunkübertragung, bestehend aus jeweils einem schweren Stativ, dem Sender bzw. Empfänger mit der →Parabolantenne und einem Steuergerät.

Richtmikrofon
→Rohrrichtmikrofon.

Richtrohrmikrofon
→Rohrrichtmikrofon.

Richtwirkung eines Mikrofons
→Richtcharakteristik.

Rifu
Abk. (Telekom) Richtfunk. →Richtfunkübertragung.

RifuST
Abk. (Telekom) Richtfunkstelle. →Richtfunkübertragung.

Ringing
engl. Störung, die z.B. bei der Digital/Analog-Wandlung digitaler Videosignale auftritt, wenn die digitalen Videosignale nicht in ihrer Bandbreite begrenzt sind. Steile Flanken erhalten dann →Überschwinger, die sich im Bild als Konturen zeigen.

Ringleitung
Hausinterne Antennenleitung, über die neben Fernsehprogrammen auch eigene Programme zu Vorführ- oder Mitschauzwecken verteilt werden.

Ripple
engl. Automatische Korrektur einer →Schnittliste nach der Änderung eines Eintrages. Insbesondere handelt es sich um die Aktualisierung der →Schnittmarken des Recorders.

RLC
engl. Abk. →Run Length Coding.

RM
engl. Abk. Remote. Fernbedienung.

RMA-Testtafel
engl. Abk. Radio Manifactures Association. →Testtafel mit horizontalen und vertikalen schwarzweißen Streifenmustern sowie kleinen Schärfesternen in den verschiedenen Bildteilen für eine Schärfenkontrolle →elektronischer Kameras.

RMS
engl. Abk. Root Mean Square. Beschreibt z.B. den Effektivwert einer →Sinusschwingung. Beträgt das 0,71fache des Maximalwertes.

Röhrenkamera
Professionelle Röhrenkameras arbeiten mit einem →Prisma, das das einfallende Licht in die drei Farbauszüge zerlegt. Jede der drei →Aufnahmeröhren tastet das projizierte Bild mit Hilfe eines →Elektronenstrahls ab. Dabei treten Effekte wie →Blooming, →Comet Tail, →Nachzieheffekt und →Einbrenner auf. Die elektromagnetische Ablenkung in der Aufnahmeröhre bzw. ihre Aufhängung führt zu Problemen wie →Rasterdeckung und →Mikrofonie. Die drei Farbkanäle der Kamera werden entweder in →Komponentensignale oder in ein →FBAS-Signal umgewandelt.

Römerarm
Verbinder mit mehreren Gelenken z.B. für flexible Befestigung eines Blechs, um Licht von →Scheinwerfern abzudecken.

Rohfilm
Unbelichtetes, nicht entwickeltes Filmmaterial ohne Aussage über Typ oder Format.

Rohrrichtmikrofon
Mikrofon mit ausgeprägter →Keulencharakteristik, das aus einem →Druckgradientenempfänger und einem mit seitlichen Schlitzen versehenen Rohr besteht. Die Richtwirkung ist stark frequenzabhängig.

Rolle
Auf Spulenkerne (Bobbies) aufgewickelte Filme.

Rolltitel
→Einblenden einer Schrift mit von unten nach oben rollenden Schriftzeilen durch einen →Schriftgenerator. →Kriechtitel.

ROM
engl. Abk. Read Only Memory. Speicher-Chip, das nach einmaliger Programmierung seine Daten ohne Stromversorgung behält. →EPROM. *Ggs.* →RAM.

ROT
Abk. Rotation.

Rotary Heads
engl. Rotierende Köpfe auf einer →Kopftrommel.

Rotierende Löschköpfe
Auf der →Kopftrommel angebrachte →Videoköpfe, die einzelne →Videospuren löschen können und somit bei den meisten →MAZ-Maschinen erst den →linearen Schnitt ermöglichen.

Rotlicht
Rote Lampe, die z.B. an den Monitoren im Regieraum die sendende Bildquelle oder an →Kamerarecordern oder →MAZ-Maschinen eine laufende Aufzeichnung signalisiert.

Rounding
engl. →Runden digitaler Daten. →Dynamisches Runden.

Router
engl. →Kreuzschiene.

Routing
engl. Signalverteilung.

RP
engl. Abk. (SMPTE) Recommended Practice. Empfohlene Anwendung.

R/P-Köpfe
engl. Abk. Record/Playback. Kombinationsköpfe für Aufnahme und Wiedergabe.

R-Run
Abk. (Sony) Record Run. →Elapsed Time Code.

RS
engl. Abk. Radiocommunication Sector. Das für den Fernsehrundfunk relevante Organ der →ITU.

RS-232C-Schnittstelle
→Schnittstelle für serielle Datenübertragung bis zu 20 →kBit/Sekunde in beide Richtungen mit →asymmetrischer Leitungsführung und 25poligen →D-Sub-Steckern. Wird meist für die Verbindung zwischen Computern und Studiogeräten oder Druckern verwendet. Maximale Kabellänge 15m.

RS-422A-Schnittstelle
→Schnittstelle für serielle Datenübertragung bis zu 10 →MBit/s in beide Richtungen mit →symmetrischer Leitungsführung und 9-poligen →D-Sub-Steckern. Wird meist für die Verbindung zwischen Computern und Studiogeräten oder Druckern verwendet. Maximale Kabellänge 1.200m.

RS-Code
→Reed-Solomon-Code.

Rückbild
Bildsignal vom →Hauptstudio zurück zum Produktionsort, z.B. bei einer Außenübertragung.

Rückkoppelung
→Akustische Rückkoppelung, →optische Rückkoppelung.

Rücklauf
→Zeilenrücklauf.

Rückleitung
→Rückspielleitung, →n-1-Leitung.

Rückpro
Abk. →Rückprojektion.

Rückprojektion
Projektion eines Bildes auf die Rückseite einer transparenten →Bildwand als Hintergrundbild für Trickaufnahmen. →Aufprojektion.

Rückseitenbeschichtung
Aufgeraute Beschichtung auf der Rückseite eines →MAZ-Bandes mit Partikeln. Reduziert die elektrostatische Aufladung des Bandes und sorgt für eine feste Wickelung.

Rückspielleitung
Leitung vom →Hauptstudio zum →Nebenstudio zur Rückübertragung des →Programmtons ohne →akustische Rückkoppelung.

Rückspielung
Wiedergabe einer MAZ-Aufzeichnung in die Regie und/oder in das Studio zu Kontrollzwecken.

Rückstrecke
→Drahtlose Rückstrecke.

Rückwärtsgang
Einrichtung einer Filmkamera oder austauschbare Motore, um Filmmaterial vom Ende der Rolle zum Anfang hin aufzuzeichnen. Damit werden besondere Effekte möglich.

Rüstwagen
Fahrzeug, das Kameraköpfe, Stative, Kabel, Befestigungsmaterial, Mikrofone und Zubehör transportiert, die in einem →Übertragungswagen aus Platzgründen nicht untergebracht werden können.

Rumpelfilter
→Trittschallfilter.

Runden digitaler Daten
Beim Umgang mit digitalen Daten, wie z.B. bei der →Mischung zweier digitaler Bildquellen mit →Datenworten von je 10 →Bit, sind die nach dem Mischvorgang entstehenden Datenworte 20 Bit breit. Für die Weiterverarbeitung müssen die Werte auf maximal 10 Bit breite Datenworte gerundet werden. Auch bei der Umwandlung von 10 auf 8 Bit breite Datenworte muß ein Rundungsprozeß stattfinden. Dieser kann mit den beiden nach Aufwand und Qualität sehr unterschiedlichen Methoden →Truncation oder →dynamisches Runden durchgeführt werden.

Rundfunk
Oberbegriff für Hörfunk und Fernsehen.

Rundfunknormpegel
→Relativer Funkhausnormpegel.

Rundfunksatellit
Satellit mit großer Leistung (ca. 200 →Watt) für den Direktempfang mit kleinen Antennensystemen (Ø 50-80cm) durch den Fernsehzuschauer. Der Empfang der Programme ist genehmigungsfrei. →Fernmeldesatellit.

Rundhorizont
Hintergrund eines Studios, bei dem die Ecken durch Rundungen verdeckt werden.

Run Length Coding
engl. Lauflängencodierung. System zur →Datenkompression. Dabei werden aufeinanderfolgende, gleiche Bildpunkte nicht einzeln übertragen. Vielmehr wird der Wert des ersten Bildpunktes, gefolgt von der Anzahl der gleichen Bildpunkte übermittelt. Dies erfordert in der Regel weniger Speicherplatz; der Faktor der Datenkompression ist dabei aber abhängig vom Bildinhalt. Das System wird nicht eigenständig eingesetzt, sondern ist Bestandteil einer →Datenreduktion z.B. der →JPEG-Codierung oder beim →Digital Betacam-Format.

RVB
franz. Abk. Rouge, Vert, Bleu. Rot, Grün, Blau. →RGB-Signale.

R-Wagen
Abk. →Reportagewagen.

RWD
engl. Abk. Rewind. Rückspulen.

RX
engl. Abk. Receiver. Empfänger.

R-Y-Signal
Farbdifferenzsignal. Wird in der →Matrix eines →Coders durch Differenzbildung zwischen dem →Farbwertsignal Rot und dem →Luminanzsignal gewonnen.

s
Abk. 1.) Sekunde. 2.) S-Signal. →Synchronsignal. 3.) S-Impuls. →Synchronimpulse.

S-Vorderflanke
→S_H-Vorderflanke.

S_0-Schnittstelle
Zweidraht-Verbindung zum Anschluß digitaler Telefone, Telefaxgeräte und Anrufbeantworter an Kupferkabel. Ein S_0-Anschluß hat zwei Kanäle. *Ggs.* →a/b-Schnittstelle.

SA
Abk. Sendeabwicklung. →Senderegie.

Saalbeschallung
→Beschallung.

SAD
engl. Abk. →Safe Area Display.

Sättigung
Intensität einer →Farbe.

Safe Area Display
engl. Sicherheitszone. →Fernsehkasch in Monitoren.

Safety Zone
engl. Sicherheitszone. →Fernsehkasch in Monitoren.

Sampling Rate
engl. Abtastrate. →Abtastfrequenz.

Sample
engl. Momentaner Abtastwert des analogen Signals bei der →Analog/Digital-Wandlung.

Sampling-Frequenz
→Abtastfrequenz in der →Digitaltechnik.

Sandsack
Kleiner Beutel aus strapazierfähigem Material zum Beschweren von Ausrüstungsgegenständen. →Steady Bag.

SaNzko
Abk. (Telekom) Satelliten-Netzkoordinator. Zuständig für die Einsatzaufträge der Satellitenübertragungsgruppen, auch für Ton- und Fernsehübertragungen.

SAS
1.) Abk. →Sendeablaufsteuerung. *2.) engl. Abk. (Philips DVS)* Select-A-Speed. Kontinuierliche Wiedergabe-Geschwindigkeit an →Filmabtastern.

SAST
Abk. Sendeablaufsteuerung.

Satellite News Gathering
engl. Satellite News Gathering. *Abk.* SNG. Absetzen aktueller Programme über →SNG-Fahrzeuge mit einer integrierten Anlage zur →Satellitenübertragung oder über eine →Flyaway-Anlage.

Satellitenfahrzeug
1.) →SNG-Fahrzeug. *2.)* Kleiner →Reportagewagen, der einem →Übertragungswagen zuarbeitet.

Satellitenfrequenzen
Folgende Frequenzbereiche zwischen 5 und 30 →GHz werden zur →Satellitenübertragung genutzt: →C-Band, →Ku-Band, →K-Band, →Ka-Band. Höhere Frequenzen erfordern komplexere Technik, kommen jedoch mit kleineren Antennen aus und sind in ihrer Empfangsqualität sicherer gegenüber schlechtem Wetter.

Satellitenposition
→Längengrad des Satelliten auf der →geostationären Umlaufbahn. Von Deutschland aus sind Satelliten etwa zwischen 45° West und 55° Ost zu erreichen.

Satellitenstrecke
Übertragungsstrecke für Video- und Audiosignale per Satellit, bestehend aus einem →Uplink, einem →Transponder und einem →Downlink.

Satellitenübertragung
Technik zur Übertragung von Bild- und Tonsignalen über einen Satelliten im →Gigahertz-Bereich. Zwischen dem auf der Erde stehenden Sender (Uplink) und dem Satelliten

sowie zwischen dem Satelliten und dem auf der Erde stehenden Empfänger (Downlink) darf kein Hindernis sein; es muß eine direkte „Sichtverbindung" bestehen. →Geostationäre Umlaufbahn. →Analoge Satellitenübertragung. →Digitale Satellitenübertragung, →SNG-Fahrzeug.

SatFu
Abk. (Telekom) Dienststelle Satellitenfunk.

Saticon
→Aufnahmeröhre in elektronischen Kameras, bei der die Speicherschicht aus Selen besteht.

Saturation
engl. →Farbsättigung.

Saubere Schnittliste
→Schnittliste.

Saugstativ
Stativ mit mehreren Saugnäpfen und zum Teil zusätzlichen Halterungen zur Montage einer Kamera an einem Fahrzeug. Je nach Stativ und Fahrzeug sind verschiedene Befestigungsorte möglich. Für die Bedienung der Kamera oder des Kamerarecorders werden zusätzliche Fernbedienungsmöglichkeiten notwendig.

SAUS
Abk. Sendeausgang.

SAV
engl. Abk. Start of Active Video. 4 →Bytes digitaler Daten, die den Beginn einer →aktiven Zeile innerhalb der →digitalen Komponentensignale kennzeichnen. *Ggs.* →EAV.

SAW
Abk. Sendeabwicklung. →Senderegie.

sb
† *Abk.* →Stilb. Einheit der →Leuchtdichte.

SB
Abk. →Stabilisierverstärker.

SBOF
engl. Abk. (Sony) Standby off. Betriebsart einer →MAZ-Maschine, bei der das Band nicht mehr an der →Kopftrommel liegt und diese auch nicht rotiert.

SBV
Abk. →Stabilisierverstärker.

SC
engl. Abk. Subcarrier. →Farbträger.

Scanner
engl. 1.) Kopfrad. →Kopftrommel. *2.)* Gerät zur Abtastung von Filmbildern und Umwandlung in ein elektronisches Signal. *3.)* Scheinwerfer mit Spiegelsystem für rotierende Lichteffekte. *4.)* Gerät zur Abtastung von Aufsichts- oder Durchsichtsvorlagen und Umwandlung in eine Computerdatei.

SCART
franz. Abk. Syndicat des Constructeurs d'Appareils Radio Récepteurs et Téléviseurs. Verband der Hersteller von Radio- und Fernsehempfangsgeräten.

SCART-Stecker
21polige Steckverbindung der Consumertechnik für den gleichzeitigen Anschluß von Ein- und Ausgängen eines →FBAS-Videosignals und zweier →asymmetrischer Audiosignale. Zwei Schaltspannungen signalisieren einem Fernsehgerät ein ankommendes Videosignal und das →Bildseitenverhältnis von 4:3 oder 16:9. Sonderbelegung für →RGB-Signale ist möglich.

Scene File
engl. Speicher in Bediengeräten von →Studiokameras, in denen z.B. die Wahl der Filter, die →elektronische Verstärkung, die →Kantenkorrektur sowie die Werte zur →Aussteuerung elektronischer Kameras und zum →Matching in Bezug auf eine Szene abgelegt werden. Bei schnellen Wechseln zwischen verschiedenen Studiopositionen können die gespeicherten Werte sofort aufgerufen werden.

SC/H
engl. Abk. Subcarrier to Horizontal Phase. Phasenlage des →Farbträgers zur →Horizontalfrequenz eines Videosignals. Kennzeichnet die →PAL-8er-Sequenz.

Schachbrettestbild
→Testtafel, bestehend aus schachbrettartigen weißen und schwarzen Quadraten. Dient u.a. zur Einstellung der →Kantenkorrektur an elektronischen Kameras.

Schärfe
→Auflösung, →Objektive Schärfe, →Subjektive Schärfe, →Vordere Schärfe, →Auflagemaß, →Schärfentiefe.

Schärfenstern
→Siemensstern.

Schärfentiefe
Entfernungsbereich, in dem ein Objektiv vor und hinter der Schärfenebene ausreichend scharf abbildet. Abhängig von →Blendenöffnung, →Brennweite und Entfernung.

Schalldämmung
Maßnahme zur akustischen Trennung von Räumen, z.B. bei Fernseh- oder Tonstudios, gegen nicht erwünschten Schall von Nachbarräumen oder von draußen.

Schalldämpfung
Akustische Maßnahme zur Verminderung der Halligkeit von Räumen, z.B. bei Tonaufnahmen.

Schalldruck
Durch die Schwingung des Schalls hervorgerufener Druck. Angabe in Pascal, *Abk.* Pa = 1 Newton/m². Die →Hörschwelle liegt bei 2×10^{-5} Pa, der Schalldruck der Schmerzgrenze bei $1,5 \times 10^2$ Pa. Zwischen dem Schalldruck und der →Lautstärke besteht ein logarithmischer Zusammenhang. Die Angabe erfolgt meist als →Schalldruckpegel.

Schalldruckpegel
Die Angabe des →Schalldrucks erfolgt wegen der unpraktischen Zahlenwerte als logarithmischer Wert des Schalldruckpegels nach der Formel: dB SPL = $20 \times \log (p_0 / 0,00002$ Pa$)$. SPL steht dabei zur besseren Unterscheidung von anderen dB-Angaben für Sound Pressure Level. Der Bezugsschalldruck, gleichzeitig die →Hörschwelle, liegt dann bei 0 dB SPL, die Schmerzgrenze bei 140 dB SPL. Ein Pegelunterschied von 1 dB ist gerade noch wahrnehmbar, eine Schalldruckverdopplung entspricht 6dB, eine Lautstärkeverdopplung aber einem Anstieg von 10 dB.

Schallgeschwindigkeit
Ausbreitungsgeschwindigkeit des hörbaren Schalls von ca. 340m/s.

Schalte
Ugs. für →Schaltkonferenz.

Schaltkonferenz
Zwei oder mehr Gesprächspartner unterhalten sich nur über Ton- oder über Ton- und Bildleitungen. →n-1-Leitung. *1.)* Mehrere Gesprächsteilnehmer verschiedener Rundfunkanstalten sind zur Programmabsprache durch →4-Draht-Tonleitungen verbunden. *2.)* Gesprächsteilnehmer aus verschiedenen Außenübertragungsorten werden für die Sendung oder Aufzeichnung eines gemeinsamen Programms mit dem Studio einer Rundfunkanstalt zusammengeschaltet.

Schaltraum
→Hauptschaltraum.

Schaltzeiten
Nutzungsdauer von Bild- und Tonleitungen zwischen Beginn und Ende der Programmbeiträge für →Programmübertragungen oder →Überspielungen.

Schatten
Dunkelste Partien eines Bildes. *Ggs.* →Lichter.

Schattenmaske
Aluminium-Maske zwischen den Elektronenstrahl-Erzeugern und der Phosphorschicht eines Farbfernsehgeräts, durch das die drei →Elektronenstrahlen exakt ihre richtigen →Phosphore treffen. →Lochmaske, →Schlitzmaske, →Streifenmaske.

Schaumstoffwindschutz
→Windschutz.

Scheinwerfer
Kurzform bzw. *allg.* Begriff für →Stufenlinsenscheinwerfer. →Verfolgerscheinwerfer, →Profilscheinwerfer, →Gobo.

Scheinwerfertor
Bewegliche Metallflächen an einer →Leuchte oder einem →Scheinwerfer zur weichen Begrenzung des Lichtstrahls. *Abk.* Tor.

Scheinwiderstand
→Impedanz.

Schichtseite
1.) Seite des →Magnetbandes, die mit Magnetpartikeln versehen ist. *2.)* Seite des Filmmaterials, die mit der Emulsion versehen ist. *Ggs.* →Blankseite.

Schiebeblende
Kein Blend- sondern ein Trickeffekt. Wird *ugs.* für die Beschreibung von →Standardtricks verwendet.

Schienenfahrt
Ein →Dolly kann nur bei geeigneter, ebener Unterlage auf Gummirädern bewegt werden. Häufig müssen geeignete Räder angesetzt und Schienensysteme verlegt werden, um gleichmäßige, ruckelfreie Kamerabewegungen zu ermöglichen. Auch der Einsatz von Kamerakränen wird oft mit Schienenfahrten verbunden.

Schleifen
Ugs. für das Kopieren des Tones einer Tonspur auf eine andere Tonspur des gleichen →MAZ-Bandes. Ist z.B. für die Mischung eines Kommentars mit dem →internationalen Ton von der einen →Tonspur und einer gleichzeitigen Mischung und Aufzeichnung auf die zweite Tonspur möglich. Eingeschränkte Tonqualität.

Schlitzmasken-Röhre
Farbbildröhrenprinzip, bei dem die →Schattenmaske aus länglichen Löchern besteht und die drei Elektronenstrahl-Erzeuger in einer Horizontalen (Inline) liegen. Dadurch geringerer Aufwand bei der Einstellung der →Konvergenz als bei →Delta-Röhren.

Schlupf
→Bandschlupf.

Schmalfilm
Filmformate: →Super 8-Film, →Doppel 8-Film und →16mm-Film.

Schmetterling
→Digitaler Videoeffekt, bei dem zwei Gesprächspartner z.B. einer →Schaltkonferenz in zwei leicht in die Mitte des Fernsehbildes gedrehten Bildern nebeneinander stehen. Beide Bilder können in ihrer Größe und Form unabhängig voneinander verändert werden. Problematisch ist die Blickrichtung. Für eine →Live-Sendung wird ein digitales Videoeffektgerät mit zwei Kanälen benötigt. →Altar.

Schmiereffekt
→Vertical Smear.

Schnee
Bildstörung durch starkes Bildrauschen, meist durch schlechte Empfangsverhältnisse.

Schneideimpuls
Impuls in der →Steuerspur von →Quadruplex-MAZ-Maschinen für den dort in der Anfangszeit durchgeführten mechanischen Schnitt.

Schnittband
Ein im →elektronischen Schnitt entstehendes →Magnetband, im günstigsten Fall die zweite →Generation. *Ggs.* →Originalband.

Schnittbetriebsarten
→Assemble-Schnitt, →Insert-Schnitt, →Backspace-Schnitt.

Schnittcomputer
→Schnittsteuergerät.

Schnittfähiger Recorder
→MAZ-Maschine, die neben der Wiedergabe und Aufzeichnung auch einen →linearen Schnitt ermöglicht. Dazu müssen auf der →Kopftrommel →rotierende Löschköpfe vorhanden sein, die in der Lage sind, einzelne →Videospuren zu löschen.

Schnittkopie
→Arbeitskopie.

Schnittliste
Liste mit →Time Code-Daten aufeinanderfolgender →Einstiegs- und →Ausstiegspunkte beim →elektronischen Schnitt. Zusätzlich beinhaltet die Schnittliste Informationen über die Schnittart, die statt eines harten Schnitts z.B. auch eine Überblendung sein kann. Elektronische Schnittlisten auf →Disketten sind zwischen unterschiedlichen →Schnittsteuergeräten teilweise kompatibel. Sogenannte „saubere" Schnittlisten enthalten die exakten, bildgenauen Time Code-Daten. Die Daten „unsauberer" Schnittlisten beinhalten zusätzlich Anteile vor und nach der eigentlichen Szene. „Unsaubere" Schnittlisten entstehen durch einen Vorschnitt oder Rohschnitt oder aber nach der Auswahl von Szenen für die Überspielung von Kassettenmaterial auf die →Festplatten →nichtlinearer Schnittsysteme. Beim nachfolgenden Feinschnitt verfügt man dann über einen Spielraum.

Schnittmarken
→In- und →Out-Punkte beim →elektronischen Schnitt.

Schnittmobil
Kleines Fahrzeug mit eingebauter Technik für den →elektronischen Schnitt. Mögliche Ausstattung: ein oder zwei →Player, ein →Recorder, →Schnittsteuergerät und →Bildmischpult.

Schnittplatz
Arbeitsplatz zur Bearbeitung von Videobeiträgen im →linearen oder im →nichtlinearen Schnitt-Verfahren.

Schnittstelle
Elektrischer Übergabepunkt zur Anpassung von Audio-, Video- oder Steuerdaten zwischen zwei Geräten.

Schnittsteuergerät
Gerät zur Fernsteuerung von →Playern und →Recordern sowie zur Speicherung der Schnittmarken beim →linearen Schnitt. Schnittmarken können dort in einer →Schnittliste abgespeichert und bearbeitet werden. Schnittsteuergeräte ermöglichen selbst keinerlei Effekte der Bildbearbeitung. →Tonmischpulte, →Bildmischpulte und Geräte für →digitale Videoeffekte werden lediglich angesteuert und führen dann den dort vorbereiteten Trick aus. Ein einfaches Schnittsteuergerät ist in jedem →schnittfähigen Recorder eingebaut.

Schnittsystem
→Schnittsteuergerät.

Schnittverfahren
→AB-Schnitt, →Anschnitt, →Assemble-Schnitt, →Bildgenauer Schnitt, →Bild/Ton-versetzter Schnitt, →Butt-Schnitt, →Digitalschnitt, →EB-Schnitt, →Elektronischer Schnitt, →E-Schnitt, →Hartschnitt, →Hybrid-Schnitt, →Insert-Schnitt, →Konventioneller Schnitt, →Linearer Schnitt, →MAZ-Schnitt, →Nichtlinearer Schnitt, →Offline-Schnitt, →Online-Schnitt, →Pseudoschnitt, →Sicherheitsmitschnitt, →Splice In-Schnitt.

Schnürsenkel
6,3mm breites Tonband.

SC/H-Phase
engl. Abk. Subcarrier to Horizontal Phase. →Farbträger zu Horizontalphasenlage.

Schrägspurabtastung
→Schrägspuraufzeichnung.

Schrägspuraufzeichnung
Aufzeichnungssystem aller →MAZ-Formate (außer →Quadruplex-Format) und des →R-DAT-Formats. Die Informationen werden in zur Bandkante schrägen Spuren aufgezeichnet.

Schrägspurverfahren
→Schrägspuraufzeichnung.

Schramme
→Bandschramme, →Filmschramme.

Schrifteinblender
Ugs. →Schriftzusetzer.

Schriftgenerator
Gerät, das einen mit einer Computertastatur geschriebenen Text in ein Videosignal umsetzt. Verschiedene Schriftarten, -größen und -farben möglich. Die weitere Verarbeitung des Videosignals geschieht per →Luminanz Key oder →Linear Key an einem →Bildmischpult.

Schrifttafel
† Papptafel mit aufgeklebten Schriften. Heute durch ein elektronisches Bild eines →Schriftgenerators oder eines →Einzelbildspeichers mit fertig gestalteten Schriftinformationen ersetzt.

Schriftzusetzer
Trickgerät, das in ein Bild mit Hilfe eines →Luminanz Key-Tricks z.B. eine Schrift einstanzen und diese durch Zufügen einer Umrandung oder eines Schattens lesbarer machen kann.

Schrittrate
→Symbolrate.

Schüssel
Ugs. für →Parabolantenne.

Schutzkanal
Zusätzlicher Signalweg z.B. in den Leitungsnetzen der Telekom, der für Havariefälle vorgehalten wird, zum Teil aber auch unter Verlust der Sicherheit angemietet werden kann.

Schwanenhals
Biegbarer Arm für die Befestigung von Mikrofonen.

Schwarzabgleich
In der elektronischen Kamera werden die Verstärker der drei Farbkanäle (Rot, Grün und Blau) so aneinander angeglichen, daß schwarze Bildteile einer Szene ohne Farbstich, also neutral, wiedergegeben werden.

Schwarzabhebung
Einstellung eindeutig schwarzer Bildteile an Kameras auf einen →Videopegel von 2%, um diese bei der →Aussteuerung elektronischer Kameras vom technischen →Schwarzwert unterscheiden zu können.

Schwarzbild
1.) Schwarzes unbelichtetes einzelnes Filmbild. *2.)* Videobild mit Bildinhalt Schwarz. *3.)* Bildstörung digitaler Übertragungssysteme, bei der z.B. durch eine Unterbrechung des Übertragungsweges der Decoder ein Bild mit Bildinhalt Schwarz herausgibt.

Schwarzblende
Übergang zwischen zwei Programmen mittels einer →Abblende und einer →Aufblende.

Schwarzdehnung
→Black Stretch.

Schwarzfeld
Einzelnes unbelichtetes oder anderweitig geschwärztes Filmbild.

Schwarzfilm
Belichteter und entwickelter, schwarzer Film.

Schwarzpegel
→Schwarzwert.

Schwarzschulter
→Vordere Schwarzschulter, →hintere Schwarzschulter.

Schwarzweiß-Signal
Videosignal, das nur die Helligkeitsinformation enthält. →BAS-Signal.

Schwarzwert
1.) Pegelwert des Videosignals, das eindeutiges Schwarz beschreibt. Bezugspunkt von 0 Volt bzw 0% für den →Videopegel und den →Synchronwert. *2.)* Gesamter Schwarzwert aller drei Farbkanäle R, G und B bei einer Kamera. Dadurch wird bei der →Aussteuerung elektronischer Kameras der →Kontrastumfang bestimmt. Dunkle Bildteile, wie z.b. schwarze Kleidung, sollen zwar schwarz, aber mit Zeichnung wiedergegeben werden. Nicht zu verwechseln mit dem →Schwarzabgleich.

Schwenken
→Kameraschwenk. →Panoramaschwenk.

Scope
engl. Abk. Oszilloscope. →Oszilloskop.

Scope-Verfahren
Kinofilmformate, bei denen das Bild vor der Aufnahme verzerrt wird. →Cinemascope, →Panavision, →Todd-AO. *Ggs.* →Breitwandverfahren.

SCPC
engl. Abk. Single Channel Per Carrier. Weniger gebräuchliches Verfahren bei der Aussendung digitaler Fernsehprogramme durch →DVB, bei dem nur ein Programm pro →Trägerfrequenz übertragen wird. *Ggs.* →MCPC.

SC-Phase
engl. Abk. Subcarrier, →Farbträgerphasenlage.

Scrambling
engl. Durcheinanderbringen. *1.)* →Verschlüsseln von Fernsehsignalen. *Ggs.* Descrambling. *2.)* Methode zur Aufbereitung von Datenströmen. →Kanalcodierverfahren.

Scratch Pad
engl. Zwischenspeicher.

Screen
engl. 1.) Bildschirm, →Bildwand. *2.)* →Abschirmung.

Scrub
engl. Schrubben. Wiedergabe von Tonsignalen z.B. an →MAZ-Maschinen während des Umspulens. Gegenüber analogen Geräten muß der Umspulton bei digitalen Geräten errechnet werden. Daher ist dies an einigen Geräten entweder gar nicht oder nur eingeschränkt möglich, so daß das Auffinden eines bestimmten Tonereignisses schwierig oder unmöglich ist.

SCSI
engl. Abk. Small Computer Systems Interface. Standardisierte →Computerschnittstelle mit einem 50adrigen Kabel u.a. für →Festplatten. Es gibt verschiedene SCSI-Standards mit →Datenraten zwischen 5 und 80 →MByte/Sekunde. Bis zu sieben unterschiedliche Geräte können über einen gemeinsamen SCSI-Bus angesprochen werden.

SD
engl. Abk. Sound Dub. Nachvertonung.

S-DAT
engl. Abk. Stationary Digital Audio Tape Recorder. →DASH.

SDC
engl. Abk. Seriell Digital Components. Digitales serielles Komponentensignal. →Digitales Komponentensignal.

SDDI
engl. Abk. (Sony) Serial Digital Data Interface. Serielle Schnittstelle, über die die →datenreduzierten Videosignale des →Betacam SX-Formats überspielt werden können. Zusätzlich sind die Audio- und →Timecode-Daten darin enthalten. Über SDDI sind Überspielungen zwischen zwei →MAZ-Maschinen des Betacam SX-Formates oder von einer Betacam SX-Maschine auf eine →Festplatte mit vierfacher Geschwindigkeit möglich. Das SDDI-Signal ist nicht mit dem →SDI-Signal und auch nicht mit den anderen datenreduzierten Schnittstellen →QSDI oder →CSDI kompatibel. Erst die Schnittstelle →SDTI ermöglicht eine Übertragung von Betacam SX-Daten über bestehende →SDI-Wege.

SDDS
engl. Abk. (Sony) Sony Dynamic Digital Sound. Kinotonverfahren mit acht diskreten Tonkanälen: Links, Mitte links, Mitte, Mitte rechts, Rechts, Surround links, Surround rechts und →Subwoofer. Der Ton befindet sich als digitale optische Daten am äußersten Filmrand. Die digitale Toninformationen ist gleich zweifach mit einem Versatz an den äußeren Seiten aufkopiert, um im Falle einer Havarie Ersatz zu haben. Es wird das →Datenreduktionsverfahren →ATRAC verwendet. Es ist auch eine decodierte Wiedergabe von sechs oder vier Kanälen möglich. Der Ton ist zusätzlich im →Dolby SR-Verfahren für den Havariefall aufgezeichnet. →Dolby Digital, →DTS.

SDI
engl. Abk. Serial Digital Interface. Digitale Komponentensignale nach →ITU-R 601. Im →Datenstrom, der mit einer Datenrate von 270 →MBit/Sekunde übertragen wird, sind außerdem bis zu 16 Tonkanäle sowie ein →Time Code enthalten. Die Verteilung geschieht seriell über Koaxialkabel mit einer maximalen Kabellänge von etwa 200 Metern. →SDTI, →HD-SDI.

SDIF2
engl. Abk. (Sony) Sony Digital Interface Format. Erstes digitales Audioformat. →S/P-DIF.

SDP
Abk. →Schalldruckpegel.

SDTI
engl. Abk. Serial Data Transport Interface. Serielle →Schnittstelle, über die verschiedene nicht untereinander kompatible, →datenreduzierte Videosignale unterschiedlicher Hersteller überspielt werden können. Dabei werden die unterschiedlichen Daten in den Rahmen eines →SDI-Signals eingefügt. Da das SDI-Format genormt ist, läßt es sich mit herkömmlicher Studiotechnik übertragen. Wird z.B. ein →datenreduziertes Signal einer MAZ-Maschine des →Betacam SX-Formats per SDTI überspielt, kann das Signal zwar nicht bearbeitet, aber am Ende wieder von einer anderen Betacam SX-Maschine aufgezeichnet werden.

SDTV
engl. Abk. Standard Definition Television. Digitaler Fernsehübertragungsstandard in einer durch das →MPEG-2-Verfahren auf eine →Datenrate von ca. 5 →MBit/s reduzierten Qualität. Entspricht visuell etwa der Qualität eines →FBAS-Signals. →LDTV, →ETDV.

SDV
engl. Abk. Serial Digital Video. →SDI.

Seamless
engl. Nahtlos. Wird z.B. im Zusammenhang mit der unterbrechungsfreien und störungsfreien Umschaltung zwischen digitalen, datenreduzierten Signalen verwendet.

Search
engl. Suchen. →Sichtbarer Suchlauf.

SECAM
franz. Abk. Séquentielle Couleur à Mémoire. →SECAM-Verfahren.

SECAM-Verfahren
→Farbcodierverfahren. Wird unter anderem in Frankreich und in osteuropäischen Ländern verwendet. Dabei werden die →Farbdifferenzsignale zeilenweise abwechselnd übertragen. Es treten keine Farbtonfehler während der Übertragung auf, jedoch hat das SECAM- gegenüber dem →PAL-Verfahren nur die halbe →Vertikalauflösung der Farbe.

Secondary Distribution
engl. Verteilung des Fernsehprogramms von den Sendeanlagen wie terrestrische Sender, Satelliten oder →Breitbandkabelnetze zu den Zuschauern. →Primary Distribution.

SEG
engl. Abk. (Sony) Special Effect Generator. →Bildmischpult.

Segmentierte Aufzeichnungsverfahren
Beim →Quadruplex- und beim →B-Format zeichnet ein →Videokopf kein →Halbbild, sondern jeweils nur etwa 15 bzw. 52 Zeilen auf. Ein vollständiges Halbbild ist also erst nach 20 bzw. 6 →Videospuren geschrieben. Auch bei den →digitalen MAZ-Formaten wird wegen des hohen →Datenstroms ein Halbbild in mehreren Spuren aufgezeichnet.

Seitenverhältnis
→Bildseitenverhältnis.

Sek.
Abk. Sekunden.

Sektorenblende
Rotierende Umlaufblende, die bei Filmkameras die Einstellung verschiedener Belichtungszeiten abweichend von der normalen Belichtungszeit einer 1/50 Sekunde ermöglicht.

SEL
engl. Abk. Select. Anwahl.

Selbsttaktend
Codierverfahren digitaler Daten, das ohne weitere zusätzliche Synchroninformation auskommt. Das →Kanalcodierverfahren ist so gestaltet, daß der Takt zur Auswertung der digitalen Informationen im Signal selbst enthalten ist.

Sendeablaufmischer
Kombiniertes →Bild- und →Tonmischpult, das sowohl harte Schnitte als auch Überblendungen von Bild- und Tonquellen sowie die Einblendung von Schriften mit →Luminanz Key oder →Linear Key erlaubt.

Sendeablaufsteuerung
Computersystem zur automatischen Steuerung des Fernsehprogramms einer Sendeanstalt. Ein Rechner startet nach einer eingegebenen Abfolge von Filmen, →Jingles, →Trailern und →Teasern die entsprechenden Beiträge von →Kassettenautomaten und steuert →Bildmischpulte, →Tonmischpulte und →Schriftgeneratoren.

Sendeabwicklung
→Senderegie.

Sendeband
Das durch eine Voraufzeichnung oder im →elektronischen Schnitt endgefertigte →Magnetband inklusive etwaiger →Farbkorrektur, Titeleinblendungen oder einer Tonnachbearbeitung nach der →technischen und →redaktionellen Abnahme.

Sendefähig
Technischer Qualitätsbegriff unabhängig von den Programminhalten. Störungsfreie Bild- und Tonsignale.

Sendefähiges Standbild
Störungsfreies →Standbild von →MAZ-Maschinen. Nur möglich bei Maschinen mit →automatischer Spurnachführung oder einem Bildspeicher.

Sendekomplex
Technische und räumliche Einheit aus einer meist kombinierten Bild-, Ton- und Lichtregie mit der Bild- und Tontechnik, einem kleinen Studioraum zu Ansagezwecken. In vielen Fällen gehören heute dazu auch ein oder mehrere →Kassettenautomaten oder Speichermöglichkeiten auf →Festplatten zum Abspielen der Programmbeiträge.

Sendelänge
Gesamtdauer einer Produktion vom ersten Bild und/oder Ton bis zum letzten Bild und/oder Ton einschließlich Titel, Vor und Nachspann.

Sendeleitung
Dauernd überlassene Leitung von einem Studio zur zuständigen Ton- bzw. Fernsehschaltstelle.

Senderegie
Regieraum, in dem die Sendungen aus verschiedenen Studios und Beiträge von →MAZ-Maschinen mit Ansagen und →Einzelbildern verbunden werden.

Senke
Ausgang einer →Video- oder →Audiokreuzschiene zu einem Verbraucher.

Senkel
→Schnürsenkel.

Senkrechte
Ausgang einer →Video- oder →Audiokreuzschiene zu einem Verbraucher.

Sensor
→CCD-Chip.

Sepia-Filter
griech. Braunton-Filter, mit dem sich ein Alterungseffekt insbesondere von schwarzweißen Fotos ergibt.

SEPMAG
Abk. Mit separatem magnetischem Ton. Ursprünglich die Toninformation zu einem →Bildfilm, die auf einem separaten →Magnetfilm liegt. Beschreibt z.b. auch eine Audioaufzeichnung auf einen →R-DAT-Recorder, die für die Synchronisation und Nachvertonung von MAZ-Produktionen verwendet wird.

SEPOPT
Abk. Separater optischer Ton. Die Toninformation zu einem →Bildfilm liegt als →Lichtton auf einem separaten Film.

Sequenz
→2er-Sequenz, →PAL-4er-Sequenz, →PAL-8er-Sequenz.

Sequenzer
engl. Einzelnes Gerät oder Teil eines →Synthesizers, das Tonfolgen speichern und in veränderter Reihenfolge und Geschwindigkeit wiederholt abspielen kann. Wird z.B. für Begleit- oder Rhythmusinstrumente eingesetzt.

Sequenziell
Nacheinander. Bei der Übertragung von Videobildern werden die →Bildpunkte nacheinander übertragen.

Serializer
engl. Gerät zur Umwandlung →paralleler digitaler Videosignale in →serielle digitale Videosignale. *Ggs.* Deserializer.

Seriell
Nacheinander. Übertragung z.b. digitaler Signale oder Darstellung z.b. von Videosignalen.

Serielles digitales FBAS-Signal
Aktuelle Übertragungsart eines →digitalen FBAS-Signals über ein einziges →Koaxialkabel und einen →BNC-Stecker mit einer maximalen Kabellänge von etwa 300 Metern.

Serielles digitales Komponentensignal
Meist verwendete Übertragungsart eines →digitalen Komponentensignals nach →ITU-R 601. Im →Datenstrom, der mit einer Datenrate von 270 →MBit/s übertragen wird, können zusätzlich mehrere Audiosignale sowie ein →Time Code-Signal enthalten sein. Die Verteilung geschieht im Studio über ein einziges →Koaxialkabel und einen →BNC-Stecker mit einer maximalen Kabellänge von etwa 300 Metern. Die Farbqualität eines digitalen Komponentensignals hat gegenüber einem →digitalen FBAS-Signal keine Einschränkungen und ist für alle →Tricks bei einer Nachbearbeitung geeignet. →SDDI.

Serielles digitales Videosignal
→Serielles digitales Komponentensignal, →serielles digitales FBAS-Signal.

Serielles Interface
Schnittstelle, bei der die Daten hintereinander über eine Leitung übertragen werden und die Übertragungsgeschwindigkeit dadurch langsamer ist als bei einem →parallelen Interface. Vorteil ist die mögliche größere Kabellänge.

Server
engl. 1.) In der Videotechnik oder beim Fernsehen ist damit ein Computer(-System) mit sehr hoher Speicherkapazität gemeint. Die Audio- und Videodaten gelangen per Überspielung in das Speichersystem des Computers

und können von mehreren Arbeitsplätzen aus verwaltet, nachbearbeitet oder gesendet werden. *2.)* In der Computertechnik ist der Server ein zentraler Computer mit Programmen und Daten, die mehrere Nutzer mit ihren Rechnern (Clients) am Arbeitsplatz verwenden. *Ggs.* →Personal Computer.

Servo
Steuersysteme für die Geschwindigkeit des Bandtransports und der Kopfradumdrehung an →MAZ-Maschinen.

Servoantrieb
Antriebsmotore für die Steuerung des →Fokus und der →Brennweite an →Objektiven →elektronischer Kameras.

Set
engl. 1.) Setzen, Speichern. *2.)* Drehort.

Set Top Box
engl. Beistelldecoder für den Empfang per →Satellitenübertragung verteilter Fernsehprogramme nach dem digitalen →MPEG-2-Verfahren.

Set Up
engl. 1.) (Gespeicherte) Grundeinstellung an elektronischen Geräten. *2.)* →Schwarzabhebung.

Setzkabel
Kabelverbindung zwischen zwei →Kamerarecordern bei einer →Zwei-Kamera-Produktion, die nur einmal am Anfang der Aufnahmen benötigt wird. Dadurch wird der →Real Time Code der beiden Time Code-Generatoren auf ein →Vollbild genau gleich gesetzt.

S/F
engl. Abk. Slow/Fast. Kurze/lange →Zeitkonstante an Monitoren.

SFN
engl. Abk. Single Frequency Network. →Gleichwellennetz.

SFX
engl. Abk. Special Effects. Spezialeffekte.

SG
Abk. →Schriftgenerator.

SGI
Abk. (SGI) Silicon Graphics Inc. Hersteller von Hochleistungsrechnern mit mehreren parallelen Prozessoren. Diese werden u.a. zur Nachbearbeitung, für den →nichtlinearen Schnitt oder für →virtuelle Studiotechnik genutzt.

Shading
engl. →Störsignalkompensation.

Shadow
engl. Schatten z.B. bei →Luminanz Key-Tricks.

Shadow Mask
engl. →Schattenmaske.

SHF
engl. Abk. Super High Frequency. Frequenzen zwischen 3 und 30 →GHz.

S_H-Hinterflanke
Positiver Spannungssprung am Ende des →horizontalen Synchronimpulses. *Ggs.* →S_H-Vorderflanke.

Shift
engl. Platz wechseln. Bei der →Time Code-Eingabe wird die nächste Ziffernstelle angewählt.

S-Hinterflanke
→S_H-Hinterflanke.

Shoot And Protect
Verfahren, bei dem bestimmte Teile eines Fernseh- oder Filmbildes von wesentlichen Aktionen freigehalten werden. Wird z.B. beim Fernsehen ein Bild mit einem →Bildseitenverhältnis von 4:3 aufgenommen und denkt man aber auch an eine Ausnutzung des Materials in

221

→16:9, müßte man darauf achten, am unteren und oberen Bildrand keine wesentlichen Informationen ins Bild zu bekommen. Dies führt zu unerfreulichen Kompromissen bei der Gestaltung beider Bildformate und wird daher nach Möglichkeit vermieden. Parallelen ergeben sich im umgekehrten Fall und im Zusammenhang mit →Breitbildverfahren für Kinofilme.

Shoot Change Detector
engl. →Szenenwechselerkenner.

Shotbox
Bedienteil an →Studiokameras mit einem Speicher für voreingestellte →Brennweiten an einem →Zoomobjektiv. Diese können mit vorgewählten Geschwindigkeiten angefahren werden.

Shotgun Microphone
engl. →Rohrrichtmikrofon.

Shotlist
engl. Auflistung von Einstellungen, die während einer Produktion entstanden sind. Vermerkt werden Angaben zur Kassette oder Rolle, zum →Time Code und Hinweise auf →Kopierer.

Shutter
engl. Verschluß. *1.)* →Belichtungszeiten an CCD-Kameras. *2.)* Mechanische Umlaufblende an CCD-Kameras mit →Frame Transfer-Chips.

Shutter-Effekt
engl. Ruckende Bilder bzw. ruckende Bewegungen in Bildern. Entsteht bei der →Normwandlung, bei der Verwendung kurzer →Belichtungszeiten an CCD-Kameras oder bei schnellen →Kameraschwenks.

Shutter Speed
engl. →Belichtungszeit an CCD-Kameras.

Shuttle
engl. Umspulen.

S_H-Vorderflanke
Abk. Negativer Spannungssprung zu Beginn des →horizontalen Synchronimpulses. *Ggs.* →S_H-Hinterflanke.

Sicherheitsfilm
Modernes Filmmaterial auf der Grundlage von Acethylzellulose. Im Vergleich zu dem früher verwendeten Zelluloidfilm schwerer entflammbar.

Sicherheitskopie
Zusätzliche Kopie z.B. eines →Sendebandes, die im Falle eines technischen Defekts der eigentlichen Aufzeichnung zur Verfügung steht.

Sicherheitsmitschnitt
Aufzeichnung desselben Programms auf einer zweiten →MAZ-Maschine zu Sicherheitszwecken.

Sichtbarer Suchlauf
Wiedergabe eines mehr oder weniger gestörten Bildes beim schnellen Vor- oder Zurückspulen eines Videobandes. Die Geschwindigkeit ist abhängig vom →MAZ-Format und erreicht Werte bis zur 100fachen Normalgeschwindigkeit.

Sichtbarer Time Code
Die →Time Code-Daten werden ausgewertet, in ein Bildsignal umgewandelt und dann per →Luminanz Key-Trick in ein Videosignal eingestanzt.

Sichtbares Licht
Sichtbarer Teil der →elektromagnetischen Wellen mit Wellenlängen zwischen 380 und 780 →nm.

Sichtplatz
Arbeitsplatz mit einem einfachen MAZ-Wiedergabegerät zur Sichtung von Videomaterial und zur Erstellung einer →Shotlist. Meist keine normgerechte Bild- und Tonqualität. Anzeige des Time Codes im Bild möglich.

Sidepanels
engl. Seitenteile. Bildteile, die z.b. bei einer mittigen Übertragung eines Bildes mit einem →Bildseitenverhältnis von 4:3 entstehen, das ursprünglich ein Bildseitenverhältnis von →16:9 hatte. Der Verlust beträgt links und rechts insgesamt 25%.

Sieb
→Tüll.

Siemens-Stecker (4/13)
Koaxialer Stecker (Außendurchmesser 13mm) für den Anschluß eines analogen Videosignals. Wird an →Videosteckfeldern verwendet.

Siemensstern
→Testtafel mit im Kreis angeordneten, zur Mitte hin spitz zulaufenden schwarzen Keilen auf weißem Grund. Dient zur Kontrolle der Schärfe und zur Einstellung des →Auflagemaßes an Kameras.

SIF
engl. Abk. Serial Interface. Bezeichnet eine Schnittstelle mit serieller Datenübertragung. Dabei kann es sich auch um die Übertragung →serieller digitaler Komponentensignale handeln.

Signal to Noise
engl. →Störspannungsabstand.

Signal zu Rauschabstand
→Störspannungsabstand.

Simple-PAL
engl. →PAL-Verfahren, bei dem die Rückgewinnung des ursprünglichen →Farbtons im Empfänger nicht schaltungstechnisch erfolgt. Der ursprüngliche Farbton erscheint allein durch die →additive Farbmischung zweier Zeilen im Auge des Betrachters.

Simple Profile
engl. Das →MPEG-2-Verfahren unterscheidet fünf Untergruppen, sogenannte Profiles. Beim Simple Profile werden nur →I-Bilder und →P-Bilder codiert. Wird für Videokonferenzen verwendet.

S-Impulse
Abk. →Synchronimpulse.

Simulcast
engl. Kunstwort aus Simultaneous Broadcast. Gleichzeitige Ausstrahlung z.b. eines Fernsehprogramms in verschiedenen Sendenormen z.b. als Möglichkeit für die Einführung einer neuen Übertragungsnorm. →Intercast.

Single 8
engl. →Super 8-Film.

Single Frame
engl. →Einzelbild.

Sinusschwingung
Die Sinusschwingung ist das Ergebnis einer geometrischen Winkelfunktion. Läßt man in einem Kreis einen Zeiger entgegen dem Uhrzeigersinn rotieren und trägt man die vertikale Größe des Zeigers auf einer Zeitachse ab, so erhält man eine sinusförmige Kurve.

SIO
engl. Abk. Seriell Input/Output. Serieller Eingang/Ausgang.

SIS
engl. Abk. →Sound in Sync.

SK
Abk. 1.) →Sonderkanal. *2.)* Sendekomplex.

Skew
engl. 1.) Bandzug. Beeinflußt den Andruck des →Magnetbandes an die →Magnetköpfe. *2.)* Schrägverzerrung z.B. des Bildes einer →Röhrenkamera.

Skin Detail
engl. →Kantenkorrektur der Hauttöne. Dabei werden an einer →Studiokamera nur die Bildpartien eines vorher definierten Hauttones beeinflußt.

Skin Tone DTL
→Skin Detail.

SL
Abk. →Sendeleitung.

Slack
engl. →Bandsalat.

Slate
engl. Abkanzeln. Schaltet an →Tonmischpulten das Kommandomikrofon auf den Sende- bzw. Aufzeichnungsweg.

Slave
engl. →MAZ- oder Tonbandmaschine, die als Zuspieler z.b. beim →linearen Schnitt mitgesteuert und synchronisiert wird. *Ggs.* →Master-Maschine.

SL/F
engl. Abk. Slow/Fast. →Zeitkonstante an Monitoren.

Slomo
engl. Abk. →Slow Motion.

Slot
engl. Schlitz. Für die →digitale Satellitenübertragung kann ein →Transponder mit einer →Übertragungsbandbreite von z.B. 36 →MHz in mehrere Bereiche, sogenannte Slots, eingeteilt werden. Damit sind dann z.B. vier unterschiedliche Übertragungen mit jeweils einer auf 8 →MBit/Sekunde reduzierten →Datenrate möglich. Diese Bildqualität reicht für die Zuspielung aktueller Beiträge aus.

Slot Mask
engl. →Schlitzmaskenröhre.

Slow Motion
engl. →MAZ-Effekt, bei dem einzelne →Halbbilder mehrmals gezeigt werden und sich dadurch ein verlangsamter Bewegungsablauf ergibt. Je langsamer die Bewegung, desto stärker rucken die Bilder, da im *Ggs.* zur →Zeitlupe nicht mehr Bewegungsphasen als normaler-

weise üblich aufgezeichnet werden. →B-Format-MAZ-Maschinen benötigen einen eingebauten Bildspeicher, →MAZ-Maschinen anderer Formate realisieren Slow Motion mit Hilfe →automatischer Spurnachführung. →Super Motion. *Ggs.* →Quick Motion.

SM
engl. Abk. →Slow Motion.

S-MAC
† *engl. Abk.* Studio Multiplexed Analogue Components. Frühere Bezeichnung des Standards →ITU-R 601.

Smart Card
Beim Empfang von →Pay TV-Programmen eine Plastikkarte, die die Zugriffsberechtigung bzw. die Freischaltung der Fernsehkanäle eines Programmanbieters regelt.

Smart Mode
engl. Betriebsart an Consumer-Fernsehgeräten mit einem Bildseitenverhältnis von →16:9 für die bildfüllende Darstellung von 4:3 Bildern. Dabei wird das Bild nicht gleichmäßig vergrößert. Die bildmittigen Teile werden weniger stark verzerrrt als die an den Rändern befindlichen Bildteile. Dabei verfolgen verschiedene Hersteller unterschiedliche Konzepte.

SMD-Bauteil
engl. Abk. Surface Mounted Device. Elektronisches Bauteil, das nicht mit Drahtenden, sondern direkt auf die →Platine gelötet ist. Dadurch sind eine platzsparende Montage und kleine Geräteabmessungen möglich.

Smear
→Vertical Smear.

SMPTE
engl. Abk. Society of Motion Picture and Television Engineering. Amerikanisches Komitee, das sich mit Normungsfragen befaßt.

SMPTE/EBU-Timecode
→EBU/SMPTE-Timecode.

SN
engl. Abk. Signal to Noise. →Störspannungsabstand.

S/N
engl. Abk. Signal to Noise. →Störspannungsabstand.

SNG
engl. Abk. Satellite News Gathering. Absetzen aktueller Programme über →SNG-Fahrzeuge mit einer integrierten Anlage zur →Satellitenübertragung oder über eine →Flyaway-Anlage.

SNG-Fahrzeug
engl. Abk. Satellite News Gathering. Fahrzeug mit einer integrierten Anlage zum Absetzen aktueller Programme. Die Fahrzeuge können entweder mit einer Technik für eine →analoge oder für eine →digitale Satellitenübertragung ausgerüstet sein. In einigen Fällen sind auch beide Betriebsarten möglich. SNG-Fahrzeuge wandeln Video- und Audiosignale entsprechend um, wobei digitale Systeme eine →Datenreduktion ermöglichen und damit →Übertragungsbandbreite einsparen. Die eigentliche Sendertechnik - der sogenannte →HPA - ist in vielen Fällen doppelt vorhanden, um in einem Havariefall weiter senden zu können. Die Größe der Spiegelantenne ist von der Technologie abhängig und beträgt 1 bis 2 Meter. Ein Satellitenempfänger ist zur Kontrolle des gesendeten Signals und zum sogenannten →Line-Up vorhanden. Die Kommunikation mit der Empfangsstelle sowie →Kommandoverbindungen oder →n-1 mit dem Studio kann über →ZKE oder →Mobilfunk erfolgen. Je nach zusätzlich eingebautem Equipment wie →elektronische Kameras, →Bildmischpult und →Schnittplatz kann die Größe eines SNG-Fahrzeugs sehr differieren. Kleine Fahrzeuge mit wenig oder gar keinem Equipment haben den Vorteil, schnell zum Einsatzort zu gelangen. →Flyaway-Anlage.

SNR-Profile
engl. Das →MPEG-2-Verfahren unterscheidet fünf Untergruppen, sogenannte Profiles. Beim SNR-Profile besteht die Möglichkeit, den Datenstrom in zwei unterschiedliche Anteile aufzuspalten. Dadurch ist eine Decodierung in zwei unterschiedlichen Qualitäten möglich.

Socke
Ugs. Stoffhülle, mit der ein →Korbwindschutz bei starken Windgeräuschen zusätzlich überzogen werden kann. Effektiver ist aber ein →Fell.

Soft Border
engl. Weiche Trickumrandung.

Soft Edge
engl. Weiche Trickkante.

Softkeys
engl. Abk. Software Keys. Tasten, die verschiedene Funktionen annehmen können. Die jeweilige Funktion wird durch →Software festgelegt und in einem unmittelbar neben den Tasten liegenden Anzeigefeld beschrieben.

Software
engl. 1.) Ursprünglich in der Computertechnik die von Computern verwendeten Programme.
2.) Heute werden *ugs.* auch Programme auf →Diskette, →CD-ROM oder →EPROM für andere, auf Computertechnik basierende oder computergestützte Geräte der Video- oder Audiotechnik so bezeichnet. *Ggs.* →Hardware.

Solarisation
→Digitaler Videoeffekt, der die Anzahl der Farbabstufungen eines Videobildes reduziert.

Solid State Power Amplifier
engl. Transistorverstärker hoher Leistung. *Abk.* SSPA. Wird als →High Power Amplifier bei der Satellitenübertragung eingesetzt. Gegenüber einem Röhrenverstärker (→Travelling Wave Tube Amplifier) benötigt ein SSPA keine Hochspannung und ist kleiner und leichter.

Solid State Recorder
engl. →Ramcorder.

Solid State Video Recorder
engl. →Ramcorder.

Solo
Einrichtung an →Tonmischpulten, bei der nur ein einzelnes Tonsignal gehört wird und alle anderen bedämpft oder abgeschaltet werden.

Sommerzeit
Mitteleuropäische Sommerzeit. →MESZ.

Sonderkanäle
Neben den Fernsehkanälen für den →terrestrischen Empfang zusätzliche Kanäle (Sonderkanäle II: 108 - 174 →MHz und Sonderkanäle III: 230 - 300 MHz des →VHF-Bereiches) für die Übertragung von Fernsehprogrammen in Kabelanlagen. Empfang durch Fernsehgeräte mit „kabeltauglichen" Empfängern. →ESB, →OSB, →USB.

Sound in Sync
engl. Übertragung eines Tonkanals mit →PCM-Technik während des →horizontalen Synchronimpulses. Wird bei internationalen →Überspielungen zwischen Rundfunkanstalten verwendet.

Source
engl. Programmquelle.

SP
engl. Abk. 1.) (Sony) Superior Performance. Größere Qualität. Beschreibt jeweils unterschiedliche Verbesserungen des →U-matic SP- und →Betacam SP-Formats. *Ugs.* ist das Betacam SP-Format gemeint. *2.)* →Simple Profile. *3.)* Sound Pressure. →Schalldruck. *4.)* →Sichtplatz.

S-PAL
engl. Abk. →Simple-PAL.

Spatiale Filterung
Zweidimensionale Filterung.

Spatial-Profile
engl. Das →MPEG-2-Verfahren unterscheidet fünf Untergruppen, sogenannte Profiles. Beim Spatial-Profile besteht die Möglichkeit, den Datenstrom in drei unterschiedliche Anteile aufzuspalten. Dadurch ist eine Decodierung in unterschiedlichen Qualitäten möglich.

S/P-DIF
engl. Abk. (Sony) (Philips) Sony/Philips Digital Interface Format. Standardisierte Consumer-Variante des professionellen →AES/EBU-Digitalen Audioformats. Die Audiodaten sind gleich, Unterschiede gibt es in den Zusatzdaten. Wird elektrisch über asymmetrische Leitungen per →Cinch-Stecker oder optisch übertragen und hat im Unterschied zum AES-EBU-Format einen geringeren Pegel und eine andere →Impedanz.

Spectral Recording
engl. →Dolby SR.

Speicherröhre
→Aufnahmeröhre.

Speicherröhrenabtaster
† →Filmabtaster, der im wesentlichen aus einem Projektor und einer Kamera besteht. Aus Qualitätsgründen wird dieses System heute nicht mehr verwendet.

Speiseadapter
Kleiner Kasten oder Kapsel für die Stromversorgung von →Kondensator- oder →Elektretmikrofonen. Verschiedene Ausführungen können direkt an das Mikrofon angeschlossen oder z.B. zwischen Mikrofon und →Tonmischpult geschaltet werden.

Spektrale Darstellung
Darstellung eines Audio- oder Videosignales nicht - wie sonst üblich - als Funktion der →Amplitude über die Zeit, sondern als Aneinanderreihung der Amplituden der verschiedenen ·Frequenzen. Damit kann z.B. eine Aussage über den →Frequenzgang eines Signals gemacht werden.

Spektralfarben
Die im →Spektrum der Sonne enthaltenen Farben Blau, Cyan, Grün, Gelb, Orange und Rot. →Purpurfarben.

Spektrum
Die Aneinanderreihung von akustischen, sichtbaren oder →elektromagnetischen Wellenlängen bzw. →Frequenzen. So umfaßt das Spektrum der hörbaren Töne etwa den Frequenzbereich zwischen 20 und 16.000 →Hz, das Spektrum des sichtbaren Lichtes Wellenlängen zwischen 380 und 780 →nm.

SPG
engl. Abk. Sync Pulse Generator. →Taktgenerator.

Sphärische Aberration
→Abbildungsfehler von →Objektiven. Die Rand- und Mittelzonen eines Objektivs bündeln die Lichtstrahlen nicht im →Brennpunkt des Objektivs. Dies führt zu unterschiedlichen Schärfen des Bildes zwischen den Rand- und Mittelzonen.

Spiegel
Ugs. für →Parabolantenne.

Spiegelantenne
→Parabolantenne.

Spike
engl. Impulsspitze bei Signalmessungen.

Spillover
engl. →Overspill.

Spinne
→Mikrofonspinne, →Stativspinne, →Fahrspinne.

Spitze
Ugs. für →Hinterlicht.

Spitzenspannungsinstrument
→Peak-Meter.

Spitzlicht
1.) Kleines, sehr helles Licht bzw. Bilddetail, hervorgerufen z.B. durch →Scheinwerfer oder Reflexionen an glänzenden Oberflächen. *2.)* Licht, das, meist von hinten kommend, eine Person oder einen Gegenstand plastischer wirken läßt.

SPL
engl. Abk. Sound Pressure Level. →Schalldruckpegel.

Splice In-Schnitt
engl. Schnittverfahren, bei dem zwischen zwei bereits vorher aneinander geschnittene Szenen eine Einstellung mit beliebiger Länge eingeschoben werden kann. Nur möglich beim →nichtlinearen Schnitt oder beim →Filmschnitt, nicht aber beim →linearen Schnitt.

Split Box
engl. Anschlußkasten, in dem mehrere Leitungen, die in einem ankommenden →Mehraderkabel zusammengefaßt sind, auf einzelne Buchsen verteilt werden. Damit können z.B. viele einzelne Mikrofone auf der Bühne oder im Studio über einen gemeinsamen Leitungsweg mit einem →Tonmischpult verbunden werden.

Split Edit
engl. →Bild/Ton-versetzter Schnitt.

Split-Rechner
Computer, der ein komplettes Videosignal für die Darstellung auf einer z.B. aus 3x3 Monitoren bestehenden Monitorwand in neun Teilbilder umrechnet. Alle Teilbilder ergeben dann auf der Monitorwand ein stark vergrößertes Gesamtbild.

Splitter
engl. →Audioverteiler.

SPM
engl. Abk. (Sony) →Scratch Pad Memory.

Sportsucher
Ugs. für →Aufbausucher.

Spot
→Verfolgerscheinwerfer.

Spotmeter
Gerät, das die →Leuchtdichte mißt und mit dem helle und dunkle Teile einer Szene ausgemessen und damit der →Kontrastumfang angegeben werden kann. Angabe für das Fernsehen in →Light Level oder für den Film in Blendenstufen, abhängig von der Belichtungszeit.

Spratzer
Weiße oder schwarze in Zeilenrichtung verlaufende Bildstörungen, entstehend z.b. durch →Drop Outs.

Sprechereinheit
→Kommentatoreinheit.

Spurbild
Anordnung der →Audio- und →Videospuren, der →Time Code- und →Steuerspur oder der Datenspuren auf einem →Magnetband.

Spurlage
1.) →Tracking. *2.)* →Spurbild.

Spurwinkel
Winkel zwischen der Bandkante und dem Verlauf der Video- oder Datenspur eines →MAZ-Formates.

SR
Abk. 1.) →Senderegie. *2.)* Schaltraum. →Hauptschaltraum.

SRC
engl. Abk. Search. →Sichtbarer Suchlauf.

SS
engl. Abk. Shutter Speed. →Belichtungszeiten an CCD-Kameras.

S-Signal
Abk. →Synchronsignal.

SSNRZ Code
engl. Abk. Synchronized Scrambled Non Return to Zero Code. →Kanalcodierverfahren bei der →Analog/Digital-Wandlung von Videosignalen. Gibt die Form der Impulse an, mit der die →Bits übertragen werden. Wird z.B. bei der Übertragung →serieller digitaler Videosignale verwandt.

SSPA
engl. Abk. →Solid State Power Amplifier.

SSR
engl. Abk. Solid State Recorder. →Ramcorder.

SSVR
engl. Abk. Solid State Video Recorder. →Ramcorder.

ST
Abk. 1.) Stereo. *2.)* →ST-Kamera.

Stabi
ugs. Abk. →Stabilisierverstärker.

Stabilisierverstärker
Videosignalprozessor, der in ein Videosignal die →Synchronimpulse und den →Burst neu einsetzt, eine Regelung der →Pegelwerte bietet und über →Begrenzer für →Weißwert und →Schwarzwert zum Schutz vor Videoüberpegeln verfügt.

Stack
engl. Stapel. System z.B. in →Einzelbildspeichern, in dem die für eine Sendung vorbereiteten Bilder in einer bestimmten Reihenfolge gespeichert sind.

Stage Box
engl. Bühnen-Anschlußkasten. →Split Box.

Staircase
engl. →Grautreppe.

Standard
→Fernsehnorm, →Farbcodierverfahren, →Filmformate, →MAZ-Formate, →Tonbandformate.

Standardobjektiv
Objektiv für →Kamerarecorder mit einem allgemein weit verbreiteten Brennweitenverhältnis von z.B. 15x8. Dies gibt den weitwink-

ligen Bereich von 8mm sowie den Telebereich von 15 x 8 entsprechend 120mm an. Die Angaben beziehen sich auf eine CCD-Größe von ⅔ →Zoll, die in den meisten Kamerarecordern eingesetzt ist.

Standards Converter
engl. →Normwandler.

Standardtrick
Ein Standardtrick kombiniert zwei Videobilder mit Hilfe der im →Bildmischpult enthaltenen standardisierten Trickfiguren, bestehend aus schwarzweißen Mustern. Die weißen Bildteile dieses Stanzsignals werden mit dem Bildinhalt des ersten Videobildes, die schwarzen Bildteile mit den Bildinhalten des zweiten Videobildes ausgefüllt. Dabei können Größe, Form und Position des Stanzsignals, nicht aber die der Bildinhalte verändert werden.

Standbild
Unbewegtes Bild. Wird von einer →MAZ-Maschine mit →sendefähigem Standbild oder von einer →Festplatte wiedergegeben. →Einzelbild.

Standbildspeicher
→Einzelbildspeicher.

Stand By
engl. Bereitschaft. Betriebsart an einem Recorder oder →Kamerarecorder, bei der das Band eingefädelt ist und die →Videoköpfe rotieren. Bei Kamerarecordern ist dann mit einem →Backspace-Schnitt ein sauberer Anschnitt möglich.

Stand-MAZ
→Sendefähiges Standbild.

Stanze
→Stanzsignal.

Stanzen
Elektronische Tricks eines →Bildmischpultes nach der →Luminanz Key- oder →Chroma Key-Technik.

Stanzsignal
Schwarzweißes Videosignal. Erzeugt bei Stanztricks ein „Loch" in einem Bildsignal, das z.b. beim →Luminanz- oder →Chroma Key-Trick durch ein weiteres Bildsignal ersetzt wird.

Star-Darstellung
engl. (PTV) Sternförmige Darstellung an →Komponentenoszilloskopen für die Messung der →Videopegel und der Beziehung zwischen den →Laufzeiten des →Luminanzsignals und der beiden →Farbdifferenzsignale eines →Komponentensignals. →Lightning-Darstellung.

Stareffektfilter
engl. →Starlightfilter.

Star-Filter
engl. Abk. →Starlight-Filter.

Starlight-Filter
engl. →Effektfilter, der von einem →Spitzlicht ausgehende Strahlen erzeugt. Ist mit sichtbarer Reduzierung der Schärfe verbunden.

Startband
Genormter Film mit einbelichteten Markierungen, die zum synchronen Einlegen des →Bildfilms und des dazugehörigen →Tonfilms und zum gemeinsamen Start im →Filmabtaster dienen.

Startkreuz
Markierung eines einzigen →Filmfelds eines →Bildfilms, das den gemeinsamen Start mit dem →Tonfilm sechs Sekunden vor →Programmbeginn kennzeichnet.

Stativ
→Autostativ, →Babystativ, →Einbeinstativ, →Froschstativ, →Pumpstativ, →Saugstativ, →Steadicam.

Stativspinne
Vorrichtung zum gesicherten Aufstellen eines Kamerastativs. Die drei, meist aus Gummi bestehenden Ausleger der Spinne verhindern das Auseinanderrutschen der Stativbeine.

STB
engl. Abk. →Set Top Box.

ST'BY
engl. Abk. →Stand By.

STD
Abk. Standard.

Steadicam
engl. Halterungssystem für tragbare Film- oder →elektronische Kameras, das dem Kameramann/der Kamerafrau schnelle Bewegungen ermöglicht und jederzeit ein stabiles, verwackelungsfreies Bild liefert. Das System besteht aus starken Federmechanismen und läßt auch Kamerapositionen fernab der Körpermitte zu. Dadurch erfordert der Einsatz eines Steadicam-Systems viel Kraft und Erfahrung. Das Kamerabild wird auf einem zusätzlichen kleinen Monitor wiedergegeben, die Schärfeeinstellung der Kamera kann über eine Funkfernbedienung durch einen Assistenten erfolgen.

Steady Bag
Kleiner Beutel aus strapazierfähigem Material wie z.B. Leder oder Kunststoff, meist mit Kunststoff-Teilchen gefüllt. Er dient als Auflage für die Kamera, um Aufnahmen aus der →Froschperspektive zu ermöglichen.

Stecker
→AV-Stecker, →AV-DIN-Stecker, →BNC-Stecker, →BNC-DS-Stecker, →Cannon-Stecker, →Cinch-Stecker, →DIN-Stecker, →DS-Stecker, →D-Sub-Stecker, →Dub-Stecker, →Honda-Stecker, →Hosiden-Stecker, →Klinkenstecker, →Komponentenstecker, →Lemo-Stecker, →RCA-Stecker, →SCART-Stecker, →Siemens-Stecker, →TAE-Stecker, →Western-Stecker, →XLR-Stecker.

Steckfeld
Gestellplatte mit vielen Reihen von Buchsen zur Verbindung von Geräte-Ein- und Ausgängen mit Kabeln, →Brückensteckern oder über →Trennklinken. Die Ein- und Ausgänge häufig benutzter Geräte-Kombinationen werden auf übereinander liegende Buchsenpaare gelegt. In diesem Fall kann die Verbindung über Trennklinken oder Brückenstecker erfolgen. Die Lage der Buchsen im Steckfeld wird in der Regel mit einer Zahlenkombination (z.B. 4/16) angegeben, wobei sich die erste Ziffer auf die Senkrechte, die zweite auf die Waagerechte bezieht. →Audiosteckfeld, →Videosteckfeld.

Steckverteiler
→Steckfeld.

Steer
engl. Art der Richtungssteuerung an →Pumpstativen. Dabei sind zwei Räder des Stativs festgestellt, die Lenkung wirkt auf das dritte Rad. Dadurch sind Bogenfahrten möglich. Wird außerdem bei der Stativbewegung für den Auf- oder Abbau verwendet. *Ggs.* →Crab.

Step
engl. Einzelschritt.

Stereofonie
Aufnahme, Übertragung und Wiedergabe von Schallereignissen, die einen räumlichen Höreindruck mit Hilfe zweier Tonkanäle hervorrufen. Man unterscheidet folgende Verfahren zu stereofonischen Aufzeichnung: →Intensitätsstereofonie, →Laufzeitstereofonie und →Äquivalenzstereofonie. →Quadrophonie.

Stereosichtgerät
Display, das die Beziehung der beiden Kanäle eines stereofonen Audioprogramms zeigt. Damit läßt sich unter anderem die Basisbreite des Stereosignals und die Richtung, aus der Solisten aufgenommen wurden, lokalisieren. Ebenso lassen sich Fehler wie z.B. der Ausfall des linken Kanals oder →phasenverkehrte Stereosignale erkennen.

Stereowinkel
Öffnungswinkel zwischen den beiden für eine stereofone Aufnahme verwendeten Mikrofonkapseln.

Sterneffektfilter
→Starlightfilter.

Sternpunkt
→ARD-FS-Sternpunkt.

Steuerspur
→Longitudinale Spur auf einem →MAZ-Band, auf die das →Steuerspursignal aufgezeichnet wird.

Steuerspurloch
Von einem Steuerspurloch spricht man, wenn das →Steuerspursignal nicht unterbrechungsfrei aufgezeichnet wurde. Dies ist z.B. dann der Fall, wenn an einem Kamerarecorder nach der Unterbrechung der Aufzeichnung eine Kassette gewechselt oder die Kamera ausgeschaltet wurde. Bei einer →MAZ-Maschine im Studio entsteht ein Steuerspurloch z.B. durch die Verwendung von →Crash-Record. Eine Wiedergabe über die Bandstelle mit dem Steuerspurloch ist nicht mehr möglich, ebensowenig wie eine Reparatur der Bandstelle.

Steuerspursignal
Das Steuerspursignal besteht aus Anteilen, die die Geschwindigkeiten der →Kopftrommel und des Bandtransports mit allen elektrischen und mechanischen Abweichungen repräsentieren. Bei der Aufzeichnung gelangen diese Signale auf die →Steuerspur eines →MAZ-Bandes. Bei der Wiedergabe werden Kopftrommel und Bandtransport entsprechend dem Steuerspursignal und damit entsprechend den Aufnahme-Verhältnissen nachgesteuert.

STG
Abk. Steuergerät.

Stilb
† Einheit der →Leuchtdichte. 1 Stilb entspricht 10.000 cd/m².

Still
engl. Abk. Still Frame. Unbewegtes Bild, meist →Einzelbild.

Still Frame
engl. Unbewegtes Bild, meist →Einzelbild.

Still Store
engl. →Einzelbildspeicher.

ST-Kamera
Abk. (Arri) →Stumme Kamera.

Stock-Programme
engl. Fernsehprogramme, die szenisch produziert werden, eine Nachbearbeitung erfordern und für eine mehrmalige Wiederholung vorgesehen sind, wie z.B. Spielfilme. →Flow-Programme.

Störabstand
→Störspannungsabstand.

Störschall
Bei einer Tonübertragung oder Tonaufzeichnung nicht erwünschter Schall.

Störsignalkompensation
Einstellung an →elektronischen Kameras zur gleichmäßigen horizontalen und vertikalen Abtastempfindlichkeit der lichtempfindlichen Speicherschicht einer →Aufnahmeröhre oder der lichtempfindlichen Teile eines →CCD-Chips.

Störspannungsabstand
Verhältnis zwischen den Spannungen eines Nutzsignals UN und eines Störsignals USt in der Bild- oder Tontechnik. Der Störspannungsabstand setzt sich zusammen aus dem →Fremdspannungsabstand und dem →Geräuschspannungsabstand. Die Angabe erfolgt in Dezibel und berechnet sich wie folgt: dBSt = 20 × log (UN/USt).

Störungen
→Bildstörungen, →Tonstörungen.

Stoptrick
Verfahren, bei dem die Kamera in gleicher Position bleibt, so daß die Szene vor der Kamera umarrangiert werden kann. Bei Filmka-

meras wird der Filmtransport angehalten. Bei elektronischen Aufnahmen werden entweder Einzelbilder in der Nachbearbeitung aneinandergeschnitten oder das Bild einer Kamera auf eine →MAZ-Maschine aufgezeichnet, die einzelne →Halbbilder oder →Vollbilder direkt anschneiden kann. In der Vorführung erscheint ein eigentlich langer Vorgang dann gerafft. Eine Anwendungsmöglichkeit für einen Stoptrick ist der →Zeitraffer.

Store
engl. Speichern, Speicher.

Store and Forward-System
engl. Anlage zur Überspielung von Videobeiträgen mit Ton über →ISDN per Landleitung oder per Satellitentelefon. Wegen der eingeschränkten →Übertragungsbandbreite kann nicht in Echtzeit überspielt werden. Das Gerät verfügt über einen Speicher, in den der Beitrag zunächst eingespielt und dann in mehrfacher Echtzeit (16-32fach, je nach Bildqualität) übermittelt wird. Das Empfangsgerät kann den Beitrag erst nach vollständiger Speicherung wiedergeben. Wird für Überspielungen aus fernen Ländern ohne →SNG-Infrastruktur verwendet. Gewicht 8 kg.

Storyboard
Präzises Drehbuch, das einzelne Szenen bis hin zu einzelnen Bildern zum Teil sehr detailliert und oft mit Skizzen oder Fotos beschreibt. Erforderlich ist ein Storyboard stets dann, wenn z.B. bereits bei der Aufnahme Festlegungen im Hinblick auf spätere Tricks in der Nachbearbeitung getroffen werden müssen.

Strahlenteiler
→Prisma.

Strahlstrom
Stärke des →Elektronenstrahls in →Aufnahmeröhren von →Röhrenkameras und →Bildröhren.

Streak-Filter
engl. Streifenfilter. →Effektfilter, der diagonal verlaufende Streifeneffekte an →Spitzlichtern im Bild erzeugt.

Streamer
engl. Gerät zur Aufzeichnung von Daten zu Zwecken der Datensicherung auf →Magnetband. In der Regel handelt es sich um spezielle Kassettenformate wie z.B. →DLT oder auch um Kassetten des →DAT-Formats.

Streaming
engl. Wandlung eines →analogen oder →digitalen Videosignals in digitale Daten, um diese z.B. im Internet zu verbreiten. Dabei muß die →Datenrate z.B. nach dem →MPEG-1-Verfahren reduziert werden, wobei die Bildqualität erheblich abnimmt.

Streifenmasken-Röhre
Farbbildröhrenprinzip, bei dem die →Schattenmaske aus vertikal gespannten Drähten besteht und die drei Elektronenstrahl-Erzeuger in einer Horizontalen liegen.

Streßtests
Testverfahren für digitale Übertragungssysteme. Es kommen →pathologische Signale zum Einsatz, die die →Bitfehlerrate drastisch steigen lassen, bis das Bild plötzlich vollständig zusammenbricht.

Stretch Mode
engl. Funktion digitaler Nachbearbeitungssysteme zur ruckfreien Verkürzung oder Verlängerung einer Bildsequenz.

Streulicht
Unerwünschtes Licht, das durch Brechung und Reflexion an →Objektiven oder durch Reflexionen in der Dekoration einer Szene entsteht und zur Anhebung des →Schwarzwertes und damit zur Einengung des →Kontrastumfangs führt. →Studiokameras erhalten eine elektronische Information über das Streulichtverhalten des Objektivs.

Streulichtkompensation
Einstellung an elektronischen Kameras zur Kompensation von geringen →Bildpegeln, die durch im Objektiv verursachtes →Streulicht entstehen.

Streuscheibe
Glasscheibe zum Einsatz vor →Scheinwerfern und →Leuchten. Dient zur Streuung und Dämpfung des Lichts.

Striped Tape
engl. →Vorcodiertes Band.

Stripe Mask
engl. →Streifenmaskenröhre.

Stromaggregat
Stromerzeuger für den netzunabhängigen Betrieb von →Scheinwerfern, →Reportagewagen oder →Übertragungswagen.

Stu.
Abk. Studio.

Studiokamera
Elektronische Kamera, auf →Pumpstativen oder tragbar, für den Studio- oder →Außenübertragungsbetrieb. Die Kamera ist durch ein →Mehrader- oder →Triaxkabel mit der Bildtechnik verbunden. Sie besitzt einen großen →Suchermonitor, Anschlußmöglichkeiten für einen →Teleprompter und für →Objektive mit großer →Brennweite. Gegenüber →EB-Kamerarecordern haben Studiokameras keine qualitativen Vorteile mehr.

Studiokomplex
Technische und räumliche Einheit aus Bild-, Ton- und Lichtregie mit der Bild- und Tontechnik sowie einem Studioraum.

Studio-Pedestal
→Pumpstativ.

Studiopegel
→Relativer Funkhausnormpegel.

Studio Profile
Variante des →MPEG-2-Verfahrens. →4:2:2 P@ML.

Studiopumpe
→Pumpstativ.

Studiotakt
Der Studiotakt wird von einem →Taktgenerator erzeugt und ist die gemeinsame Synchroninformation für viele Geräte eines →Studiokomplexes wie z.b. aller Bildquellen des →Bildmischpultes.

Stufenlinse
Ugs. für →Stufenlinsenscheinwerfer.

Stufenlinsenscheinwerfer
Scheinwerfer mit einer →Fresnellinse, die zunächst ein weiches, rundes Lichtfeld ergibt. Durch die Verstellmöglichkeit (Abstand zwischen →Brenner und Linse) erscheint der Lichtkreis schärfer abgegrenzt. Zudem ändert sich der Lichtausfallwinkel und damit die Größe der beleuchteten Fläche. Das Scheinwerferlicht ist seitlich, oben und unten durch →Tore begrenzbar. Ein noch höherer Bündelungsgrad kann mit Effektscheinwerfern, z.B. mit einem →Verfolgerscheinwerfer, erzielt werden.

Stumme Kamera
Filmkamera, die durch ihr lautes Laufgeräusch eine gleichzeitige Tonaufnahme unmöglich macht. Es entstehen nur „stumme Bilder".

Styropor-Platte
Wird auf einem →Stativ befestigt und als einfacher, leichter und billiger Lichtreflektor zu Beleuchtungszwecken verwendet.

SUBC
engl. Abk. Subcarrier. Unterträger. Farbträger.

Subcarrier
engl. Unterträger. →Farbträger.

Subcarrier to Horizontal Phase
engl. Phasenlage des →Farbträgers zur →Horizontalfrequenz eines Videosignals. Kennzeichnet die →PAL-8er-Sequenz.

Sub Clip
engl. Beim →nichtlinearen Schnitt die Unter-

teilung eines →Master Clips zur besseren Materialorganisation. Sub Clips können aber nicht eigenständig behandelt, z.B. gelöscht, werden, da sie immer zum Master Clip dazugehörig sind.

Subjektive Kamera
Kameraperspektive, die den Blickwinkel des Erzählers oder eines Protagonisten nachahmt. Nur selten wird versucht, mit der Kamera nachzuvollziehen, was ein Mensch sehen würde; in diesem Fall wäre der Einsatz längerer Brennweiten ebenso auszuschließen wie →Kameraschwenks oder Schienenfahrten.

Subjektive Schärfe
Schärfeleistung einer elektronischen Kamera. Ergibt sich aus der durch die optische Abbildung auf der →Aufnahmeröhre oder dem →CCD-Chip entstehenden objektiven Schärfe und der anschließenden →Kantenkorrektur. →Modulationstiefe.

Subkardioid
griech. Herzförmig. Mikrofon ohne spezielle →Richtcharakteristik. Der seitlich auftreffende Schall wird nur gering gedämpft.

Subtraktive Farbmischung
Herausnahme einzelner →Lichtfarben aus weißem Licht z.B. durch Filterung oder durch →Körperfarben. Subtraktive Primärfarben sind →Gelb, →Magenta und →Cyan, die Mischung dieser drei Farben absorbiert alles weiße Licht und ergibt Schwarz. *Ggs.* →Additive Farbmischung.

Subwoofer
engl. Tieftonlautsprecher, der für eine →Stereo- oder Dolby Surround-Wiedergabe zusätzlich Töne bis zu 100 oder 150 →Hz wiedergibt. Da diese tiefen →Frequenzen nicht gerichtet wahrgenommen werden können, ist nur ein Subwoofer nötig und der Aufstellungsort des Lautsprechers unkritisch.

Sucher
→Suchermonitor.

Suchermonitor
Schwarzweiß-Monitor mit voller Schärfenauflösung der →Videofrequenzbandbreite von 5 →MHz und einem →Underscan-Bild. Als Monitore mit einer →Bilddiagonalen von 1,5 →Zoll in tragbaren Kameras und →Kamerarecordern oder als Aufbausucher mit größerem Bildschirm für →Studiokameras. →Farbsuchermonitor.

Suchlauf
→Sichtbarer Suchlauf.

Super
engl. Abk. Superimpose. →Einblenden.

Super 8-Film
Amateur-Filmmaterial mit einer Breite von 8mm. →Bildfeldgröße Breite × Höhe: 5,46 × 4,01 mm. Einseitig perforiert mit einem Perforationsloch pro Bild. Nicht kompatibel mit →Doppel 8-Film.

Super 16-Film
Filmmaterial mit einer Breite von 16mm. →Bildfeldgröße bei Aufnahme Breite × Höhe: 12,35 × 7,42mm. →Bildseitenverhältnis 1,67:1 bzw 15:9. Im *Ggs.* zum zweiseitig perforierten 16mm-Film ist der Super 16-Film einseitig mit einem Perforationsloch pro Filmbild perforiert. Durch die einseitige Perforation und durch das Weglassen der →Tonspuren gewinnt man eine um knapp 20% größere Bildfläche. Beim Einsatz für das Fernsehformat →16:9 muß im →Shoot And Protect-Verfahren ein schmaler Streifen am oberen und unteren Bildrand aktionsfrei gehalten werden, so daß das Bildformat dann 12,35 × 6,94mm ergibt. Gegenüber der Aufnahme von 16:9 mit dem Shoot And Protect-Verfahren beim 16mm-Film ergibt sich eine um etwa 40% größere Bildfläche.

Superbreitbildverfahren
→Cinemascope-Verfahren.

Superimpose
engl. Überlagern. →Einblenden.

Superkardioid
griech. Herzförmig. Mikrofon mit →Richtcharakteristik, bei der der Schall vorzugsweise von vorne aufgenommen wird. Schall, der von hinten auf das Mikrofon auftrifft, wird ausgeblendet. Der →Bündelungsfaktor solcher Mikrofone beträgt 1,9.

Super Motion
engl. System einer speziellen →MAZ-Maschine des →Betacam SP-Formats und einer →CCD-Kamera mit 75 Bildern/Sekunde. Die MAZ zeichnet mit 3facher Geschwindigkeit auf und gibt in Normalgeschwindigkeit von 25 Bildern/Sekunde wieder. Dadurch ergibt sich der Effekt einer →Zeitlupe mit einem um den Faktor 3 gedehnten Bewegungsablauf. →Slow Motion.

Superniere
→Superkardioid.

Superschwarz
Pegelwert unterhalb des →Schwarzwertes, meist der →Synchronwert.

Supertotale Einstellung
→Einstellungsgröße.

Superweitwinkelobjektiv
→Festobjektiv oder Objektivvorsatz mit extrem großem →Bildwinkel mit noch kürzerer Brennweite als das →Weitwinkelobjektiv.

Superzeitlupe
→Supermotion.

SVGA-Standard
engl. Abk. Super Video Grafik Adaptor. Standard von →Grafikkarten mit 800 x 600 →Pixel für→PCs.

S-VHS-Format
engl. Abk. Super VHS, Video Home System. →MAZ-Format aus der Consumertechnik, das auf ½ →Zoll breites →Reineisenband im →Colour Under-Verfahren aufzeichnet. In Verbindung mit Monitoren, die über einen →S-Video-Eingang verfügen, zeigen diese Geräte eine höhere →Auflösung als das →VHS-Standard-Format. S-VHS-Recorder können →VHS-Kassetten bespielen und wiedergeben. S-VHS-Kassetten können auf Geräten des →Digital S-Formats wiedergegeben werden.

S-Video
engl. Abk. Separated Video. Videoschnittstelle in →Colour Under-Systemen, bei der das →Luminanzsignal und der Farbunterträger auf getrennten Leitungen übertragen werden.

S-Video-Stecker
→Hosiden-Stecker.

s/w
Abk. Schwarzweiß.

Switcher
engl. 1.) (Um-)Schalter. *2.)* →Bildmischpult.

SWR
engl. Abk. Switcher. →Bildmischpult.

SXGA-Standard
engl. Abk. Super Extra Video Grafik Adaptor. Standard von →Grafikkarten mit 1280 x 1024 →Pixel für→PCs. Weiterentwicklung sind 1600 x 1200 Pixel.

SY
Abk. System.

Symbolrate
Für die →digitale Satellitenübertragung werden die digitalen Audio-, Video- und Kommunikationsdaten mit dem →QPSK-Verfahren gesendet. Dadurch entstehen aus den sonst in der →Digitaltechnik üblichen →Bit sogenannte Symbole, die jeweils zwei Bit tragen. Vorsicht: nicht mit der →Multiplexbitrate verwechseln.

Symmetrische Leitung
Zweiadrige, geschirmte Leitungen, deren Adern miteinander verdrillt sind. Die beiden Adern führen Spannungen gleicher Größe,

aber mit entgegengesetzten Vorzeichen. Eingestreute →Fremdspannungen verursachen in den Ein- und Ausgangsübertragern (Transformatoren) der angeschlossenen Schaltungen keine Störung. Zusätzlich sind die beiden Adern mit einer unabhängigen →Abschirmung versehen. Bei der Übertragung von Audiosignalen können mehrere 100 Meter überbrückt werden. *Ggs.* →Asymmetrische Leitung.

Syn
engl. Abk. →Synchronizer.

Sync
engl. Abk. →Synchronsignal. →Synchronimpulse.

Synchronboden
→Synchronwert.

Synchronimpulse
Gemisch aus horizontalen und vertikalen Elementen. Die 4,7 →µs breiten Impulse innerhalb der →horizontalen Austastlücke bestimmen mit der Zeilenfrequenz von 15.625 Hz den Start des horizontalen →Zeilenrücklaufs. Die 7,5 Zeilen innerhalb der →vertikalen Austastlücke wiederholen sich mit der Halbbildwechselfrequenz von 50 Hz und bestimmen mit ihren →Trabanten den Start des vertikalen Zeilenrücklaufs.

Synchronimpulsgemisch
→Synchronimpulse, →Impulsgemisch.

Synchronisation externer Videosignale
Um Videosignale z.B. von einem →Übertragungswagen auf das →Bildmischpult des →Hauptstudios zu synchronisieren, wird entweder eine Rückleitung für die Synchronisation des →Taktgenerators des Übertragungswagens oder ein →Frame Store Synchronizer benötigt.

Synchronisation von FBAS-Signalen
Zwei →FBAS-Signale sind dann synchron, wenn sie von einem gemeinsamen →Studiotakt versorgt werden und wenn ihre →Horizontalphasenlagen und →Farbträgerphasenlagen übereinstimmen. Dabei werden die zu synchronisierenden Signale mit einem Bezugssignal verglichen und mit einem extern vom Studiotakt synchronisierten →Oszilloskop bzw. →Vektorskop gemessen. Die Signale aller Bildquellen eines →Bildmischpultes müssen synchron sein.

Synchronisation von Komponentensignalen
1.) Das →Luminanzsignal und die beiden →Farbdifferenzsignale müssen in ihrer →Laufzeit untereinander exat auf wenige →ns genau stimmen. Dies wird z.B. mit der →Lightning-, →Star- oder →Bowtie-Darstellung von einem →Komponentenoszilloskop geprüft. Abweichungen der Laufzeiten führen zu farbigen Kanten und Unschärfen. *2.)* Zwei Dreier-Gruppen von →Komponentensignalen sind dann synchron, wenn sie von einem gemeinsamen →Studiotakt aus versorgt werden und wenn ihre →Horizontalphasenlagen übereinstimmen. Dabei werden die zu synchronisierenden Signale mit einem Bezugssignal verglichen und mit einem extern vom Studiotakt synchronisierten →Oszilloskop gemessen. Die Signale aller Bildquellen eines →Bildmischpultes müssen synchron sein.

Synchronisation von MAZ- und Tonbandmaschinen
Geschieht in der Regel durch den →Time Code. Dieser muß auf den entsprechenden Bändern vorhanden sein.

Synchronisation von Videosignalen
→Synchronisation von FBAS-Signalen, →Synchronisation von Komponentensignalen.

Synchronität
→Lippensynchronität, →Bild/Ton-Versatz, →Synchronklappe, →Synchronisation von FBAS-Signalen, →Synchronisation von Komponentensignalen, →Synchronisation von MAZ- und Tonbandmaschinen, →Synchronisation externer Videosignale.

Synchronizer
engl. 1.) →Frame Store Synchronizer, →Field Store Synchronizer. *2.)* Gerät zur Synchronisation von →Playern und →Recordern beim →elektronischen Schnitt.

Synchronklappe
Die Synchronklappe besteht aus einer beschriftbaren Tafel für Szenen und Takenummern und einer beweglichen Leiste. Bei Filmaufnahmen mit getrennter Tonaufnahme wird vor der Aufnahme jedes →Takes die Klappe zusammengeschlagen. Das auf dem Tonband aufgezeichnete Geräusch und der auf dem Film sichtbare Schlag sind der gemeinsame Startpunkt von Bild und Ton. Bei der elektronischen Aufzeichnung auf →Magnetband werden Bild und Ton meist gemeinsam auf das →MAZ-Band aufgenommen. Das Schlagen der Klappe kann bei einer →Zwei-Kamera-Produktion notwendig werden, um einen identischen →Time Code für den nachfolgenden Schnitt zu erhalten.

Synchronpegel
→Synchronwert.

Synchronsignal
Videosignale, wie z.B →Black Burst oder →Farbbalken, die zur →Synchronisation von Videosignalen verwendet werden.

Synchronton
→Originalton.

Synchronwert
Pegelwert von -0,3 Volt bezogen auf den →Austastwert von 0 Volt.

Synchronwort
Folge von 11 →Bit innerhalb des →LTC, die den Beginn und die Richtung der Daten eines →Time Code-Wortes anzeigt.

Synchro Scan
engl. (Panasonic) Wahl kurzer Belichtungszeiten an →CCD-Kameras im Bereich von 1/50 bis zum Teil 1/125 Sekunde, um Aufnahmen von Computer-Bildschirmen mit unterschiedlichsten →Bildwechselfrequenzen zu ermöglichen.

Sync-Pegel
→Synchronwert.

Sync Pulses
engl. →Synchronimpulse.

Sync Pulse Generator
engl. →Taktgenerator.

Sync-Spuren
→MAZ-Maschinen des →C-Formats zeichnen nur etwa 300 Zeilen eines →Halbbildes auf eine →Videospur auf. Drei zusätzliche Köpfe auf der rotierenden →Kopftrommel sorgen für die Aufzeichnung, Wiedergabe und Löschung der übrigen, zur →vertikalen Austastlücke gehörigen Zeilen.

Synthesizer
Gerät zur elektronischen Erzeugung von Musik und Geräuschen. Grundsätzlich produzieren Synthesizer ihre Klänge rein durch die Kombination verschiedener Grundklänge. *Ugs.* werden auch Geräte, die z.B. Originalklänge diverser Musikinstrumente gespeichert haben und diese z.B. in der Tonhöhe und Klangfarbe verändert wiedergeben können, Synthesizer genannt.

Szenenkontrast
Der Kontrast, der durch die Beleuchtung einer Szene entsteht. In Szenen, in denen ein mit einem →Spotmeter ausgemessener Kontrast einen Wert von etwa 40:1 überschreitet, können Helligkeitsunterschiede nicht mehr natürlich wiedergegeben werden.

Szenenwechselerkenner
Gerät, das z.B. während der Überspielung eines Films auf ein →MAZ-Band für eine →programmierte Farbkorrektur automatisch Szenenwechsel erkennt und entsprechende →Time Code-Werte in einer Liste erfaßt. Bei der anschließenden szenenweisen Farbkorrektur hält

das Band dann automatisch bei jeder neuen Szene an und vereinfacht so den Arbeitsvorgang. Szenenwechsel durch Überblendungen werden in der Regel nicht erkannt.

Szenenweise Farbkorrektur
→Programmierte Farbkorrektur.

t
Abk. für die Zeit.

T
Abk. →Tera.

T12
Abk. →Tonaderspeisung.

TA
Abk. →Tonaderspeisung.

Tabu-Kanal
Bei der →terrestrischen Übertragung von Fernsehprogrammen freigehaltene Kanäle benachbarter Frequenzen, um Störungen zu vermeiden.

TAE-Stecker
Abk. (Telekom) Telefon-Kommunikations-Anschluß-Einheit. Sechspoliger Stecker für den Anschluß von Telefonen und Zusatzgeräten (Telefax, Anrufbeantworter oder Modems). Stecker mit F-Codierung (Fernsprecher, Vorsprünge unten) sind für den Anschluß von Telefonen, Stecker mit N-Codierung (Nicht-Fernsprecher, Vorsprünge oben) für den Anschluß der Zusatzgeräte vorgesehen. Die beiden Codierungen bzw. Stecker sind nicht kompatibel.

Tageslicht
Lichtart mit einer →Farbtemperatur von etwa 5.600 Kelvin. *Ggs.* →Kunstlicht.

Tageslichtfilter
Filter aus blauer Folie oder aus einem →dichroitischen Spiegel. Wird verwendet, um eine Halogenleuchte von →Kunstlicht auf →Tageslicht umzustimmen.

Tageslichtlampen
→HMI-Lampe.

Take
engl. 1.) Einstellung, nicht unterbrochene Sequenz eines Films. *2.)* →Hartschnitt.

Taktfrequenz
Frequenz eines →Taktgenerators.

Taktgeber
→Taktgenerator.

Taktgenerator
Zentrales Gerät zur Taktversorgung innerhalb eines →Studiokomplexes für alle Geräte, die Bildquellen des →Bildmischpultes sind.

Talkback
engl. Kommandoanlage.

Tally
engl. →Rotlicht.

Tape
engl. 1.) →Magnetband. *2.)* Klebeband. →Gaffertape, →Lassoband.

Tape Slack
engl. →Bandsalat.

Tape Speed Override
engl. Möglichkeit an →MAZ-Maschinen, um von der normalen Wiedergabegeschwindigkeit kurzzeitig abzuweichen, um z.B. zwei MAZ-Maschinen zu synchronisieren.

Tape Time
engl. Bandzeit. →Bandzählwerk.

Tauchspulenmikrofon
→Dynamisches Mikrofon.

TB
Abk. 1.) →TByte. *2.)* Teilbild. *3.)* Tonband, Tonbandgerät.

TBC
engl. Abk. Time Base Corrector. →Zeitfehlerausgleicher.

TBG
Abk. Elektronischer Testbildgenerator. →Testsignalgenerator.

TBU
engl. Abk. Telefone Balance Unit. →Telefonanschaltgerät.

TByte
Abk. Tera-Byte, entspricht 2^{40} Bytes = 1.099.511.627.776 →Bytes.

TC
engl. Abk. →Time Code.

TCG
engl. Abk. →Time Code Generator.

TCIS
engl. Abk. →Time Code Inserter.

TCR
engl. Abk. →Time Code Reader.

TDM
engl. Abk. Time Division Multiplex. →Zeitmultiplex. →CTDM. →CTCM.

Teaser
engl. Appetitmacher. Kurze Einspielung, auch innerhalb einer Sendung, die auf den Zeitpunkt verweist, zu dem der eigentliche Beitrag gesendet wird.

Technische Abnahme
1.) Technische Kontrolle und Beurteilung der Bild- und Tonqualität einer Produktion vor der Sendung. Das Ergebnis ist ein Abnahmeprotokoll mit dem Hinweis auf eventuelle technische Fehler. *2.)* Funktionsprüfung und Messung der technischen Daten gekaufter Geräte. Zum Teil kann damit eine Justage der Messwerte verbunden sein. Ergebnis ist ein Abnahmeprotokoll mit den erzielten technischen Werten.

Technischer Nachspann
Am Ende eines Beitrags auf einem →MAZ-Band folgen 20 Sekunden Schwarz ohne Ton. Dient einem sicheren →Ausstieg aus dem Beitrag. →Technischer Vorspann.

Technischer Vorspann
Festgelegte Abfolge von Bild- und Tonsignalen auf einem →MAZ-Band vor Beginn eines Beitrags. In der Regel bestehend aus einer Minute →Farbbalken mit einem 1 →kHz →Pegelton, gefolgt von 30 Sekunden Schwarz ohne Ton. Dient zur betriebs- und meßtechnischen Justage der →MAZ-Maschinen vor der anschließenden Wiedergabe. →Technischer Nachspann.

TED
Abk. Teledialogsystem zur Zählung von Zuschaueranrufen.

Telcom C4
→Kompandersystem zur Rauschminderung in der professionellen →Magnetbandaufzeichnung. Das Tonsignal wird in vier Frequenzbändern vor der Aufzeichnung komprimiert und nach der Wiedergabe expandiert. Das Verfahren ist unempfindlich gegenüber unterschiedlichen Nennpegeln bei der Aufzeichnung und Wiedergabe und erfordert keine Einpegelung. Verbessert den →Störspannungsabstand um etwa 15-20 →Dezibel.

Tele
Abk. →Teleobjektiv.

Telecine
engl. →Filmabtaster.

Telefonanschaltgerät
Gerät für eine pegelrichtige Anpassung einer →2-Draht-Telefonleitung an ein →Tonmischpult ohne →akustische Rückkoppelung.

Telefonhybrid
→Telefonanschaltgerät.

Telekonverter
→Range-Extender.

239

Teleobjektiv
Objektiv mit kleinem →Bildwinkel. Sinnvoll zur Aufnahme von Motiven, die einen näheren Kamerastandort nicht zulassen. Man erhält den Effekt einer flacheren Perspektive, der manchmal durch die kleinere →Schärfentiefe kompensiert wird. Aufgrund der großen Brennweite ergibt sich meist eine geringere Lichtstärke. *Ggs.* Weitwinkelobjektiv.

Telepräsenz
Telepräsenz beschreibt das - gegenüber dem herkömmlichen Fernsehsystem - erweiterte Gesichtsfeld z.b. beim →HDTV-System.

Teleprompter
engl. Kombination eines Monitors und eines halbdurchlässigen Spiegels an einer →elektronischen Kamera. Die Akteure können beim Blick in die Kamera den auf dem Monitor erscheinenden Text lesen. Dieser wird entweder mit einer weiteren Kamera aufgenommen oder kommt aus einem Computer.

Teleskop-Stange
Ausziehbare Aluminiumstange mit an den Enden angebrachten Schutzelementen aus Gummi und einem Federsystem. Die Stangen lassen sich zwischen Decke und Boden oder zwischen Wände spannen, um daran z.B. →Scheinwerfer zu befestigen. Gegenüber Stativen können z.b. zwischen Wänden verspannte Teleskopstangen nicht umgerannt werden; gegenüber anderen Befestigungssystemen hinterlassen sie keine Spuren.

Television
engl. Fernsehen, Fernsehgerät.

Tellermine
Ugs. für einen schweren Fuß als Tischstativ für ein →Mikrofon.

Telly
engl. ugs. Fernsehgerät.

Temporale Filterung
Dreidimensionale Filterung.

Tension
engl. Bandzug an →MAZ-Maschinen.

Tera
Billionenfaches. *Abk.* T.

Terminator
engl. →Abschlußwiderstand.

Terrestrisch
lat. Erde, erdgebunden. Übertragung von Fernseh- oder Hörfunkprogrammen über herkömmliche, auf der Erde stehende Sender und Leitungen.

TES
engl. Abk. Transportable Earth Station. Transportable →Uplink-Station einer →Satellitenübertragung. Dies kann ein SNG-Fahrzeug oder eine →Flyaway-Anlage sein.

Testbild
→Testtafel, →Testsignal.

Testbildgeber
† →Testsignalgenerator.

Test Pattern
engl. →Testsignal.

Testsignal
Videosignale: →2-T-Sprungimpuls, →Bowtie, →Eyepattern, →Farbbalken, →FuBK, →Gittertestbild, →Grautreppe, →Multiburst, →PEM, →PLUGE, →Pathologisches Signal, →Zonenplatte. Audiosignale: →3-Pegel-Testsignal, →Pegelton.

Testsignalgenerator
Erzeuger verschiedener elektronischer →Testsignale.

Testtafel
Tafel mit aufgeklebten oder aufgedruckten Mustern zum Test für elektronische Kameras. →Gammatafel, →Gittertesttafel, →Grautreppe, →RMA-Testtafel, →Schachbrettestbild, →Siemensstern.

TF
Abk. →Trägerfrequenz.

TFT
engl. Abk. Thin Film Transistor. Technik von →LCD-Displays, bei denen jedes →Pixel von einem Transistor in besonders kleiner Bauform angesteuert wird. Dadurch sind diese Displays besonders hell und auch von der Seite gut einsehbar.

TGA
engl. Abk. Truevision Targa. →Dateiformat für unkomprimierte fotoähnliche Bilder, bei dem jeder einzelne Bildpunkt codiert wird.

Theaterkopie
→Kinokopie.

THX
Abk. für Tom Holman Experiments, benannt nach dem Filmtonmeister Tom Holman. Mit THX wird ein allgemeiner Qualitätsstandard für die Vorführungen in Filmtheatern definiert. Dazu gehören die Bild- und Tonqualität und die Raumakustik des Filmtheaters, unabhängig von einer bestimmten Technologie. Ein THX-Prädikat wird durch eine Prüfung der genannten Punkte erworben und muß regelmäßig erneuert werden.

Tiefen
Ugs. Tonfrequenzen unterhalb 1 →kHz. *Ggs.* →Höhen.

Tiefenschärfe
→Schärfentiefe.

Tiefentladung
Bei einer Tiefentladung werden diejenigen Zellen eines →Akkus umgepolt, die die geringste Kapazität haben. Schon durch eine einzige Tiefentladung kann ein Akku zerstört werden. Besondere Vorsicht ist geboten, wenn der Stromverbraucher sich bei zu geringer Spannungsversorgung nicht selbsttätig abschaltet. Einige Akkusysteme können sich auch dadurch tiefentladen, daß sie nicht benutzt werden.

Tiefpaß
Filter, der tiefe →Frequenzen durchläßt.

Tieftöner
Lautsprecher, der Frequenzen unter 1.000 bzw. 5.000 →Hz abstrahlt. Diese Übernahmefrequenz hängt davon ab, ob es sich um eine →2-Wege- oder um eine 3-Wege-Lautsprecherbox handelt. →Mitteltöner. *Ggs.* →Hochtöner.

TIFF
engl. Abk. Tagged Image File Format. →Dateiformat für komprimierte oder unkomprimierte fotoähnliche Bilder.

Tilt
engl. Vertikales Neigen einer Kamera. *Ggs.* →Pan.

Time Base Corrector
engl. →Zeitfehlerausgleicher.

Time Base Errors
engl. →Zeitfehler.

Time Code
engl. Zeitcode. Digitale Dateninformationen, die auf ein →MAZ-Band aufgezeichnet werden und in einer absoluten Beziehung zum Videobild stehen. Pro →Vollbild wird ein Datenwort mit 80 →Bit aufgezeichnet. Darin sind u.a. 26 Zeit-Bits für die Numerierung von Stunden, Minuten, Sekunden und Bildern sowie →User Bits enthalten. Der Time Code ist die Voraussetzung für das Auffinden definierter Bilder oder Töne und für den →bildgenauen Schnitt. Er kann als →LTC oder →VITC aufgezeichnet werden. Der →Time Code-Generator erzeugt entweder einen →Elapsed Time Code oder einen →Real Time Code. Time Code-Verfahren im Consumer-Bereich: →RAPID Time Code, →RCTC.

Time Code Generator
engl. Gerät, das →Time Code-Daten zu Aufzeichnungszwecken erzeugt.

Time Code Inserter
engl. Time Code-Einblender. Gerät, das →Time Code-Daten in eine Bildinformation umwandelt und diese per →Luminanz Key-Trick in ein Bildsignal stanzt.

Time Code Reader
engl. Time Code-Leser. Gerät, das →Time Code-Daten liest und auf einem →Display anzeigt.

Time Code-Sprung
Sprung in der zeitlichen Reihenfolge eines aufsteigenden Time Code, z.B. verursacht durch die Verwendung des →Real Time Code. Ein Time Code-Sprung ist nicht mit einem →Steuerspurloch zu verwechseln. Befindet sich auf einer Bandstelle des →Players ein Time Code-Sprung, kann trotzdem ein →elektronischer Schnitt durchgeführt werden.

Time Code-Spur
→Audiospur eines →MAZ- oder →Tonbandformats, die für die Aufzeichnung des →LTC reserviert ist.

Time Code-Verkoppelung
Verkoppelung zwischen zwei Geräten mittels →Time Code.

Time Code-Wort
Das zu einem Vollbild gehörende Datenpaket innerhalb eines →Time Code-Signals.

Timeline
engl. 1.) Optische Darstellung einer Zeitachse, auf der z.B. bei →digitalen Videoeffektgeräten oder →Bildmischpulten Trickeffekte programmiert werden, indem z.B. ein Bewegungsablauf durch die Eingabe typischer Eckwerte, auch →Keyframes genannt, definiert wird. Eine Timeline ist auch an →nichtlinearen Schnittsystemen vorhanden. *2.)* Optische Darstellung einer Zeitachse, auf der bei Geräten des →nichtlinearen Schnitts die Bild- und Ton-Schnittfolge einer Sequenz dargestellt wird.

Timen
1.) Eingedeutschter Begriff von Timing z.B. bei der →Synchronisation von Videosignalen.
2.) Zeit nehmen.

Timing
engl. Zeitliche Abstimmung. →Synchronisation von Videosignalen.

Timing Jitter
engl. →Jittern eines digitalen Videosignals in Bezug auf das Bezugssignal, das →Clock-Signal. *Ggs.* →Relativer Jitter.

Tint
engl. →Farbton.

Titelvorspann
Beinhaltet Angaben über den Sendetitel, das Buch, die Regie, sowie über Mitwirkende und Produktion.

TMD
engl. Abk. Thermal Magnetic Duplication. Verfahren für die Massenkopierung von Videokassetten. Dabei wird zunächst ein Masterband mit einem spiegelverkehrten magnetischen Abbild geschaffen. Dieses Masterband läuft dann mit dem Band, auf dem die Kopie entsteht, parallel. Während dieses Kontaktkopierprozesses werden beide Bänder an einer Stelle erhitzt und dort, während des Laufs, das magnetische Abbild vom Masterband übertragen.

Tn
Abk. (Telekom) Ton.

TnAld
Abk. (Telekom) Ton-Austauschleitung, dauernd überlassen. →Austauschleitung, dauernd überlassen.

TnAlv
Abk. (Telekom) Ton-Austauschleitung, vorübergehend überlassen. →Austauschleitung, vorübergehend überlassen.

TnEl
Abk. (Telekom) Ton-Empfangsleitung. →Empfangsleitung.

TnHafl
Abk. (Telekom) Ton-Heranführungsleitung. →Heranführungsleitung.

Tnl
Abk. (Telekom) Tonleitung.

Tnl (Begl)
Abk. (Telekom) →Begleittonleitung.

Tnl (com)
Abk. (Telekom) →Kommentarleitung.

Tnl (fdbk)
Abk. (Telekom) Feedback-Leitung, →n-1

Tnl (guide)
Abk. (Telekom) →Guide-Leitung.

Tnl (IT)
Abk. (Telekom) →Internationale Tonleitung.

Tnl (Kdo)
Abk. (Telekom) →Kommandoleitung.

Tnl (Mithör)
Abk. (Telekom) →Mithörleitung.

Tnl (Prog)
Abk. (Telekom) →Programmleitung.

Tnl (Rücksp)
Abk. (Telekom) →Rückspielleitung.

TnModl
Abk. (Telekom) Tonmodulationsleitung. →Modulationsleitung.

Tnp
Abk. (Telekom) Prüf- und Meßstelle für Ton- und Fernsehübertragungen.

TnSl
Abk. (Telekom) Ton-Sendeleitung. →Sendeleitung.

Tn/TVÜSt
Abk. (Telekom) Ton- und Fernsehübertragungsstelle.

TnVtl
Abk. (Telekom) Ton-Verteilleitung. →Verteilleitung.

TnZubl
Abk. (Telekom) Ton-Zubringerleitung, vorübergehend überlassen. →Zubringerleitung.

TnZufl
Abk. (Telekom) Ton-Zuführungsleitung. →Zuführungsleitung.

Todd-AO
engl. Breitbildverfahren mit einem →Bildseitenverhältnis von 2,2:1. Die Aufzeichnung geschieht entweder unverzerrt auf →65mm-Film oder als Todd-AO-35 mit einem →Anamorphoten auf →35mm-Film. Bei der Kinoprojektion wird dieser Vorgang durch ein entsprechendes Objektiv, bei der →Filmabtastung durch optische oder elektronische Einrichtungen wieder rückgängig gemacht. Das Todd-AO-Verfahren hatte auf dem →70mm-Film für die Wiedergabe ursprünglich sechs Tonkanäle, die auf Magnetrandstreifen des Films aufgebracht waren.

Token Ring
engl. Standardisiertes Netz zur Verbindung vieler Computer mit einer Ringstruktur.

Toko-Box
(Toko) Hersteller eines →Store and forward-Systems.

TOM
engl. Abk. Technical Operation Monitoring. System, bestehend aus →Videokreuzschiene, →Oszilloskop, →Vektorskop und hochqualitativem Monitor zur Kontrolle von Videosignalen.

Tonaderspeisung
Eine zwischen den beiden Adern des Tonka-

bels mitübertragene Versorgungsspannung von 12 Volt für →Kondensatormikrofone. In der Regel funktionieren angeschlossene, dynamische Mikrofone nicht, Mikrofone mit →Phantomspeisung können unter Umständen zerstört werden.

Tonangel
Leichte, ausziehbare Aluminium- oder Kunststoffstange, mit der ein am Ende befestigtes Mikrofon nah an das Schallereignis gebracht werden kann.

Ton anlegen
Synchrones Plazieren von Tonpassagen zu Bildern während des →linearen und →nichtlinearen Schnitts. Dabei werden die →Originaltöne, die sich auf verschiedenen Tonspuren des →Originalbandes befinden, auf mehrere Tonspuren des →Sendebandes oder der →Festplatte verteilt.

Tonaussteuerung
Nach technischen Richtlinien und gestalterischen Gesichtspunkten richtige Einstellung des Pegels für die Aufzeichnung oder Übertragung von Sprach- oder Musikprogrammen. Die Überwachung findet über Lautsprecher sowie mit einem →Aussteuerungsinstrument statt.

Tonbandformate
→Vollspur, →Halbspur, →Zweispur, →Vierspur, →16-Spur, →24-Spur, →32-Spur, →Kompaktkassette. →Absolute Bandgeschwindigkeiten: 38,1 cm/s, 19,05 cm/s, 9,5 cm/s, 4,75 cm/s. →Vorlaufband.

Tonbearbeitung
Im Wortsinne der Tonschnitt und das →Anlegen der Töne z.B. beim →linearen oder →nichtlinearen Schnitt. Dabei werden z.B. kleinere Pegelkorrekturen vorgenommen. →Tonnachbearbeitung.

Tone
engl. allg. Ton, Klang. →Pegelton.

Tonfilm
1.) Film, der neben den Bildern eine →Lichttonspur oder eine Magnettonspur für die Wiedergabe einer Tonaufzeichnung aufweist. *2.) Ugs.* beim →Zweibandverfahren, um den Tonträger für die Magnettonaufzeichnung, den →Magnetfilm, vom Bildträger, den →Bildfilm, zu unterscheiden.

Tongalgen
1.) Fahrbarer, schwenkbarer und ausziehbarer Ausleger für Mikrofone, maximale Länge etwa 5 Meter. Die Mikrofone sind drehbar und können so in ihrer Position fernbedient werden. *2.)* Ausleger eines Mikrofonstativs.

TONI
engl. Abk. Tele-Online-Navigations-Instrument. Elektronische Programmzeitung der →d-box, bzw. des →Pay TV-Programms von Premiere. Vergl. →EPG.

Tonkennung
1.) Identifikation bzw. Zuordnung eines Tonsignals, meist durch eine Textansage. *2.)* Bei der Fernsehübertragung in der →Datenzeile mitausgesandte Information über die Nutzung der beiden Tonkanäle für Mono-, Stereo- oder 2-Kanal-Programme. →Bildkennung.

Tonlampe
Glühlampe zur Abtastung des →Lichttons in Filmprojektoren und →Filmabtastern.

Tonleitungen
Leitungen mittlerer oder hoher Güte mit einer →Audiofrequenzbandbreite von 7.000 oder 15.000 →Hz für die Übertragung von Tonsignalen bei Hörfunk oder Fernsehen.

Tonmischpult
Gerät zum Angleichen der →Audiopegel, zur Klangveränderung, zur Korrektur des →Frequenzgangs, um z.B. Störgeräusche zu verringern, zur Erzielung von Effekten und zum gleichzeitigen, lautstärkerichtigen Mischen mehrerer Tonquellen. Neben →niederpegeligen Tonsignalen wie Mikrofonen können

→hochpegelige Tonsignale wie z.B. CD-Player angeschlossen werden. Kleine Tonmischpulte, z.B. für den Einsatz bei der →elektronischen Berichterstattung, haben Anschlüsse für z.b. vier Tonquellen und Filtermöglichkeiten z.b. gegen →Körperschall. Große Tonmischpulte bieten neben einer großen Zahl von Eingängen mit aufwendigen Filtern auch die Möglichkeit, mehrere, voneinander unabhängige Mischungen zu erzeugen, die z.B. zur →Beschallung, für →n-1-Töne oder zu Kommunikationszwecken, vor allem bei Fernsehübertragungen, notwendig sind.

Tonmischung

Nachbearbeitung eines Fernsehbeitrags, dessen →Originaltöne bereits →angelegt wurden. Die Töne aller →Tonspuren werden gemeinsam wiedergegeben, gemäß einem →Mischplan bearbeitet und das Mischergebnis wieder aufgezeichnet. Dabei werden die Lautheiten angepasst, Mischungsverhältnisse hergestellt, Klangveränderungen durchgeführt und zusätzliche Töne zugefügt. *Ggf.* wird zusätzlich der Ton eines Sprechers aufgezeichnet und zusammen mit dem →internationalen Ton zu einem →Programmton zusammengefügt. Die Tonmischung findet in der Regel auf →Audioworkstations statt, kann aber auch von mehreren →MAZ-Bändern oder einer →Mehrspurtonbandmaschine auf die Tonspuren eines Sendebandes erfolgen.

TonModl

Abk. (Telekom) Tonmodulationsleitung. →Modulationsleitung.

Tonmodulation

1.) Übertragungsverfahren eines Tonsignals z.B. mit →Frequenz- oder →Amplitudenmodulation. *2.) Ugs.* für Tonsignal.

Tonnachbearbeitung

Im Wortsinne die →Tonmischung nach dem →linearen oder →nichtlinearen Bildschnitt, bei dem bereits eine →Tonbearbeitung stattgefunden hat.

Tonpegel

→Audiopegel.

Tonsignal

→Hochpegeliges Tonsignal, →niederpegeliges Tonsignal.

Tonspur

Die Magnetpartikel eines →Magnetbandes sind bei einem neuen Band oder nach dem Löschen willkürlich und nicht in Spuren angeordnet. Bei der analogen Tonaufzeichnung wird das Band vor einem →Audiokopf vorbeigezogen, der die Magnetpartikel entsprechend dem Audiosignal ausrichtet. Erst dabei hinterläßt der Tonkopf eine longitudinale Tonspur. Der Begriff Tonspur wird meist bei →Tonband- und →Filmformaten verwendet, der Begriff →Audiospur bei →MAZ-Formaten.

Tonstartmarke

Aufkleber auf dem →Tonfilm, der den gemeinsamen Beginn mit dem →Bildfilm sechs Sekunden vor →Programmbeginn kennzeichnet.

Tonstörungen

→Blubbern, →Pumpen.

Tonträger

1.) Raum, meist neben der Tonregie, in der Tonbandmaschinen, z.B. auch →Mehrspurtonbandmaschinen, untergebracht sind. *2.)* Speichermedien für Audiosignale wie Tonbänder, Tonkassetten, Schallplatten und →CDs. *3.) Ugs.* auch Tonbandgeräte, Tonkassettenrecorder, Schallplattenspieler und CD-Player.

Tonträgerfrequenz

In unserem Fernsehsystem eine um 5,5 →MHz höhere →Frequenz als die →Bildträgerfrequenz, auf die das Tonsignal zur Aussendung per →Frequenzmodulation aufgebracht wird. →Bild/Tonträger-Abstand, →HF-Signal.

Tonverzögerung

Die Verzögerung eines Tonsignals wird dann notwendig, wenn das dazugehörige synchrone Bildsignal z.B. durch einen →Frame Store-

Synchronizer oder ein →digitales Videoeffektgerät läuft. In beiden Fällen tritt eine Verzögerung des Videosignals um 40ms, die Zeit eines →Vollbildes, auf. Bei →Satellitenübertragungen wird das zum Bild gehörige Tonsignal oft nicht über den Satelliten, sondern über eine Kabelverbindung geführt. Dabei tritt eine Verzögerung des Videosignals von etwa 240ms pro Satellitenverbindung auf. In allen Fällen muß die Synchronität zwischen Bild und Ton durch die Verzögerung des Tonsignals wiederhergestellt werden.

TOP
engl. Abk. Table of Pages. →Videotextdecoder mit erweiterten Möglichkeiten, der über einen größeren Seitenspeicher verfügt und Leitseiten aufnimmt, mit deren Hilfe vorher programmierte Videotextseiten schneller gefunden werden.

Tor
→Scheinwerfertor.

Toslink
Optische Version der →S/P-DIF-Schnittstelle über Glasfaser mit 1mm Durchmesser und Übertragung mit →infrarotem →Laserstrahl.

Totale Einstellung
→Einstellungsgröße.

Touch Screen
engl. Monitore, die in interaktiven Systemen eine Dateneingabe über eine Berührung des Bildschirms ermöglichen. Der Bildeindruck wird dadurch etwas unschärfer.

Tp
Abk. (Telekom) Transponder.

TP
Abk. 1.) Testpunkt. *2.)* →Tiefpaß.

T-Power
engl. →Tonaderspeisung.

TR
Abk. Tonregie.

Trabanten
Impulsgruppe, bestehend aus Vor-, Haupt- und Nachtrabanten, die innerhalb der →vertikalen Synchronimpulse eines Videosignals für die Synchronisation des Halbbildwechsels sorgt. Der Beginn eines →Halbbildes ist eindeutig durch den Beginn der Haupttrabanten definiert.

Track
engl. 1.) Spur eines →Magnetbandes. *2.)* Fahraufnahme.

Tracking
engl. Spurnachführung. *1.)* In MAZ-Maschinen muß dafür gesorgt werden, daß die →Videospuren von den →Videoköpfen mittig abgetastet werden. Dies ist zum Teil manuell einzustellen oder erfolgt mit einer →automatischen Spurnachführung. *2.)* Spezieller Effekt der Videonachbearbeitung: auf sich bewegende Objekte können Bilder oder Bildteile aufgebracht werden, die den Bewegungen der Objekte folgen. Dazu müssen sich bereits bei der Aufnahme spezielle Markierungen auf dem sich bewegenden Objekt befinden.

Trägerfrequenz
Frequenz, die durch Modulation mit einem zu übertragenden Signal zum Träger dieser Information wird. So ergeben sich z.B. bei einer →Frequenzmodulation um eine Trägerfrequenz - in der Regel die Frequenz des Fernsehkanals - sogenannte Seitenbänder, die die eigentliche Information enthalten.

Trail
engl. Nachziehen. →Digitaler Videoeffekt, der einen durch eine Rückkoppelung entstehenden Schweif hinter einem „fliegenden" Videobild herzieht.

Trailer
engl. Appetitmacher. *1.)* Kurze Einspielung mit einem Hinweis auf eine spätere Sendung. *2.)* Vorproduzierter, eingängiger Vorspann für eine Sendung.

Transcoder
Gerät zur →Transcodierung von Videosignalen. Im Ggs. zu →Normwandlern sind die Qualitätsunterschiede von Transcodern nicht so groß.

Transcodierer
→Transcoder.

Transcodierung
Umwandlung von Videosignalen verschiedener →Farbcodierverfahren, aber gleicher Norm, z.b. vom →SECAM- in das →PAL-Verfahren. Eine wesentliche Qualitätsverschlechterung tritt dabei nicht auf.

Transfokator
→Zoomobjektiv.

Transition
engl. Übergang. Trick- oder Mischeffekt z.B. an einem Bildmischpult.

Transmission
engl. Sendung, Übertragung, Ausstrahlung.

Transmission Bitrate
engl. →Übertragungsbitrate.

Transmission Datarate
engl. Übertragungsdatenrate. →Übertragungsbitrate.

Transmitter
engl. Sender. Ggs. →Receiver.

Transparente Austastlücke
Geräte oder Systeme verarbeiten dann die →vertikale Austastlücke transparent, wenn alle Zeilen eines Fernsehbildes übertragen und dabei die in der vertikalen Austastlücke enthaltenen zusätzlichen Informationen vollständig und unangetastet weitergereicht werden.

Transparente Datenübertragung
Übertragung digitaler Video- und Audiodaten ohne qualitative Einschränkungen. Darunter versteht man meist die Übertragung →digitaler Komponentensignale nach dem →ITU-R 601-Standard.

Transponder
engl. Kunstwort aus „transmitter" und „respond". Gleichzeitige Sende- und Empfangseinrichtung eines Satelliten für einen Übertragungskanal. Ein Satellit hat z.B. 16 bis 64 Transponder mit →Frequenzbandbreiten von 36, 54 oder 72 →MHz. Ein Transponder mit 36 MHz Frequenzbandbreite kann ein analoges Programm übertragen, ein 54 oder 72 MHz-Transponder lässt im Halbtransponderbetrieb die Übermittlung zweier analoger Programme zu. Jeder Transponder läßt sich für eine digitale Satellitenübertragung in mehrere →Slots aufteilen. →Halbtransponder, →Volltransponder.

Travelling Matte
Filmtrick, der es ermöglicht, Vordergrund und Hintergrund separat aufzunehmen. Vor einem geeigneten (blauen) Hintergrund wird eine Szene aufgenommen und aus dieser durch Kopierverfahren eine „Wandermaske" erstellt. Auf der optischen Bank wird der Maskenfilm verwendet, um den unerwünschten Original-Hintergrund zu kaschieren und durch den gewünschten Hintergrund zu ersetzen. Entspricht etwa dem →Chroma Key-Trick bei elektronischen Produktionen.

Travelling Wave Tube
engl. Verstärkerröhre innerhalb eines →Travelling Wave Tube Amplifiers. Die Röhre hat nur eine begrenzte Lebenserwartung und verschleißt schneller durch häufiges Aus- und Einschalten.

Travelling Wave Tube Amplifier
engl. Röhrenverstärker hoher Leistung. Abk. TWTA. Wird als →High Power Amplifier bei der Satellitenübertragung eingesetzt. Gegenüber einem Transistorverstärker →Solid State Power Amplifier hat ein TWTA einen hohen Wirkungsgrad. →Travelling Wave Tube.

Treble
engl. Höhen. Hohe →Frequenzen eines Tonsignals.

Trennklinken
Zwei untereinander liegende Buchsen an einem →Video- oder →Audiosteckfeld sind durch Kontakte miteinander verbunden. Standardbelegungen sind so ohne Steckverbindung geschaltet. Wird in eine der beiden Buchsen ein →Stecker gesteckt, ist die Verbindung dieser Buchsen automatisch aufgetrennt.

Trenntrafo
Ugs. →Trenntransformator.

Trenntransformator
Gerät zur →galvanischen Trennung zweier Stromkreise. Aus Sicherheitsgründen müssen z.B. alle auf einer Bühne oder im Studio betriebenen fremden Geräte wie Tonverstärker und Keyboards über jeweils einzelne Trenntransformatoren an das Stromnetz angeschlossen werden. Dadurch wird vermieden, daß sich zwischen den Anlagen, Mikrofonen und Instrumenten und den Stromkreisen im Studio gefährliche Spannungen aufbauen. Je nach Anschlußart sind auch →Übertragungswagen mit Trenntransformatoren mit dem Stromnetz verbunden.

Treppeneffekt
Diagonale Kanten erscheinen z.B. in →digitalen Videoeffekt-Geräten oder →Schriftgeneratoren häufig mit einer starken Treppenstruktur. Abhilfe schaffen →Anti Aliasing-Systeme.

Treshold
engl. Schwelle. Einsatzpunkt, z.B. eines →Begrenzers.

TRG
Abk. Tonregie.

Triaxkabel
→Koaxialkabel mit einem zusätzlichen Außenschirm für die Übertragung der Stromversorgung. Dient zur Verbindung des →Kamerakopfs mit der →Basisstation in der Bildtechnik eines stationären Studiokomplexes, eines →Reportagewagens oder eines →Übertragungswagens. Alle Video-, Audio- und Steuersignale werden auf hohe →Trägerfrequenzen angehoben und können verlustarm über lange Strecken übertragen werden (z.B. 3.000 m). Kabeldurchmesser zwischen 8 und 16mm, flexibler und leichter als das →Mehraderkabel.

Trickblende
† *Ugs.* für →Wipe.

Trickeffekte
→Standard-, →Linear Key-, →Luminanz Key- oder →Chroma Key-Tricks an Bildmischpulten.

Trickmischer
† Zusätzliches Trickteil früherer →Knob-a-Channel-Mischer. Heute in jedem →Bildmischpult integriert.

Tricks
Die Anzahl von Tricks und Effekten für die Bildbearbeitung scheint zunächst unüberschaubar zu sein. Besonders in →nichtlinearen Schnittsystemen sind die Möglichkeiten in verschiedenen Menüs versteckt und schwer erkennbar. Nach wie vor gilt aber folgende Abgrenzung: *1.)* Bildmischpult-Effekte mit →Standardtricks, →Linear Key, →Luminanz Key und →Chroma Key-Tricks. *2.)* →Digitale Videoeffekte. *3.)* →2D-Grafik. *4.)* →3D-Grafik.

Trigger
Impuls einer elektronischen Schaltung oder eines Gerätes zur Auslösung bzw. Steuerung einer Aktion. →General Purpose Interface.

Trinitron-Röhre
engl. (Sony) →Streifenmaskenröhre.

Tripel
Dreiergruppe aus je einem grünen, blauen und roten Phosphorpunkt auf einem Monitor. Entspricht einem →Bildpunkt.

Tripod
engl. Stativ.

Trittschall
Speziell durch Trittgeräusche hervorgerufener →Körperschall.

Trittschallfilter
Filter an →Mikrofonen oder →Tonmischpulten zur Verminderung von Rumpelgeräuschen und →Körperschall unter 80 oder 120 →Hz.

Trockener Ton
Tonaufnahme - z.B. eines Interviews - bei der keinerlei Hall oder →Atmo enthalten ist. Dadurch ist die Sprache zwar verständlich, paßt jedoch unter Umständen nicht zum Bildeindruck.

Trouble Light
engl. Störungsanzeige.

TRS
engl. Abk. Timing Reference Signal. Zeitbezugssignal innerhalb eines →seriellen digitalen Videosignals.

True Colour
engl. Darstellung der Farben auf einem Bildschirm mit einer →24 Bit-Farbtiefe.

True Perspective
engl. Fähigkeit →digitaler Videoeffektgeräte, 2-dimensionale Bilder mit echter 3-dimensionaler Perspektive im Raum zu manipulieren. Dabei werden die 3-dimensionalen Bewegungen perspektivisch richtig und nicht durch einfaches Stauchen oder Dehnen des Bildes erzeugt.

Truncation
engl. Abschneiden. Einfachste und ungenaueste Form für das →Runden digitaler Daten. Im Wortsinne wird dabei gar keine Rundung durchgeführt. Es werden z.B. bei einem Übergang von 10 auf 8 →Bit-Systeme die beiden letzten, niederwertigsten Bits jedes aus 10 Bit bestehenden →Datenwortes einfach weggelassen. Dadurch können sichtbare störende Bildstrukturen, besonders an Stellen mit Helligkeitsunterschieden, entstehen. Eine bessere Möglichkeit bietet dagegen das →dynamische Runden.

TSF
Abk. Tonsteckfeld. →Audiosteckfeld.

TSO
engl. Abk. →Tape Speed Override.

TT
Abk.. 1.) engl. →Tape Time. 2.) Tontechnik.

TTL
engl. Abk. Through The Lens. Belichtungsmessung durch das Objektiv.

TTY
engl. Abk. Teletype. Fernschreiber.

Tube
amerik. ugs. Fernsehgerät.

Tüll
ugs. Feiner Maschendraht, der vor einem →Scheinwerfer oder einer →Leuchte angebracht eine Verteilung und Dämpfung der Lichtmenge bewirkt. Verschiedene Ausführungen bedecken die halbe oder ganze Austrittsfläche.

Tumble
engl. Purzelbaum. →Digitaler Videoeffekt, bei dem das Videobild um seine waagerechte Achse gedreht wird.

Tuner
engl. Empfangsteil eines Hörfunk- oder Fernsehempfängers.

Turbo Gain
Erhöhung der Lichtempfindlichkeit einer elektronischen Kamera. Dazu wird die →Verstärkung an elektronischen Kameras auf z.B. 36 →Dezibel (64fach) entsprechend 6 →Blendenstufen erhöht. Dabei werden immer die

Rauschanteile mitverstärkt. Die Zusammenfassung der Helligkeiten z.B. benachbarter →Pixel erhöht die Empfindlichkeit noch einmal auf 42 Dezibal (dB), reduziert aber die horizontale Auflösung.

Turntable
engl. Plattenspieler.

TV
engl. Abk. →Television.

TVAld
Abk. (Telekom) Fernseh-Austauschleitung, dauern überlassen. →Austauschleitung, dauernd überlassen.

TVAlv
Abk. (Telekom) Fernseh-Austauschleitung, vorübergehend überlassen. →Austauschleitung, vorübergehend überlassen.

TVEl
Abk. (Telekom) Fernseh-Empfangsleitung. →Empfangsleitung.

TVHafl
Abk. (Telekom) Fernseh-Heranführungsleitung. →Heranführungsleitung.

TVl
Abk. (Telekom) Fernsehleitung. Leitung zur Übertragung eines Bildsignals.

TVL per Picture Hight
engl. Abk. Television Lines. Fernsehzeilen pro Bildhöhe. Gibt die →Videofrequenzbandbreite oder →Auflösung an. Wichtig ist der oft nicht ausgesprochene Bezug zur Bildhöhe, der die Angabe unabhängig vom →Bildseitenverhältnis macht.

TVModl
Abk. (Telekom) Fernseh-Modulationsleitung. →Modulationsleitung.

TVSchSt
Abk. (Telekom) Fernsehschaltstelle. Zuständig für die Schaltung von Fernsehleitungen.

TVSl
Abk. (Telekom) Fernseh-Sendeleitung. →Sendeleitung.

TVVtl
Abk. (Telekom) Fernseh-Verteilleitung. →Verteilleitung.

TVZubl
Abk. (Telekom) Fernseh-Zubringerleitung. →Zubringerleitung.

TVZufl
Abk. (Telekom) Fernseh-Zuführungsleitung. →Zuführungsleitung.

TWIN-LNB
engl. Abk. Twin Low Noise Block Converter. →LNB mit zwei Ausgängen zum gleichzeitigen Empfang zweier unterschiedlicher Programme.

Twisted Pair
engl. Verdrillte, zweiadrige Leitung. →Symmetrische Leitungen.

TWT
engl. Abk. Travelling Wave Tube.

TWTA
engl. Abk. Travelling Wave Tube Amplifier. Röhrenverstärker hoher Leistung, der als →High Power Amplifier bei der Satellitenübertragung eingesetzt wird. Gegenüber einem Transistorverstärker (→SSPA) hat ein TWTA einen höheren Wirkungsgrad.

TX
Abk. 1.) engl. Transmitter. Sender. *2.)* Telex.

U
→U-Achse, →U-Signal.

U-Achse
Horizontale Achse des →Vektorskops, an der die Pegelwerte des →U-Signals abgebildet werden.

UB
engl. Abk. →User Bits.

UBG
engl. Abk. →User Bit Generator.

U-Bits
engl. Abk. →User Bits.

UBR
engl. Abk. →User Bit Reader.

Überabtastung
→Oversampling.

Über-alles-Kennlinie
→Kennlinie der Videotechnik.

Überblendung
Ein Bild wird immer dunkler bis zum Schwarz, während gleichzeitig ein anderes Bild immer heller wird bis zu seiner maximalen Helligkeit. Für die Überblendung zweier Videobilder wird ein →Bildmischpult benötigt.

Überblendzeichen
Markierung im sichtbaren Filmbild kurz vor dem Ende von Filmrollen, um eine reibungslose Überblendung zwischen aufeinanderfolgenden Filmrollen zu gewährleisten.

Überdrehen
→Zeitlupe.

Überpegel
→Videoüberpegel. →Audioüberpegel.

Überreichweite
Durch besondere Wetterbedingungen verursachte übergroße Reichweite →terrestrischer Sender. Beim Empfang von Sendern mit gleichen Frequenzen kann es zu Störungen kommen.

Überschwinger
Bildstörung durch Überbetonung der Kanten an Helligkeitssprüngen innerhalb des Videosignals.

Überspielung
1.) Übertragung eines →MAZ-Beitrags zwischen zwei Studios bzw. Rundfunkanstalten.
2.) Kopieren eines Beitrags auf einen anderen Träger, z.B. zwischen →MAZ-Maschinen. In beiden Fällen gilt: Überspielungen sind im Allgemeinen nur in Echtzeit möglich. Bei geringen →Datenraten der Übertragungsstrecke ist der Einsatz von →Store and Forward-Systemen und einer Überspielung in mehrfacher Echtzeit möglich, bei niedrigen Datenraten des Materials kann zwischen bestimmten Systemen mit gleichem →Datenreduktionsstandard z.B. von einer MAZ-Maschine des →DVCPRO-Formats in ein →nichtlineares Schnittsystem in kürzerer als Echtzeit überspielt werden.

Übersprechen
Gegenseitige Beeinflußung z.B. nebeneinanderliegender →Video- oder →Audiospuren auf einem →Magnetband oder gemeinsam übertragener Tonkanäle. →Rasen. Auch bei der Übertragung oder Ausstrahlung von Audio- und Videosignalen kann es zum Übersprechen zwischen benachbarten Übertragungskanälen kommen.

Übersteuerung
Überschreiten der Aussteuerung von Tonsignalen über die →Vollaussteuerung hinaus. Wird auch die Übersteuerungsreserve überschritten, kommt es zu hörbaren Verzerrungen des Tonsignals. In digitalen Systemen ist ein sogenannter →Headroom vorgesehen.

Übersteuerungsreserve
Von System, Gerätetyp oder →Magnetband abhängiger Überpegel, der zwar die →Vollaussteuerung überschreitet, aber noch nicht zu hörbaren Verzerrungen führt. Bei analoger Tonaufzeichnung etwa 2 - 10 →Dezibel (dB). Bei digitaler Tonaufzeichnung gibt es keine Übersteuerungsreserve.

Übertragung
→Programmübertragung.

Übertragungsbandbreite
Maximale →Frequenz eines analogen Audio- oder Videosignals. Im übertragenen Sinne auch die maximale →Datenrate eines digitalen Audio- oder Videosignals. Die Datenrate digitaler Signale kann per →Datenkompression verringert werden, um sie über schmalere Kanäle zu übertragen oder mit einem geringeren Platzbedarf für die Speicherung auszukommen.

Übertragungsbitrate
Datenmenge in der →digitalen Satellitenübertragung, die sich aus der →Multiplexbitrate und dem Fehlerschutzsystem →FEC ergibt.

Übertragungsrate
→Datenübertragungsrate.

Übertragungswagen
Großes Fahrzeug mit eingebauter Technik für die Aufzeichnung oder Live-Übertragung mittlerer und großer Fernsehproduktionen. Mögliche Ausstattung: mehrere →Studio- und/oder tragbare Kameras, großes →Bildmischpult mit der Möglichkeit, viele Bildquellen - auch anderer Übertragungswagen - anzuschließen, →digitales Videoeffektgerät, →Einzelbildspeicher, →Schriftgenerator, großes →Tonmischpult mit Kommunikationseinrichtungen, →MAZ-Maschinen mit Möglichkeiten des →elektronischen Schnitts. →Rüstwagen, →Reportagewagen.

Üp
Abk. (Telekom) Übergabepunkt zwischen einem ankommenden und einem abgehenden Ton- oder Videosignal.

UER
franz. Abk. Union Européenne de Radiodiffusion. Union der Europäischen Rundfunkorganisationen. Internationale Vereinigung europäischer Rundfunkanstalten. →EBU.

Ü-Technik
Abk. Übertragungstechnik. →Außenübertragung.

Ü-Wagen
Abk. →Übertragungswagen.

UHF
engl. Abk. Ultra High Frequency. Frequenzbereich zwischen 470 und 850 →MHz. Kanäle Nr. 21 - 60 (470 - 790 MHz) für die →terrestrische Übertragung von Fernsehprogrammen. →VHF.

UK
engl. Abk. United Kingdom. Großbritannien.

U-Komponente
→U-Signal.

UKW
Abk. Ultrakurzwelle. Frequenzbereich zwischen 30 und 300 →MHz zur →terrestrischen Übertragung von Hörfunkprogrammen.

Ultimatte
Gerät zur Kombination zweier Videobilder. Im ersten Videobild werden die blauen Bildanteile unterdrückt und zu schwarz gemacht, im zweiten Videobild geschieht dieser Vorgang an den Stellen, an denen das erste Bild nicht blau ist. Beide so vorbereiteten Bilder werden dann gemischt. Gegenüber einem →Chroma Key-Trick erhält man eine vollständige Illusion, das Verfahren setzt aber eine noch sorgfältigere Beleuchtung voraus.

Ultrakurzwelle
→UKW.

Ultraschwarz
Pegelwert unterhalb des →Schwarzwertes, meist der →Synchronwert.

U-matic-Dub-Schnittstelle
Besteht aus dem demodulierten →BAS-Signal und dem konvertierten →Farbträger von 923 →kHz für das Format →U-matic High Band oder 687 kHz für das Format →U-matic Low Band.

U-matic-Format
engl. Das in den Ländern mit der →Fernsehnorm 525/60 verwendete Format. Entspricht bis auf die Fernsehnorm unserem in Europa verwendeten →U-matic Low Band-Format.

U-matic High Band-Format
engl. →MAZ-Format, das auf Kassetten mit ¾ →Zoll breitem Oxidband im →Colour Under-Verfahren (924 →kHz) ein Videosignal von etwa 3,4 →MHz →Videofrequenzbandbreite, zwei Tonsignale und →Time Code aufzeichnet. Verwendet gleiche Kassetten wie →U-matic Low Band. Lage der →Audio- und →Videospuren gleich. Ist zu U-matic Low Band nicht kompatibel, Schwarzweiß-Betrachtung ist möglich. Maximale Spieldauer tragbarer Geräte mit kleinen Kassetten 30'. Stationäre Geräte erreichen mit großen Kassetten 60'.

U-matic Low Band-Format
engl. →MAZ-Format, das auf Kassetten mit ¾ →Zoll breitem →Oxidband im →Colour Under-Verfahren (678 →kHz) ein Videosignal von etwa 3 →MHz →Videofrequenzbandbreite und zwei Tonsignale aufzeichnet. Verwendet gleiche Kassetten wie →U-matic High Band, Lage der →Audio- und →Videospuren gleich, ist aber nicht kompatibel; Schwarzweiß-Betrachtung ist möglich. In USA gibt es nur U-matic Low Band. Maximale Spieldauer in tragbaren Geräten mit kleinen Kassetten 30'. Stationäre Geräte erreichen mit großen Kassetten 60'.

U-matic SP-Format
engl. →MAZ-Format, das auf Kassetten mit ¾ →Zoll breitem →Oxidband im →Colour Under-Verfahren (924 →kHz) ein Videosignal von etwa 3,6 →MHz →Videofrequenzbandbreite, zwei Tonsignale und →Time Code aufzeichnet. Verwendet gegenüber →U-matic Low und High Band verbesserte Kassetten, Lage der →Audio- und →Videospuren gleich. Ist zu →U-matic High Band teilweise kompatibel. Ausnahme: SP-Kassetten mit →Dolby C-Aufzeichnung sind nicht auf U-matic High Band-Geräten abspielbar. Maximale Spieldauer tragbarer Geräte mit kleinen Kassetten 30'. Stationäre Geräte erreichen mit großen Kassetten 60'.

Umblätter-Trick
→Digitaler Videoeffekt, der ein Videobild ähnlich wie beim Umblättern einer Buchseite verbiegt. Einige Geräte, die Videobilder grundsätzlich nicht dreidimensional verformen können, bieten den Umblätter-Trick nur mit einer entsprechenden zusätzlichen Ausstattung an.

UMD
engl. Abk. Under Monitor Display. Textanzeige der Bildquelle auf einem unterhalb von Monitoren angebrachten Display, z.B. an Monitoren in der Bildregie.

Umformatierung
Erneute →Abtastung eines Films im Bildseitenverhältnis von →16:9 und Aufzeichnung auf →Magnetband, falls die frühere Abtastung im →Letter Box-Format stattgefunden hatte.

Umkehrfilm
Filmmaterial, das direkt zu einem Positiv entwickelt wird. Dieses Material wurde beim Fernsehen ausschließlich für aktuelle Aufnahmen verwendet. Umkehrfilm ist dem →Negativfilm meist an →Auflösung unterlegen.

Umlaufblende
Rotierende Blende in Filmkameras und Filmprojektoren, die den Film während des Transports abdeckt. Um ein →Flimmern zu verhindern, wird im Filmprojektor außerdem jedes Filmbild einmal abgedeckt und zweimal auf die →Bildwand projiziert.

Umlaufverschluß
→Umlaufblende.

UMTS
engl. Abk. Universal Mobile Telecommunication System. Zukünftiges Mobilfunksystem, das →Übertragungsbandbreiten bis zu 2

→MBit/s zuläßt. Damit ist auch eine Videoübertragung akzeptabler Qualität möglich.

Umschaltbare Kamera
→Formatumschaltbare Kamera.

Umsetzer
Kombination aus einem Sender und einem Empfänger, die z.B. ein Fernsehsignal in einen anderen →Frequenzbereich bringt und weiter verteilt. →Füllsender.

Umspulen
→Sichtbarer Suchlauf.

Umstimmfilter
→Konversionsfilter.

U-Musik
Abk. Unterhaltungsmusik. *Ggs.* →E-Musik.

Unbalanced Line
engl. →Asymmetrische Leitung.

Unbuntabgleich
→Neutralabgleich.

Unbunte Farben
Weiß, Grau und Schwarz oder →Farben mit möglichst geringer →Farbsättigung.

UNCAL
engl. Abk. Uncalibrated. Nicht kalibrierte, variable Stellung eines Reglers.

Underscan
engl. Schaltung an Monitoren, die das komplette Videobild zeigt. Consumer-Geräte beschneiden mehr oder weniger große Beträge an allen Seiten des Videobildes. *Ggs.* →Overscan.

Unerlaubte Farben
→Unzulässige Farben. →Ungültige Farben.

Ungültige Farben
Pegelwerte von Farben, die als →Komponentensignale oder →RGB-Signale zu Überpegeln führen, nach dem Übergang zu einem →FBAS-Signal aber keine →Videoüberpegel aufweisen. *Ggs.* →Gültige Farben. →Zulässige Farben.

Unidirectional
engl. →Richtcharakteristik. *Ggs.* Omnidirectional, →Kugelcharakteristik.

Unilaterale
Leitung, über die ein Programm, das im Ursprungsland weder aufgezeichnet noch gesendet, in ein anderes Land übertragen wird. →Bilaterale, →Multilaterale.

Unsaubere Schnittliste
→Schnittliste.

Unsymmetrische Leitung
→Asymmetrische Leitung.

Unterbrechungsfreier Time Code
→Elapsed Time Code.

Unterbrechungsfreie Stromversorgung
Aus Akkumulatoren und Notstromaggregaten bestehendes System zur Überbrückung von Ausfällen des normalen Stromversorgungsnetzes.

Unterdrehen
→Zeitraffer.

Untertitel
Schrifteinblendung im unteren Bildviertel eines Films, der in Originalsprache gezeigt wird.

Unzulässige Farben
Unerlaubte Pegelwerte von Farben, die zu einem →Videoüberpegel führen und damit technisch nicht übertragbar sind. *Ggs.* →Zulässige Farben. →Ungültige Farben.

Uplink
engl. Aufwärtsverbindung von einer stationären oder mobilen →Erdfunkstelle zum Satelliten innerhalb einer →Satellitenübertragung. *Ggs.* →Downlink.

UpM
Abk. Umdrehungen pro Minute.

Upstream
Bei der Bildbearbeitung, z.B. in Layer-orientierten Bildmischpulten, diejenigen Bildebenen, die zu Anfang gefertigt bzw. „unten", eher hintergründig liegen. *Ggs.* →Downstream.

Ursprungskennung
Information in der →Datenzeile, die die aussendende Rundfunkanstalt kennzeichnet.

US
Abk. (Video-)Umschalter.

USB
Abk. Unterer →Sonderkanalbereich. Kanäle S 6 - S 10 (140,25 - 168,25 →MHz) für die Übertragung von Fernsehprogrammen in Kabelanlagen.

Useful Datarate
engl. Nutzbare Bitrate. →Informationsbitrate.

User Bits
engl. Anwender-Daten. Informationsmenge von 32 →Bit, die zusammen mit dem →Time Code aufgezeichnet wird. Es lassen sich acht Ziffern des →Hexadezimalsystems eingeben. Der gespeicherte Wert wird bis zu einer neuen Eingabe für jedes →Vollbild wiederholt. Mit den User Bits ist z.B. die Kennzeichnung einer Aufnahme mit Datum und Kassettennummer oder einer Maschinennummer möglich.

User Data
engl. Anwenderdaten. In der →digitalen Satellitenübertragung auch die →Informationsbitrate.

U-Signal
Wird in einem →Coder aus dem →Farbdifferenzsignal B-Y durch Pegelreduktion mit dem Faktor 0,493 und durch Begrenzung der →Videofrequenzbandbreite auf 1,3 →MHz gewonnen.

USR.B
engl. Abk. →User Bits.

USV
Abk. →Unterbrechungsfreie Stromversorgung.

UT
Abk. 1.) engl. Universal Time. Weltzeit, die der mittleren Sonnenzeit am Null-Meridian entspricht, der durch Greenwich (England) verläuft. Das öffentliche Leben richtet sich jedoch nach der Atomzeit, der koordinierten Weltzeit, der →UTC. Da die Erddrehung ungleichmäßig verläuft, stimmen die UT und die UTC nicht überein, so daß in unregelmäßigen Abständen sogenannte Schaltsekunden eingefügt werden müssen. Alle weiteren Zeitangaben wie die MEZ oder die MESZ richten sich nach der UTC. *2.)* →Untertitel.

UTC
engl. Abk. Universal Time Coordinated. Koordinierte Weltzeit. Die Zeitangaben aller Länder beziehen sich auf diese Zeit. Entspricht der →GMT. Die UTC läuft kontinuierlich und kennt keinen Wechsel zwischen Sommer- und Winterzeit. In Deutschland gilt die →MEZ bzw. die →MESZ.

UV
Abk. Ultraviolett.

UVV
Abk. Unfallverhütungsvorschriften. Verbindliche Vorschriften der Berufsgenossenschaften. Gilt für öffentlich-rechtliche Rundfunkanstalten ebenso wie für private Betriebe.

UVW-MAZ-Maschinen
Abk. (Sony) Bezeichnet eine Gerätepalette von →MAZ-Maschinen und →Kamerarecordern nach dem →Betacam SP-Format (früher auch →Betacam-Format). Das U kennzeichnet die unterste von drei Qualitätsstufen. →BVW, →PVW.

V
Abk. 1.) →Volt. *2.)* Vertikal. *3.)* →V-Impuls. *4.)* Video. *5.)* →V-Achse. *6.)* →V-Signal.

VA
Abk. →Volt →Ampere. Einheit der Leistung. Entspricht Watt.

V-Achse
Vertikale Achse des →Vektorskops, an dem die Pegelwerte des →V-Signals abgebildet werden.

Valid Colours
engl. →Gültige Farben.

VAR
engl. Abk. 1.) Variabel. *2.) (Sony)* An →MAZ-Maschinen zum Einschalten der →DT-Funktion für die →automatische Spurnachführung.

Variable Geschwindigkeiten an MAZ-Maschinen
Werden bei →MAZ-Maschinen des →B-Formats durch einen Bildspeicher, bei Maschinen des →C-Formats und der Formate →U-matic und →Betacam SP durch eine →automatische Spurnachführung realisiert.

Variable Längencodierung
Codierungsprinzip digitaler Daten, bei dem häufig auftretenden Daten kurze Codeworte und weniger häufig auftretenden Daten längere Codeworte zugewiesen werden. Dadurch wird eine verlustfreie →Datenkompression erreicht.

Variable Length Coding
engl. Variable Längencodierung. System zur →Datenkompression. Dabei werden die Daten umkodiert: Bildpunkte, die besonders häufig vorkommen, werden mit kurzen Symbolen beschrieben, die wenig Speicherplatz verwenden, Bildpunkte, die weniger häufig vorkommen, erhalten längere Symbole. Das System wird nicht eigenständig eingesetzt, sondern ist Bestandteil einer →Datenreduktion z.B. der →JPEG-Codierung oder beim →Digital Betacam-Format.

Variabler Shutter
engl. →Belichtungszeiten an CCD-Kameras.

Varioobjektiv
→Zoomobjektiv.

Vari Scan
engl. (JCV) Wahl kurzer Belichtungszeiten an →CCD-Kameras im Bereich von 1/50 bis zum Teil 1/125 Sekunde, um Aufnahmen von Computer-Bildschirmen mit unterschiedlichsten →Bildwechselfrequenzen zu ermöglichen.

VB
Abk. 1.) →Vollbild. *2.)* →Vorbesichtigung.

VBI
engl. Abk. Vertical Blanking Interval. →Vertikale Austastlücke.

V BLK
engl. Abk. Vertical Blanking. →Vertikale Austastlücke.

VBN
Abk. (Telekom) Vermittelndes Breitbandnetz. Ehemals Leitungsnetz für Videokonferenzen, seit langer Zeit aber auch von den Rundfunkanstalten genutzt. Eine VBN-Verbindung enthält je einen Videokanal mit einem →digitalen FBAS-Signal und einer →Datenrate von 140 →Mbit/Sekunde sowie zwei Audiokanäle in beide Richtungen. Das VBN-Netz ist nur in Deutschland (und aus historischen Gründen auch dort nur in den westlichen Bundesländern) verfügbar und stellt mit etwa 20 DM pro Minute eine sehr günstige Leitungsverbindung vor allem für →Überspielungen aber auch für Programmübertragungen bei Live-Sendungen dar. Der Aufbau der Leitung geschieht wie bei einem herkömmlichen Telefon durch den Nutzer selbst. Wird durch das ATM-Netz ersetzt.

VBS
engl. Abk. (PTV) Video Blanking Signal. →BAS-Signal.

VCA
engl. Abk. Voltage Controlled Amplifier. Spannungsgesteuerter Verstärker, wird z.B. zur Fernbedienung von Reglern benutzt.

VCR
amerik. Abk. Videocassette Recorder. Consumer-Videorecorder.

VCR-Format
† *engl. Abk. (Philips)* Video Cassette Recording. Nicht mehr gebräuchliches →Colour Under MAZ-Format aus der Consumertechnik. Maximale Spieldauer 60 Minuten.

VD
engl. Abk. Vertical Drive. →Vertikale Synchronimpulse.

VDA
engl. Abk. Video Distribution Amplifier. →Videoverteiler.

+V-Darstellung
Das im →PAL-Verfahren in jeder zweiten Zeile mit negativem Vorzeichen übertragene →V-Signal des Farbsignals wird in dieser Betriebsart des →Vektorskops nicht gezeigt. Dadurch sind bei der Darstellung eines →Farbbalkens nur sechs →Farborte sichtbar. Ausreichend für Messung des →Videopegels und der →Phasenlagen. *Ggs.* →PAL-Darstellung.

V-Darstellung
Abk. Vertikal-Darstellung an einem →Oszilloskop. Jeweils alle 312,5 Zeilen eines →Halbbildes werden nebeneinander gezeigt. Dabei überlagern sich die Darstellungen beider Halbbilder. Insgesamt sind alle 625 Zeilen eines →Vollbildes zu sehen. →2V-Darstellung.

VDU
engl. Abk. Video Display Unit. Datenmonitor.

VE
Abk. →Videoentzerrer.

Vectorscope
engl. Vektorskop.

Vektorgramm
Das auf einem →Vektorskop dargestellte Videosignal.

Vektorskop
Meßgerät, mit dem die →Farbe eines Videosignals objektiv beurteilt werden kann. Betriebsarten: →+V-Darstellung, →PAL-Darstellung. →Oszilloskop.

Velocity Error
engl. →Geschwindigkeitsfehler.

Verdoppler
→Brennweitenverdoppler.

Verfolgerscheinwerfer
Spezieller →Scheinwerfer, der durch ein optisches System den Lichtstrahl stark bündelt und mit einer mechanischen Konstruktion die manuelle Verfolgung von Darstellern oder Aktionen im Studio oder auf der Bühne erlaubt.

Vergütung
Auf →Objektive aufgedampfter Belag, der reflexmindernd wirkt und zur Verbesserung der Transparenz dient.

Verlauffilter
→Effektfilter mit abgestuftem Verlauf einer farbigen oder grauen Fläche. Einsatzbereich z.B. bei Landschaftsaufnahmen, in denen der Himmel hervorgehoben oder in der Helligkeit herabgesetzt werden soll.

Verlustbehaftete Datenkompression
Datenkompression bedeutet eigentlich eine Verdichtung digitaler Daten ohne jeglichen Daten- und Qualitätsverlust. Mit verlustbehafteter →Datenkompression ist daher die →Datenreduktion gemeint.

Verlustfreie Datenkompression
→Datenkompression bedeutet eigentlich eine Verdichtung digitaler Daten ohne jeglichen Daten- und Qualitätsverlust. Da jedoch der Begriff Datenkompression auch anstelle des Begriffs der →Datenreduktion verwendet wird, wenn die Reduktion subjektiv zu keiner Verschlechterung führt, wird mit „verlustfreier Datenkompression" die Unterscheidung wieder deutlich gemacht.

Verpoltes Audiosignal
→Phasenverkehrtes Stereosignal.

Verschlüsseln von Fernsehsignalen
Umwandlung von Fernsehsignalen, um diese nur bestimmten, zusätzlich zahlenden Anwendern nutzbar zu machen. Dieser Vorgang wird auch Scrambling genannt. Für die Rückwandlung, das sogenannte Descrambling, ist ein entsprechender →Decoder notwendig. →Pay TV, →Videocrypt, →Eurocrypt.

Verstärkung an elektronischen Kameras
Die Verstärkung der →Lichtempfindlichkeit →elektronischer Kameras wird in →Dezibel (dB) angegeben. 0 dB bedeutet keine Verstärkung, 6 dB doppelte Verstärkung (1 →Blendenstufe), 9 dB dreifache Verstärkung (1½ Blendenstufen), 12 dB vierfache Verstärkung (2 Blendenstufen), 18 dB achtfache Verstärkung (3 Blendenstufen) und 24 dB sechzehnfache Verstärkung (4 Blendenstufen). Dabei werden immer die Rauschanteile (→Bildrauschen) mitverstärkt.

VERT
Abk. Vertikal.

Verteiler
→Audioverteiler, →Videoverteiler.

Verteilleitung
Dauernd überlassene Leitung vom →ARD-FS-Sternpunkt zum →Hauptstudio einer Landesrundfunkanstalt oder von einem Sendezentrum zu Fernsehschaltstellen der Telekom zur Anschaltung einer oder mehrerer →Modulationsleitungen.

Verteilsatellit
→Fernmeldesatellit.

Vertical Interval Time Code
engl. →VITC.

Vertical Smear
engl. Vertikales Schmieren. Fehler an →Interline Transfer- und einigen →Frame Interline Transfer-CCD-Kameras. Dabei führen starke Überbelichtungen zu senkrechten, hellen Streifen. Tritt verstärkt beim Einsatz kurzer →Belichtungszeiten auf.

Vertikalauflösung
Schärfeinformation eines Videobildes, das durch die →Zeilenanzahl der →Fernsehnorm bestimmt wird. →Kellfaktor. →Horizontalauflösung.

Vertikale Austastlücke
Insgesamt 50 der 625 Zeilen, in denen kein Bildinhalt übermittelt wird. Während dieser Zeiten findet im Monitor der vertikale →Zeilenrücklauf statt. Bei der Aussendung von Programmen können gleichzeitig z.B. der →Videotext, die →Datenzeile und →Prüfzeilen übertragen oder während der Produktion und Nachbearbeitung auf eine →MAZ ein →VITC aufgezeichnet werden.

Vertikale Polarisation
Schwingungsebene der →linearen Polarisation bei der Ausbreitung →elektromagnetischer Wellen.

Vertikaler Schmiereffekt
→Vertical Smear.

Vertikale Synchronimpulse
7,5 Zeilen breiter Teil innerhalb der →vertikalen Austastlücke mit der Halbbildwechselfrequenz von 50 Hz. Innerhalb der →Trabanten ist der Start des vertikalen →Zeilenrücklaufs definiert.

Vertikalfrequenz
→Bildwechselfrequenz.

Vertikalkonvertierung
Technik, die durch →Interpolation eine Veränderung der →Zeilenanzahl erreicht. So werden den z.B. aus den 1250 Zeilen eines →HDTV-Signals die 625 Zeilen unseres Fernsehsystems konvertiert oder beim →PALplus-Verfahren aus den insgesamt 575 sichtbaren Zeilen unseres Fernsehsystems die rund 432 Zeilen des sogenannten →Kernbilds gewonnen.

Very Low Key
engl. Beleuchtungsart, bei der sehr hohe Kontraste bestehen bleiben oder durch Beleuchtung erzeugt werden. Dunkle Bildpartien überwiegen, die Belichtung liegt 1 bis 2 Blenden unter dem Führungslicht. Anwendungsbereich sind dramatische Situationen und Nachtszenen. →Low Key, →High Key.

Verzeichnung
→Abbildungsfehler von →Objektiven, bei denen das Bild entweder nach innen (kissenförmig) oder nach außen (tonnenförmig) verzerrt wird.

Verzögerung von Audiosignalen
→Tonverzögerung.

Verzögerung von Videosignalen
→Laufzeitkette.

VF
Abk. 1.) engl. Viewfinder. →Suchermonitor. *2.)* →Videofrequenz. *3.) engl.* Voice Frequency. Frequenzbereich zwischen 300 und 3.000 →Hz (Telefonqualität).

V-Frequenz
Abk. Vertikalfrequenz. →Bildwechselfrequenz.

VGA-Standard
engl. Abk. Video Grafik Adaptor. Standard von →Grafikkarten mit 640 x 480 →Pixel für →PCs.

VHF
engl. Abk. Very High Frequency. Frequenzbereich zwischen 30 und 300 →MHz. Kanäle Nr. 2 - 4 (47 - 68 MHz) und Nr. 5 - 12 (174 - 230 MHz) für die →terrestrische Übertragung von Fernsehprogrammen. Die →Sonderkanäle werden zur Übertragung in Kabelnetzen genutzt. Der Hörfunk verwendet die Frequenzen 87,5 - 108 MHz. →UHF.

V Hold
engl. Abk. →Zeilenfang.

VHS-Format
engl. Abk. Video Home System. Das am weitesten verbreitete →MAZ-Format aus der Consumertechnik, das auf Kassetten mit ½ →Zoll breitem →Oxidband aufzeichnet. Arbeitet im →Colour Under-Verfahren. ARD/ZDF-Standard für →Ansichtskopien. Nachfolgesystem ist das →S-VHS-Format.

VHS-C-Kassette
engl. Abk. Video Home System-Compact. Kleine →VHS-Kassette für →Kamerarecorder, maximale Spieldauer 44'.

Viaccess
Verschlüsselungssystem für →Pay TV. Mit diesem System arbeitet z.B. das schweizer Fernsehen. →Irdeto.

VID
Abk. Video.

Video 2000-Format
† →MAZ-Format der Consumertechnik nach dem →Colour Under-Verfahren. Hat keine Marktbedeutung mehr. War Ansichtsstandard von ARD/ZDF.

Video 8-Format
→MAZ-Format der Consumertechnik, das im →Colour Under-Verfahren auf 8mm breites →Oxidband aufzeichnet. Vor allem wegen seiner kleinen Kassetten ist dies ein System für sehr kleine Consumer-Kamerarecorder. Nachfolgesystem ist das →Hi 8-Format.

Videoausspiegelung
Einrichtung an Filmkameras, bei der das optische Bild zwischen dem Sucher und einer kleinen eingebauten Videokamera geteilt wird. Damit ist es weiteren an der Filmproduktion Beteiligten, wie z.B. Tonleuten und Kameraassistenten möglich, den gerade eingestellten Bildausschnitt abzuschätzen.

Videoband
→MAZ-Band.

Videobandbreite
→Videofrequenzbandbreite.

Videobeam
engl. →Großbildprojektor.

Videobild
→Halbbild, →Vollbild, →Einzelbild, →Standbild.

Video-CD
→Compact Disk mit einem Durchmesser von 12 cm. Auf den 650 MByte können Videoprogramme nach dem →MPEG-1-Verfahren aufgenommen werden.

Videocrypt
System zur Verschlüsselung von Fernsehprogrammen von →Pay TV-Anbietern. Dabei werden Teile innerhalb der Fernsehzeilen vertauscht.

Videodat
→Software-Angebot, das während des Fernsehprogramms des Senders PRO 7 in den Zeilen 11, 12, 13, 324, 325 und 326 der →vertikalen Austastlücke übertragen wird. Die →Datenrate beträgt 15.000 →Bit/Sekunde. Zum Empfang wird ein spezieller →Decoder benötigt.

Video Delay
engl. Videoverzögerung. →Laufzeitkette.

Videodisk
engl. →Bildplatte.

Videoentzerrer
Die durch eine gesamte →Dämpfung des →Videopegels und durch eine →frequenzabhängige Dämpfung des Videosignals entstehenden Verluste können mit einem Videoentzerrer ausgeglichen werden. Dabei können der Gesamtpegel und die hohen Frequenzen getrennt geregelt werden.

Videofrequenz
Elektrisches Bildsignal mit einer →Videofrequenzbandbreite von 5 MHz.

Videofrequenzbandbreite
Maximale →Frequenz eines Videosignals, beginnend von 0 Hz. Sie trifft eine Aussage über die →Auflösung. Die Angabe erfolgt in →MHz oder →TVL per Picture Height. 5 →MHz entsprechen 400 TVL und bezeichnen eine „professionelle" Bandbreite unserer in Europa verwendeten →Fernsehnorm. Hängt ab von der →Zeilenanzahl, dem →Bildseitenverhältnis und der →Bildwechselfrequenz.

Videokabel
→Koaxialkabel.

Videokopf
→Magnetkopf zur Aufzeichnung von Videosignalen. Ein oder mehrere Videoköpfe sind auf eine sehr schnell rotierende Scheibe, auf die sogenannte →Kopftrommel, montiert. So wird eine hohe →Relativgeschwindigkeit zwischen dem Videokopf und dem →Magnetband erreicht, die für die Aufzeichnung hoher →Frequenzen von bis zu 40 →MHz notwendig ist. Die Technik wird bei der Aufzeichnung →analoger und →digitaler Videosignale gleichermaßen angewandt.

Videokopfrad
→Kopftrommel.

Videokopfzusetzer
→Kopfzusetzer.

Videokreuzschiene
Gerät, mit dem immer nur eine von z.B. acht Bildquellen per Tastendruck zu einem Verbraucher durchgeschaltet werden kann. Sollen z.B. vier Verbraucher unterschiedliche Bildquellen erhalten, so müssen vier einzelne Kreuzschienen zu einer sogenannten 8-auf-4-Videokreuzschiene verbunden werden. Damit jede der acht Bildquellen an jeder Videokreuzschiene gleichzeitig anliegt, ist in dieses System ein →Videoverteiler integriert. →V-Lücken-gesteuerte Videokreuzschiene.

Video near Demand
engl. Technik, bei der verschiedene Fernseh-

programme bzw. Filme auf mehreren Kanälen von einer Rundfunkanstalt zeitversetzt gesendet werden und den Zuschauern einen weitgehend unabhängigen Einstieg in ein Programm ermöglicht. →Video on Demand.

Video on Demand
engl. Technik, bei der mehrere Zuschauer zum gleichen Zeitpunkt verschiedene Fernsehprogramme bzw. Filme von einer Rundfunkanstalt abfordern können.

Videopegel
Elektrische Spannung eines Videosignals. Läßt sich mit dem →Oszilloskop messen. Die Angabe des Videopegels in Prozent bezieht sich auf den Pegel des →BA-Signals von 100% entsprechend 0,7 Volt. In tragbaren Kameras kann der Videopegel mit dem →Zebra beurteilt werden. →Videoüberpegel.

Videopegelanhebung
→Verstärkung an elektronischen Kameras.

Videoprinter
engl. Gerät zum Ausdruck von Einzelbildern aus einer Videosequenz. Videoprinter besitzen einen Bildspeicher, der das z.B. von einer →MAZ-Maschine kommende Bild zum Ausdruck festhält.

Videoprojektion
→Großbildprojektion.

Video Return
engl. →Return Video.

Videosignal
Elektrisches Bildsignal.

Videospur
Die Magnetpartikel eines →Magnetbandes sind bei einem neuen Band oder nach dem Löschen willkürlich und nicht in Spuren angeordnet. Bei der analogen Videoaufzeichnung rotieren Videoköpfe in einer Schräge sehr schnell über das Band, welches wiederum langsam transportiert wird. Dabei werden die Magnetparti-

kel entsprechend dem Videosignal ausgerichtet. Erst dabei hinterlassen die →Videoköpfe schräge, nebeneinanderliegende Videospuren. →Audiospur.

Videosteckfeld
→Steckfeld für Videosignale. Für die Verteilung von FBAS-Signalen werden Reihen mit jeweils 16 bis 20 →Siemens-Buchsen verwendet. Die Verteilung von →Komponentensignalen erfolgt über Gruppen von jeweils drei Siemens-Buchsen oder über spezielle Komponenten-Buchsen.

Videoswitcher
engl. →Bildmischpult.

Video Tape Recorder
engl. Magnetaufzeichnungsmaschine. →MAZ-Maschine. *Ggs.* →ATR.

Videotext
Angebot von Schrifttafeln, die während der Aussendung von Fernsehprogrammen innerhalb von 14 Zeilen (11 - 15, 20, 21, 324 - 328, 333, 334) der →vertikalen Austastlücke übertragen werden. →TOP.

Videotext-Untertitelung
Untertitelung laufender Fernsehbeiträge von →ARD/ZDF über Videotextseite 150. →Einstreifige Videotext-Untertitelung. →Zweistreifige Videotext-Untertitelung.

Videotransfer
→Filmaufzeichnung.

Videoüberpegel
Unerlaubter Wert eines Videosignals. Die Messung geschieht mit dem →Oszilloskop. Der Videopegel eines →FBAS-Signals darf folgende Werte nicht überschreiten: maximaler Luminanzpegel, also zwischen →Austastwert und →Weißwert, 100% entsprechend 0,7 Volt; maximaler Chromapegel, also zwischen Austastwert und maximal gesättigtem Gelb, 133% entsprechend 1,23 Volt. Die Angabe des Videopegels in Prozent bezieht sich auf

den Pegel des →BA-Signals von 100% entsprechend 0,7 Volt. Die Videopegel von →Komponentensignalen dürfen folgende Werte nicht überschreiten: Luminanzpegel 100% entsprechend 0,7 Volt, →Farbdifferenzsignale ±50% entsprechend ±0,35 Volt. Der Luminanzpegel von FBAS- und Komponentensignalen zwischen dem →Synchron- und dem Weißwert darf 1,0 Volt nicht überschreiten. Videoüberpegel können bei der Aufzeichnung auf →Magnetband z.B. Störungen an schwarzweißen Kanten und bei der Aussendung Tonstörungen durch einen →Intercarrier-Brumm verursachen. Im Studioausgang sind in der Regel →Begrenzer eingebaut.

Videoverteiler
Elektronisches Gerät zur rückwirkungsfreien Verteilung eines Videosignals mit etwa fünf bis sieben Ausgängen.

Vierer-Sequenz
→PAL-4er-Sequenz.

Vierspur
1.) →Tonbandformat, das auf 1 →Zoll breites Tonband vier Spuren von je 3,8mm und Trennspuren von 2,4mm aufzeichnet. *2.)* Consumer-Tonbandformat, das auf ein 6,3mm breites Tonband zwei mal zwei →Tonspuren von 1mm Breite und Trennspuren von 0,75mm aufzeichnet und zwei Stereo-Programme trägt. Das Band wird abwechselnd in beide Richtungen bespielt.

Viertelzeilen-Offset
Wahl einer theoretischen Farbträgerfrequenz im →PAL-Verfahren. Entspricht dem 283,5fachen der →Zeilenfrequenz plus einer Viertelzeile, also dem 283,75fachen der Zeilenfrequenz. Dadurch besteht das durch den →Farbträger erzeugte Störmuster nicht aus senkrechten, sondern aus diagonalen Linien. →25 Hz-Versatz.

Viewfinder
engl. →Suchermonitor.

V-Impuls
Abk. 1.) Vertikalimpuls. Vom →Taktgenerator des Studios zu Meßzwecken verteilter, 25 Zeilen breiter →Impuls mit der Halbbildwechselfrequenz von 50 Hz. *2.)* →Vertikale Synchronimpulse.

VIRS
engl. Abk. Vertical Interval Reference Signal. Referenzsignal in der →vertikalen Austastlücke. Wird zu Kontrollzwecken in einigen →MAZ-Maschinen und bei der Übertragung von Videosignalen verwendet.

Virtuelle Studiotechnik
Technik, bei der die Bewegungen, Zoom- und Entfernungseinstellungen einer Kamera registriert und einem zur Kamera zugeordneten, schnellen Computer zugeführt werden. Dieser hat einen vorher konstruierten, dreidimensionalen Hintergrund gespeichert, der sich dann synchron zu den Kamerabewegungen und Einstellungen verändert. Das Hintergrundsignal des Rechners wird mit dem Kamerasignal über einen →Chroma Key-Trick zusammengeführt. Diese Technik erspart den Aufbau einer realen Studiodekoration. Die verschiedenen Systeme haben unterschiedliche Einschränkungen bezüglich der Kamerabewegungen.

VISC
engl. Abk. Vertical Interval Subcarrier Control. In der →vertikalen Austastlücke aufgezeichneter zusätzlicher →Farbträger einiger →MAZ-Formate.

Visible Search
engl. →Sichtbarer Suchlauf an →MAZ-Maschinen.

Vision Control
engl. Bildregie.

Vision Mixer
engl. →Bildmischpult.

Vistavision
engl. Breitbildverfahren mit einem →Bildsei-

tenverhältnis von 1,85:1. Die Aufzeichnung geschieht unverzerrt auf einen horizontal in der Kamera verlaufenden Film. Beim Kopierprozeß werden die Bilder optisch um 90° gedreht und verkleinert.

VITC
engl. Abk. Vertikal Interval Time and Control Code. →Time Code, der in jeweils zwei nicht aufeinanderfolgenden Zeilen zwischen Zeile 7 und 22 der →vertikalen Austastlücke eines Videosignals aufgezeichnet wird. Im *Ggs.* zum →LTC sind die Daten bei Bandstillstand und langsamen Bandgeschwindigkeiten sicher lesbar, nicht aber bei hohen Umspulgeschwindigkeiten. Wird zusätzlich zum LTC verwendet. Der VITC ist nachträglich nicht aufzeichenbar.

VITCG
engl. Abk. Vertical Interval Time Code Generator. Gerät, das →VITC-Daten zur Aufzeichnung erzeugt.

VITS
engl. Abk. Vertical Interval Test Signal. In der →vertikalen Austastlücke untergebrachte →Testsignale zur Überprüfung der Übertragungsstrecke.

VK
Abk. →Videokreuzschiene.

V-Komponente
Vertikaler Anteil eines elektrischen Signals.

VKS
Abk. →Videokreuzschiene.

V-Lamda-Kurve
Spektrale Hellempfindlichkeit des Auges. Beschreibt die unterschiedlichen Helligkeiten, mit der die verschiedenen →Farben gesehen werden. Gelbgrün ist für das Auge die hellste Farbe. Die V-Lamda-Kurve schafft die Voraussetzung für die helligkeitsrichtige, →additive Farbmischung der drei →Grundfarben zu Weiß im Verhältnis 0,59 G + 0,3 R + 0,11 B.

VLC
engl. Abk. Variable Length Coding. Variable Längencodierung. Codierungsprinzip digitaler Daten, bei dem häufig auftretenden Daten kurze Codeworte und weniger häufig auftretenden Daten längere Codeworte zugewiesen werden. Dieser Vorgang der reinen VLC ist für sich gesehen eine verlustfreie →Datenkompression.

VLC
engl. Abk. →Variable Length Coding.

VLF
engl. Abk. Very Low Frequency. Sehr niedrige Frequenzen zwischen 3 und 30 →Hz.

VLSI
engl. Abk. Very Large Scale Integration. →Integrierte Schaltung mit höchster Dichte elektronischer Schaltkreise, die eine Vielzahl von Funktionen auf kleinster Fläche ermöglichen.

V-Lücke
Abk. →Vertikale Austastlücke.

V-Lücken-gesteuerte Videokreuzschiene
→Videokreuzschiene, deren Zeitpunkt der Umschaltung in der →vertikalen Austastlücke liegt. Dabei bleibt die Umschaltung ohne sichtbare Störung, solange die Signale von einem gemeinsamen →Taktgenerator synchronisiert werden.

VnD
engl. Abk. →Video near Demand.

VNF
engl. Abk. Video News Film. Nachrichtenfilm.

VO
engl. Abk. 1.) →Voiceover. *2.)* † Vektor-Oszilloskop. →Vektorskop.

Vocoder
engl. Abk. Voice Coder. Effektgerät zur Sprachverfremdung.

VoD
engl. Abk. →Video on Demand.

Voiceover
engl. Off-Kommentar. Ton eines für den Zuschauer nicht sichtbaren Kommentators, Erzählers oder Übersetzers.

VOL
engl. Abk. Volume. →Lautstärke.

Vollaussteuerung
→Pegel, der bei der Aussteuerung von Audioprogrammen oft erreicht werden soll, um einen möglichst hohen →Störspannungsabstand zu erzielen. Eine Überschreitung der Vollaussteuerung führt zu einem →Audioüberpegel. In analogen Systemen gibt es eine →Übersteuerungsreserve, in digitalen Systemen ist ein →Headroom vorgesehen.

Vollbild
Besteht in der →Fernsehnorm 625/50 aus 625 Zeilen, die während 1/25 Sekunde (40ms) im →Zeilensprungverfahren übertragen werden.

Vollbildwechselfrequenz
→Bildwechselfrequenz.

Voll-Blau
Farbfolie zur Konversion der →Farbtemperatur einer Lichtquelle von 3.200 auf 5.700 Kelvin.

Vollformat
Bezeichnung für ein 16:9-Bild, das für die Ausstrahlung im →PALplus-Verfahren auf einem herkömmlichen Studiomonitor mit einem Bildseitenverhältnis von 4:3 horizontal zusammengepreßt und daher vertikal gedehnt zu sein scheint. Diese Eierkopf-Darstellung bekommen weder die Zuschauer mit Empfängern des →PAL-Verfahrens noch die des PALplus-Verfahrens zu sehen.

Voll-Orange
Farbfolie zur Konversion der →Farbtemperatur einer Lichtquelle von 6.500 auf 3.200 Kelvin.

Vollplayback
Bei Musiksendungen angewandtes Verfahren, bei dem sowohl der Gesang als auch die Begleitmusik z.B. von einem Tonband eingespielt werden und die Interpreten nur noch dazu synchrone Bewegungen machen. *Ggs.* →Halbplayback.

Vollspur
Tonbandformat, das auf 6,3mm breites Tonband mit einer einzigen Spur ohne Trennspur ein Mono-Programm aufzeichnet. →Halbspur, →Zweispur.

Volltransponder
Im Volltransponderbetrieb wird ein →Transponder für die →Satellitenübertragung eines analogen Programmes genutzt. Bei Transpondern mit einer →Frequenzbandbreite von 54 oder 72 →MHz ist eine Übertragung mit einem größeren →Frequenzhub möglich, der bei der Nutzung eines weit entfernten Satelliten eine sichere Übertragung ermöglicht.

Volt
Einheit der elektrischen Spannung, *Abk.* V.

Volume
engl. Lautstärke.

Voraufzeichnung
Programme oder Programmteile, die vorab für eine Zuspielung während einer Sendung aufgezeichnet werden.

Vorbandsignal
Bild- oder Tonsignal vor der Magnetaufzeichnung. *Ggs.* →Hinterbandsignal.

Vorbau
Herstellung einer vollständigen Dekoration außerhalb des Studios.

Vorbereitungszeit
(Telekom) Zeit zur Überprüfung der von der Telekom vorübergehend überlassenen Leitungen vor Beginn der →Programmübertragung.

Vorbesichtigung
Klärung produktionstechnischer Fragen z.b. der Beleuchtung, Stromversorgung, Standplätze am →Außenübertragungsort vor Beginn einer Produktion.

Vorcodieren
1.) Durchgehende Aufzeichnung von →Steuerspursignal, Bildschwarz und →Time Code auf ein →MAZ-Band, als Voraussetzung für den →linearen Schnitt ausschließlich mit →Insert-Schnitten. *2.)* Durchgehende Aufzeichnung eines Time Codes auf ein Tonband als Voraussetzung für den synchronen Betrieb in der Tonnachbearbeitung.

Vorcodiertes Band
→MAZ-Band mit einer durchgehenden Aufzeichnung von →Steuerspursignal, Bildschwarz und →Time Code. Voraussetzung für den →linearen Schnitt ausschließlich mit →Insert-Schnitten.

Vordämpfung
Voreinstellung des Pegels der Tonquellen, die an einem →Tonmischpult anliegen, so daß die →Pegelsteller in ihrer →Arbeitsstellung betrieben werden können.

Vordere Schärfe
Entfernungseinstellung am Objektiv.

Vordere Schwarzschulter
Teil der →horizontalen Austastlücke vom Ende einer →aktiven Zeile bis zum Beginn der →S$_H$-Vorderflanke.

Vorderflanke des S-Impulses
→S$_H$-Vorderflanke.

Vorderlicht
Auf der Kamera montiertes Licht zur Aufhellung von Augenschatten. Im aktuellen Bereich wird Vorderlicht manchmal als Ersatz für ein Akkulicht eingesetzt.

Vorentzerrung
Veränderung eines →Frequenzganges, da eine Verzerrung auf dem Übertragungsweg zu erwarten ist. In der Videotechnik wird z.b. das Videosignal für eine bestimmte Länge und Art eines Videokabels vor der Übertragung verzerrt, z.b. wenn beim Empfang keine Korrekturmöglichkeiten zu erwarten sind. →Emphasis.

Vorhören
Kontrolle eines Audioprogramms an einem →Tonmischpult, bevor der entsprechende Regler aufgezogen bzw. das Audioprogramm auf Sendung gegeben oder aufgezeichnet wird. Das Vorhören wird oft auf vom →Abhören getrennte Lautsprecher gelegt.

Vorlauf
1.) Zeit, die →MAZ-Maschinen im Schnittbetrieb vor der Ausführung eines Schnitts benötigen, um sich für einen →bildgenauen Schnitt aufeinander zu synchronisieren. Je nach →Schnittsteuergerät, Zuspielmaschinen und Genauigkeitsforderung zwischen 3 und 10 Sekunden. *2.)* Vorlauf eines →VU-Meters.

Vorlaufband
Verschiedenfarbiges, unbeschichtetes Tonband vor Beginn und nach Ende des Programms zur Kennzeichnung der Bandgeschwindigkeiten und der Aufnahmetechnik. Rot: 38 cm/s, Blau: 19 cm/s, Grün: 9,5 cm/s, einfarbig: Mono, farbig/weiß-gestreift: Stereo. Zwischen- und Endbänder: Gelb.

Vormagnetisierung
Bei der magnetischen Aufzeichnung von Bild- oder Tonsignalen wird das aufzuzeichnende Signal mit einem meist hochfrequenten Vormagnetisierungsstrom überlagert. Erst dadurch ist eine Aufzeichnung in der uns heute gewohnten Qualität möglich.

Vorproduktion
1.) Aufzeichnung von Programmteilen zur →Einspielung in eine →Live-Sendung. *2.)* Aufzeichnung von kompletten Programmen zur späteren Aussendung.

Vorsatzlinse
→Nahlinse.

Vorschaltgerät
Transformator, der die herkömmliche →Netzspannung in eine hohe Spannung umwandelt, die z.B. →HMI-Lampen oder Lampen mit →Leuchtstoffröhren für den Betrieb benötigen.

Vorschaumonitor
Monitor, der die Programme der Bildquellen zeigt, bevor sie zur Sendung oder Aufzeichnung gelangen.

Vorspann
1.) →Technischer Vorspann. *2.)* →Titelvorspann.

Vortrabanten
→Trabanten.

VPS
Abk. Video-Programm-Service. Dienst der Rundfunkanstalten zur Ein- und Ausschaltung der programmierten Aufzeichnung von Consumer-Videorecordern auch zu verschobenen Sendezeiten. Für jede Fernsehsendung wird eine spezifische Kennung innerhalb der →Datenzeile übertragen.

VR
engl. Abk. Virtual Reality. Virtuelle Realität. Vortäuschung scheinbar echter Bildeindrücke durch möglichst realistische Darstellung computergenerierter Bilder. Anwendung z.B. in der →virtuellen Studiotechnik.

V Scan
engl. Wahl kurzer Belichtungszeiten an →CCD-Kameras im Bereich von 1/50 bis zum Teil 1/125 Sekunde, um Aufnahmen von Computer-Bildschirmen mit unterschiedlichsten →Bildwechselfrequenzen zu ermöglichen.

VSF
Abk. →Videosteckfeld.

V-Signal
Wird in einem →Coder aus dem →Farbdifferenzsignal R-Y durch Pegelreduktion mit dem Faktor 0,877 und durch Begrenzung der →Videofrequenzbandbreite auf 1,3 →MHz gewonnen.

VSt
Abk. (Telekom) Vermittlungsstelle.

VT
Abk. 1.) →Videotext. 2.) →Videoverteiler.

VTL
Abk. →Verteilleitung.

VTR
engl. Abk. →Video Tape Recorder.

VU
1.) † *Abk.* Video-Überblender. Gerät zur Überblendung und Mischung von Videosignalen. *2.) engl. Abk.* →VU-Meter.

VU-Meter
engl. Abk. Volume Unit. Tonaussteuerungsinstrument, das Audiosignale je nach Impulsgehalt unterschiedlich mißt und dessen Anzeige etwa dem Gehörempfinden, dem Lautheitseindruck entspricht. Die Messung des Impulsgehaltes geschieht durch eine eingebaute Trägheit des Instruments. Zum Ausgleich dieser Trägheit besitzen VU-Meter einen Vorlauf (Lead) von 6 →Dezibel. Ein →Pegelton wird daher um 6 Dezibel (dB) überbewertet, Sprache hingegen aber etwa gleich angezeigt.

VVT
Abk. Videoverteilverstärker. →Videoverteiler.

W
Abk. 1.) →Watt. *2.)* Weiß.

WA
engl. Abk. Wide Angle. Weitwinkel. →Weitwinkelobjektiv.

Waagerechte
Eingang einer →Video- oder →Audiokreuzschiene für eine Bild- bzw. Tonquelle.

Wackeloptik
Ugs. für →Girozoom.

WARC
engl. Abk. World Administrative Radio Conference. Wurde von der →WCR abgelöst.

Walkie-Talkie
engl. Tragbares Sprechfunkgerät.

WAN
engl. Abk. Wide Area Network. Weiträumiges Datennetz, z.B. zwischen Rundfunkanstalten verschiedener Städte. *Ggs.* →LAN.

Wandler
→Abtastratenwandlung, →Analog/Digital-Wandlung, →Bildwandler, →DC/AC-Wandler, →DC/DC-Wandler, →Digital/Analog-Wandlung, →Formatkonverter, →Normwandlung, →Downkonverter.

Wanne
Ugs. →Flächenleuchte.

Warp-Effekt
engl. Verziehen. →Digitaler Videoeffekt, bei dem das Bild selbst verbogen werden kann.

Watchman
engl. Kleiner, tragbarer Fernsehempfänger mit einem →LCD-Display.

Watt
Einheit der Leistung. *Abk.* W.

WAV
engl. Abk. Abgeleitet von Wave wie Welle. →Datenformat digitaler Audiosignale ohne →Datenreduktion. Professionelle Anwendungen verwenden z.B. eine →Abtastrate von 48 →kHz pro Kanal und eine →Quantisierung von →16 Bit. Das führt zu einer →Datenrate von z.B. 1,5 →Mbit/Sekunde für ein stereofones Audioprogramm. →BWF.

Waveform
engl. ugs. Oszillogramm.

Waveform-Monitor
engl. →Oszilloskop.

Wavelet
→Datenreduktionsverfahren, bei dem das Signal in verschiedene Frequenzbänder zerlegt wird. Zwar ist dieses Verfahren sehr effektiv, aber für die Reduktion von Videobildern heute noch zu langsam.

WCR
engl. Abk. World Radio Communication Conference. Gremium der →ITU zur weltweiten Festlegung der Frequenzbereiche aller Telekommunikationsdienste.

Wechselfestplatte
→Festplatte, die so in einem Gehäuse mit Steckverbindern eingebaut ist, daß sie leicht zwischen verschiedenen Computern ausgetauscht werden kann.

Wechselplatte
→Wechselfestplatte.

Wechselrichter
Elektronische Schaltung zur Herstellung einer Wechselspannung aus einer Gleichspannung, z.B. 220 Volt aus einem 12-Volt-Auto-Akku für den Betrieb von Ladegeräten.

Wechselsack
Lichtundurchlässige Hülle mit Reißverschluß und Öffnungen für die Arme zum Ein- und Auslegen von Filmmaterial in bzw. aus Kassetten.

Wechselspannungskoeffizient
Beschreibt die hochfrequenten Anteile, z.B. innerhalb eines Video- oder Datensignals. Diese Teile beinhalten in der Regel Bilddetails und werden vom Auge nicht besonders deutlich wahrgenommen. Sie sind bei der Betrachtung eines Bildes weniger auffällig und können daher bei einer →Datenkompression geringer bewertet oder gar weggelassen werden. *Ggs.* →Gleichspannungskoeffizient.

Weißabgleich
In der elektronischen Kamera werden die Verstärker der drei Farbkanäle Rot, Grün und Blau so aneinander angeglichen, daß weiße Bildteile einer Szene ohne Farbstich und folglich auch alle Farben innerhalb des Farbenraums des Farbfernsehens richtig wiedergegeben werden.

Weißpegel
→Weißwert. →Fernsehweiß.

Weißpunkt
Punkt innerhalb eines →Farbdreiecks oder innerhalb des →IBK-Farbartdiagramms, der die →Farbe Weiß einer bestimmten →Farbtemperatur beschreibt.

Weißwert
Pegelwert des Videosignals, der eindeutiges Weiß bezeichnet. Entspricht einem →Bildpegel von 0,7 Volt bzw. 100% bezogen auf den →Austastwert. →Fernsehweiß.

Weitwinkel
→Weitwinkelobjektiv, →Superweitwinkelobjektiv.

Weitwinkelobjektiv
Objektiv mit großem →Bildwinkel. Sinnvoll zur Aufnahme von Motiven, die einen entfernteren Kamerastandort nicht zulassen, jedoch auch zur Verbesserung der räumlichen Bildwirkung bei entsprechendem Bildaufbau. Aufgrund der kurzen →Brennweite ergibt sich eine große →Schärfentiefe und eine große Lichtstärke. →Fisheye-Objektiv. *Ggs.* →Teleobjektiv.

Weitwinkel-Vorsatz
Objektiv-Vorsatz, der die →Anfangsbrennweite eines →Zoomobjektivs mit Standardbrennweiten verkürzt. Meist kann der Zoombereich nicht mehr genutzt werden, die Schärfeneinstellung erfolgt oft über die Makro-Einstellung des Objektivs.

Wellenlänge
Länge einer vollständigen →Sinusschwingung.

Wellenwiderstand
→Dämpfung besonders der hohen Frequenzanteile eines Videosignals in einem Videokabel, verursacht durch seine Bauart und durch große Kabellängen. Davon abhängig muß dann eine →Entzerrung des Videosignals durchgeführt werden.

Wertigkeit
Die Wertigkeit beschreibt die Stelle eines →Bit innerhalb einer Bitkette oder eines →Byte. Das am weitesten links stehende Bit hat die höchste, das am weitesten rechts stehende Bit die niedrigste Wertigkeit.

Western-Stecker
Aus USA kommender, sechspoliger Stecker mit Kunststoff-Verriegelung für den Anschluß von Telefonen und Zusatzgeräten (Telefax, Anrufbeantworter oder Modems). RJ-11-Stecker mit 4 Anschlüssen, RJ-45 mit 6 Anschlüssen für zusätzliches Schaltrelais.

Wet Gate-Abtastung
engl. →Naßabtastung.

WFM
engl. Abk. Waveform Monitor. →Oszilloskop.

White Balance
engl. →Weißabgleich.

Whl.
Abk. Wiederholung.

WHT
engl. Abk. White. →Weißwert oder →Weißabgleich.

Wickellagen
Beschreibt die Lage der Perforation bei einreihig perforierten, meist 16mm-Filmen. Wird eine mit der Emulsion nach innen gewickelte Rolle so gehalten, daß der Film im Uhrzeigersinn abläuft und die Perforation zum Betrachter hin liegt, hat sie die Wicklung A. Liegt die Perforation auf der vom Betrachter abgewandten Seite, hat sie die Wicklung B.

Wickelung
→Wickellagen.

Widescreen
engl. 1.) Ugs. Fernsehsystem mit einem →Bildseitenverhältnis von →16:9. *2.)* Begriff, der z.b. an Fernsehgeräten die Fähigkeit beschreibt, Bilder im Bildseitenverhältnis von 16:9 wiederzugeben. Die Fähigkeit, →PALplus-Sendungen zu empfangen, wird damit nicht beschrieben. An Kameras weist Widescreen auf spezielle →CCD-Chips hin, die - meist von 4:3 umschaltbar - Bilder im Bildseitenverhältnis von 16:9 aufnehmen können.

Wide Screen Plus
engl. Verfahren in Consumerfernsehgeräten mit →16:9-Bildröhre, aber ohne einen Decoder des →PALplus-Verfahrens. Dabei wird bei 16:9- und →Letter Box-Bildern nicht die vertikale Ausschreibung des →Elektronenstrahls verändert, sondern es findet eine Zeileninterpolation im Fernsehgerät statt. Die →vertikale Auflösung ist daher subjektiv besser.

Wiedergaberöhre
→Bildröhre.

Winchester-Platte
System mehrerer →Festplatten in einem Stapel innerhalb eines Gehäuses.

Window Unit
engl. Firmenbezeichnung einer Anlage zur →Richtfunkübertragung.

Windschutz
Systeme zur Vermeidung von Windgeräuschen bei Mikrofonaufnahmen. Der oft verwendete Schaumstoff schützt kaum vor Wind. Effektiver ist ein →Korbwindschutz.

Winterzeit
→MESZ.

Wipe
engl. Ein Wipe ist ein Standardtrick und kombiniert zwei Videobilder mit Hilfe der im →Bildmischpult enthaltenen standardisierten Trickfiguren. Diese bestehen aus schwarzweißen Mustern. Die weißen Bildteile dieses Stanzsignals werden mit dem Bildinhalt des ersten Videobildes, die schwarzen Bildteile mit den Bildinhalten des zweiten Videobildes ausgefüllt. Dabei können Größe, Form und Position des Stanzsignals, nicht aber die der Bildinhalte verändert werden.

Wire Frame
engl. →Drahtmodell.

Workbuffer
engl. Arbeitsspeicher.

Workstation
Leistungsstarker Computer, z.B. für die Bild- oder Tonnachbearbeitung.

WORM
engl. Abk. Write Once Read Many. Nur einmal beschreibbare →CD. →CD-WORM. *Ggs.* →WMRM, →MOD.

WMRM
engl. Abk. Write Many Read Many. Mehrfach beschreibbare →Bildplatte, nicht kompatibel mit →Compact Disks. *Ggs.* →WORM.

WSS
engl. Abk. Wide Screen Signalling. Wide Screen-Signalisierung. Beschreibt die in der ersten Hälfte der Zeile 23 enthaltenen Informationen für die Übertragung im →PALplus-Verfahren über das Bildseitenverhältnis und die Bildpositionierung, das →Codierverfahren (PAL oder PALplus), den im Decoder anzuwendenden →Film-Mode oder →Kamera-Mode und die Art der Untertitelung.

WU
engl. Abk. Window Unit. →Richtfunkübertragungsanlage.

W-VHS-Format
→Komponenten-MAZ-Format, das auf Kassetten mit ½ →Zoll breitem →Reineisenband ein

Videosignal der →HDTV-Norm mit 1125 Zeilen und →60 Hz, zwei analoge oder digitale Tonsignale und den →Time Code aufzeichnet. Die maximale Spieldauer beträgt 180'. Die Geräte können auch ein Signal des →NTSC-Verfahrens aufzeichnen und wiedergeben.

Xenonlampe
→Lampe mit einer →Farbtemperatur von 6.000 Kelvin.

XGA-Standard
engl. Abk. Extra Video Grafik Adaptor. Standard von →Grafikkarten mit 1024 x 768 →Pixel für→PCs.

XLR-Stecker
engl. Abk. Screen Life Return. Abschirmung, Leiter, Rückleiter. Mehrpoliger, robuster Stecker mit automatischer Verriegelung. Wird z.B. 3polig für →symmetrische, →analoge oder →digitale Audiosignale und 4polig für 12-Volt-Spannungsversorgung verwendet.

XNG
engl. Abk. ugs. für eine kleine →Flyaway. →Satellite News Gathering.

XY-Stereofonie
→Intensitätsstereofonieverfahren. Aufnahme eines Schallereignisses mit zwei gerichteten Mikrofonen, die direkt übereinander, aber in einem Winkel von etwa 60° gegeneinander angeordnet sind.

Y
1.) engl. Abk. Yellow. →Gelb. *2.) Abk.* →Y-Signal.

Y, B-Y, R-Y-Signale
→Komponentensignale.

Y/C
engl. Abk. Luminance/Chrominance. →Luminanz-/→Chrominanzsignal.

YC443-Schnittstelle
Abk. Besteht aus dem demodulierten →BAS-Signal (Y-Signal) und dem demodulierten →Farbträger von 4,43 →MHz (C-Signal). Unterschiedliche Steckernormen. Anwendung bei den →MAZ-Formaten →Hi 8 und →S-VHS.

Y, C_B, CR-Signale
→Digitale Komponentensignale nach →ITU-R 601. Nicht zu verwechseln mit den analogen →Komponentensignalen.

Y/C Delay
engl. Abk. Luminanz/Chrominanz-Verzögerung. →Y/C-Versatz.

Y/C-Signal
engl. Abk. Luminance/Chrominance. *1.)* →U-matic Dub-Schnittstelle. *2.)* →YC443.

Y/C-Versatz
Differenz der →Laufzeit zwischen dem →Luminanz- und dem →Chrominanzsignal. Z.B. bei →Colour Under- oder →Komponenten-MAZ-Formaten.

YIQ
engl. Abk. Helligkeits- und →Farbdifferenzsignale im →NTSC-Verfahren.

YL
engl. Abk. Yellow. →Gelb.

Y, P_B, P_R-Signale
→Komponentensignale der →Fernsehnorm 525/60.

Y-R,B
Abk. (Sony). →Komponentensignale.

Y-Signal
Helligkeitssignal. →Luminanzsignal.

YUV
Abk. Helligkeits- und →Farbdifferenzsignale im →PAL-Verfahren. Oft verwechselt mit →Komponentensignalen.

Zählwerk
→Bandzählwerk.

zbV
Abk. Zur besonderen Verfügung.

ZB-Verbindung
Abk. Zentralbatterie. Herkömmliches Telefonnetz.

ZCKS
Abk. Zentrale Componenten-Kreuzschiene. →Zentrale Kreuzschiene.

ZDF
Abk. Zweites Deutsches Fernsehen.

Zebra
Hilfe in →Suchermonitoren von Reportagekameras zur richtigen Einstellung der Blende. Ein bestimmter Bereich des →Videopegels (ca. 50%) wird durch eine Überlagerung des Bildes mit einem Linienmuster angezeigt und entspricht der Anzeige eines Belichtungsmessers.

Zebramuster
→Zebra.

Zeile
→Fernsehzeile.

Zeile 7-Impuls
Weiß-Impuls in der Zeile 7 des ersten →Halbbildes zur Kennzeichnung des Beginns der →PAL-8er-Sequenz. Wird im →Taktgenerator eingesetzt.

Zeile 16/329
Fernsehzeilen 16 bzw. 329 innerhalb der →vertikalen Austastlücke. Enthalten digitale Steuerdaten für →VPS und →Tonkennung.

Zeile 23
Die erste Hälfte der Zeile 23 enthält für die Übertragung im →PALplus-Verfahren Informationen über das Bildseitenverhältnis und die Bildpositionierung, das →Codierverfahren

(PAL oder PALplus), den im Decoder anzuwendenden →Film-Mode oder →Kamera-Mode und die Art der Untertitelung.

Zeilenablenkung
Horizontale und vertikale durch ein elektromagnetisches Feld verursachte Bewegung des →Elektronenstrahls in der →Bildröhre bei der →Abtastung.

Zeilenanzahl
Summe der Zeilen mit oder ohne Bildinhalt. Heutige →Fernsehnormen verwenden 625 oder 525 Zeilen. →HDTV-Systeme arbeiten mit bis zu 1250 Zeilen.

Zeilendauer
Zeit von 64 →µs, die für die Übertragung des Bildinhaltes einer Zeile und der →horizontalen Austastlücke benötigt wird.

Zeilenfang
Einstellung der →Bildwechselfrequenz, die ein vertikales Durchfallen bzw. Wandern des Bildes an Monitoren verhindert.

Zeilenflimmern
→Kantenflimmern.

Zeilenfrequenz
→Frequenz von 15.625 →Hz, die durch die Häufigkeit des Zeilenwechsels bestimmt wird.

Zeilen mit Bildinhalt
Fernsehzeilen, in denen Bildsignale übertragen werden. In der →Fernsehnorm 625/50 sind dies von 625 Zeilen abzüglich der 50 Zeilen für die →vertikale Austastlücke 575 Zeilen.

Zeilen ohne Bildinhalt
→Vertikale Austastlücke.

Zeilenraster
→Fernsehraster.

Zeilenrücklauf
Bewegung des →Elektronenstrahls in einer →Aufnahme- oder →Bildröhre. Dabei handelt

271

es sich um den Rücklauf vom Ende einer Zeile bis zum Beginn der nächsten Zeile innerhalb der →horizontalen Austastlücke, Rücklauf von der letzten Zeile eines →Halbbildes bis zur ersten Zeile des nächsten Halbbildes innerhalb der →vertikalen Austastlücke. Auslöser sind der →horizontale bzw. die →vertikalen Synchronimpulse.

Zeilensprungverfahren
Alle Zeilen eines →Vollbildes, z.B. der →Fernsehnorm 625/50, werden in zwei →Halbbilder zu je 312,5 Zeilen zerlegt. Die beiden Halbbilder werden nacheinander übertragen, so daß dem Auge des Betrachters 50 Bilder pro Sekunde präsentiert werden und damit die →Flimmerfrequenz gerade übersprungen wird. Die Zeilen der beiden Halbbilder liegen geometrisch ineinander verschachtelt, so daß sich durch die Trägheit des Auges der Eindruck eines vollständigen Fernsehbildes mit 625 Zeilen ergibt. Da die Abtastung des zweiten Halbbildes eine fünfzigstel Sekunde später als die des ersten stattfindet, unterschieden sich die beide Halbbilder voneinander und zeigen bei schnellen Bewegungen unterschiedliche Bewegungsphasen. *Ggs.* →Progressive Abtastung.

Zeilenverdoppler
System zur Verdoppelung der →Zeilenanzahl. Dabei wird bei der Zeilenabtastung das →Zeilensprungverfahren in eine →progressive Abtastung umgewandelt und/oder durch →Interpolation zusätzliche Zeileninformation gewonnen. Wird z.B. für →Großbildprojektoren verwendet.

Zeilenzahl
→Zeilenanzahl.

Zeitcode
→Time Code.

Zeitfehler
Zeitfehler entstehen durch mechanische Toleranzen bei →MAZ-Maschinen zwischen Aufzeichnung und Wiedergabe sowie bei einer Wiedergabe, die nicht mit Normalgeschwindigkeit erfolgt. Dabei werden einzelne Fernsehzeilen früher oder später oder mit einer nicht korrekten Länge wiedergegeben. Diese Zeitfehler müssen für eine Bearbeitung des MAZ-Signals an einem →Bildmischpult mittels eines →Zeitfehlerausgleichers minimiert werden.

Zeitfehlerausgleicher
Die in einer analogen →MAZ-Maschine auftretenden →Zeitfehler werden minimiert, indem der Beginn und die Länge jeder Fernsehzeile an den →Studiotakt angepaßt werden. Dieser Ausgleich ist für die Betrachtung des Bildes auf einem Monitor nicht wichtig, für die Weiterverarbeitung über ein →Bildmischpult aber unbedingt notwendig. Von der MAZ kommende Zeitfehler mit einer Abweichung von mehreren Zeilen werden bis zu einer Genauigkeit von ± 3ns korrigiert.

Zeitkonstante an Monitoren
Um die bei der Wiedergabe eines →MAZ-Bandes entstehenden →Zeitfehler auf dem Monitor nicht sichtbar werden zu lassen, paßt sich die horizontale Ablenkung des →Elektronenstrahls mit einer kurzen Zeitkonstante dem tatsächlichen, unregelmäßigen Beginn der einzelnen Fernsehzeilen an. Für den Empfang von Fernsehsignalen wird eine längere Zeitkonstante verwendet. An Consumer-Geräten automatische Umschaltung mit Video/AV-Eingang. An professionellen Monitoren manuelle Umschaltung.

Zeitliche Auflösung
→Bewegtbildauflösung.

Zeitlupe
Filmeffekt, für den eine Filmkamera bei der Aufnahme mit erhöhter Bilderzahl pro Sekunde (z.B. 50 Bilder/Sekunde) läuft und mehr Bewegungsphasen aufnimmt. Bei Wiedergabe mit Normalgeschwindigkeit (25 Bilder/Sekunde) verlangsamt sich der Bewegungsablauf, schnelle Bewegungen bleiben ruckfrei. Ein ähnlicher Effekt der elektronischen Nachbearbeitung ist →Slow Motion. *Ggs.* →Zeitraffer.

Zeitmultiplex
lat. Vielfältig. Abwechselnde oder zeitlich ineinander verschachtelte Übertragung mehrerer Informationen über ein Signal. Das →Betacam SP-Format verwendet z.b. das Zeitmultiplex-Verfahren →CTDM für die Aufzeichnung der Farbinformationen. *Ggs.* →Frequenzmultiplex.

Zeitraffer
Filmeffekt, für den eine Filmkamera bei Aufnahme mit verlangsamter Bilderzahl pro Sekunde (z.b. 10 Bilder/Sekunde) läuft und weniger Bewegungsphasen aufnimmt. Bei Wiedergabe mit Normalgeschwindigkeit (25 Bilder/Sekunde) entsteht ein schnellerer Bewegungsablauf. Auch →Einzelbildaufnahmen führen zu einem Zeitraffer-Effekt. *Ggs.* →Zeitlupe. Ein ähnlicher Effekt, der bei der elektronischen Nachbearbeitung entsteht, ist →Quick Motion.

Zenti
1.) Hundertstel. *Abk.* c. *2.) Ugs.* für Richtfunk. →Richtfunkübertragung.

Zentraleinheit
Zentrale Recheneinheit eines Computers oder eines computergesteuerten Systems.

Zentrale Kreuzschiene
Großes System aus →Video- und →Audiokreuzschienen zur Verbindung mehrerer →Studiokomplexe. So können z.B. alle Bild- und Tonquellen der verschiedenen Studios zu allen Verbrauchern geschaltet werden. In einigen Systemen lassen sich zusätzlich →Time Code- und Kommandosignale mitschalten. Die zentrale Kreuzschiene ist oft im →Hauptschaltraum untergebracht.

Zeppelin
Großer, zuverlässiger Korb-Windschutz aus Kunststoff für Mikrofone mit Richtcharakteristik. Mit Woll-„Socke" oder Fellüberzug noch stärkere Windgeräuschdämmung. →Windschutz.

ZF-Signal
Abk. Zwischenfrequenz. Bildsignal, das nach einer →Frequenzmodulation auf eine →MAZ-Maschine aufgezeichnet wird.

ZGR
Abk. Zentraler Geräteraum.

Zirkulare Polarisation
Schraubenförmige, links- oder rechtsdrehende Ausbreitung →elektromagnetischer Wellen. Wird für die Übertragung von →Bakenfrequenzen bei der →Satellitenübertragung verwendet.

ZKE
Abk. →Zusatzkommunikationseinrichtung bei der →Satellitenübertragung.

ZKS
Abk. →Zentrale Kreuzschiene.

Zoll
Längenmaß. Entspricht dem englischen Inch mit 2,54 cm.

Zonenplatte
Elektronisches →Testsignal, das aus um die Bildmitte konzentrischen schwarzen Kreisen auf weißem Grund besteht.

Zoom-Einstellung
→Cinema-Einstellung.

Zoomfahrt
Kameraeinstellung mit sich veränderndem →Bildausschnitt. Das dafür benutzte Zoomobjektiv verändert den Bildausschnitt, im *Ggs.* zu einer →Kamerafahrt jedoch nicht die Perspektive. Charakteristisch ist, daß sich am Zentrum der Einstellung bei einer Zoomfahrt nichts ändert, also auch kein Schärfenausgleich erforderlich ist.

Zoomfaktor
Faktor eines →Zoomobjektivs, der das Verhältnis der längsten zur kürzesten →Brennweite beschreibt.

Zoomfernbedienung
Fernbedienung der →Brennweite an →Studiokameras. An →EB-Kameras ermöglicht eine Zoomfernbedienung z.b. in Verbindung mit einer Schärfenfernbedienung und einem →Aufbausucher eine stehende Arbeitsweise.

Zoomhebel
Kleiner Hebel als fester Bestandteil konventioneller →Zoomobjektive ohne →Servoantrieb zur Wahl der Brennweite bzw. des Bildausschnitts. Bei Zoomobjektiven mit Servoantrieb sind sie einschraubbar, jedoch aufgrund der anderen Bauweise häufig nur mit Zubehör, z.B. →Fluidzoom, sinnvoll einzusetzen. →Zoomwippe.

Zoom Lens
engl. →Zoomobjektiv.

Zoomobjektiv
Objektiv, das durch zueinander verschiebbare Linsen die →Brennweite und damit den →Bildausschnitt verändert. Zoomobjektive stehen heute Festobjektiven in Schärfe und Abbildungsleistung nicht mehr nach. Die maximale Lichtstärke wird jedoch nur im weitwinkligen Bereich erreicht und reduziert sich danach um etwa eine halbe →Blendenstufe. *Ggs.* →Festobjektiv.

Zoomwippe
Bedienelement am Griff von →Zoomobjektiven für →EB-Kameras zur Wahl des Bildausschnitts. Die Zoomwippe steuert über einen Elektromotor (Servomotor) das Objektiv und läßt eine Beeinflußung von Richtung und Geschwindigkeit der Zoomfahrt zu.

ZPD
Abk. Zentrale Produktionsdisposition.

ZSA
Abk. Zentrale →Sendeabwicklung.

ZSL
Abk. Zentrale Sendeleitung. Überwacht den Programm- und Sendeablauf des →ARD-Programms. Sitz in München.

ZSR
Abk. Zentraler →Schaltraum.

ZStTn/TV
Abk. (Telekom) Zentralstelle für Ton- und Fernsehübertragungen. Sitz in Frankfurt/Main. Zuständig für die Bearbeitung von Anmeldungen internationaler Übertragungen.

Zubringerleitung
Vorübergehend überlassene Leitung von einem Außenübertragungsort zu einem Studio oder einer Ton- bzw. Fernsehschaltstelle oder zu einem Einspeisepunkt in eine →Dauerleitung.

Zuführungsleitung
Dauernd überlassene Leitung vom →Hauptstudio einer Landesrundfunkanstalt zum →ARD-FS-Sternpunkt oder von einem →Nebenstudio zu einem Hauptstudio.

Zugriffszeit
Die Zugriffszeit beschreibt die Zeit, die ein Speichermedium wie z.B. eine →Festplatte benötigt, um auf die Daten zugreifen zu können.

Zulässige Farben
Pegelwerte von Farben, die als →FBAS-Signal zwar erlaubt sind, aber nach dem Übergang zu Komponentensignalen oder →RGB-Signalen zu →Videoüberpegeln führen können. *Ggs.* →Unzulässige Farben. →Ungültige Farben.

Zusatzkommunikationseinrichtung
Übertragung von Kommando- und →n-1 über zusätzliche Tonkanäle bei einer →Satellitenübertragung z.B. zwischen einem →Übertragungswagen und einem →Hauptstudio. Ist nicht überall verfügbar. *Abk.* ZKE.

Zuspielband
Ein für die Wiedergabe beim →elektronischen Schnitt oder bei einer Sendung benötigtes →Magnetband nicht näher definierter Herkunft.

Zuspieler
→MAZ-Maschine für Wiedergabe, oft nicht aufzeichnungsfähig.

Zuspielung
Vorproduzierter Beitrag für eine Wiedergabe beim →elektronischen Schnitt oder während einer Sendung.

Zweibandverfahren
Das ursprünglich auf einem separaten →Bildfilm und Tonband aufgezeichnete Bild- und Tonmaterial bleibt auch während der Nachbearbeitung und bei der Vorführung getrennt. Das Tonband der Aufzeichnung wird dazu auf einen →Magnetfilm überspielt. Beim Fernsehen wird ausschließlich dieses Verfahren verwendet.

Zweier-Sequenz
→2er-Sequenz.

Zwei-Kamera-Produktion
Bei der gleichzeitigen Aufnahme z.B. mit zwei →Kamerarecordern muß der →Real Time Code verwendet werden, um das Material im nachfolgenden →elektronischen Schnitt rasch parallel bearbeiten zu können. Dabei kann entweder an beiden Recordern der exakt identische Time Code gesetzt oder der Time Code-Versatz beider Recorder durch das Schlagen einer →Synchronklappe dokumentiert werden. Die →Time Code-Generatoren von zwei unabhängigen Kamerarecordern bleiben dann über mehrere Stunden bildgenau gleich, wenn die Kameras eingeschaltet bleiben. Da im *Ggs.* zum Betrieb z.B. mit einem →Reportagewagen keine →Aussteuerung der Kameras stattfindet, ist eine Kommunikation zwischen den beiden Kameraleuten schwierig. Außerdem können sich die Bilder in →Blende, →Schwarzwert und im Farbeindruck voneinander unterscheiden.

Zweikanalton
Gleichzeitige Übertragung zweier voneinander unabhängiger Tonkanäle mit unterschiedlichen Inhalten, z.B. deutsche und fremdsprachige Fassung eines Filmes. Im *Ggs.* zum Stereoton erfordert Zweikanalton eine höhere Sicherheit gegen →Übersprechen.

Zweispur
Spurlage von 6,3mm breiten Magnettonbändern mit einer Trennspur von 2mm für die Aufzeichnung zweier Monoprogramme.
→Halbspur.

Zweistreifiger Film
→Zweibandverfahren.

Zweistreifige Videotext-Untertitelung
Die Daten der →Videotext-Untertitel liegen auf einer vom →Sendeband getrennten →Diskette und werden den übrigen Seiten des →Videotextes →Time Code-gesteuert zugefügt. *Ggs.* →Einstreifige Videotext-Untertitelung.

Zwilling
österr. →2-Maschinen-Schnittplatz.

Zwischenfilmverfahren
† Optische Aufnahme der Szene mit einer Filmkamera und sofort nachfolgender Abtastung und Umwandlung in ein Videosignal. Wurde bis zur Einführung elektronischer Kameras 1936 angewandt.

Zwischenschnitt
Zusätzlich aufgenommene Einstellungen, die nicht die Hauptaktion zeigen. Bei einem Interview könnte ein Zwischenschnitt eine Einstellung des Reporters mit einer Reaktion auf den Interviewpartner sein. Ein solcher Zwischenschnitt wird z.B. zur Kürzung des Interviews eingesetzt, indem er den Kürzungsschnitt verdeckt und damit von der Kürzung ablenken soll.

Weitere Informationen zu verschiedenen Themen der Fernseh- und Videotechnik erhalten Sie ...

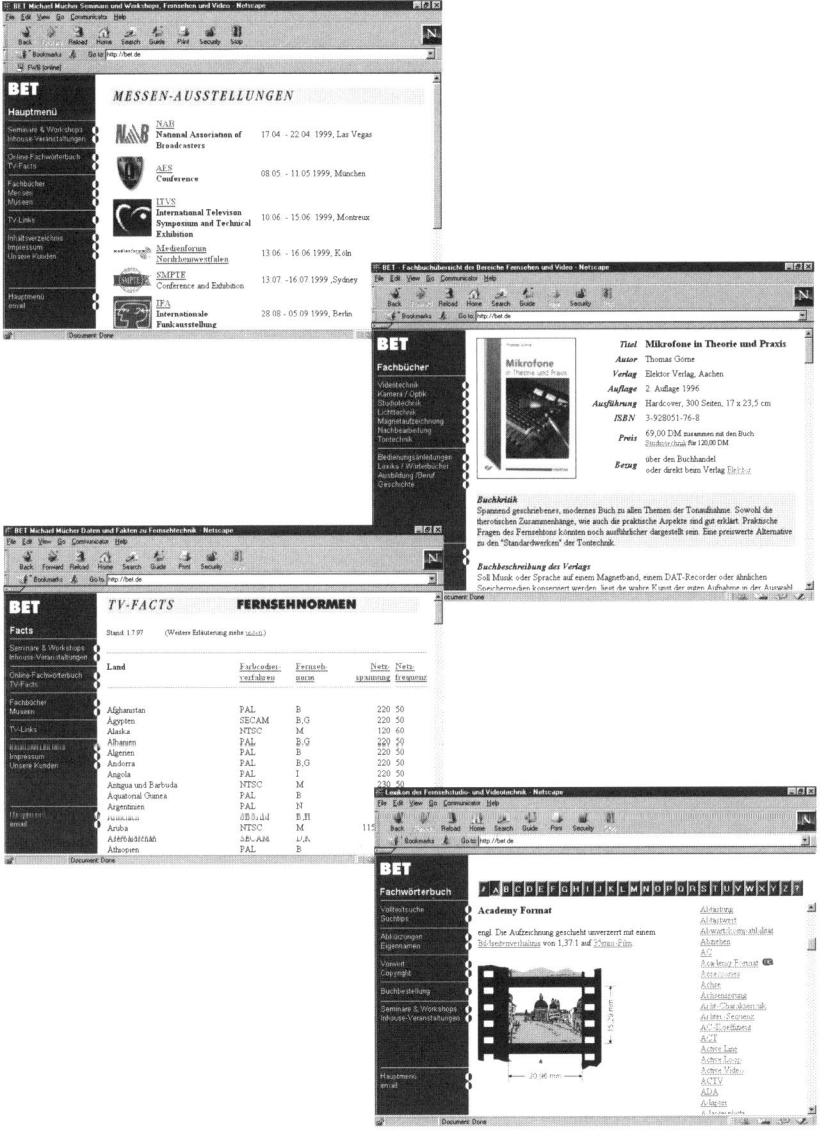

... über das Internet unter http://bet.de

Fordern Sie unseren aktuellen Seminarkatalog an mit Veranstaltungen zu folgenden Themen

- **EB-Kamerarecorder**
- **EB-Kamera Trick**
- **EB-Kamera Licht**
- **EB-Tonaufnahme**
  für Kameramänner/Kamerafrauen und Kameraassistent/inn/en, Tontechniker/innen

- **Nichtlinearer Schnitt (Avid, Edit Box)**
- **Tonnachbearbeitung**
  für Cutter/innen, Editoren

- **Videotechnik** *Basis*
- **Videotechnik** *Intensiv*
- **Videotechnik** *Digital*
- **Studiokamera**
- **Satellitentechnik**
  für Ingenieur/e/innen, Techniker/innen, Cutter/innen

- **TV Produktionsmethoden**
- **Update Nachbearbeitungen & Grafik**
- **Update Leitungen & Satelliten**
- **Update Digitales Fernsehen**
- **Update DVD-Produktion**
  für Produktionsmitarbeiter/innen, Disponent/inn/en, Realisator/inn/en

- **Tonnachbearbeitung**
- **Dolby Surround**
  für Toningenieure/innen, Tontechniker/innen

- **Inhouse-Seminare**

BET · Michael Mücher
Bismarckstr. 82 · 20253 Hamburg
Telefon 040/420 77 90 · Telefax 040/420 90 46
email bet@bet.de
Internet http://bet.de

BET SEMINARE & WORKSHOPS FERNSEHEN / VIDEO